2021–2022 annual dairy genetic
evaluation report in Ningxia
Hui Autonomous Region

2021—2022年度
宁夏奶牛遗传评估报告

宁夏回族自治区畜牧工作站　主编

黄河出版传媒集团
阳 光 出 版 社

图书在版编目（CIP）数据

2021—2022 年度宁夏奶牛遗传评估报告 / 宁夏回族
自治区畜牧工作站主编. —— 银川：阳光出版社，2023.8
ISBN 978-7-5525-6951-3

Ⅰ.①2… Ⅱ.①宁… Ⅲ.①乳牛－遗传育种－评估
－研究报告－宁夏－2021-2022 Ⅳ.①S823.92

中国国家版本馆 CIP 数据核字(2023)第 149454 号

2021—2022 年度宁夏奶牛遗传评估报告　　宁夏回族自治区畜牧工作站　主编

责任编辑　李少敏
封面设计　赵　倩
责任印制　岳建宁

黄河出版传媒集团
阳 光 出 版 社　出版发行

出 版 人　薛文斌
地　　址　宁夏银川市北京东路 139 号出版大厦（750001）
网　　址　http://www.ygchbs.com
网上书店　http://shop129132959.taobao.com
电子信箱　yangguangchubanshe@163.com
邮购电话　0951-5047283
经　　销　全国新华书店
印刷装订　宁夏银报智能印刷科技有限公司
印刷委托书号　（宁）0026796

开　　本　880 mm×1230 mm　1/16
印　　张　31.25
字　　数　620 千字
版　　次　2023 年 8 月第 1 版
印　　次　2023 年 8 月第 1 次印刷
书　　号　ISBN 978-7-5525-6951-3
定　　价　128.00 元

编写说明

宁夏是全国奶产业十大主产省区之一，具有独特的地理环境和气候优势，发展奶产业的资源条件优越。"十四五"以来，奶产业是宁夏确定的"六特"产业之一，也是率先实现现代化的特色优势产业。2013年宁夏启动实施农业特色优势产业新品种选育专项，"优质高产奶牛选育"作为重点项目列入第二轮新品种选育专项重点支持项目。为贯彻落实《种业振兴行动方案》和《全国奶牛遗传改良计划（2021—2035年）》，宁夏奶产业优先发展和重点支持优质高产奶牛遗传改良工作。群体遗传改良是一项系统性工作，定期开展牛群遗传评估可为跟踪牛群遗传水平变化趋势、评价历史选配效果、优化未来选配计划、筛选核心群及种子母牛提供支撑。2021—2022年度，项目组对宁夏奶牛继续开展了遗传评估并发布了遗传评估报告。

2021—2022年度，项目组继续更新表型数据库，利用各种信息完善牛群系谱数据。《2021—2022年度宁夏奶牛遗传评估报告》（以下简称《报告》）采用2020年最新版CPI指数展示奶牛的综合性能，系统发布了来自宁夏76个规模化牧场的199 089头中国荷斯坦牛的产奶性状、体型性状、产犊性状、繁殖性状、长寿性状和CPI1$_{2020}$指数的遗传评估结果，全面揭示了宁夏奶牛的遗传水平。本轮遗传评估中，表型数据主要来自近15年来宁夏积累的199 089头牛的3 107 667条DHI记录，56 935头牛的体型外貌鉴定记录，103 609头牛的繁殖、产犊和长寿性状记录。

《报告》揭示了宁夏奶牛群体各个性状的遗传水平现状，可为宁夏奶牛群体的牛只登记、数据收集和遗传改良等工作提供参考，是指导宁夏持续提高奶牛群体遗传水平的科学依据。遗传评估工作和《报告》发布得到了中国奶业协会、中国农业大学、宁夏畜牧工作站和以宁夏农垦乳业股份有限公司为代表的"优质高产奶牛选育"项目二期核心育种场等单位的持续支持，在此一并表示感谢。受限于编者水平，《报告》中难免有偏误之处，恳请读者批评指正。

编者

2022 年 12 月

目 录 CONTENTS

1 宁夏奶牛养殖概况

宁夏回族自治区（以下简称宁夏）地处我国西北内陆，属温带大陆性干旱、半干旱气候。宁夏是全国奶产业十大主产省区之一，具有独特的地理环境和气候优势，位于世界公认的奶牛适宜分布地带，是最适合奶牛养殖的地区之一。宁夏奶产业整体生产技术水平位居全国前列，在自动化、信息化、精准化和健康养殖等方面都具有较高水平。

截至 2021 年，宁夏奶牛存栏 70.2 万头，居全国第 7 位（2006—2021 年宁夏奶牛存栏及其占全国奶牛存栏比例的变化见图 1-1）。2021 年宁夏 DHI（dairy herd improvement，指奶牛群体改良，也称奶牛生产性能测定，余同）参测牧场的泌乳牛日产奶量 35.7 kg，居全国第 3 位；宁夏牛奶总产量 280.5 万 t，居全国第 5 位（2006—2021 年宁夏牛奶总产量及其占全国牛奶总产量的比例变化见图 1-2）。2020 年宁夏人均牛奶占有量 298.7 kg，居全国第 1 位（2006—2020 年宁夏及全国人均牛奶占有量变化见图 1-3）。

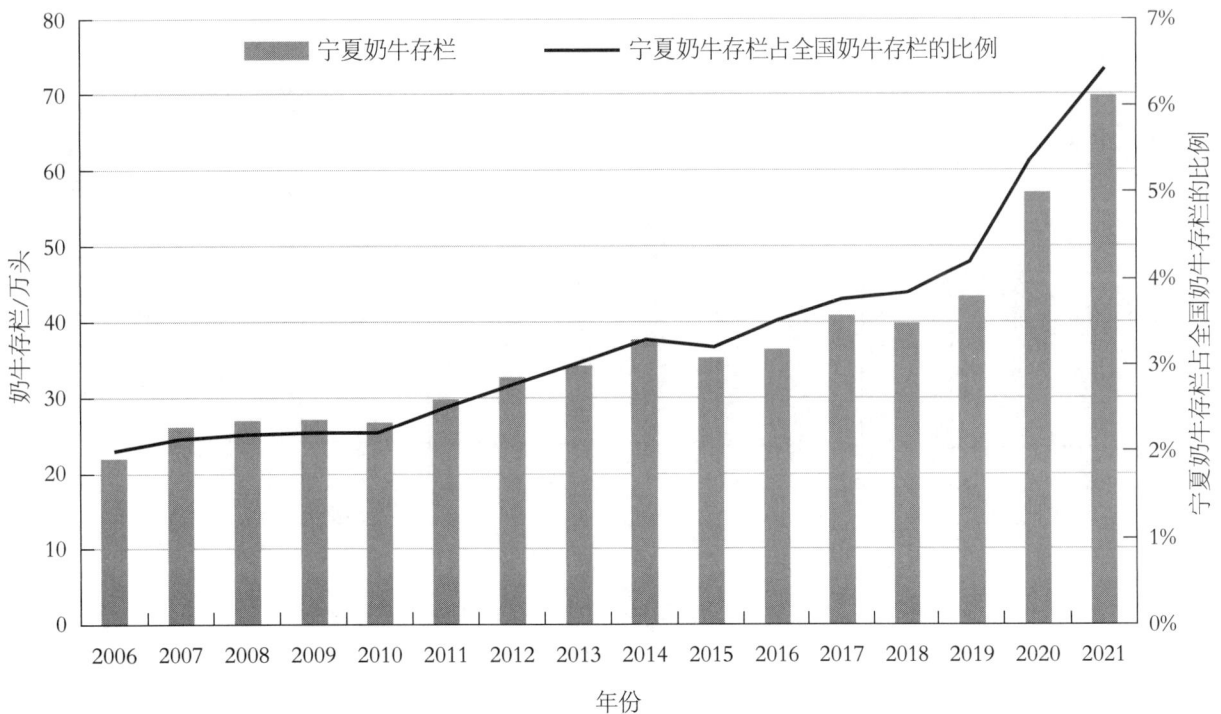

图 1-1　2006—2021 年宁夏奶牛存栏及其占全国奶牛存栏比例的变化

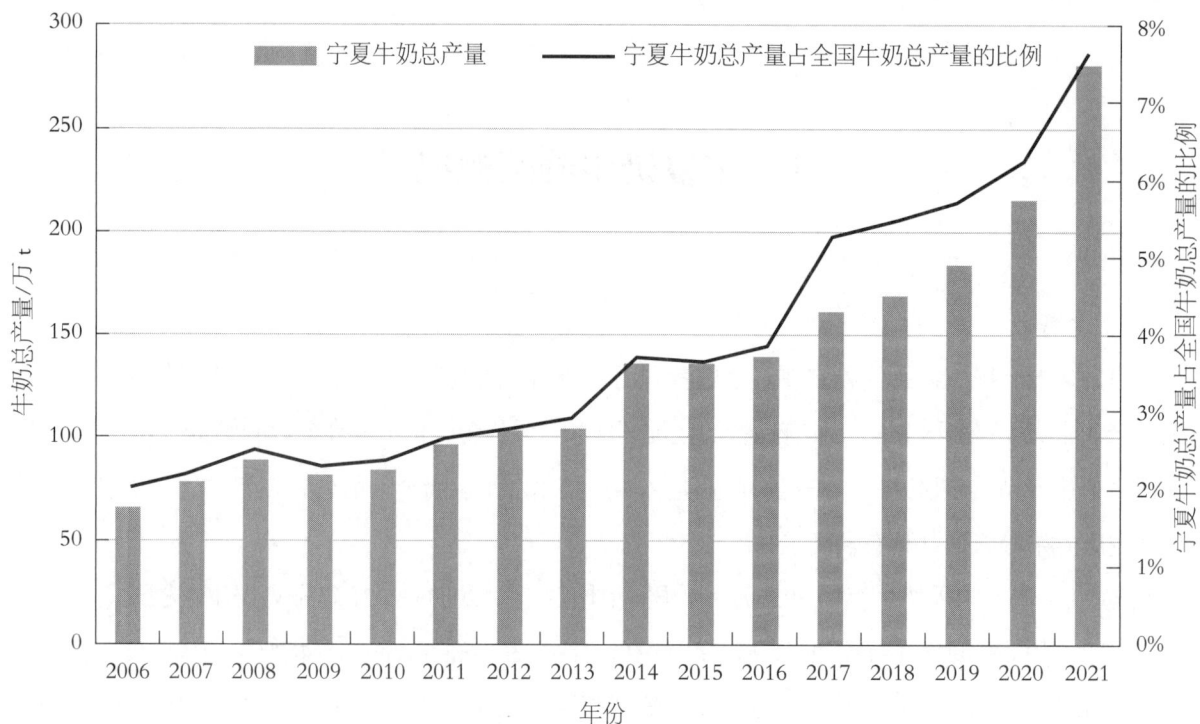

图 1-2　2006—2021 年宁夏牛奶总产量及其占全国牛奶总产量的比例变化

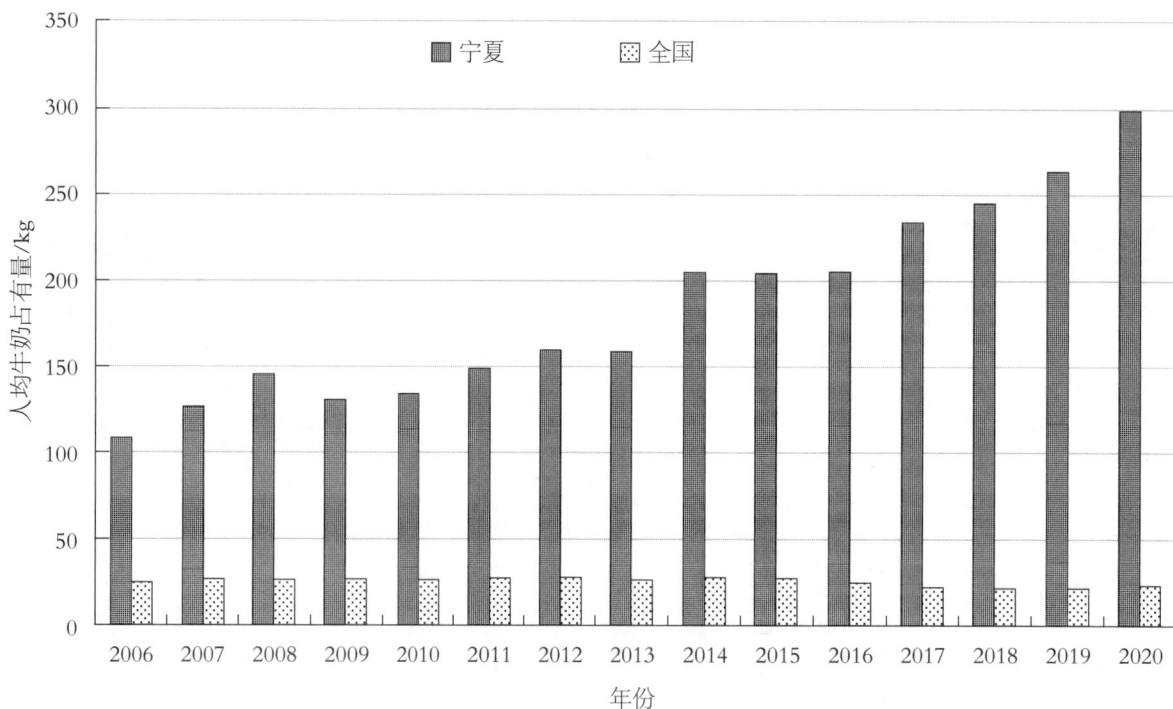

图 1-3　2006—2020 年宁夏及全国人均牛奶占有量变化

2　宁夏奶牛生产性能测定概况

2.1　参测牧场数及参测牛头数的年度变化

2011 年至 2022 年 6 月宁夏 DHI 参测牧场数见图 2-1-1。宁夏 DHI 参测牧场数基本呈逐年递减的趋势，2019 年及以前每年的参测牧场数均大于等于 30 个，2022 年的参测牧场数与 2021 年持平。

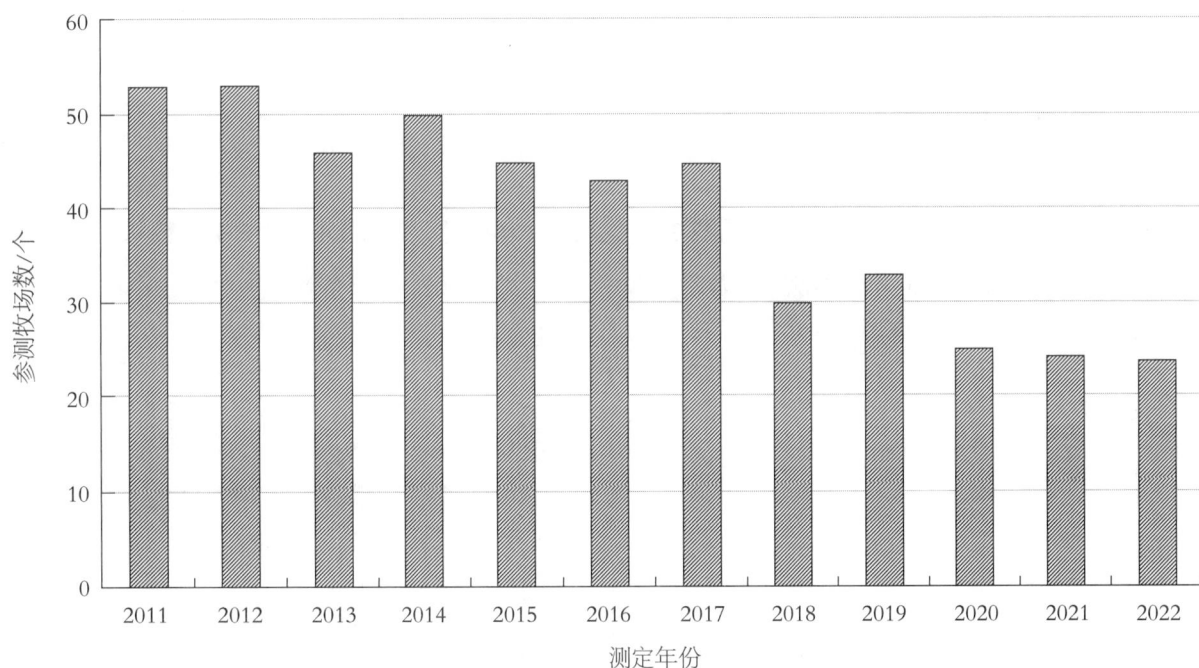

图 2-1-1　2011—2022 年宁夏 DHI 参测牧场数变化

注：2022 年仅包含 1—6 月数据。

2011—2022 年宁夏 DHI 记录数见图 2-1-2。2019 年以前，宁夏 DHI 记录数基本逐年递增。

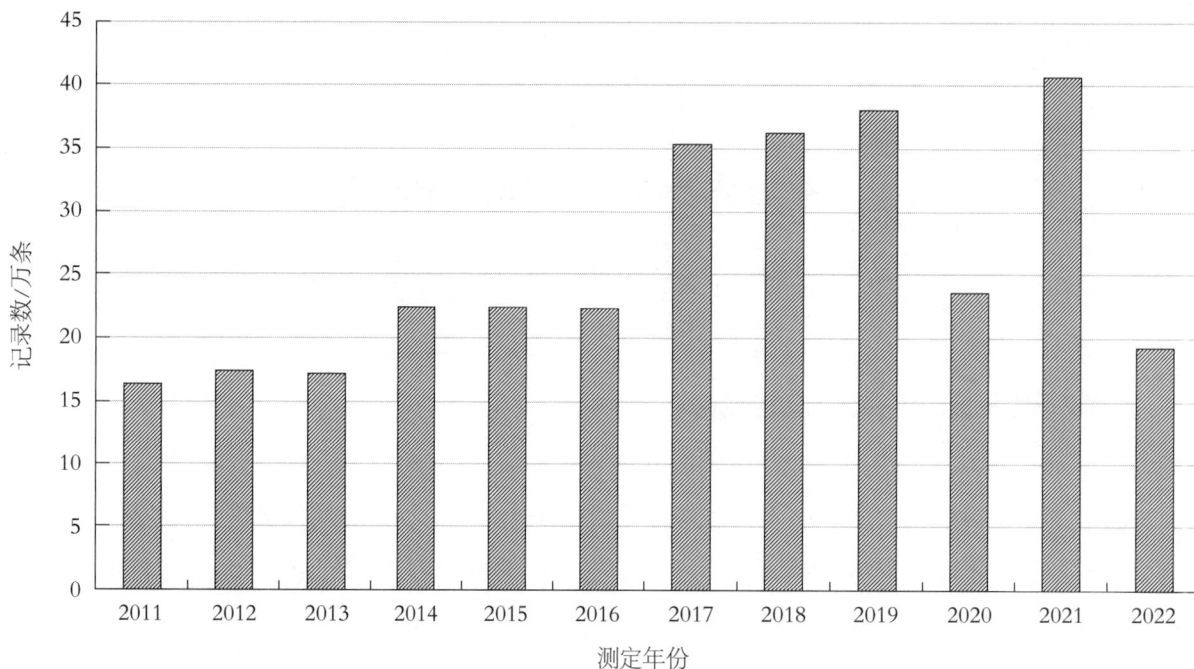

图 2-1-2　2011—2022 年宁夏 DHI 记录数变化

注：2022 年仅包含 1—6 月数据。

2011—2022 年宁夏 DHI 参测牛头数见图 2-1-3。2017 年以前，宁夏 DHI 参测牛头数总体上呈逐年递增的趋势；2018—2020 年，参测牛头数稳定在 5 万头左右；2021 年，参测牛头数突破 6 万头。

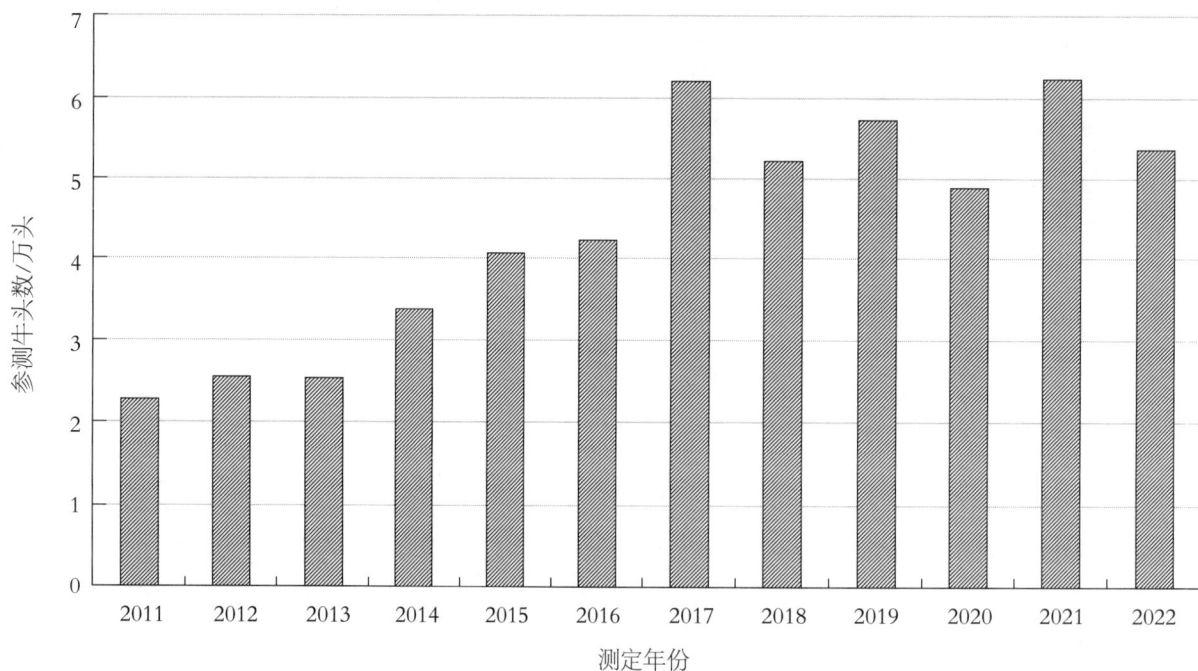

图 2-1-3　2011—2022 年宁夏 DHI 参测牛头数变化

注：2022 年仅包含 1—6 月数据。

2.2　主要产奶性能指标的年度变化

宁夏 DHI 非项目场和核心育种场奶牛的产奶量、乳脂率、乳蛋白率及体细胞数随测定年份的变化见图 2-2-1 至图 2-2-4。其中，产奶量基本呈逐年递增的趋势；乳脂率和乳蛋白率的变化趋于平缓；

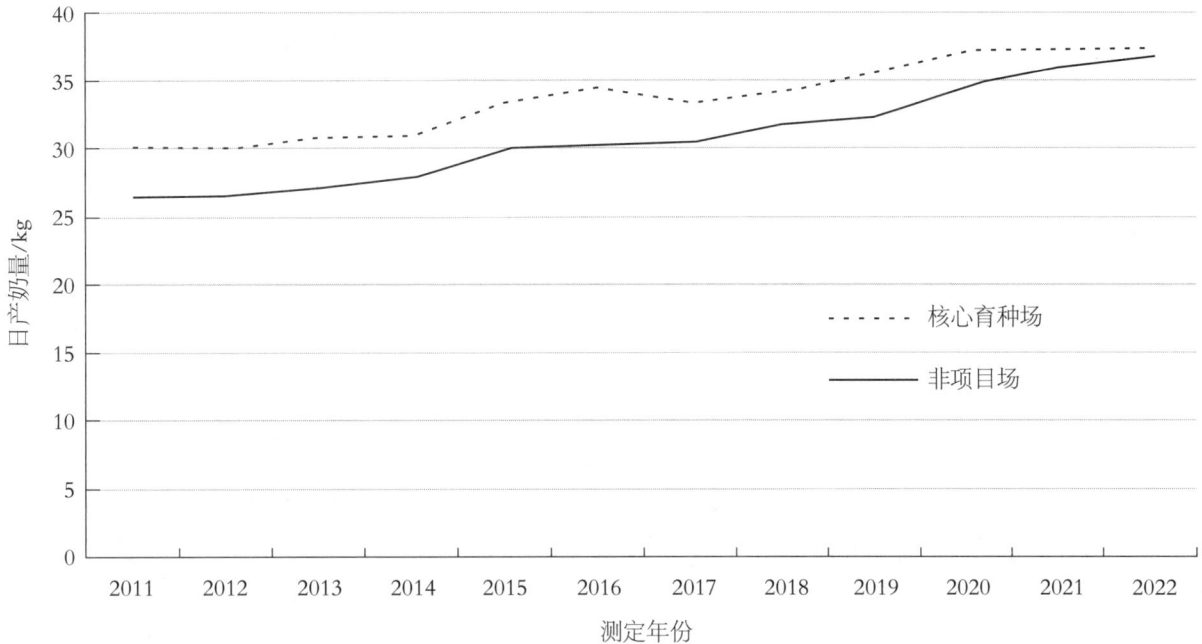

图 2-2-1　2011—2022 年宁夏 DHI 参测奶牛日产奶量变化

注：2022 年仅包含 1—6 月数据。

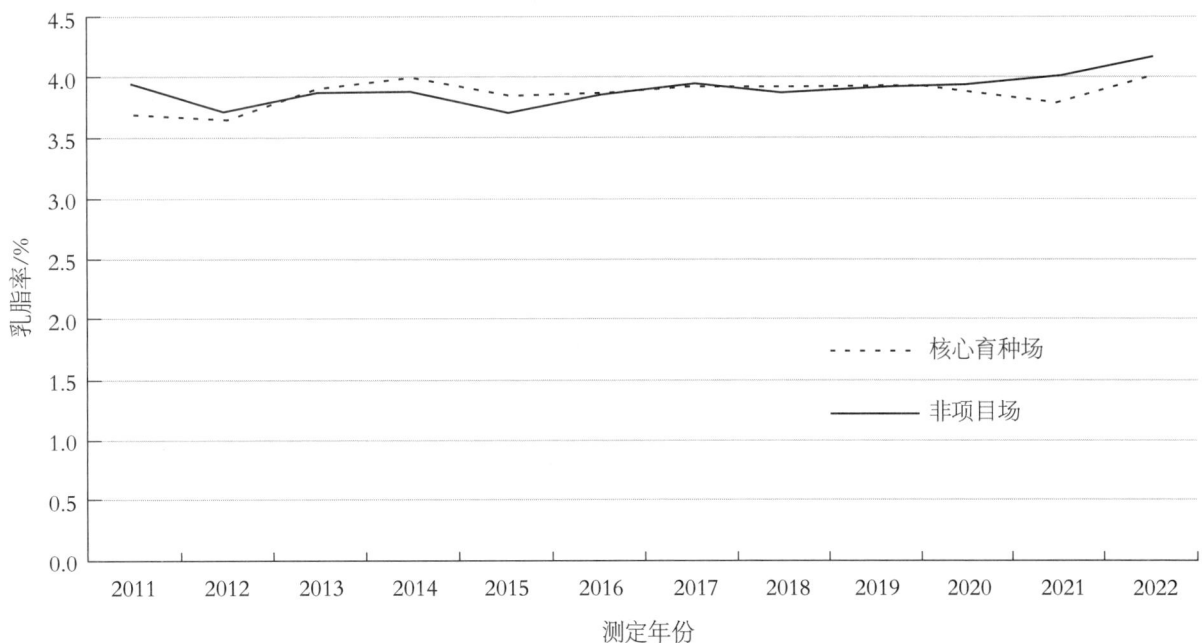

图 2-2-2　2011—2022 年宁夏 DHI 参测奶牛乳脂率变化

注：2022 年仅包含 1—6 月数据。

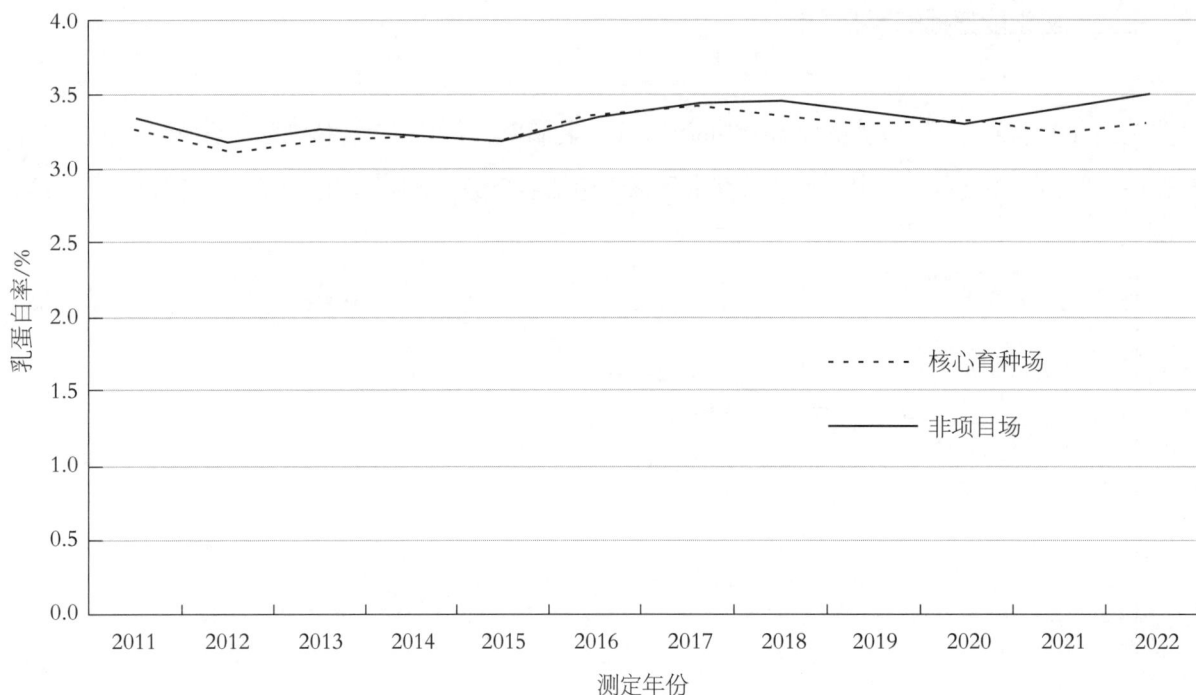

图 2-2-3　2011—2022 年宁夏 DHI 参测奶牛乳蛋白率变化

注：2022 年仅包含 1—6 月数据。

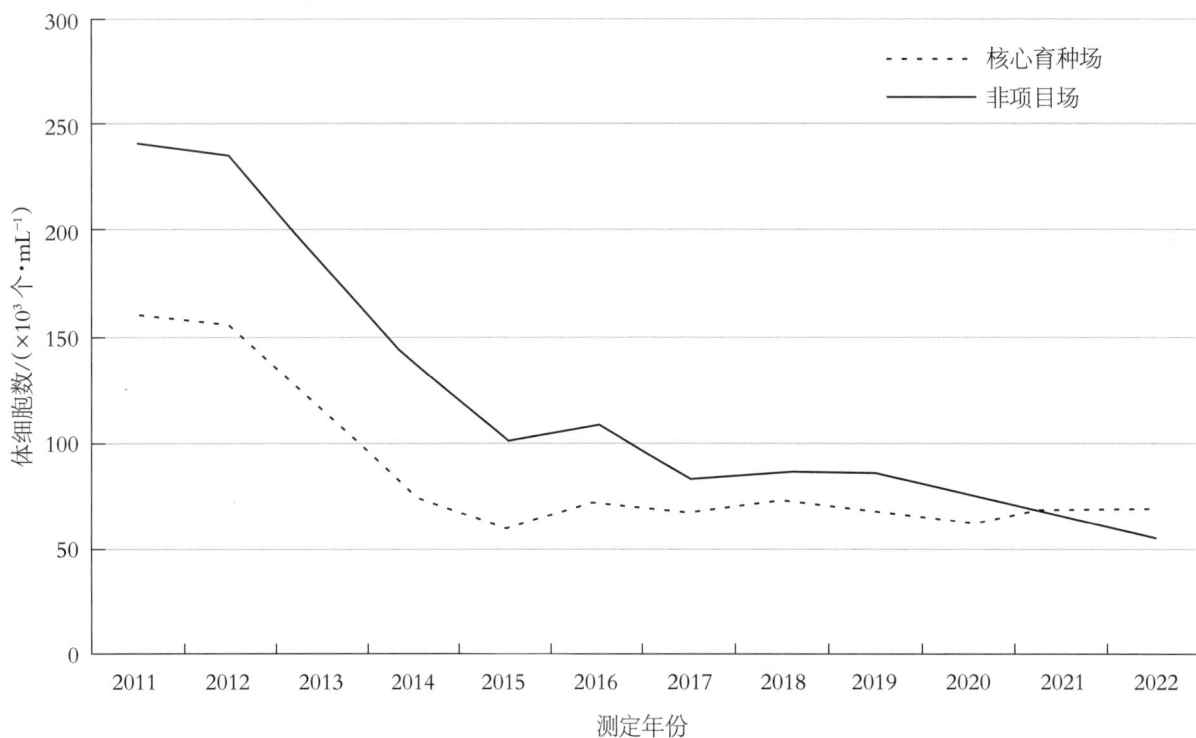

图 2-2-4　2011—2022 年宁夏 DHI 参测奶牛体细胞数变化

注：2022 年仅包含 1—6 月数据。

体细胞数总体上呈下降趋势，2016 年以后基本稳定在每毫升 10 万个以内。

在产奶量和体细胞数方面，核心育种场奶牛的整体表现优于非项目场，但二者间的差距逐年缩小；在乳脂率和乳蛋白率方面，非项目场与核心育种场基本一致。计算宁夏奶牛体细胞数平均水平时，应将原始记录中的体细胞数转换为体细胞评分，获得体细胞评分均值后再转换为宁夏奶牛体细胞数平均值。

宁夏 DHI 非项目场和核心育种场奶牛的产奶量、乳脂率、乳蛋白率和体细胞数随奶牛出生年份的变化见图 2-2-5 至图 2-2-8。其中，截至 2018 年，产奶量基本呈逐年递增的趋势，2019—2020 年出生奶牛的产奶量略有降低；乳脂率和乳蛋白率的变化趋于平缓；体细胞数基本呈逐年降低的趋势，2011 年以后出生的测定牛只下降幅度趋缓。

在产奶量和体细胞数方面，截至 2018 年，核心育种场奶牛的表现总体上优于非项目场；在乳脂率和乳蛋白率方面，核心育种场和非项目场之间的差异较小。计算宁夏奶牛体细胞数平均水平时，应将原始记录中的体细胞数转换为体细胞评分，获得体细胞评分均值后再转换为宁夏奶牛体细胞数平均值。

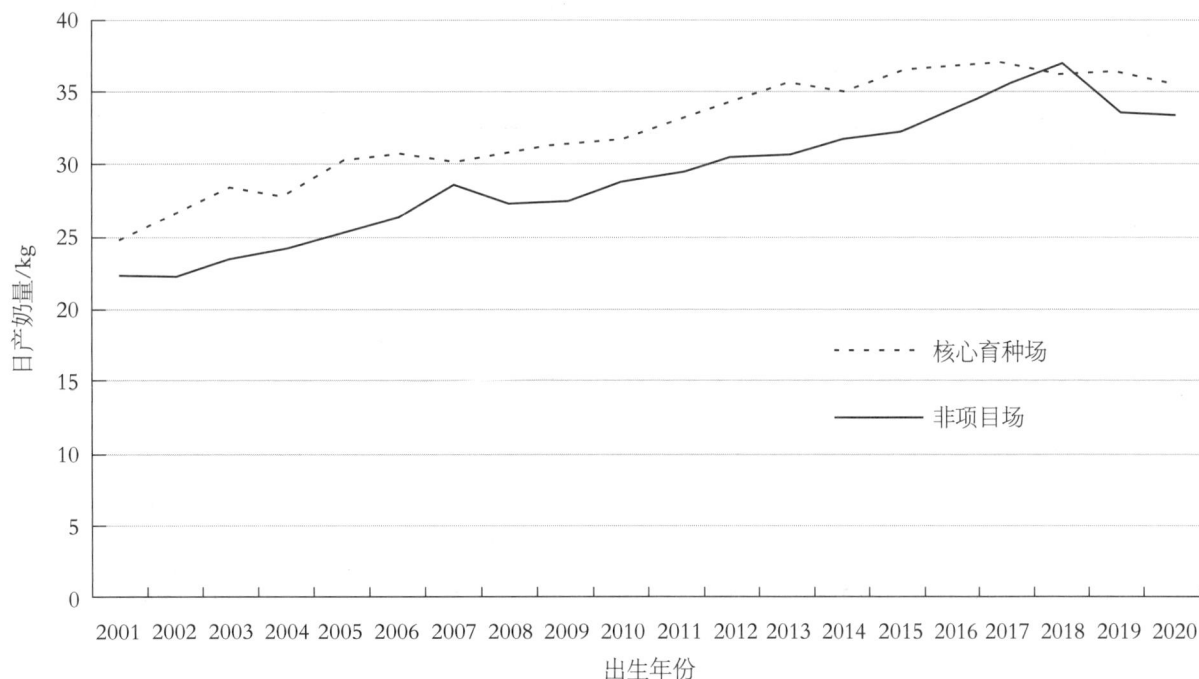

图 2-2-5 宁夏 2001—2020 年出生奶牛日产奶量变化

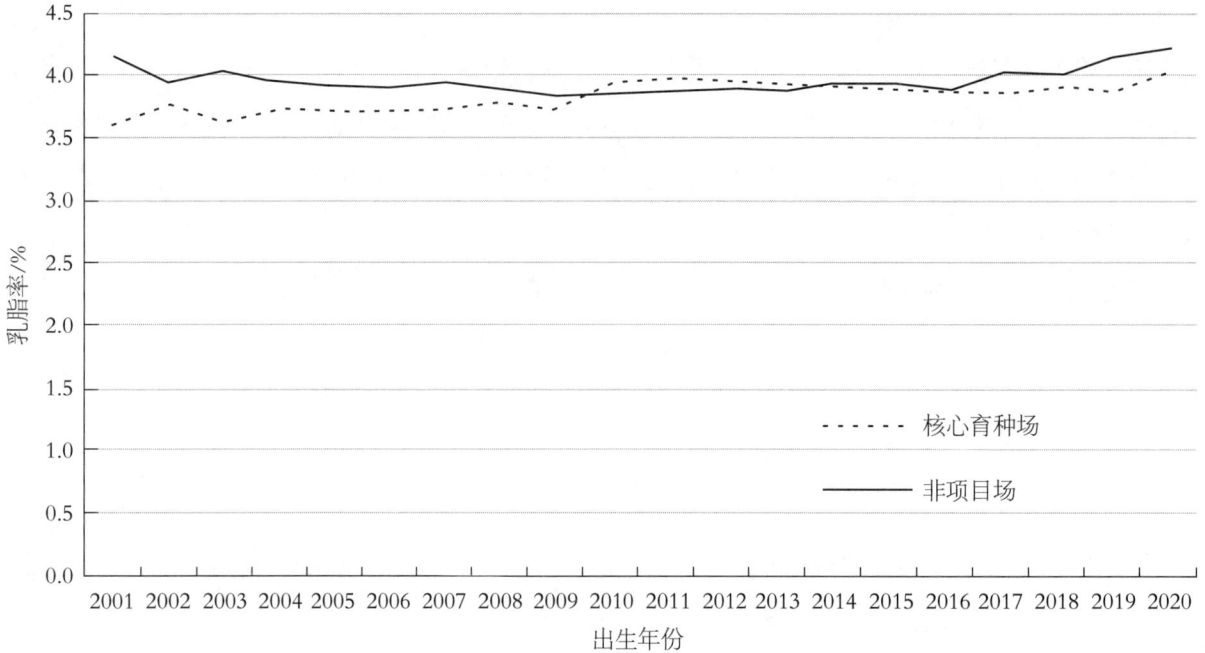

图 2-2-6　宁夏 2001—2020 年出生奶牛乳脂率变化

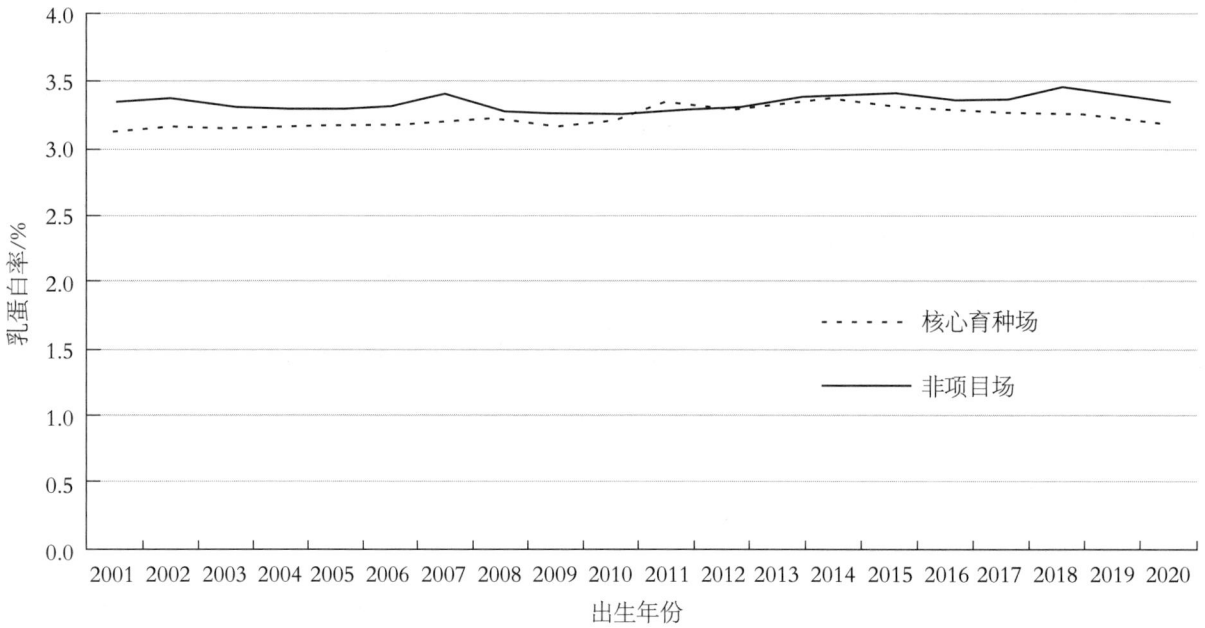

图 2-2-7　宁夏 2001—2020 年出生奶牛乳蛋白率变化

2.3　参测规模的年度变化

宁夏非项目场和核心育种场 DHI 测定的数据规模和牛群规模随测定年份的变化见图 2-3-1 和图 2-3-2。宁夏 DHI 测定的数据规模和牛群规模总体上逐年递增，2016 年以后增长幅度较大。此外，

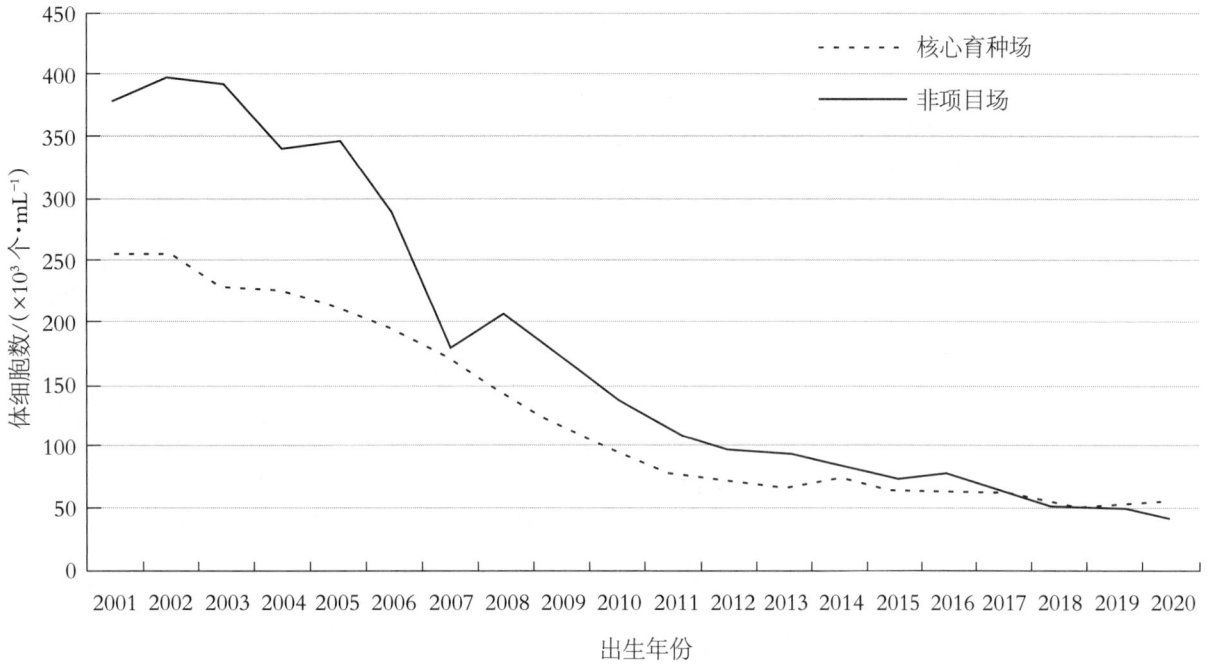

图 2-2-8 宁夏 2001—2020 年出生奶牛体细胞数变化

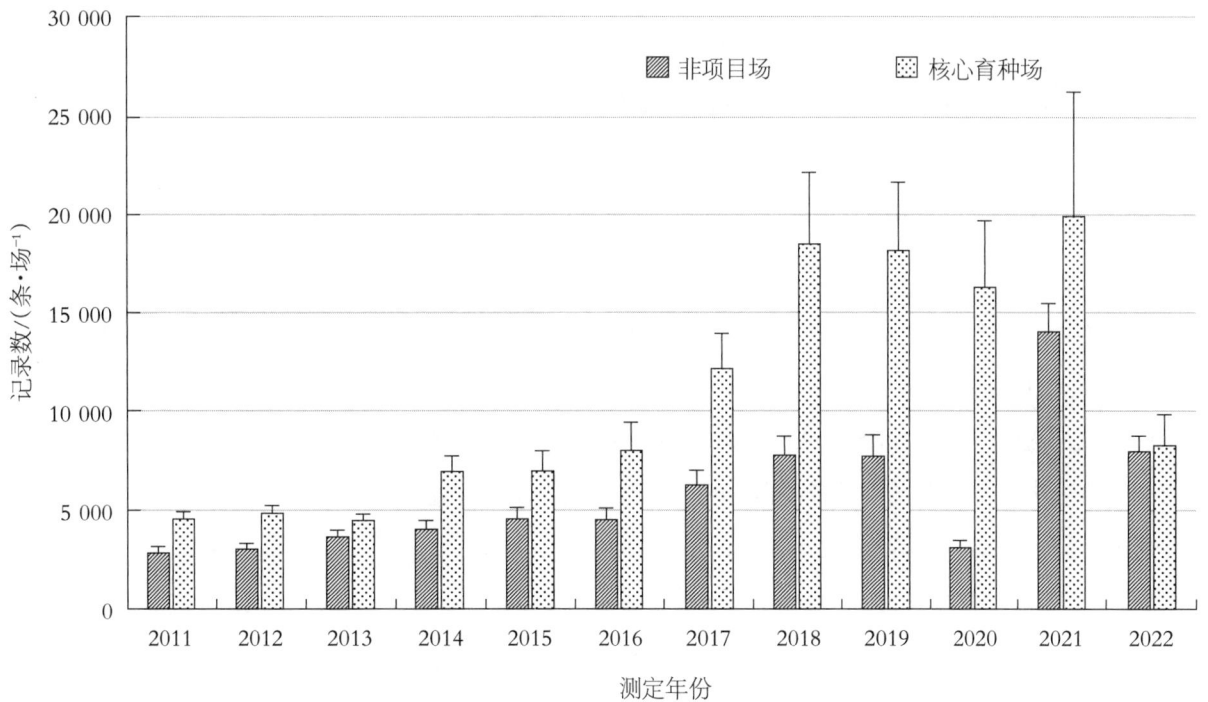

图 2-3-1 2011—2022 年宁夏 DHI 测定的数据规模变化

注：2022 年仅包含 1—6 月数据。

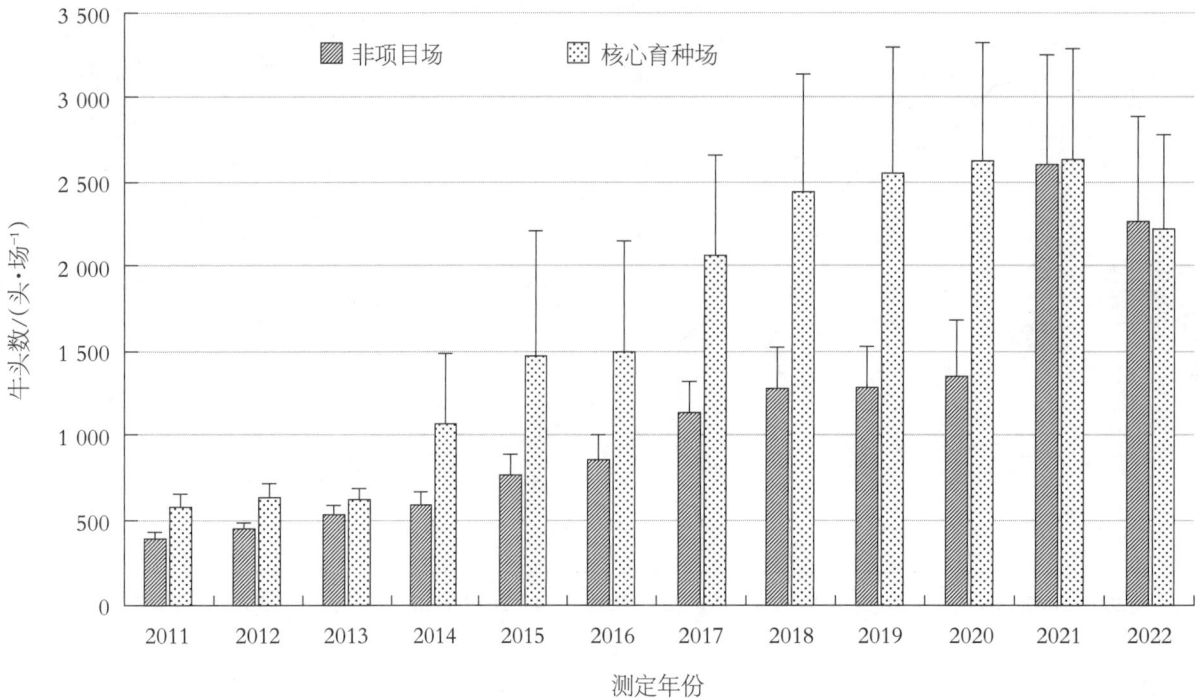

图 2-3-2 2011—2022 年宁夏 DHI 测定的牛群规模变化

注：2022 年仅包含 1—6 月数据。

核心育种场 DHI 测定的数据规模和牛群规模均大于非项目场。

2.4 测定数据有效比例的年度变化

对 2011—2022 年共计 76 个参测牧场 199 089 头奶牛的 3 107 667 条 DHI 记录进行数据质量控制（以下简称质控），质控标准及质控后数据量见表 2-4-1。DHI 数据用于育种值估计时，质控后数据有效比例的变化见图 2-4-1 和图 2-4-2。宁夏 DHI 数据的有效比例基本逐年增加，质控标准 4 和质控标准 8 的数据损失量最大，牧场系谱收集整理等方面的工作有待加强，应严格按照《中国荷斯坦牛生产性能测定技术规范》执行。

表 2-4-1 DHI 数据用于遗传参数、育种值及产奶量育种值估计的质控标准和质控后数据量

分类	质控标准	质控后数据量		
		遗传参数估计 [a]	育种值估计 [b]	产奶量育种值估计 [b]
原始数据	—[c]	2 458 393	3 107 667	3 107 667
1	信息记录完整 [d]	2 437 241	3 106 462	3 106 462

续表

分类		质控标准	质控后数据量		
			遗传参数估计[a]	育种值估计[b]	产奶量育种值估计[b]
2	2.1	日产奶量 5~100 kg	2 431 755	3 085 399	3 085 399
	2.2	乳脂率 2%~6.2%	2 414 275	2 983 744	—
	2.3	乳蛋白率 2%~5%	2 410 781	2 980 715	—
	2.4	体细胞数 1 万~600 万个/mL	2 389 566	2 893 910	—
3	3.1	1 胎产犊月龄 20~50 个月	2 367 590	2 870 326	3 060 194
	3.2	2 胎产犊月龄 32~66 个月	2 349 250	2 848 372	3 036 702
	3.3	3 胎产犊月龄 43~81 个月	2 327 471	2 827 857	3 014 312
	3.4	4 胎产犊月龄 56~101 个月	2 314 181	2 809 324	2 994 564
	3.5	5 胎产犊月龄 60~120 个月	2 310 752	2 805 915	2 991 008
	3.6	6 胎产犊月龄 70~140 个月	2 310 100	2 804 440	2 989 499
	3.7	7 胎产犊月龄 80~150 个月	2 309 856	2 803 462	2 988 485
	3.8	8 胎产犊月龄 90~160 个月	2 309 683	2 803 299	2 988 312
	3.9	9 胎产犊月龄 100~180 个月	2 309 583	2 803 233	2 988 241
	3.10	10 胎产犊月龄 110~200 个月	2 309 550	2 803 203	2 988 210
	3.11	胎次 1~10 胎		2 802 813	2 987 804
4		泌乳天数 5~305 d	1 859 045	2 288 087	2 443 183
5		胎次内至少有一条泌乳天数 <90 d 时的记录	1 690 641	2 078 709	2 248 587
6		胎次内测定次数 >3 次	1 569 933	1 967 322	2 143 083
7		场内参测牛头数>100 头	1 569 429	—	—
8		匹配到系谱记录（必须有父亲记录）	1 196 273	—	—
9	9.1	公牛后代女儿数>20 头	994 975	—	—
	9.2	公牛后代女儿分布场>3 个	644 549	—	—

注：a. 质控后数据用于估计产奶性状的遗传参数，质控标准较为严格；

b. 质控后数据用于估计个体育种值、产奶量育种值，质控标准较为宽松；

c. "—"表示该质控标准不适用；

d. 信息记录完整指 DHI 记录包含牛号、场号、胎次、出生日期、产犊日期、测定日期及各产奶性能指标测定值等信息。

質控标准 1　質控标准 2　質控标准 3　質控标准 4　質控标准 6

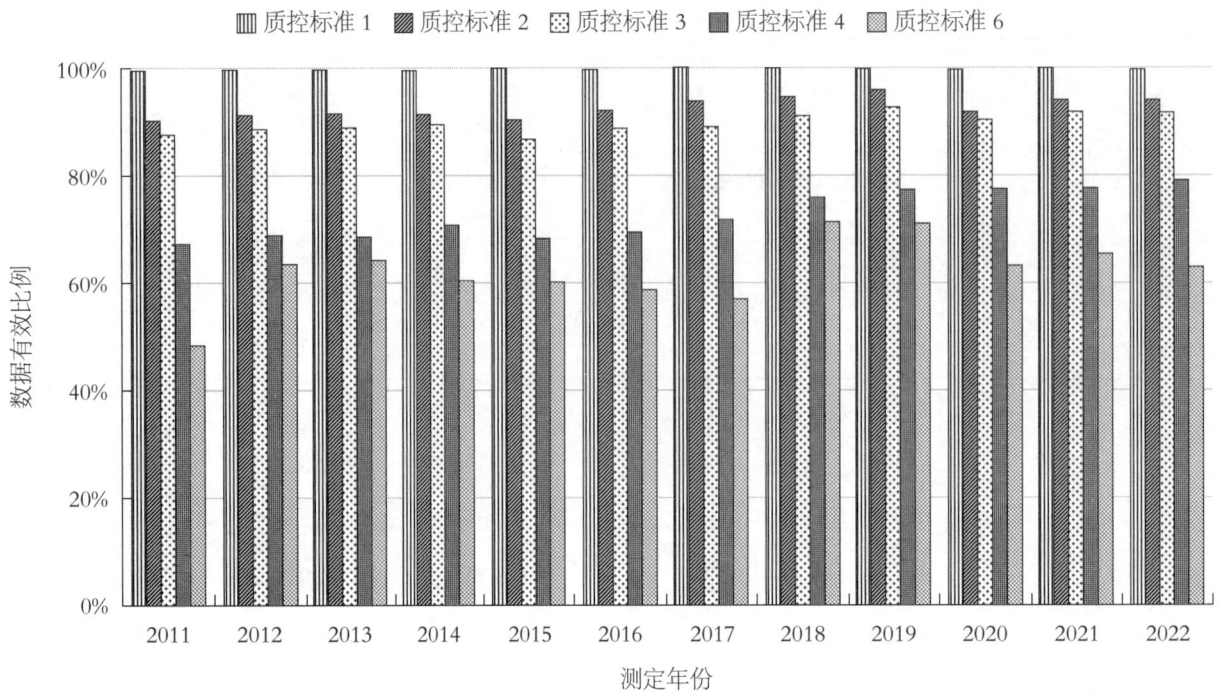

图 2-4-1　2011—2022 年宁夏 DHI 数据用于育种值估计时质控后数据有效比例变化

注：2022 年仅包含 1—6 月数据。

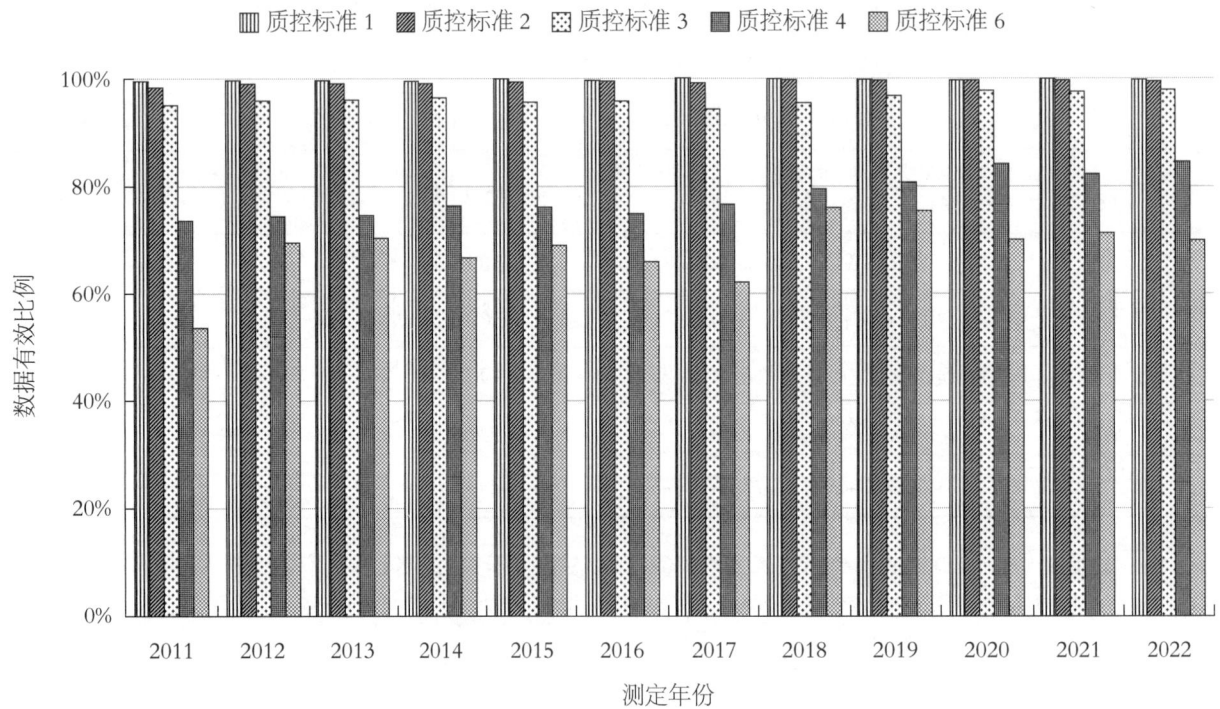

質控标准 1　質控标准 2　質控标准 3　質控标准 4　質控标准 6

图 2-4-2　2011—2022 年宁夏 DHI 数据用于产奶量育种值估计时质控后数据有效比例变化

注：2022 年仅包含 1—6 月数据。

3　宁夏奶牛体型线性鉴定概况

3.1　参与体型鉴定牧场数和牛头数的变化

3.1.1　体型鉴定数据质控情况

对宁夏 35 个牧场 2012—2022 年鉴定的 56 935 头 1~10 胎母牛单次体型鉴定记录进行数据质控，质控标准和质控后数据量见表 3-1-1。其中，质控条件 5（泌乳天数 30~180 d）造成的数据损失量最大。

表 3-1-1　宁夏奶牛体型鉴定数据质控标准及质控后数据量

条件	质控标准	质控后数据量
原始数据	—	56 935
1	无胎次记录或胎次≥4 胎	54 554
2	泌乳天数 5~305 d	49 713
3	1 胎产犊月龄 22~41 个月 2 胎产犊月龄 34~54 个月 3 胎产犊月龄 46~65 个月	42 842
4	匹配到系谱记录	37 611
5	泌乳天数 30~180 d	29 981

2013—2021 年体型鉴定数据中，不同质控标准下的数据有效比例见图 3-1-1。总体上，数据有效比例随鉴定年份逐年上升。根据《中国荷斯坦牛体型鉴定技术规程》，鉴定奶牛应满足泌乳天数 30~180 d 的条件，不符合该基本条件的鉴定奶牛有 12 831 头，占比达 22.5%。

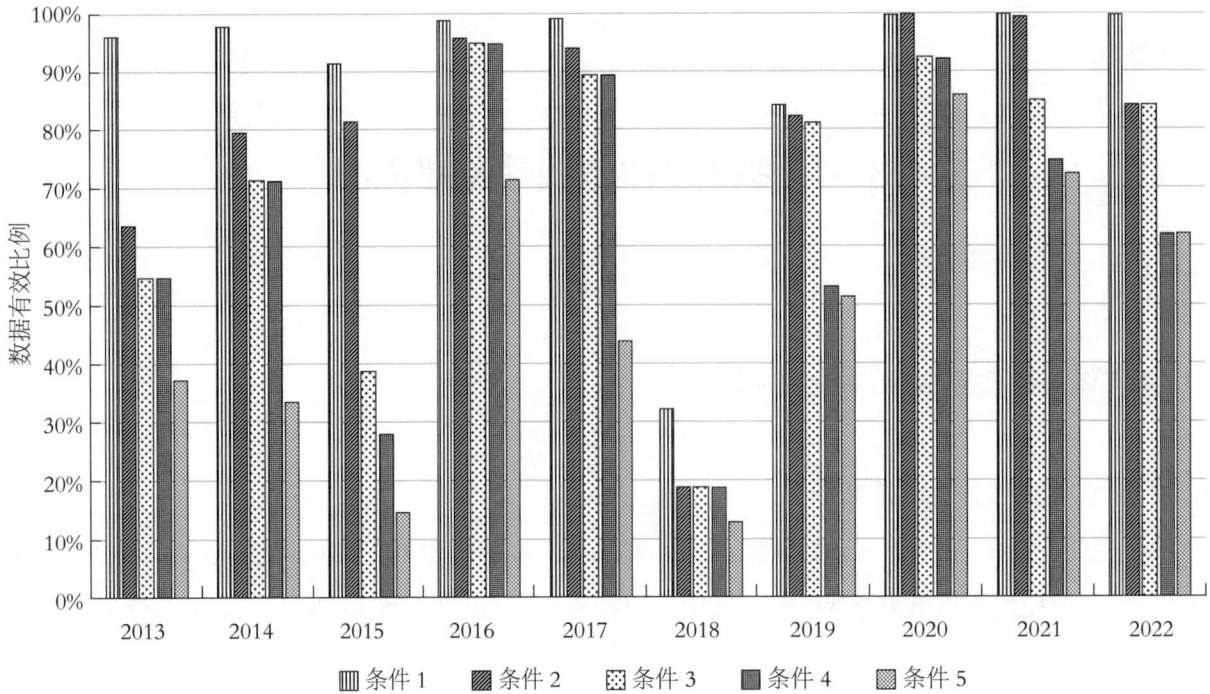

图 3-1-1 2013—2022 年宁夏奶牛体型鉴定数据在不同质控标准下的有效比例

3.1.2 胎次分布

2012—2022 年参与体型鉴定奶牛鉴定时的胎次分布见图 3-1-2。具有胎次记录且不超过 3 胎的 55 075 头鉴定母牛中，1 胎牛有 44 863 头，2 胎牛有 7 878 头，3 胎牛有 2 334 头；1 胎牛占比最大，达 81.5%。

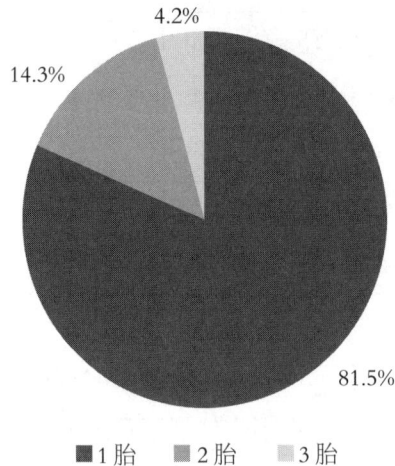

图 3-1-2 2012—2022 年宁夏奶牛体型鉴定时的胎次分布

3.1.3 体型鉴定数据量在各场的分布

宁夏参与体型鉴定的头胎牛在各场的分布情况见图 3-1-3。所有参与鉴定的牧场中，640190 号牧场参与鉴定的牛头数最多，占比达 21.44%；其他牧场中，数据量占比最大的牧场仅有 15.32%。此外，核心育种场数据量占全宁夏数据量的 58.33%。

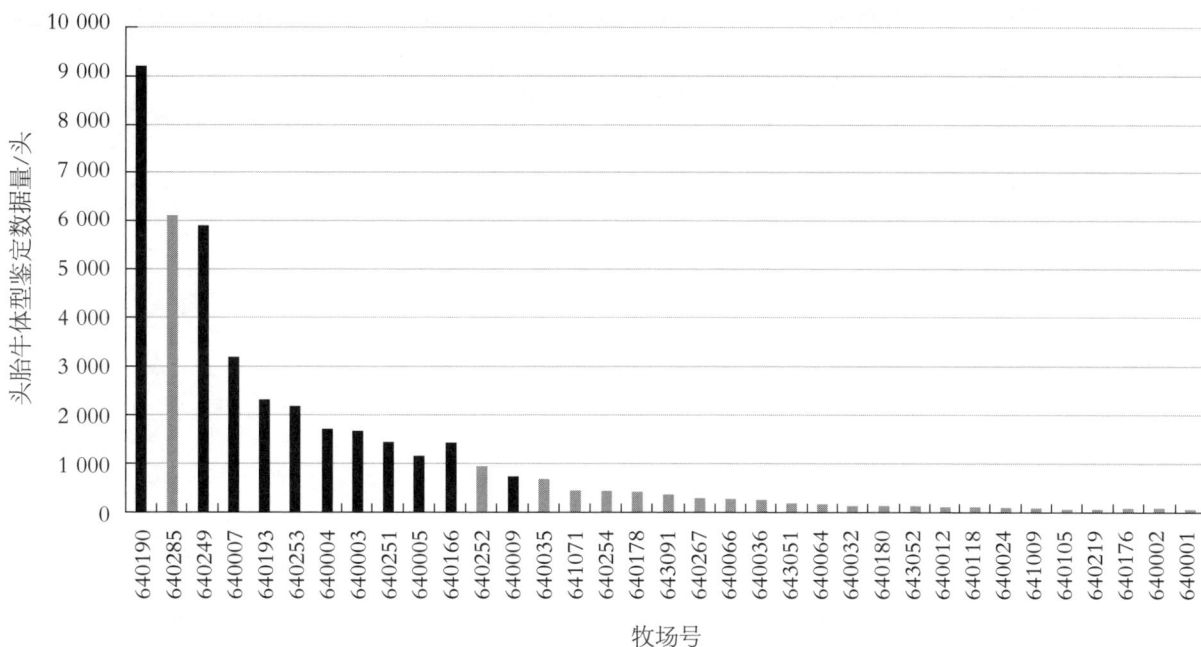

图 3-1-3 宁夏头胎牛体型鉴定数据量在各场的分布变化

注：黑色为核心育种场，灰色为非项目场。

宁夏 2010—2020 年出生的头胎牛参与体型鉴定的牛头数及牧场数的变化趋势见图 3-1-4。参与体型鉴定的头胎牛多出生于 2012—2013 年和 2017—2020 年，占比达 81.5%。

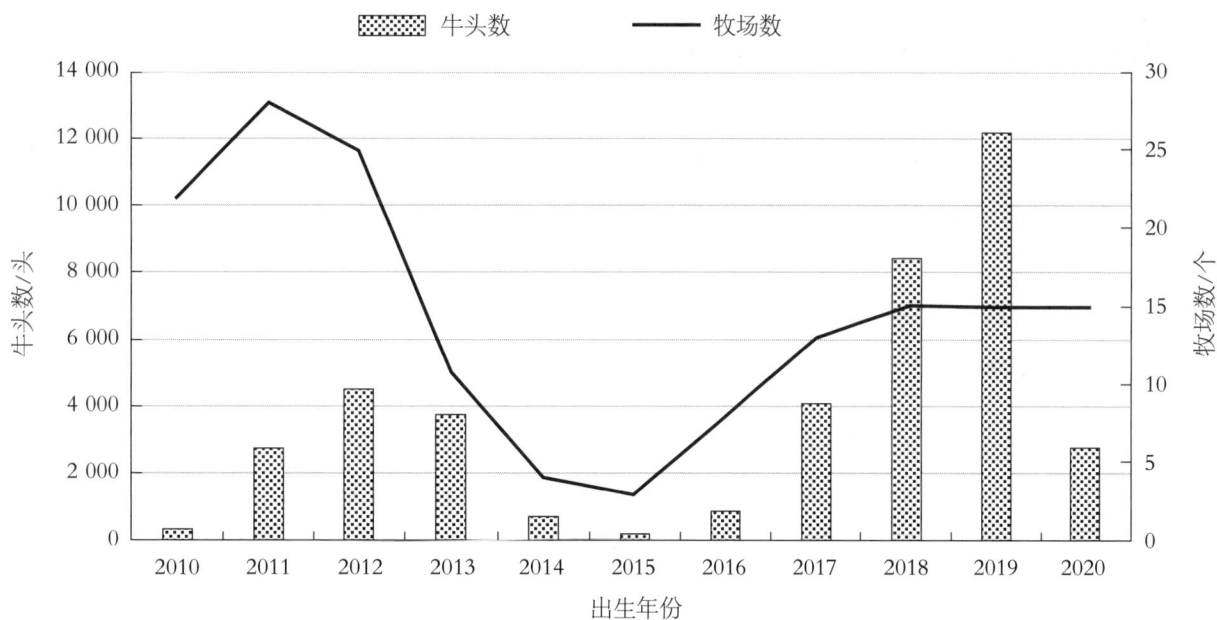

图 3-1-4 宁夏 2010—2020 年出生的头胎牛参与体型鉴定的牛头数及牧场数

3.2 参与体型鉴定的牧场鉴定规模变化

宁夏 2010—2020 年出生的奶牛中，参与体型鉴定的牧场平均鉴定牛头数见图 3-2-1（仅统计参与鉴定的头胎牛）。2012—2014 年和 2017—2020 年参与体型鉴定的牧场鉴定规模较大。

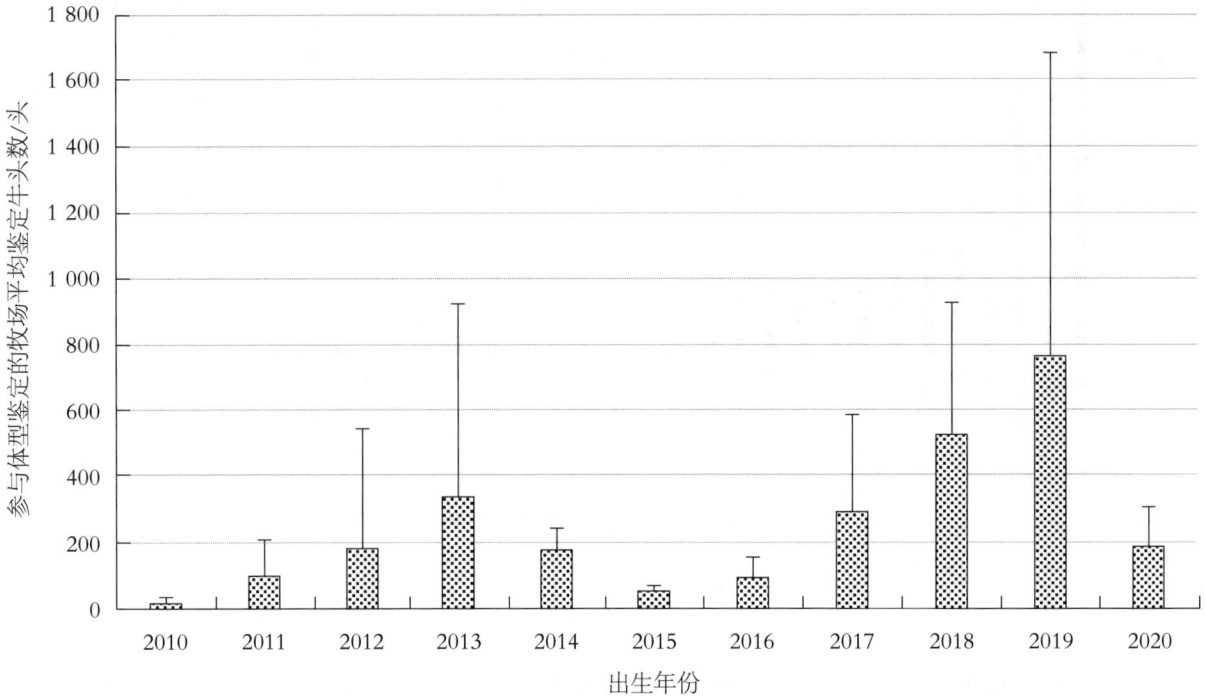

图 3-2-1　宁夏 2010 —2020 年出生的头胎牛参与体型鉴定的牧场鉴定规模

3.3 体型鉴定各部位综合评分及体型总分的年度变化

根据《中国荷斯坦牛体型鉴定技术规程》，加权计算得到各部位的综合评分及体型总分。宁夏奶牛体型总分及各部位综合评分随出生年份的变化趋势见图 3-3-1 至图 3-3-6。

3.4 奶牛体型总分不同等级比例的年度变化

根据《中国荷斯坦牛体型鉴定技术规程》，对宁夏参与体型鉴定的头胎牛进行体型总分等级划分，不同等级的头胎牛占比见图 3-4-1。宁夏荷斯坦牛体型总分多处于好佳（good plus）及以上等级。

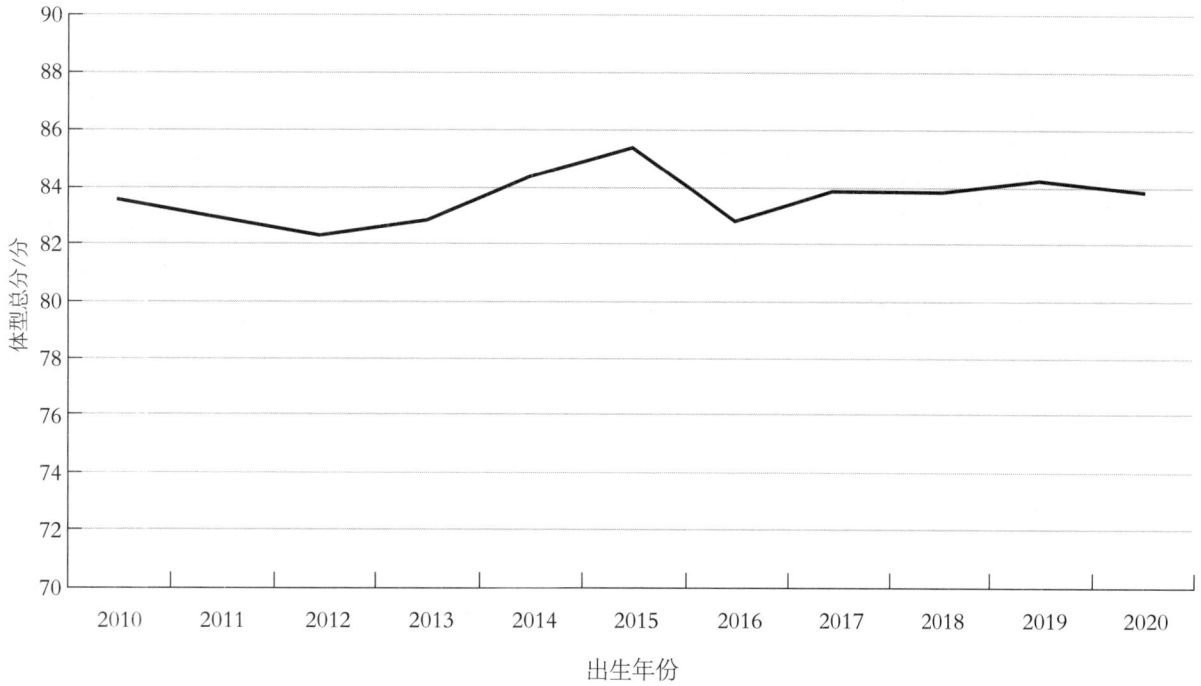

图 3-3-1　宁夏 2010—2020 年出生的头胎牛体型总分变化

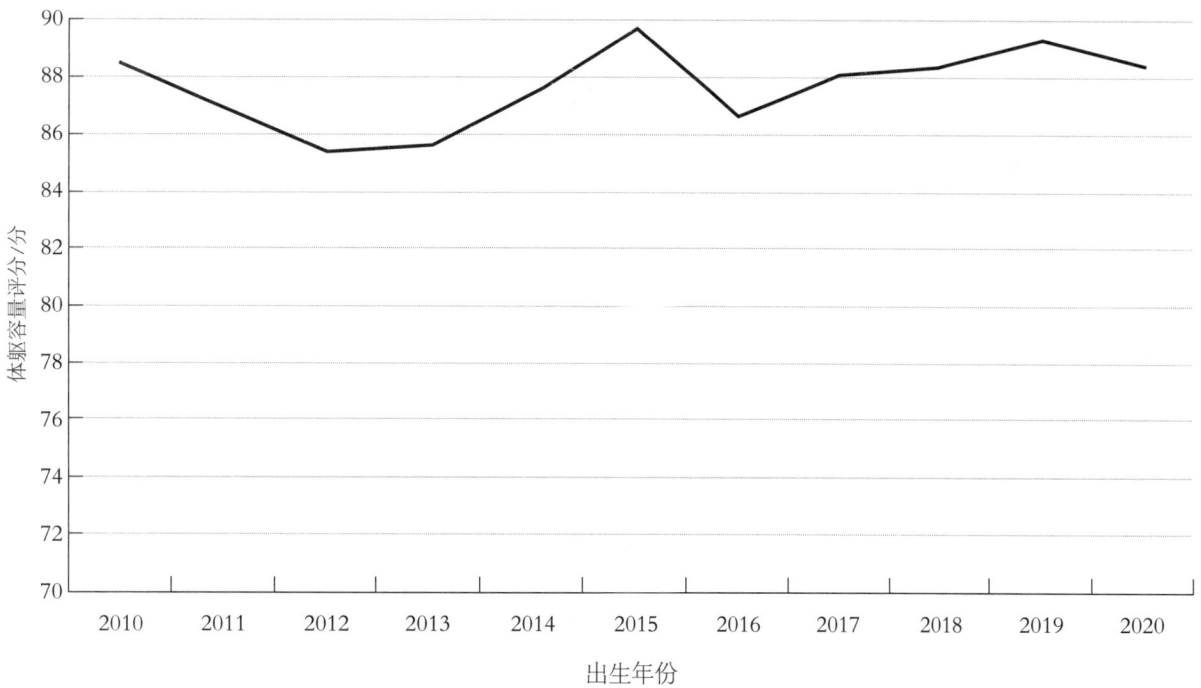

图 3-3-2　宁夏 2010—2020 年出生的头胎牛体躯容量评分变化

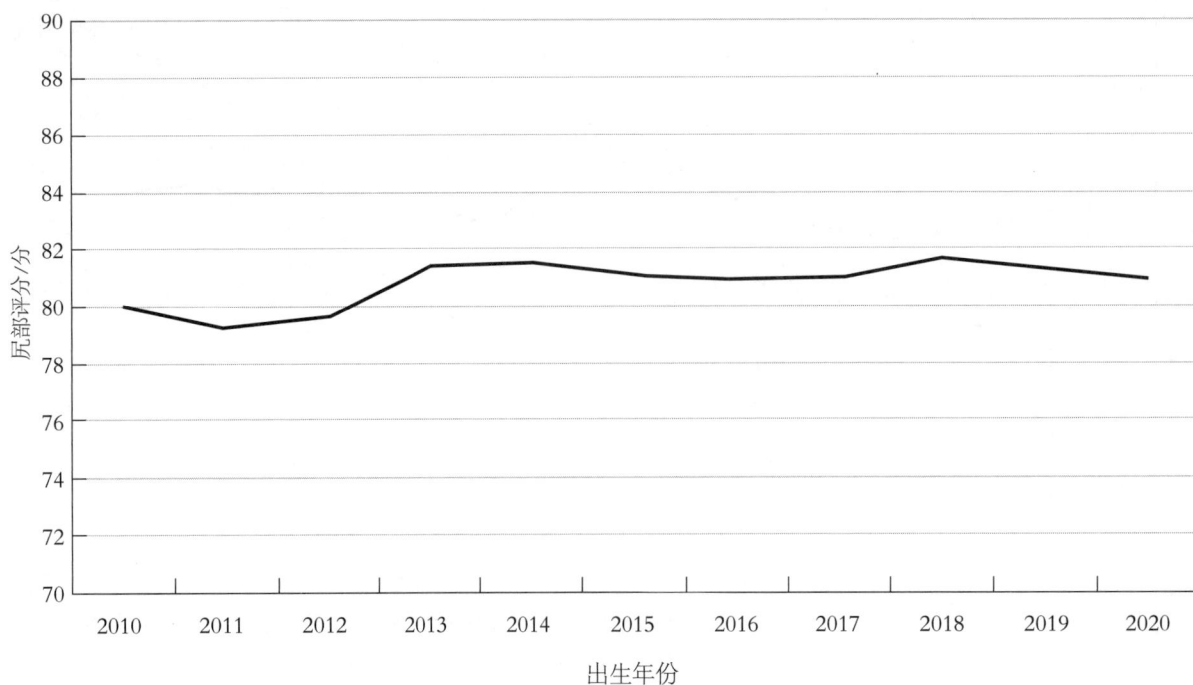

图 3-3-3　宁夏 2010—2020 年出生的头胎牛尻部评分变化

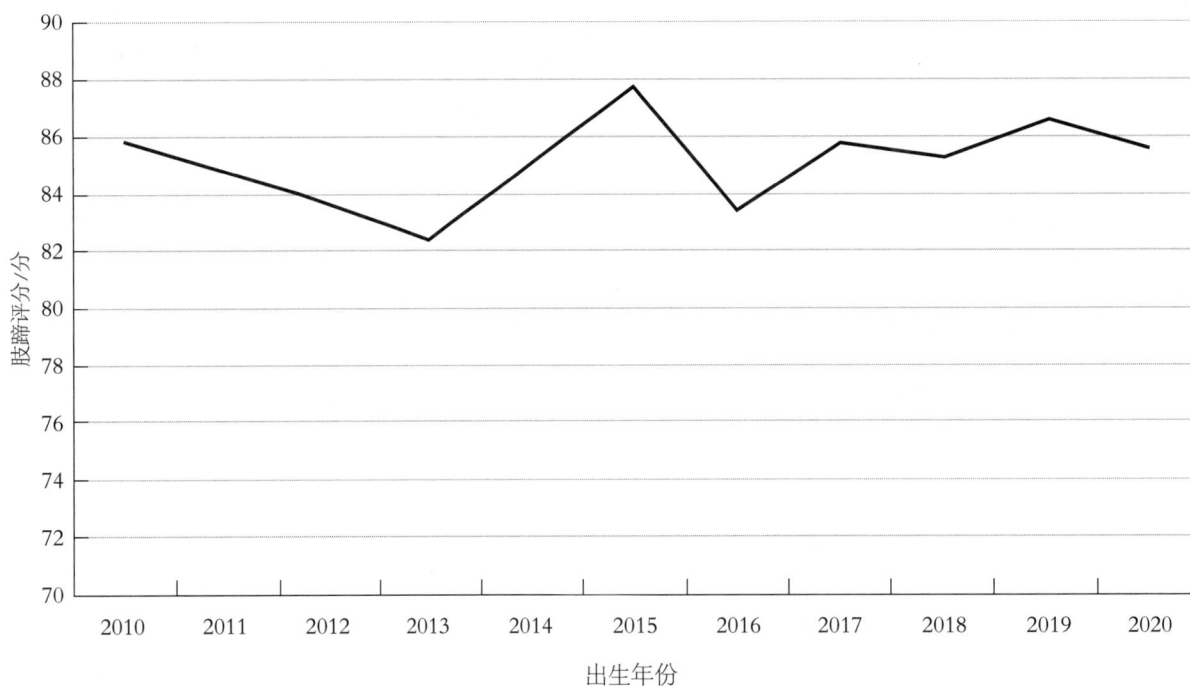

图 3-3-4　宁夏 2010—2020 年出生的头胎牛肢蹄评分变化

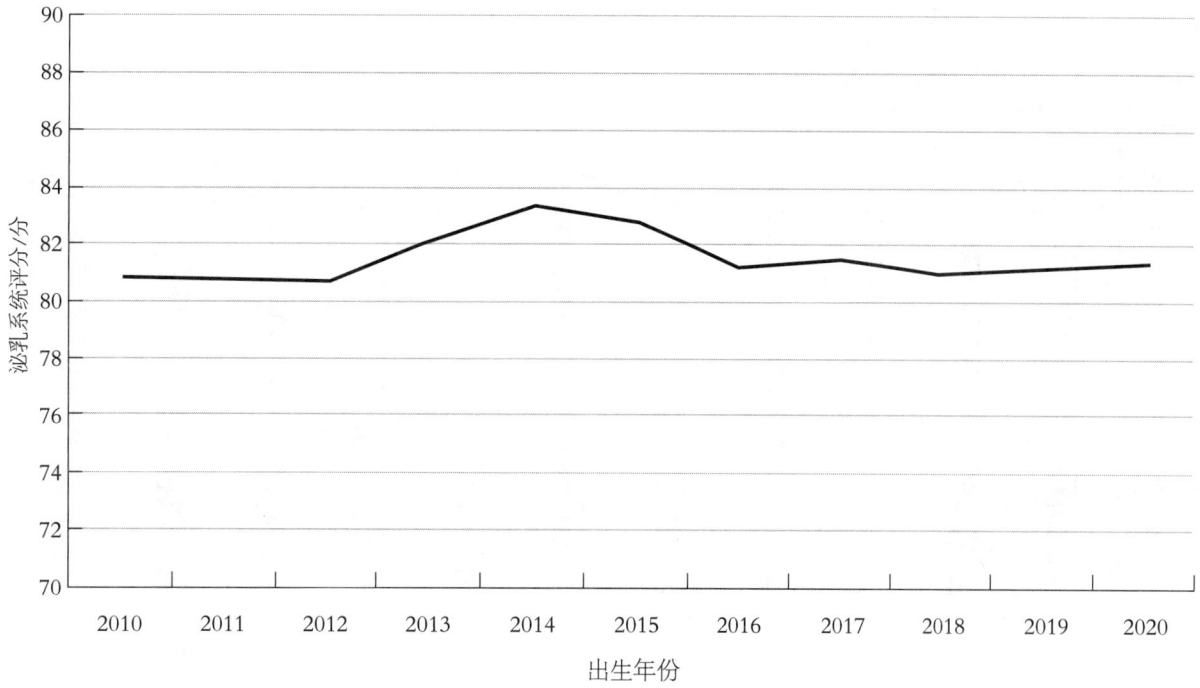

图 3-3-5 宁夏 2010—2020 年出生的头胎牛泌乳系统评分变化

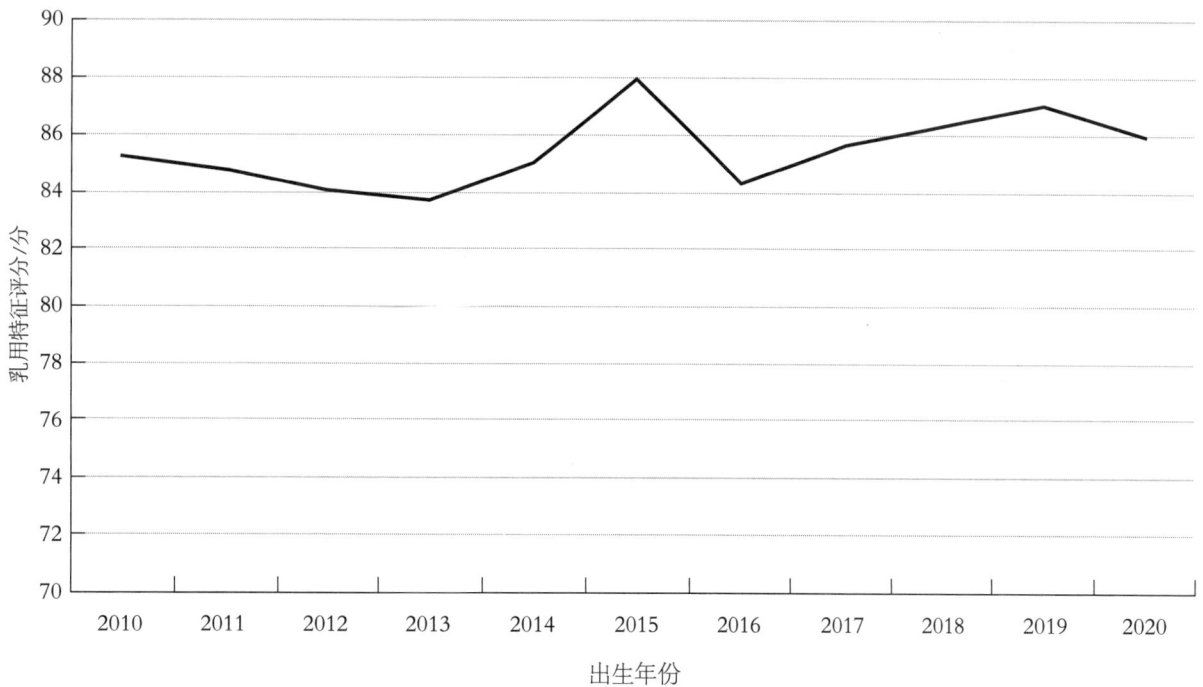

图 3-3-6 宁夏 2010—2020 年出生的头胎牛乳用特征评分变化

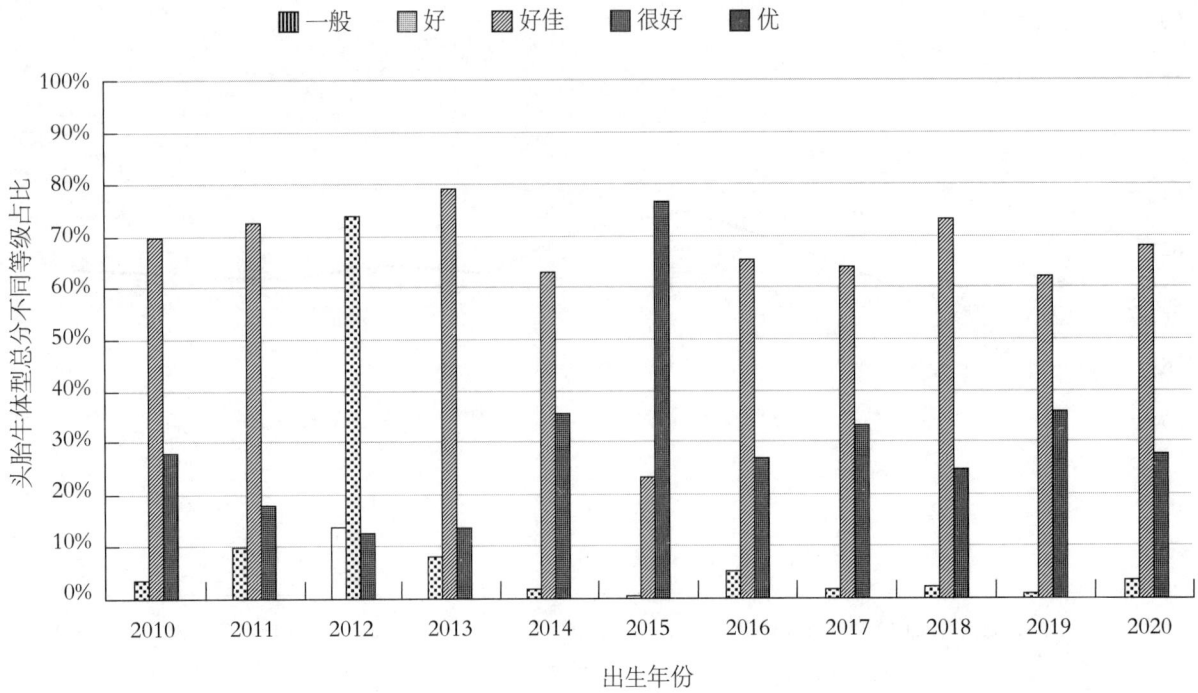

图 3-4-1　宁夏 2010—2020 年出生的头胎牛体型总分等级比例变化

4 宁夏奶牛管理性状概况

基于核心育种场记录的奶牛出生、配种、产犊、妊检、干奶和淘汰等生产事件，计算繁殖、产犊和长寿等管理性状的表型值，展示宁夏代表性牛群的管理性状。

4.1 繁殖性状

根据宁夏 12 个核心育种场 116 059 头荷斯坦牛的出生、配种、产犊和妊检记录，计算宁夏奶牛各繁殖性状的表型值。核心育种场奶牛首次配种日龄（AFS）、首次产犊日龄（AFC）、青年牛首末次配种间隔（IFL_H）、经产牛首末次配种间隔（IFL_C）和产犊至首次配种间隔（ICF）等性状随出生年份的变化趋势见图 4-1-1 至图 4-1-5。

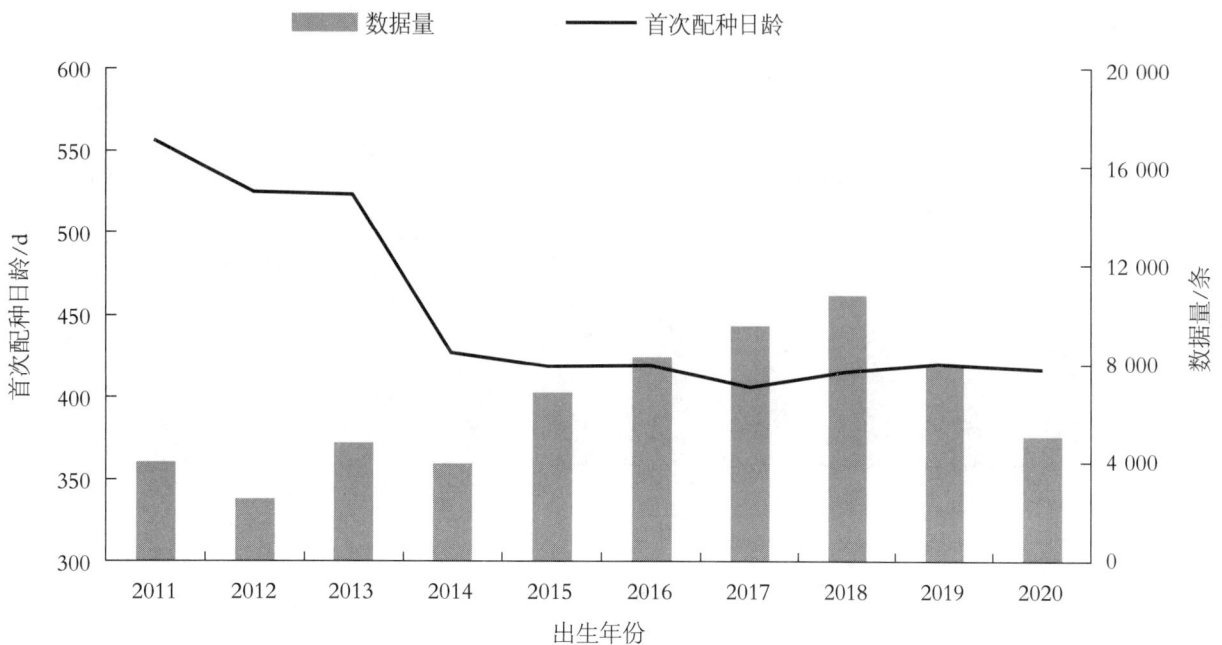

图 4-1-1 宁夏 2011—2020 年出生的奶牛首次配种日龄变化

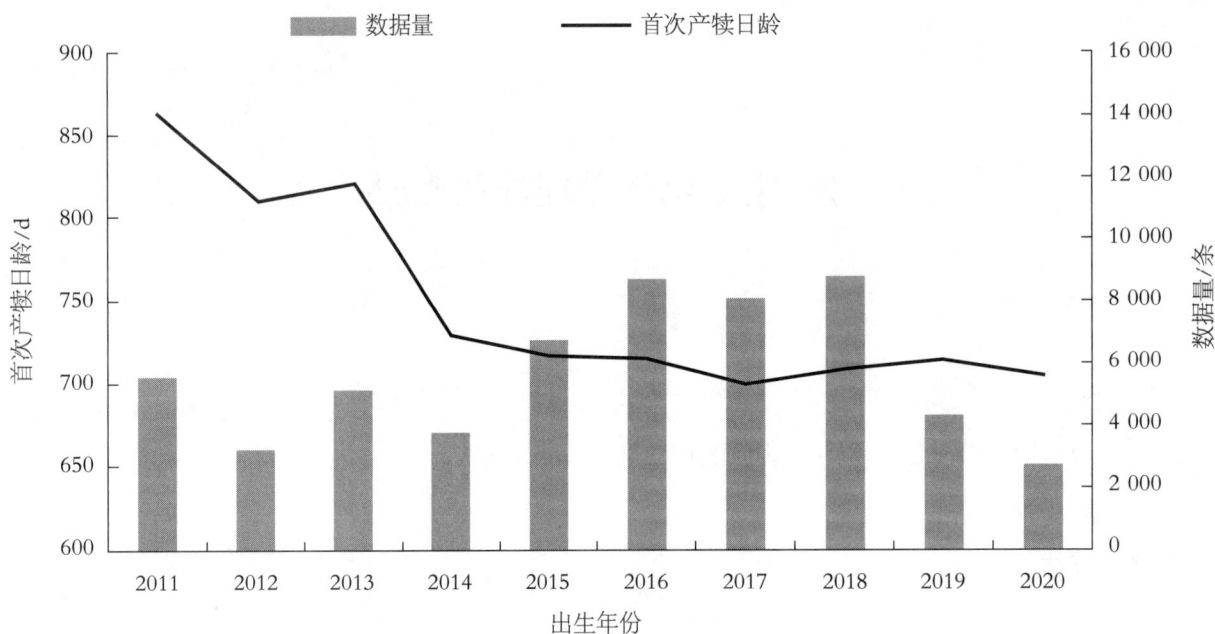

图 4-1-2 宁夏 2011—2020 年出生的奶牛首次产犊日龄变化

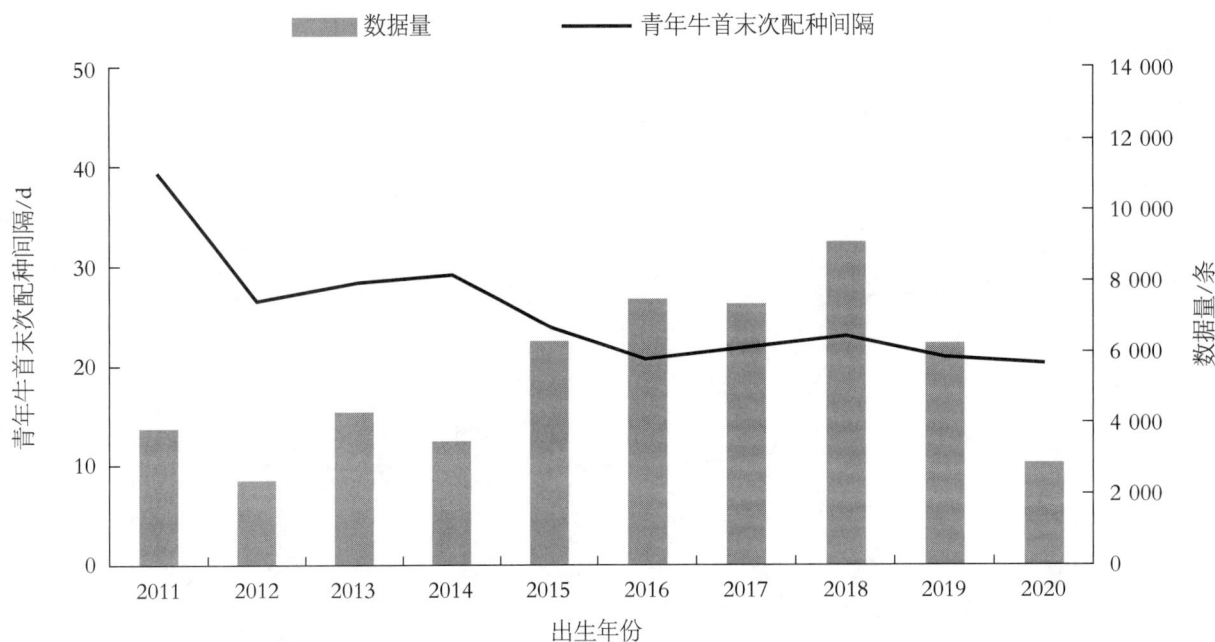

图 4-1-3 宁夏 2011—2020 年出生的青年牛首末次配种间隔变化

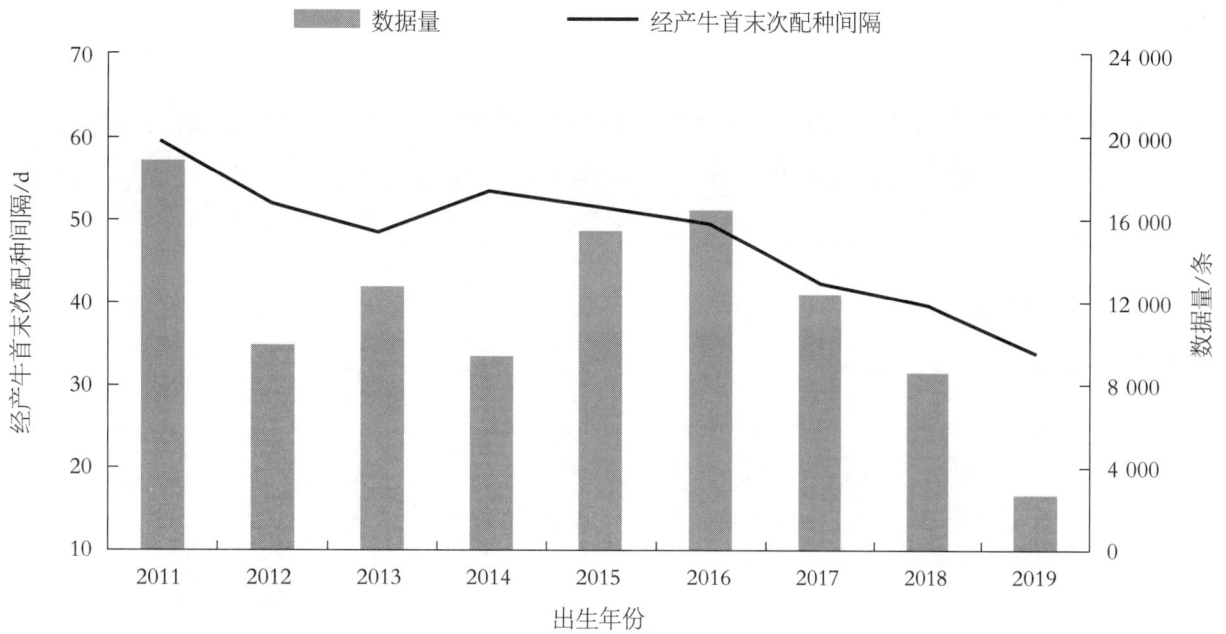

图 4-1-4　宁夏 2011—2019 年出生的经产牛首末次配种间隔变化

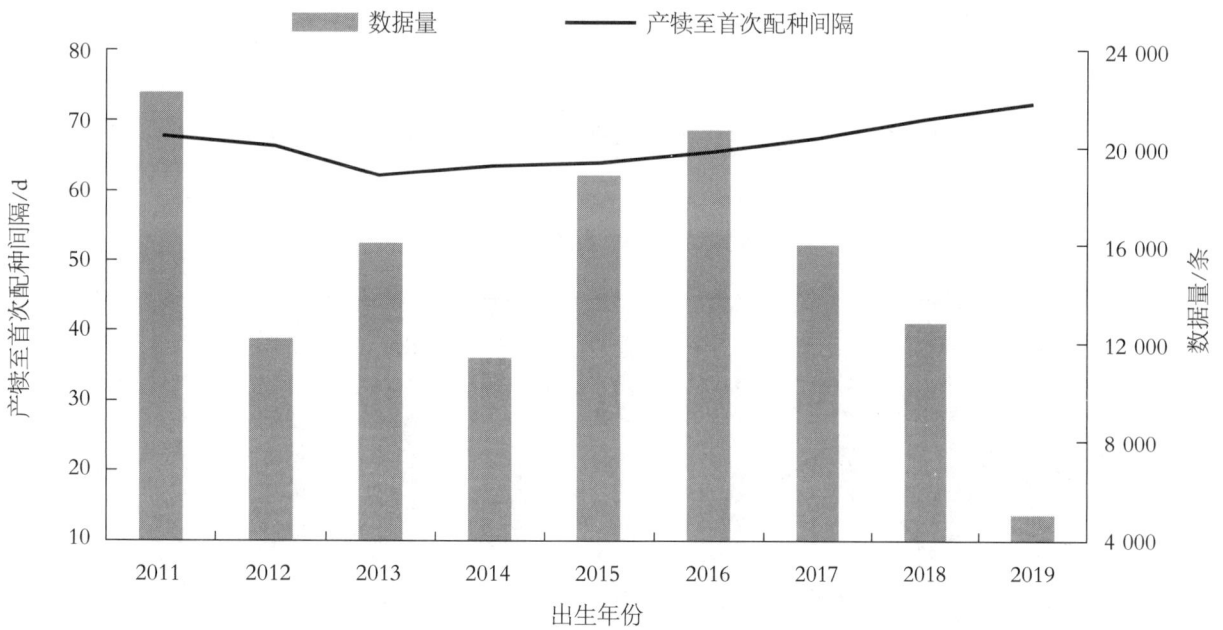

图 4-1-5　宁夏 2011—2019 年出生的奶牛产犊至首次配种间隔变化

4.2 产犊性状

根据宁夏 12 个核心育种场 116 059 头荷斯坦牛的产犊记录，计算宁夏奶牛各产犊性状的表型值。核心育种场青年牛产犊难易性（CE_H）、经产牛产犊难易性（CE_C）、青年牛死产率（SB_H）和经产牛死产率（SB_C）随出生年份的变化趋势见图 4-2-1 至图 4-2-4。

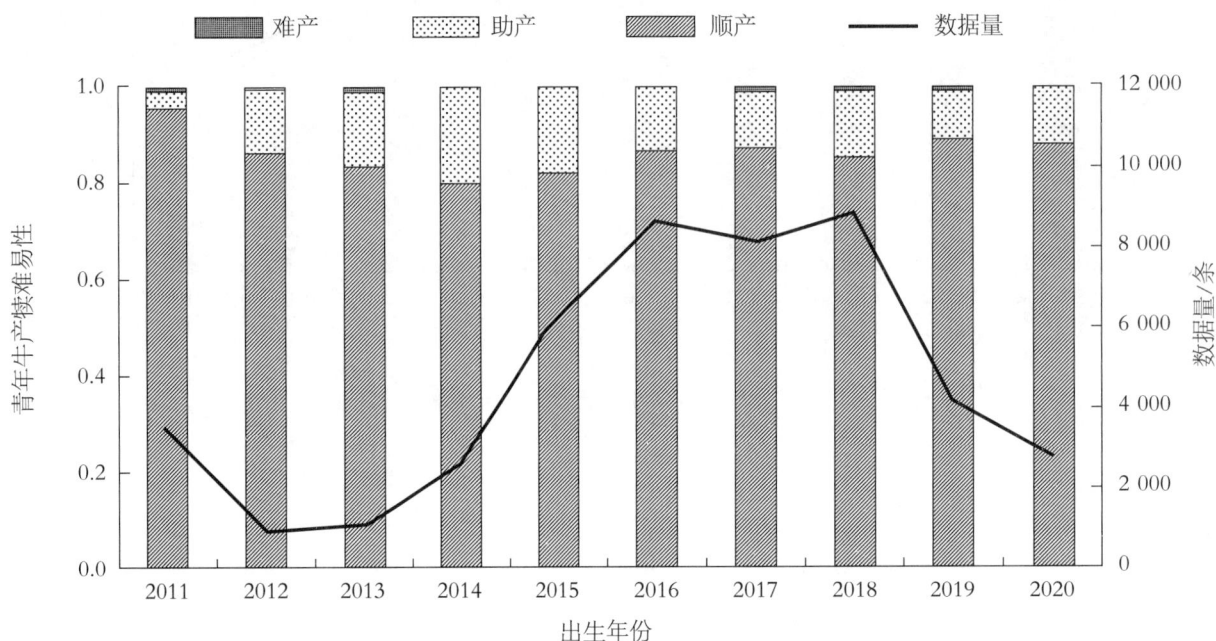

图 4-2-1 宁夏 2011—2020 年出生的青年牛产犊难易性变化

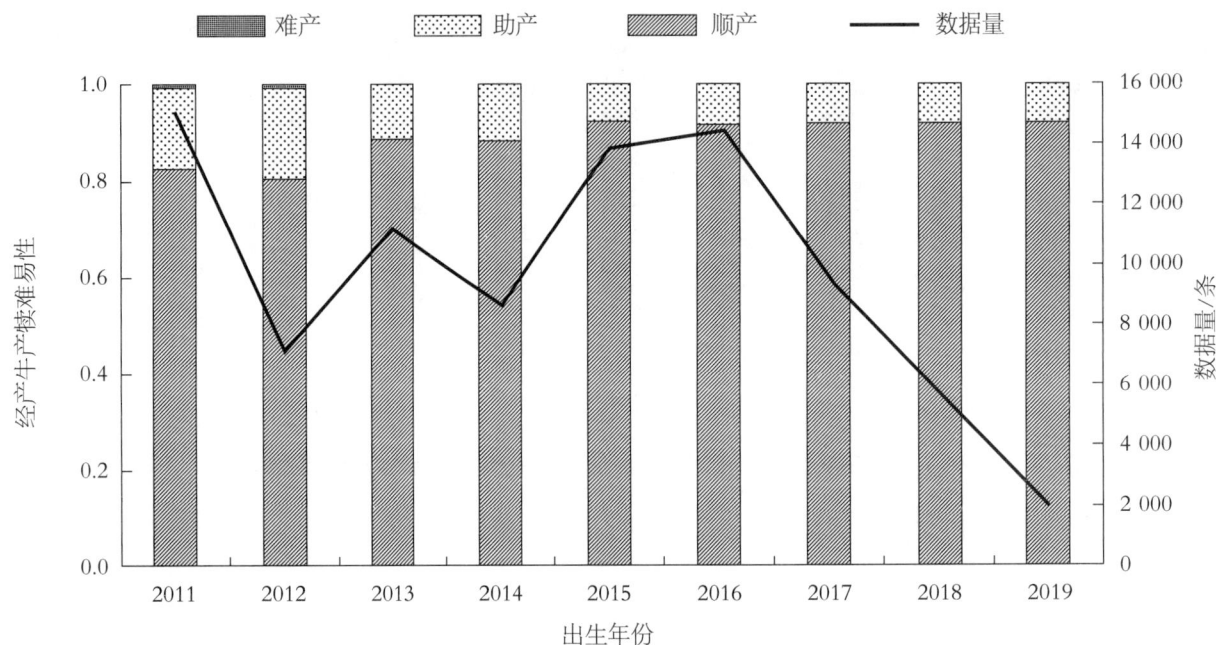

图 4-2-2 宁夏 2011—2019 年出生的经产牛产犊难易性变化

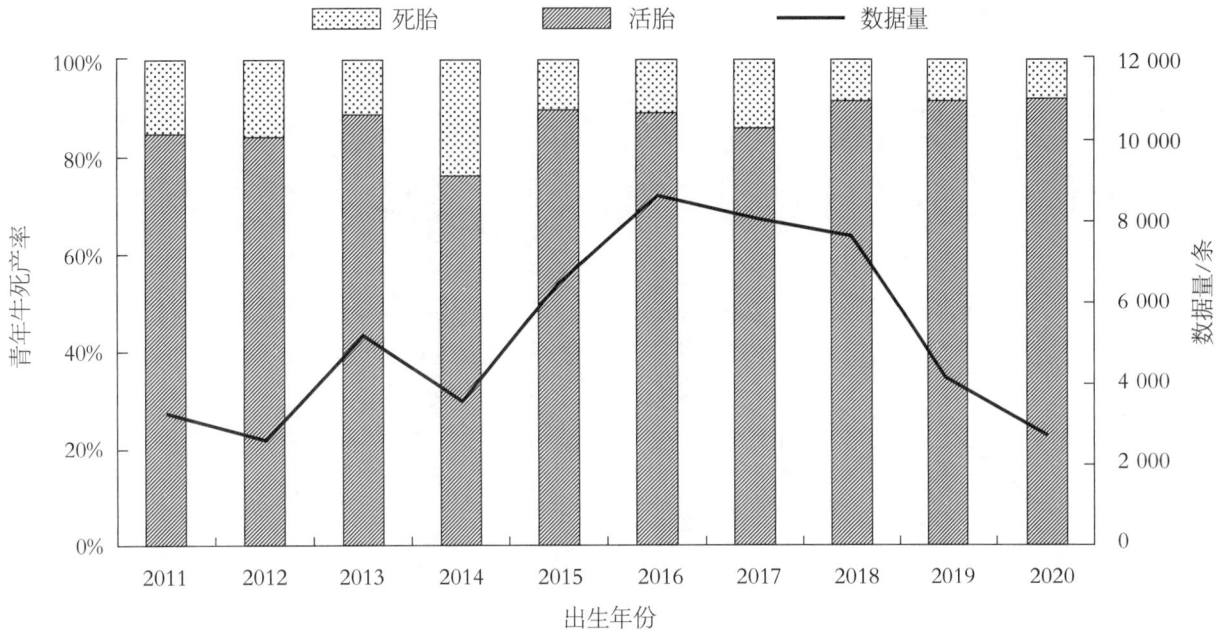

图 4-2-3 宁夏 2011—2020 年出生的青年牛死产率变化

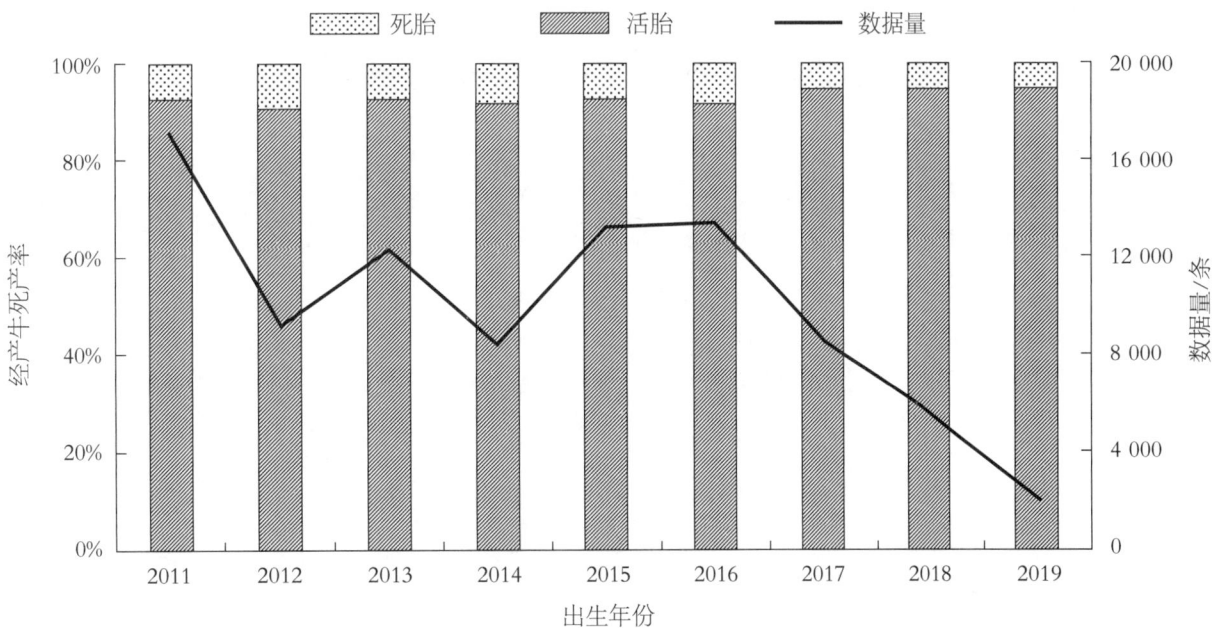

图 4-2-4 宁夏 2011—2019 年出生的经产牛死产率变化

4.3 长寿性状

根据宁夏 12 个核心育种场 28 585 头荷斯坦牛的出生、产犊和淘汰记录，计算宁夏奶牛生产寿命性状的表型值。核心育种场奶牛生产寿命性状随淘汰年份的变化趋势见图 4-3-1。

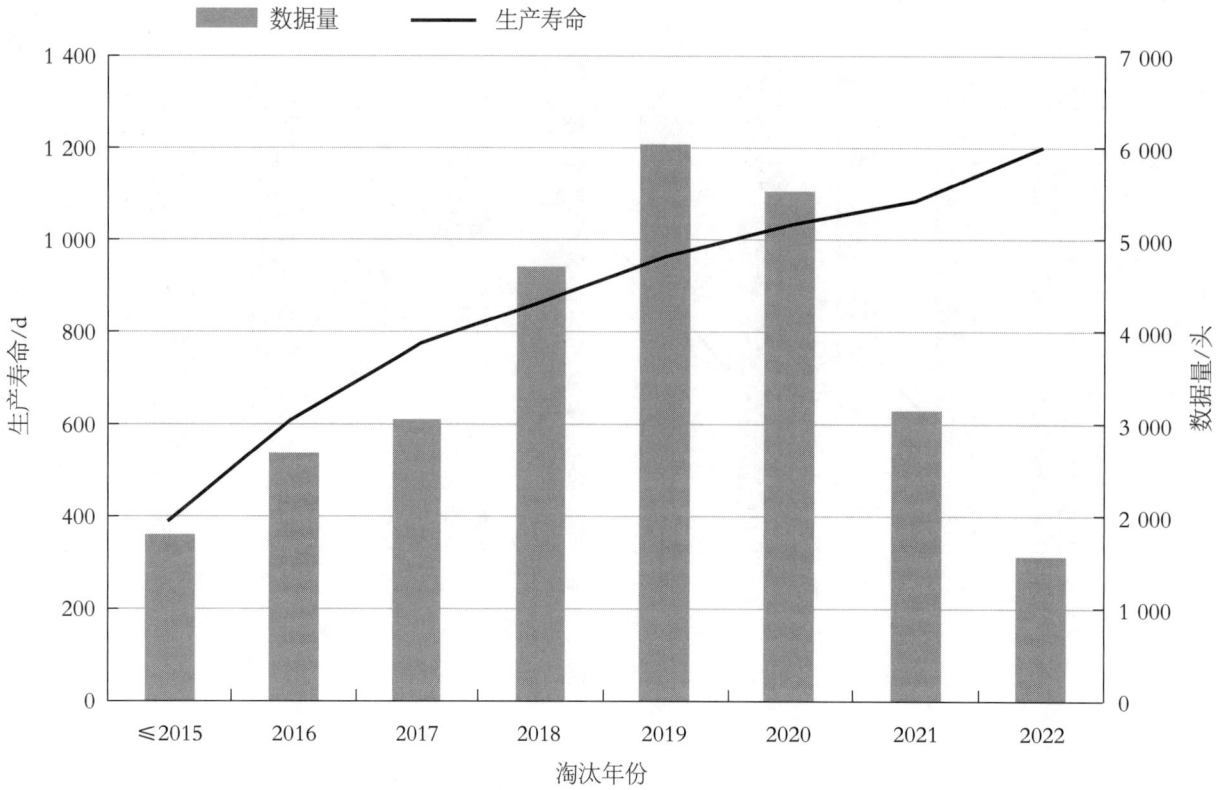

图 4-3-1　宁夏 2013—2022 年淘汰奶牛的生产寿命变化

5　宁夏奶牛遗传评估说明

遗传评估指评估奶牛某个或多个性状的遗传价值，是实现奶牛遗传改良最重要的育种措施。结合宁夏奶牛表型数据的实际情况，本章从数据来源、评估方法及模型、各性状的加性遗传标准差以及中国奶牛性能指数（China Performance Index, CPI）的计算方法等方面，对宁夏奶牛遗传评估技术体系进行介绍，为宁夏发布奶牛遗传评估结果、客观评价奶牛遗传品质提供技术保障。

5.1　数据来源

5.1.1　产奶性状表型

产奶性状原始表型数据来自 2011—2022 年宁夏 76 个牧场 199 089 头中国荷斯坦牛的 3 107 667 条 DHI 记录。评估性状包括产奶量（MY，kg）、乳脂率（MFP，%）、乳蛋白率（MPP，%）和体细胞评分（SCS）。其中，SCS 通过 DHI 记录中的体细胞数（SCC，个/mL）转换得到，转换公式为：

$$SCS=\log_2 \frac{SCC}{100\ 000}+3$$

5.1.2　体型性状表型

体型性状原始表型数据来自 2010—2022 年宁夏 36 个牧场的 37 812 头中国荷斯坦牛的单次体型鉴定记录。根据《中国荷斯坦牛体型鉴定技术规程》，按照 9 分制的评分方法对 20 个体型性状进行线性评定，得到各性状的线性分后，根据线性分和功能分转换标准将线性分转换为功能分，参照各性状功能分在部位综合评分（以下简称部位分）中的权重以及各部位分在体型总分中的权重，计算各部位分和体型总分。

5.1.3　繁殖性状表型

繁殖性状原始表型数据来自 2007—2022 年宁夏 12 个核心育种场的 103 609 条出生记录、555 861 条配种记录、430 290 条妊检记录和 178 348 条产犊记录。评估性状包括首次配种日龄、首次产犊日龄、青年牛首末次配种间隔、经产牛首末次配种间隔和产犊至首次配种间隔。

5.1.4 产犊性状表型

产犊性状原始表型数据来自 2007—2022 年宁夏 12 个核心育种场的 103 609 条出生记录和 178 348 条产犊记录。评估性状包括青年牛产犊难易性、经产牛产犊难易性、青年牛死产率和经产牛死产率。

5.1.5 长寿性状表型

长寿性状原始表型数据来自宁夏 12 个核心育种场的 103 609 条出生记录、178 348 条产犊记录和 88 281 条淘汰记录。评估性状为生产寿命，即奶牛头胎产犊至淘汰的存活天数。

5.2 常规遗传评估

对于产奶性状，采用单性状随机回归测定日模型计算不同胎次（1 胎、2 胎、3 胎及以上）的方差组分估计值和估计个体的育种值，子模型为 4 阶 Legendre 多项式拟合回归曲线；对于体型性状、繁殖性状、产犊性状和长寿性状，均采用单性状动物模型计算方差组分估计值和估计个体的育种值。

5.3 各性状的加性遗传标准差

宁夏奶牛遗传评估中，各性状的加性遗传标准差见表 5-3-1。

表 5-3-1 宁夏奶牛遗传评估性状加性遗传标准差

性状		加性遗传标准差
产奶性状	产奶量	483.83
	乳蛋白量	16.31
	乳脂量	14.22
	体细胞评分	0.20
体型性状	体型总分	0.52
	尻部评分	1.10
	泌乳系统评分	1.20
	体躯容量评分	0.72
	肢蹄评分	0.71
	乳用特征评分	0.69

性状		加性遗传标准差
繁殖性状	首次配种日龄	21.50
	青年牛首末次配种间隔	10.69
	产犊至首次配种间隔	1.64
	经产牛产犊难易性	0.06
	经产牛死产率	0.01
	首次产犊日龄	12.57
	经产牛首末次配种间隔	8.01
	青年牛产犊难易性	0.06
	青年牛死产率	0.03
长寿性状	生产寿命	143.37

5.4　中国奶牛性能指数

利用最佳线性无偏差预测（Best Linear Unbiased Prediction，简称 BLUP）方法估计奶牛各性状的育种值，分别进行标准化后加权合并，计算得到 2021 年版的 $CPI1_{2020}$。计算公式如下：

$$CPI1_{2020}=20\times\left(25\times\frac{Fat}{24.6}+35\times\frac{Prot}{20.7}-10\times\frac{SCS-3}{0.16}+8\times\frac{Type}{5}+14\times\frac{MS}{5}+8\times\frac{F\&L}{5}\right)+1\,800$$

其中，*Fat*、*Prot*、*SCS*、*Type*、*MS*、*F&L* 分别表示乳脂量、乳蛋白量、体细胞评分、体型总分、泌乳系统评分和肢蹄评分的估计育种值（estimated breeding value，EBV），分母是相应性状的估计遗传标准差。

个体的乳脂率和乳蛋白率育种值根据个体的乳脂量、乳蛋白量和产奶量育种值以及牛群二胎的乳白率、乳蛋白率和产奶量表型均值计算得到，计算公式如下：

$$Fatpct=\frac{Fat\times100-Milk\times Fat\%}{Milk+Mkg}$$

$$Propct=\frac{Prot\times100-Milk\times Pro\%}{Milk+Mkg}$$

其中，*Fat*、*Prot* 和 *Milk* 分别表示乳脂量、乳蛋白量和产奶量的估计育种值，*Mkg* 表示二胎奶牛产奶量表型群体均值，*Fat%* 表示二胎奶牛乳脂率表型群体均值，*Pro%* 表示二胎奶牛乳蛋白率表型群体均值。

个体产奶性状的综合估计育种值为各胎次估计育种值的平均值。例如，某个体具有 1 胎、2 胎、3 胎及以上的产奶量记录，分别计算出各胎次的产奶量估计育种值 $Milk_1$、$Milk_2$ 和 $Milk_3$，该个体产奶量综合估计育种值的计算公式如下：

$$Milk=\frac{Milk_1+Milk_2+Milk_3}{3}$$

6 宁夏荷斯坦牛遗传评估结果展示

6.1 各核心育种场母牛产奶性状和体型性状估计育种值排名

2010 年 1 月 1 日至 2020 年 12 月 31 日出生且有表型记录的母牛中,产奶性状(产奶量、乳脂率、乳蛋白率和体细胞评分)和体型总分估计育种值排名前 500 名母牛的牛号、出生年份、估计育种值、估计育种值准确性及排名见附表 1 至附表 5,产奶性状排名仅涉及同时具有 3 个胎次测定记录的个体,体型性状排名仅涉及具有头胎体型鉴定记录的个体。

各核心育种场体型总分、部位分和各线性体型性状估计育种值排名前 10 名母牛的牛号、出生年份、估计育种值、估计育种值准确性及排名见表 6-1-1 至表 6-1-26。其中,牛号采用《中国荷斯坦牛》规定的 12 位母牛编号方法进行编号,包含所在地区编号、牛场编号、出生年份以及场内顺序号等信息。

表 6-1-1　各核心育种场体型总分 EBV 排名前 10 名母牛

场号	场内排名	牛号	出生年份	体型总分 EBV/分	EBV 准确性
640003	1	640003121257	2012	0.598	0.49
	2	640003120502	2012	0.570	0.46
	3	640003162398	2016	0.468	0.48
	4	640003182853	2018	0.456	0.38
	5	640003193192	2019	0.450	0.50
	5	640003172637	2017	0.450	0.51
	7	640003203364	2020	0.447	0.40
	8	640003030549	2003	0.425	0.45
	9	640003182838	2018	0.419	0.42
	10	640003167052	2016	0.412	0.45

场号	场内排名	牛号	出生年份	体型总分 EBV/分	EBV 准确性
640004	1	640004208296	2020	0.461	0.44
	2	640004177331	2017	0.445	0.45
	3	640004125988	2012	0.433	0.49
	4	640004181997	2018	0.430	0.49
	5	640004187385	2018	0.418	0.41
	6	640004177329	2017	0.414	0.49
	7	640004105695	2010	0.411	0.49
	8	640004177336	2017	0.401	0.47
	9	640004136317	2013	0.389	0.38
	10	640004187390	2018	0.377	0.54
640005	1	640005103634	2010	0.552	0.42
	2	640005113749	2011	0.518	0.35
	3	640005134250	2013	0.509	0.41
	4	640005113771	2011	0.494	0.43
	5	640005134183	2013	0.492	0.45
	6	640005103575	2010	0.482	0.37
	7	640005103638	2010	0.466	0.33
	8	640005103637	2010	0.465	0.37
	9	640005123994	2012	0.454	0.44
	10	640005103639	2010	0.430	0.40
640009	1	640009160789	2016	0.403	0.36
	1	640009160794	2016	0.403	0.35
	3	640009181396	2018	0.348	0.45
	4	640009120096	2012	0.339	0.41
	5	640009120139	2012	0.336	0.30
	6	640009000866	2000	0.332	0.24
	7	640009181479	2018	0.328	0.49
	8	640009181448	2018	0.326	0.50

续表

场号	场内排名	牛号	出生年份	体型总分 EBV/分	EBV 准确性
640009	9	640009160811	2016	0.310	0.31
	10	640009140223	2014	0.307	0.36
640035	1	640035128205	2012	0.513	0.49
	2	640035117938	2011	0.487	0.44
	3	640035128244	2012	0.447	0.48
	4	640035128210	2012	0.434	0.47
	5	640035109613	2010	0.425	0.39
	6	640035117845	2011	0.418	0.32
	7	640035128200	2012	0.415	0.46
	8	640035128216	2012	0.405	0.51
	9	640035117852	2011	0.404	0.35
	10	640035158836	2014	0.396	0.38
640166	1	640166110077	2011	0.681	0.47
	2	640166120633	2012	0.548	0.49
	3	640166110065	2011	0.492	0.44
	4	640166110025	2011	0.470	0.39
	5	640166099311	2009	0.463	0.42
	6	640166077028	2007	0.460	0.41
	7	640166099338	2009	0.451	0.44
	8	640166120480	2012	0.431	0.48
	9	640166120475	2012	0.423	0.50
	10	640166120510	2012	0.408	0.47
640007	1	640007174416	2017	0.396	0.39
	2	640007126108	2012	0.382	0.44
	3	640007110008	2011	0.357	0.32
	4	640007174384	2017	0.341	0.39
	4	640007090735	2009	0.341	0.45
	6	640007095612	2009	0.336	0.29

场号	场内排名	牛号	出生年份	体型总分 EBV/分	EBV 准确性
640007	6	640007120983	2012	0.336	0.29
	8	640007184783	2018	0.335	0.35
	9	640007184899	2018	0.325	0.30
	10	640007184820	2018	0.319	0.31
640190	1	640190121599	2012	0.613	0.38
	2	640190120977	2012	0.567	0.38
	3	640190130081	2013	0.533	0.35
	4	640190121194	2012	0.515	0.36
	5	640190130093	2013	0.513	0.42
	6	640190121771	2012	0.510	0.38
	7	640190142261	2014	0.508	0.38
	8	640190121597	2012	0.506	0.39
	9	640190134966	2013	0.505	0.26
	10	640190142143	2014	0.504	0.37
640193	1	640193192714	2019	0.474	0.39
	2	640193200360	2020	0.451	0.40
	3	640193194504	2019	0.443	0.39
	4	640193200152	2020	0.432	0.41
	4	640193193314	2019	0.432	0.42
	6	640193200218	2020	0.430	0.40
	7	640193200176	2020	0.429	0.41
	8	640193193286	2019	0.428	0.43
	8	640193194224	2019	0.428	0.41
	10	640193194058	2019	0.425	0.41
640251	1	640251185816	2018	0.480	0.40
	2	640251185778	2018	0.472	0.40
	3	640251185830	2018	0.439	0.40
	4	640251185666	2018	0.432	0.39

场号	场内排名	牛号	出生年份	体型总分 EBV/分	EBV 准确性
640251	5	640251185799	2018	0.426	0.40
	6	640251185724	2018	0.414	0.49
	7	640251185785	2018	0.412	0.39
	7	640251185876	2018	0.412	0.40
	9	640251185807	2018	0.411	0.40
	10	640251185808	2018	0.402	0.40
640253	1	640253182050	2018	0.451	0.48
	2	640253182071	2018	0.448	0.49
	3	640253182017	2018	0.447	0.48
	4	640253181970	2018	0.435	0.48
	5	640253181982	2018	0.429	0.51
	6	640253181977	2018	0.427	0.49
	7	640253181983	2018	0.425	0.51
	8	640253181981	2018	0.413	0.38
	9	640253182087	2018	0.412	0.50
	10	640253182007	2018	0.407	0.48

表 6-1-2 各核心育种场体躯容量评分 EBV 排名前 10 名母牛

场号	场内排名	牛号	出生年份	体躯容量评分 EBV/分	EBV 准确性
640003	1	640003186277	2018	0.747	0.44
	2	640003006257	2018	0.693	0.44
	3	640003120432	2012	0.670	0.44
	4	640003186247	2018	0.669	0.46
	5	640003186196	2018	0.655	0.44
	6	640003006216	2018	0.619	0.40
	7	640003006263	2018	0.608	0.43
	8	640003120462	2012	0.604	0.42

场号	场内排名	牛号	出生年份	体躯容量评分 EBV/分	EBV 准确性
640003	9	640003203447	2020	0.598	0.30
	10	640003186166	2018	0.592	0.43
640004	1	640004187390	2018	0.934	0.49
	2	640004125986	2012	0.782	0.46
	3	640004125980	2012	0.775	0.46
	4	640004125981	2012	0.755	0.45
	5	640004187421	2018	0.722	0.46
	6	640004177329	2017	0.712	0.44
	7	640004187440	2018	0.709	0.46
	7	640004115973	2011	0.709	0.46
	9	640004187451	2018	0.702	0.47
	10	640004187437	2018	0.698	0.43
640005	1	640005123978	2005	0.947	0.45
	2	640005123970	2012	0.832	0.45
	3	640005123933	2012	0.823	0.44
	4	640005123925	2012	0.801	0.44
	5	640005123955	2012	0.786	0.44
	6	640005123958	2012	0.742	0.44
	7	640005123959	2012	0.722	0.45
	8	640005123976	2012	0.717	0.44
	9	640005123945	2012	0.711	0.42
	10	640005185535	2018	0.709	0.46
640007	1	640007152911	2015	0.699	0.42
	2	640007110022	2011	0.695	0.43
	3	640007110037	2011	0.694	0.42
	4	640007153687	2015	0.655	0.41
	5	640007185145	2018	0.643	0.43
	6	640007185153	2018	0.632	0.43

续表

场号	场内排名	牛号	出生年份	体躯容量评分 EBV/分	EBV 准确性
	7	640007185168	2018	0.630	0.43
640007	8	640007185146	2018	0.603	0.41
	9	640007110048	2011	0.597	0.39
	10	640007185145	2018	0.591	0.41
	1	640009181378	2018	0.705	0.44
	2	640009181396	2018	0.678	0.41
	3	640009181435	2018	0.673	0.44
	4	640009181433	2018	0.658	0.44
640009	5	640009181453	2018	0.640	0.40
	6	640009181441	2018	0.636	0.44
	7	640009181404	2018	0.630	0.40
	8	640009181445	2018	0.619	0.46
	9	640009181427	2018	0.595	0.40
	10	640009181432	2018	0.573	0.39
	1	640035170515	2016	0.526	0.30
	2	640035120662	2012	0.504	0.42
	3	640035128216	2012	0.495	0.44
	4	640035107749	2010	0.486	0.36
640035	5	640035107742	2014	0.433	0.37
	6	640035117968	2011	0.432	0.32
	6	640035107666	2010	0.432	0.39
	6	640035109837	2010	0.432	0.41
	9	640035128239	2012	0.431	0.39
	10	640035097430	2009	0.426	0.33
	1	640166120639	2012	0.786	0.44
640166	2	640166172378	2017	0.777	0.35
	3	640166120676	2012	0.718	0.43
	4	640166120654	2012	0.703	0.43

场号	场内排名	牛号	出生年份	体躯容量评分 EBV/分	EBV 准确性
640166	5	640166120650	2012	0.667	0.45
	6	640166120441	2012	0.665	0.44
	7	640166120670	2012	0.664	0.47
	8	640166120450	2012	0.658	0.46
	9	640166120445	2012	0.645	0.45
	10	640166120643	2012	0.642	0.45
640190	1	640190180546	2018	0.588	0.40
	2	640190142233	2014	0.555	0.29
	3	640190142292	2014	0.532	0.28
	4	640190142235	2014	0.527	0.29
	5	640190142183	2014	0.519	0.29
	6	640190123950	2012	0.510	0.38
	7	640190123861	2012	0.497	0.38
	8	640190142289	2014	0.490	0.29
	9	640190180771	2018	0.485	0.33
	10	640190141987	2014	0.479	0.31
640193	1	640193181114	2018	0.549	0.34
	2	640193180546	2018	0.540	0.36
	3	640193180840	2018	0.522	0.34
	4	640193200002	2020	0.470	0.30
	5	640193194740	2019	0.459	0.33
	5	640193192872	2019	0.459	0.32
	7	640193181268	2018	0.454	0.35
	8	640193194570	2019	0.447	0.33
	9	640193172532	2017	0.444	0.40
	10	640193180712	2018	0.438	0.33
640251	1	640251185755	2018	0.749	0.46
	2	640251005741	2018	0.736	0.41

场号	场内排名	牛号	出生年份	体躯容量评分 EBV/分	EBV 准确性
	3	640251185697	2018	0.734	0.46
	4	640251005251	2017	0.680	0.43
	4	640251005719	2018	0.680	0.43
640251	4	640251005755	2018	0.680	0.43
	4	640251005762	2018	0.680	0.43
	4	640251005766	2018	0.680	0.43
	4	640251005771	2018	0.680	0.43
	4	640251175251	2017	0.680	0.43
	1	640253182230	2018	0.763	0.39
	2	640253182212	2018	0.755	0.44
	3	640253182222	2018	0.716	0.44
	4	640253182228	2018	0.700	0.43
	4	640253182049	2018	0.700	0.45
640253	4	640253181983	2018	0.700	0.46
	7	640253182087	2018	0.697	0.45
	8	640253182204	2018	0.696	0.43
	8	640253182053	2018	0.696	0.44
	10	640253182372	2018	0.694	0.43

表 6-1-3 各核心育种场尻部评分 EBV 排名前 10 名母牛

场号	场内排名	牛号	出生年份	尻部评分 EBV/分	EBV 准确性
	1	640003090712	2009	1.513	0.40
	2	640003111123	2011	1.453	0.45
	3	640003121213	2008	1.303	0.48
640003	4	640003111142	2011	1.214	0.46
	5	640003111115	2011	1.131	0.48
	6	640003120442	2012	1.130	0.54

场号	场内排名	牛号	出生年份	尻部评分 EBV/分	EBV 准确性
640003	7	640003121254	2012	1.117	0.44
	8	640003111160	2011	1.097	0.48
	9	640003110859	2011	1.077	0.51
	10	640003111134	2011	1.050	0.46
640004	1	640004115893	2011	1.566	0.54
	2	640004095558	2009	1.534	0.53
	3	640004095593	2009	1.505	0.51
	4	640004109789	2010	1.344	0.54
	5	640004115890	2011	1.333	0.43
	6	640004095466	2009	1.324	0.52
	7	640004095576	2009	1.313	0.53
	8	640004115891	2011	1.292	0.54
	9	640004125977	2012	1.271	0.57
	10	640004105676	2010	1.263	0.53
640005	1	640005093359	2009	1.743	0.45
	2	640005093362	2003	1.712	0.43
	3	640005113771	2011	1.678	0.53
	4	640005123907	2012	1.476	0.48
	5	640005134201	2014	1.376	0.47
	6	640005123888	2012	1.372	0.49
	7	640005144324	2014	1.198	0.39
	8	640005175090	2017	1.157	0.33
	9	640005123927	2012	1.138	0.58
	10	640005144317	2014	1.117	0.42
640007	1	640007100896	2010	1.297	0.49
	2	640007126070	2012	1.228	0.41
	3	640007090550	2009	1.091	0.45
	4	640007126041	2012	0.934	0.37

场号	场内排名	牛号	出生年份	尻部评分 EBV/分	EBV 准确性
640007	5	640007126033	2012	0.917	0.38
	6	640007100866	2010	0.825	0.49
	7	640007153613	2015	0.816	0.50
	8	640007100869	2010	0.798	0.48
	9	640007091001	2009	0.793	0.34
	10	640007105610	2010	0.782	0.48
640009	1	640009120001	2012	1.039	0.45
	2	640009120132	2012	0.940	0.46
	2	640009120140	2012	0.940	0.35
	4	640009110045	2011	0.928	0.52
	5	640009120139	2012	0.915	0.40
	6	640009090052	2009	0.906	0.54
	7	640009110086	2011	0.887	0.41
	8	640009110059	2011	0.853	0.54
	9	640009120137	2012	0.851	0.46
	10	640009110080	2011	0.850	0.38
640035	1	640035097573	2018	1.678	0.53
	2	640035107722	2010	1.181	0.52
	3	640035117852	2011	1.105	0.45
	4	640035097525	2003	1.104	0.55
	5	640035128193	2012	1.101	0.57
	6	640035097405	2007	1.038	0.54
	7	640035107582	2009	1.036	0.53
	8	640035097538	2018	1.025	0.52
	9	640035097516	2020	1.024	0.52
	10	640035097521	2020	1.023	0.54
640166	1	640166099382	2009	1.524	0.53
	2	640166109751	2010	1.425	0.54

场号	场内排名	牛号	出生年份	尻部评分 EBV/分	EBV 准确性
	3	640166130891	2013	1.369	0.48
	4	640166109755	2010	1.215	0.51
	5	640166110074	2011	1.197	0.52
640166	6	640166099388	2009	1.124	0.54
	7	640166141236	2014	1.090	0.45
	8	640166099251	2009	1.089	0.47
	9	640166130961	2013	1.077	0.50
	10	640166120377	2012	1.059	0.48
	1	640190130093	2013	2.343	0.51
	2	640190140013	2013	2.096	0.53
	3	640190141899	2014	1.968	0.49
	4	640190130078	2013	1.936	0.55
640190	5	640190111157	2011	1.917	0.47
	6	640190140335	2014	1.872	0.51
	6	640190110419	2011	1.872	0.47
	8	640190130052	2013	1.855	0.51
	9	640190140074	2013	1.806	0.54
	10	640190130054	2013	1.803	0.51
	1	640193142131	2014	1.431	0.44
	2	640193140141	2011	1.319	0.44
	3	640193130889	2013	1.281	0.44
	4	640193140336	2014	1.251	0.41
640193	5	640193141008	2014	1.242	0.39
	5	640193230048	2013	1.242	0.39
	7	640193130001	2013	1.226	0.41
	7	640193130038	2013	1.226	0.41
	7	640193130044	2013	1.226	0.41
	7	640193130047	2013	1.226	0.41

续表

场号	场内排名	牛号	出生年份	尻部评分 EBV/分	EBV 准确性
640251	1	640251186716	2018	0.835	0.52
	2	640251186789	2018	0.768	0.52
	3	640251004861	2017	0.749	0.32
	4	640251186708	2018	0.733	0.51
	4	640251186715	2018	0.733	0.51
	4	640251186719	2018	0.733	0.51
	7	640251006765	2018	0.720	0.42
	8	640251007032	2019	0.717	0.43
	9	640251004853	2017	0.713	0.29
	9	640251186784	2018	0.713	0.51
640253	1	640253182790	2018	0.844	0.52
	2	640253171364	2017	0.804	0.31
	3	640253182842	2018	0.788	0.51
	4	640253181982	2018	0.787	0.57
	5	640253182087	2018	0.786	0.56
	6	640253171361	2017	0.785	0.32
	7	640253171200	2017	0.766	0.33
	8	640253193098	2019	0.760	0.46
	9	640253182823	2018	0.750	0.55
	10	640253182833	2018	0.748	0.55

表 6-1-4 各核心育种场肢蹄评分 EBV 排名前 10 名母牛

场号	场内排名	牛号	出生年份	肢蹄评分 EBV/分	EBV 准确性
640003	1	640003186086	2018	0.692	0.50
	2	640003182826	2018	0.685	0.37
	3	640003111174	2011	0.676	0.29
	4	640003186427	2018	0.668	0.46

场号	场内排名	牛号	出生年份	肢蹄评分 EBV/分	EBV 准确性
	5	640003186413	2018	0.662	0.46
	6	640003182841	2018	0.657	0.36
	7	640003182809	2018	0.637	0.37
640003	8	640003186066	2018	0.615	0.48
	9	640003110867	2011	0.614	0.42
	10	640003186383	2018	0.604	0.47
	1	640004109789	2010	0.902	0.44
	2	640004109699	2010	0.871	0.45
	3	640004109729	2010	0.790	0.44
	4	640004109769	2010	0.763	0.45
	5	640004187404	2018	0.690	0.47
640004	6	640004126004	2012	0.668	0.44
	7	640004109739	2010	0.653	0.44
	8	640004109759	2010	0.625	0.36
	9	640004109689	2010	0.616	0.38
	10	640004187454	2018	0.615	0.50
	1	640005123977	2012	0.767	0.49
	2	640005113819	2011	0.668	0.42
	3	640005107679	2010	0.623	0.39
	4	640005154478	2015	0.544	0.36
	4	640005134216	2013	0.544	0.39
640005	6	640005113749	2011	0.515	0.32
	7	640005099219	2009	0.514	0.36
	8	640005123959	2012	0.511	0.48
	9	640005154514	2015	0.487	0.32
	10	640005154513	2015	0.479	0.30
640009	1	640009160782	2016	0.649	0.32
	2	640009160837	2016	0.636	0.30

续表

场号	场内排名	牛号	出生年份	肢蹄评分 EBV/分	EBV 准确性
640009	3	640009120127	2012	0.606	0.41
	4	640009100088	2010	0.596	0.45
	5	640009120096	2012	0.595	0.38
	6	640009120112	2012	0.591	0.41
	7	640009120031	2012	0.564	0.37
	8	640009120032	2012	0.558	0.37
	9	640009110048	2011	0.557	0.40
	10	640009120108	2012	0.535	0.38
640035	1	640035107690	2010	0.943	0.44
	2	640035109754	2010	0.777	0.43
	3	640035109613	2010	0.770	0.37
	4	640035107691	2010	0.667	0.39
	5	640035107717	2010	0.656	0.43
	6	640035107723	2010	0.646	0.46
	7	640035107696	2010	0.624	0.39
	8	640035107679	2010	0.623	0.39
	9	640035128140	2012	0.616	0.43
	10	640035107722	2010	0.597	0.42
640166	1	640166109758	2010	0.808	0.45
	2	640166109764	2010	0.798	0.46
	3	640166109759	2010	0.763	0.37
	4	640166109755	2010	0.761	0.42
	4	640166109785	2010	0.761	0.45
	6	640166109768	2010	0.746	0.44
	7	640166109724	2010	0.740	0.42
	8	640166109795	2010	0.734	0.40
	9	640166109772	2010	0.728	0.45
	10	640166109714	2010	0.725	0.43

续表

场号	场内排名	牛号	出生年份	肢蹄评分 EBV/分	EBV 准确性
640007	1	640007185011	2018	0.733	0.49
	2	640007185059	2018	0.680	0.45
	3	640007100801	2010	0.675	0.42
	4	640007184975	2018	0.646	0.48
	4	640007185031	2018	0.646	0.48
	4	640007185064	2018	0.646	0.48
	7	640007123044	2012	0.633	0.33
	8	640007123009	2012	0.624	0.33
	9	640007174315	2017	0.594	0.33
	10	640007090671	2009	0.588	0.36
640190	1	640190128280	2012	1.040	0.38
	2	640190127763	2012	0.950	0.43
	3	640190127799	2012	0.948	0.42
	4	640190182177	2018	0.943	0.47
	5	640190182059	2018	0.935	0.47
	6	640190181869	2018	0.922	0.47
	7	640190181853	2018	0.916	0.48
	8	640190128292	2012	0.914	0.46
	9	640190182035	2018	0.911	0.47
	10	640190182039	2018	0.899	0.48
640193	1	640193182828	2018	0.834	0.49
	2	640193182318	2018	0.830	0.49
	3	640193195004	2019	0.755	0.40
	4	640193195014	2019	0.750	0.39
	5	640193195066	2019	0.748	0.39
	5	640193200170	2020	0.748	0.39
	7	640193200152	2020	0.746	0.39
	8	640193200360	2020	0.740	0.39

续表

场号	场内排名	牛号	出生年份	肢蹄评分 EBV/分	EBV 准确性
640193	9	640193194860	2019	0.737	0.39
	10	640193194338	2019	0.736	0.39
640251	1	640251186194	2018	0.846	0.49
	2	640251186181	2018	0.808	0.49
	3	640251185808	2018	0.795	0.38
	4	640251186118	2018	0.781	0.49
	5	640251186385	2018	0.774	0.49
	6	640251185875	2018	0.765	0.46
	7	640251185876	2018	0.764	0.38
	8	640251186122	2018	0.756	0.49
	9	640251186041	2018	0.754	0.49
	10	640251186141	2018	0.734	0.48
640253	1	640253182016	2018	0.726	0.39
	2	640253181792	2018	0.695	0.46
	3	640253182426	2018	0.660	0.46
	4	640253182012	2018	0.655	0.39
	5	640253181981	2018	0.625	0.36
	6	640253181739	2018	0.607	0.33
	7	640253182369	2018	0.601	0.47
	8	640253182534	2012	0.600	0.44
	9	640253160525	2016	0.597	0.39
	10	640253182230	2018	0.595	0.44

表 6-1-5　各核心育种场泌乳系统评分 EBV 排名前 10 名母牛

场号	场内排名	牛号	出生年份	泌乳系统评分 EBV/分	EBV 准确性
640003	1	640003121286	2012	1.957	0.60
	2	640003121257	2012	1.785	0.62

场号	场内排名	牛号	出生年份	泌乳系统评分 EBV/分	EBV 准确性
	3	640003121289	2012	1.606	0.62
	4	640003121209	2012	1.536	0.62
	5	640003110875	2011	1.535	0.59
	6	640003121282	2012	1.505	0.61
640003	7	640003120497	2012	1.451	0.62
	8	640003120482	2012	1.443	0.62
	9	640003110017	2011	1.441	0.61
	10	640003111126	2011	1.439	0.57
	1	640004085172	2008	1.525	0.47
	2	640004115819	2011	1.494	0.48
	3	640004105695	2010	1.480	0.62
	4	640004125988	2012	1.360	0.62
	5	640004136317	2013	1.242	0.48
640004	6	640004075037	2007	1.213	0.33
	7	640004136274	2013	1.201	0.50
	8	640004095545	2009	1.191	0.62
	9	640004115903	2011	1.144	0.60
	9	640004119939	2011	1.144	0.44
	1	640005113749	2011	1.994	0.54
	2	640005134183	2013	1.911	0.62
	3	640005103634	2010	1.821	0.60
	4	640005040734	2004	1.727	0.51
	5	640005134199	2013	1.712	0.62
640005	6	640005093469	2009	1.700	0.55
	7	640005123982	2012	1.699	0.59
	8	640005113765	2011	1.693	0.61
	9	640005134141	2013	1.692	0.62
	10	640005134212	2013	1.561	0.54

场号	场内排名	牛号	出生年份	泌乳系统评分 EBV/分	EBV 准确性
640007	1	640007100864	2010	1.720	0.55
	2	640007100857	2010	1.511	0.55
	3	640007100866	2010	1.479	0.57
	4	640007100892	2010	1.240	0.56
	5	640007152735	2015	1.221	0.29
	6	640007090735	2009	1.204	0.59
	7	640007184917	2018	1.117	0.57
	8	640007126108	2012	1.106	0.51
	9	640007100896	2010	1.030	0.56
	10	640007090629	2009	1.006	0.48
640009	1	640190110643	2018	1.646	0.58
	2	640190131162	2012	1.491	0.54
	3	640190153996	2000	1.405	0.40
	4	640190120913	2005	1.380	0.38
	5	640190111645	2012	1.284	0.49
	6	640190123497	2006	1.194	0.46
	7	640190120846	2006	1.141	0.46
	8	640190123611	2006	1.135	0.43
	9	640190123666	2005	1.132	0.33
	10	640190141473	2005	1.131	0.47
640035	1	640035128210	2012	2.095	0.60
	2	640035128244	2012	1.864	0.62
	3	640035128249	2012	1.771	0.62
	4	640035117836	2018	1.769	0.53
	5	640035128184	2012	1.728	0.63
	6	640035128224	2012	1.718	0.61
	7	640035128190	2013	1.635	0.62
	8	640035128212	2012	1.629	0.60

场号	场内排名	牛号	出生年份	泌乳系统评分 EBV/分	EBV 准确性
640035	9	640035117938	2011	1.625	0.61
	10	640035128181	2012	1.601	0.60
640166	1	640166110077	2011	2.269	0.63
	2	640166120590	2012	1.946	0.62
	3	640166120530	2012	1.806	0.62
	4	640166130796	2013	1.727	0.62
	5	640166120597	2012	1.711	0.63
	6	640166077028	2007	1.706	0.52
	7	640166120480	2012	1.703	0.63
	8	640166077029	2007	1.611	0.55
	9	640166099338	2009	1.589	0.62
	10	640166110065	2011	1.505	0.60
640190	1	640190111218	2011	2.102	0.58
	2	640190112520	2013	1.993	0.47
	3	640190127537	2012	1.951	0.45
	4	640190134966	2011	1.947	0.64
	5	640190121599	2011	1.946	0.47
	6	640190142123	2013	1.866	0.45
	7	640190154057	2011	1.857	0.58
	8	640190121584	2011	1.827	0.46
	9	640190112246	2012	1.779	0.56
	10	640190123250	2011	1.745	0.55
640193	1	640193153979	2015	1.338	0.43
	2	640193153760	2015	1.331	0.43
	3	640193172578	2017	1.278	0.38
	4	640193192452	2019	1.269	0.46
	5	640193140691	2014	1.261	0.45
	5	640193153542	2015	1.261	0.45

续表

场号	场内排名	牛号	出生年份	泌乳系统评分 EBV/分	EBV 准确性
640193	7	640193192280	2019	1.259	0.46
	8	640193153615	2015	1.256	0.45
	8	640193153825	2015	1.256	0.45
	8	640193154109	2015	1.256	0.45
640251	1	640251126572	2017	1.030	0.50
	2	640251141266	2014	0.993	0.46
	3	640251130005	2018	0.927	0.55
	4	640251143263	2014	0.909	0.44
	5	640251190451	2018	0.908	0.59
	6	640251171271	2018	0.901	0.56
	7	640251191215	2016	0.871	0.44
	8	640251136835	2018	0.861	0.60
	9	640251175133	2018	0.846	0.55
	10	640251193649	2018	0.845	0.51
640253	1	640253193676	2019	1.360	0.50
	2	640253193723	2019	1.133	0.53
	3	640253193605	2019	1.117	0.45
	4	640253193690	2019	1.000	0.51
	5	640253193358	2019	0.957	0.48
	6	640253182017	2018	0.919	0.59
	7	640253193738	2019	0.872	0.53
	8	640253193539	2019	0.866	0.46
	9	640253193411	2019	0.833	0.48
	9	640253182440	2018	0.833	0.46

表 6-1-6　各核心育种场乳用特征评分 EBV 排名前 10 名母牛

场号	场内排名	牛号	出生年份	乳用特征评分 EBV/分	EBV 准确性
	1	640003100913	2010	0.514	0.36
	2	640003203362	2020	0.472	0.30
	3	640003203402	2020	0.461	0.29
	4	640003182789	2018	0.458	0.26
640003	5	640003172662	2017	0.444	0.29
	6	640003203411	2020	0.435	0.30
	7	640003110087	2011	0.423	0.30
	7	640003193189	2019	0.423	0.30
	9	640003203431	2020	0.406	0.30
	10	640003193073	2019	0.401	0.32
	1	640004208274	2020	0.520	0.29
	2	640004187451	2018	0.499	0.41
	3	640004187385	2018	0.479	0.26
	4	640004177359	2009	0.438	0.29
640004	5	640004177329	2017	0.433	0.39
	6	640004119899	2011	0.431	0.35
	6	640004174138	2009	0.431	0.30
	8	640004187397	2018	0.427	0.39
	9	640004187402	2018	0.419	0.41
	10	640004187445	2018	0.415	0.38
	1	640005206060	2020	0.454	0.29
	2	640005205998	2020	0.419	0.30
	3	640005206040	2020	0.417	0.31
	4	640005099219	2009	0.413	0.25
640005	5	640005206049	2020	0.411	0.28
	6	640005195821	2019	0.396	0.28
	6	640005206067	2020	0.396	0.31
	8	640005206024	2020	0.389	0.29

场号	场内排名	牛号	出生年份	乳用特征评分 EBV/分	EBV 准确性
640005	9	640005205975	2020	0.379	0.27
	10	640005206059	2020	0.377	0.25
640007	1	640007124060	2012	0.477	0.29
	2	640007182483	2018	0.474	0.27
	3	640007184783	2018	0.441	0.23
	4	640007172416	2017	0.437	0.30
	5	640007174416	2017	0.416	0.25
	6	640007206336	2020	0.414	0.24
	7	640007206309	2020	0.411	0.23
	7	640007206310	2020	0.411	0.23
	9	640007174521	2017	0.405	0.30
	10	640007174502	2017	0.402	0.30
640009	1	640009202014	2020	0.417	0.27
	2	640009202051	2020	0.405	0.29
	3	640009202023	2020	0.383	0.28
	4	640009202080	2020	0.381	0.27
	5	640009202035	2020	0.367	0.31
	6	640009202060	2020	0.358	0.29
	7	640009202032	2020	0.343	0.28
	8	640009202078	2020	0.329	0.27
	9	640009202050	2020	0.326	0.27
	10	640009116429	2011	0.324	0.15
640035	1	640035158841	2014	0.409	0.18
	2	640035107692	2010	0.406	0.38
	3	640035170515	2016	0.395	0.23
	4	640035107697	2010	0.394	0.37
	5	640035117890	2011	0.383	0.35
	6	640035128125	2012	0.373	0.32

场号	场内排名	牛号	出生年份	乳用特征评分 EBV/分	EBV 准确性
640035	7	640035117884	2011	0.364	0.36
	8	640035117849	2011	0.358	0.34
	9	640035109647	2010	0.356	0.35
	10	640035117851	2011	0.350	0.34
640166	1	640166120616	2012	0.543	0.31
	2	640166099311	2009	0.523	0.28
	3	640166099338	2009	0.489	0.29
	4	640166109625	2010	0.471	0.26
	5	640166109840	2010	0.452	0.36
	6	640166109667	2010	0.444	0.35
	7	640166172378	2017	0.436	0.28
	8	640166119880	2011	0.433	0.33
	9	640166119898	2011	0.430	0.33
	10	640166119899	2011	0.427	0.33
640190	1	640190123856	2012	0.698	0.31
	2	640190123950	2012	0.550	0.31
	3	640190123861	2012	0.546	0.31
	4	640190134519	2013	0.540	0.27
	5	640190113968	2011	0.467	0.21
	6	640190180443	2018	0.426	0.30
	7	640190123636	2012	0.393	0.17
	8	640190124034	2012	0.388	0.29
	9	640190123633	2012	0.381	0.32
	10	640190180421	2018	0.378	0.28
640193	1	640193180546	2018	0.401	0.30
	2	640193180290	2018	0.372	0.28
	3	640193180840	2018	0.362	0.28
	4	640193120298	2011	0.359	0.20

续表

场号	场内排名	牛号	出生年份	乳用特征评分 EBV/分	EBV 准确性
640193	5	640193180712	2018	0.349	0.27
	6	640193180686	2018	0.343	0.27
	7	640193180680	2018	0.342	0.27
	8	640193180670	2018	0.340	0.27
	9	640193180942	2018	0.339	0.27
	9	640193180990	2018	0.339	0.27
640251	1	640251010827	2012	0.566	0.33
	2	640251014199	2012	0.540	0.27
	3	640251005741	2018	0.513	0.36
	4	640251014104	2012	0.477	0.29
	5	640251016510	2011	0.468	0.11
	5	640251017375	2011	0.468	0.11
	7	640251005148	2017	0.463	0.24
	8	640251185787	2018	0.435	0.26
	9	640251185764	2018	0.431	0.40
	9	640251185743	2018	0.431	0.40
640253	1	640253204429	2020	0.461	0.31
	2	640253182110	2018	0.456	0.32
	2	640253182113	2018	0.456	0.31
	4	640253182099	2018	0.454	0.31
	5	640253181896	2018	0.450	0.29
	6	640253181917	2018	0.442	0.29
	7	640253182098	2018	0.439	0.32
	8	640253181869	2018	0.433	0.28
	9	640253181891	2018	0.431	0.32
	10	640253181870	2018	0.421	0.28

表 6-1-7　各核心育种场体高评分 EBV 排名前 10 名母牛

场号	场内排名	牛号	出生年份	体高评分 EBV/分	EBV 准确性
640003	1	640003007874	2012	3.448	0.63
	2	640003203398	2020	3.411	0.69
	3	640003110157	2011	3.403	0.65
	4	640003000073	2018	3.401	0.61
	5	640003000389	2018	3.373	0.61
	6	640003214002	2021	3.238	0.59
	7	640003203557	2020	3.193	0.54
	8	640003203936	2020	3.178	0.52
	9	640003007480	2019	3.151	0.67
	10	640003203907	2020	3.149	0.54
640004	1	640004198397	2019	5.545	0.68
	2	640004198367	2019	5.522	0.67
	3	640004198335	2019	5.469	0.67
	3	640004198338	2019	5.469	0.67
	5	640004198305	2019	5.415	0.67
	6	640004198407	2019	5.323	0.67
	7	640004198377	2019	5.297	0.67
	8	640004198331	2019	4.832	0.66
	9	640004197776	2019	4.663	0.62
	10	640004197821	2019	4.521	0.61
640005	1	640005195858	2019	3.538	0.55
	2	640005113767	2011	3.432	0.65
	3	640005195857	2019	3.421	0.59
	4	640005144410	2014	3.368	0.67
	5	640005113795	2011	3.335	0.66
	6	640005205868	2020	3.334	0.53
	7	640005144414	2014	3.283	0.72
	8	640005144397	2014	3.265	0.69

续表

场号	场内排名	牛号	出生年份	体高评分 EBV/分	EBV 准确性
640005	9	640005113755	2011	3.237	0.68
	10	640005185415	2018	3.194	0.70
640007	1	640007172362	2017	3.353	0.63
	2	640007090550	2009	3.033	0.66
	3	640007174539	2017	2.884	0.68
	4	640007174284	2017	2.799	0.65
	4	640007174303	2017	2.799	0.65
	6	640007172288	2017	2.796	0.68
	7	640007174648	2017	2.770	0.67
	8	640007174384	2017	2.763	0.68
	9	640007110037	2011	2.748	0.68
	10	640007172296	2017	2.746	0.65
640009	1	640009191650	2019	9.576	0.60
	2	640009191761	2019	8.796	0.69
	3	640009191752	2019	8.528	0.68
	4	640009191738	2019	8.305	0.66
	5	640009191739	2019	8.096	0.67
	6	640009191754	2019	8.023	0.68
	7	640009191733	2019	7.889	0.68
	8	640009191762	2019	7.646	0.69
	9	640009191740	2019	7.549	0.68
	10	640009191764	2019	7.332	0.69
640035	1	640035138494	2013	3.383	0.64
	2	640035128207	2012	2.991	0.71
	3	640035117938	2011	2.950	0.71
	4	640035117968	2011	2.940	0.68
	5	640035170517	2018	2.903	0.59
	6	640035097441	2009	2.898	0.68

场号	场内排名	牛号	出生年份	体高评分 EBV/分	EBV 准确性
640035	7	640035097551	2011	2.732	0.65
	8	640035117991	2011	2.702	0.69
	9	640035170623	2018	2.622	0.57
	10	640035128050	2012	2.577	0.68
640166	1	640166110150	2011	4.569	0.67
	2	640166110153	2011	4.333	0.66
	3	640166099345	2009	3.581	0.69
	4	640166110064	2011	3.542	0.68
	5	640166109755	2010	3.530	0.68
	6	640166119968	2011	3.345	0.69
	7	640166109681	2010	3.321	0.71
	8	640166099388	2009	3.281	0.69
	9	640166109737	2010	3.279	0.69
	10	640166099347	2009	3.177	0.70
640190	1	640190142334	2014	3.546	0.63
	2	640190123660	2012	3.476	0.66
	3	640190124066	2012	3.475	0.64
	4	640190140074	2013	3.439	0.71
	5	640190131546	2013	3.412	0.64
	6	640190142168	2014	3.360	0.63
	7	640190130170	2013	3.357	0.67
	8	640190130097	2013	3.323	0.67
	9	640190132133	2013	3.301	0.64
	10	640190130047	2013	3.278	0.67
640193	1	640193180546	2018	2.095	0.54
	2	640193142131	2014	2.090	0.51
	3	640193142665	2014	2.080	0.46
	4	640193172060	2017	2.048	0.40

续表

场号	场内排名	牛号	出生年份	体高评分 EBV/分	EBV 准确性
640193	4	640193142097	2014	2.048	0.48
	6	640193171954	2017	2.043	0.40
	7	640193184589	2018	2.004	0.71
	8	640193140141	2011	1.984	0.53
	9	640193184257	2018	1.974	0.71
	10	640193142081	2014	1.950	0.48
640251	1	640251008052	2019	3.302	0.50
	1	640251198052	2019	3.302	0.50
	3	640251007461	2015	3.181	0.50
	4	640251008007	2019	3.125	0.68
	5	640251007636	2015	3.074	0.53
	5	640251197636	2019	3.074	0.53
	7	640251007530	2019	3.012	0.52
	8	640251008468	2019	3.010	0.53
	9	640251008454	2019	3.006	0.67
	10	640251007465	2019	2.999	0.51
640253	1	640253193693	2019	3.529	0.69
	2	640253193817	2019	3.262	0.69
	3	640253193694	2019	3.170	0.51
	4	640253193820	2019	3.133	0.69
	5	640253193617	2018	3.072	0.70
	6	640253193948	2019	3.050	0.69
	7	640253193971	2019	3.027	0.70
	8	640253193756	2019	2.993	0.69
	9	640253193793	2019	2.982	0.69
	10	640253193719	2019	2.980	0.69

表 6-1-8　各核心育种场体深评分 EBV 排名前 10 名母牛

场号	场内排名	牛号	出生年份	体深评分 EBV/分	EBV 准确性
640003	1	640003186247	2018	1.035	0.46
	2	640003120487	2012	0.879	0.40
	3	640003186166	2018	0.863	0.43
	4	640003100947	2010	0.856	0.34
	5	640003006263	2018	0.821	0.43
	5	640003121208	2012	0.821	0.43
	7	640003121309	2012	0.819	0.42
	8	640003121216	2012	0.804	0.42
	9	640003186277	2018	0.798	0.44
	10	640003186196	2018	0.767	0.44
640004	1	640004187362	2018	1.117	0.43
	2	640004187463	2018	1.111	0.44
	3	640004177343	2017	1.092	0.47
	4	640004187424	2018	1.071	0.45
	5	640004187467	2018	1.062	0.45
	6	640004187365	2018	1.027	0.45
	7	640004177331	2017	1.018	0.42
	8	640004177328	2017	1.006	0.43
	9	640004187421	2018	0.995	0.47
	10	640004187390	2018	0.979	0.49
640005	1	640005177328	2017	0.900	0.40
	2	640005123912	2012	0.899	0.38
	3	640005123923	2012	0.889	0.38
	4	640005175250	2017	0.885	0.44
	4	640005060128	2006	0.885	0.33
	6	640005187390	2018	0.874	0.40
	6	640005187424	2018	0.874	0.40
	8	640005103661	2010	0.820	0.40

续表

场号	场内排名	牛号	出生年份	体深评分 EBV/分	EBV 准确性
640005	9	640005103654	2010	0.819	0.32
	10	640005185535	2018	0.780	0.47
640007	1	640007185151	2018	0.891	0.43
	2	640007184818	2018	0.879	0.40
	3	640007185135	2018	0.830	0.43
	4	640007185168	2018	0.809	0.40
	5	640007185153	2018	0.755	0.43
	6	640007185133	2018	0.753	0.41
	6	640007185159	2018	0.753	0.41
	8	640007126008	2012	0.746	0.39
	9	640007185141	2018	0.734	0.40
	10	640007185145	2018	0.732	0.41
640009	1	640009181441	2018	0.956	0.44
	2	640009181399	2018	0.904	0.42
	3	640009181378	2018	0.901	0.44
	4	640009181396	2018	0.893	0.41
	5	640009181435	2018	0.858	0.44
	6	640009181456	2018	0.839	0.44
	7	640009181430	2018	0.803	0.41
	8	640009181483	2018	0.801	0.44
	9	640009181433	2018	0.795	0.45
	10	640009181404	2018	0.785	0.40
640035	1	640035128214	2012	0.862	0.42
	2	640035128206	2012	0.820	0.43
	3	640035128193	2012	0.813	0.43
	4	640035128221	2012	0.716	0.41
	5	640035128204	2012	0.703	0.43
	6	640035191443	2019	0.678	0.38

场号	场内排名	牛号	出生年份	体深评分 EBV/分	EBV 准确性
	7	640035128223	2012	0.672	0.42
640035	8	640035128205	2012	0.666	0.43
	9	640035128212	2012	0.650	0.41
	10	640035191425	2019	0.643	0.38
	1	640166120472	2012	0.873	0.43
	2	640166120511	2012	0.862	0.44
	3	640166120495	2012	0.800	0.40
	4	640166120488	2012	0.787	0.42
	5	640166120480	2012	0.769	0.42
640166	6	640166060175	2006	0.762	0.32
	7	640166120514	2012	0.761	0.43
	8	640166172501	2013	0.750	0.39
	9	640166182854	2018	0.747	0.46
	10	640166109708	2010	0.735	0.36
	1	640190184665	2018	0.845	0.37
	2	640190130164	2013	0.729	0.40
	3	640190130069	2013	0.727	0.40
	4	640190130257	2013	0.662	0.40
	5	640190130252	2013	0.652	0.40
640190	6	640190190253	2019	0.651	0.34
	7	640190183011	2018	0.650	0.33
	8	640190184911	2018	0.647	0.35
	9	640190183613	2018	0.637	0.36
	10	640190190565	2019	0.629	0.35
	1	640193180866	2018	0.705	0.43
640193	2	640193205936	2020	0.692	0.37
	3	640193205766	2020	0.677	0.33
	4	640193190258	2019	0.676	0.35

场号	场内排名	牛号	出生年份	体深评分 EBV/分	EBV 准确性
640193	5	640193183360	2018	0.666	0.37
	5	640193183400	2018	0.666	0.37
	7	640193205660	2020	0.660	0.35
	8	640193205694	2020	0.644	0.35
	9	640193171340	2017	0.638	0.43
	10	640193171718	2017	0.630	0.31
640251	1	640251185761	2018	1.070	0.47
	2	640251005222	2018	1.018	0.47
	3	640251175377	2018	1.013	0.47
	4	640251186022	2018	0.983	0.51
	5	640251185755	2018	0.981	0.46
	6	640251185750	2018	0.976	0.42
	7	640251185731	2018	0.973	0.44
	8	640251005205	2017	0.970	0.41
	8	640251175205	2017	0.970	0.41
	10	640251185773	2018	0.969	0.43
640253	1	640253181982	2018	1.099	0.46
	2	640253182060	2018	1.095	0.45
	3	640253182039	2018	1.094	0.45
	4	640253182090	2018	1.077	0.45
	5	640253182027	2018	1.074	0.45
	5	640253182087	2018	1.074	0.45
	7	640253182019	2018	1.068	0.45
	8	640253182034	2018	1.049	0.45
	9	640253182005	2018	1.041	0.44
	10	640253182058	2018	1.030	0.46

表 6-1-9　各核心育种场腰强度评分 EBV 排名前 10 名母牛

场号	场内排名	牛号	出生年份	腰强度评分 EBV/分	EBV 准确性
640003	1	640003141688	2011	2.252	0.35
	2	640003111133	2011	2.077	0.44
	3	640003111152	2011	2.018	0.44
	4	640003121286	2012	1.985	0.51
	5	640003111119	2011	1.959	0.45
	6	640003111142	2011	1.838	0.42
	7	640003121209	2012	1.824	0.54
	8	640003111147	2011	1.804	0.42
	9	640003120307	2012	1.802	0.49
	10	640003182822	2018	1.791	0.46
640004	1	640004187449	2018	1.858	0.55
	2	640004125993	2012	1.831	0.53
	3	640004125996	2012	1.814	0.53
	4	640004187364	2018	1.770	0.57
	5	640004198312	2019	1.724	0.47
	5	640004198324	2019	1.724	0.47
	5	640004198340	2019	1.724	0.47
	8	640004208871	2020	1.699	0.41
	9	640004125986	2012	1.692	0.56
	10	640004187424	2018	1.684	0.55
640005	1	640005134186	2013	2.187	0.40
	2	640005123925	2012	2.120	0.54
	3	640005123927	2012	1.876	0.56
	4	640005123970	2012	1.854	0.55
	5	640005113749	2011	1.767	0.41
	6	640005123917	2012	1.751	0.44
	7	640005117983	2011	1.730	0.47
	8	640005123978	2005	1.718	0.55

场号	场内排名	牛号	出生年份	腰强度评分 EBV/分	EBV 准确性
640005	9	640005175236	2017	1.716	0.54
	10	640005123976	2012	1.712	0.54
640007	1	640007152911	2015	1.659	0.49
	2	640007174542	2017	1.643	0.44
	3	640007153671	2015	1.609	0.48
	4	640007121088	2012	1.588	0.37
	5	640007174460	2017	1.549	0.48
	6	640007197871	2019	1.541	0.47
	6	640007198329	2019	1.541	0.47
	8	640007174554	2017	1.538	0.48
	9	640007174521	2017	1.533	0.48
	10	640007174502	2017	1.526	0.48
640009	1	640009110045	2011	1.716	0.49
	2	640009120030	2012	1.490	0.43
	3	640009181342	2018	1.476	0.47
	4	640009160845	2016	1.443	0.35
	5	640009160888	2016	1.440	0.33
	6	640009160814	2016	1.413	0.40
	7	640009201966	2020	1.377	0.45
	8	640009160782	2016	1.369	0.39
	9	640009160800	2016	1.365	0.41
	10	640009160809	2016	1.360	0.38
640035	1	640035128203	2012	2.072	0.52
	2	640035099417	2006	2.068	0.45
	3	640035128216	2012	2.064	0.57
	4	640035117965	2011	2.022	0.49
	5	640035099402	2006	1.906	0.44
	6	640035128214	2012	1.855	0.54

场号	场内排名	牛号	出生年份	腰强度评分 EBV/分	EBV 准确性
640035	7	640035117964	2011	1.832	0.48
	8	640035128115	2012	1.772	0.49
	9	640035128205	2012	1.713	0.53
	10	640035191392	2019	1.699	0.49
640166	1	640166120477	2012	2.510	0.53
	2	640166141100	2014	2.366	0.43
	3	640166120464	2012	2.291	0.50
	4	640166120650	2012	2.121	0.55
	5	640166109609	2010	2.115	0.45
	6	640166120510	2012	1.911	0.52
	7	640166109590	2010	1.896	0.36
	8	640166120484	2012	1.856	0.54
	9	640166109581	2010	1.840	0.45
	9	640166120460	2012	1.840	0.55
640190	1	640190121590	2012	2.208	0.46
	2	640190121593	2012	2.153	0.44
	3	640190123856	2012	1.993	0.49
	4	640190111051	2011	1.977	0.46
	5	640190110389	2011	1.959	0.46
	5	640190110766	2011	1.959	0.46
	7	640190123762	2012	1.905	0.43
	8	640190123212	2012	1.892	0.43
	9	640190141988	2014	1.864	0.42
	10	640190128227	2012	1.863	0.43
640193	1	640193130053	2013	1.665	0.46
	1	640193140053	2013	1.665	0.46
	3	640193180546	2018	1.565	0.45
	4	640193180840	2018	1.484	0.43

续表

场号	场内排名	牛号	出生年份	腰强度评分 EBV/分	EBV 准确性
640193	5	640193181268	2018	1.453	0.44
	6	640193180712	2018	1.343	0.41
	7	640193140691	2014	1.298	0.39
	7	640193153542	2015	1.298	0.39
	9	640193193342	2019	1.262	0.47
	10	640193180388	2018	1.245	0.45
640251	1	640251208804	2020	2.226	0.50
	2	640251208674	2020	2.176	0.53
	3	640251208662	2020	2.104	0.52
	4	640251208837	2020	2.058	0.51
	5	640251208664	2020	2.052	0.52
	6	640251208732	2020	2.044	0.52
	7	640251185792	2018	1.988	0.46
	8	640251197960	2019	1.939	0.49
	9	640251197943	2019	1.913	0.49
	10	640251208953	2020	1.900	0.50
640253	1	640253181982	2018	1.902	0.55
	2	640253193412	2019	1.874	0.49
	2	640253193426	2019	1.874	0.49
	4	640253193409	2019	1.817	0.50
	5	640253193429	2019	1.800	0.48
	6	640253182033	2018	1.743	0.52
	7	640253182001	2018	1.728	0.53
	8	640253181739	2018	1.673	0.40
	9	640253182046	2018	1.652	0.52
	10	640253193466	2019	1.601	0.56

表 6-1-10　各核心育种场尻角度评分 EBV 排名前 10 名母牛

场号	场内排名	牛号	出生年份	尻角度评分 EBV/分	EBV 准确性
640003	1	640003203418	2020	1.668	0.50
	2	640003111124	2011	1.591	0.37
	3	640003197774	2019	1.549	0.44
	3	640003203436	2020	1.549	0.48
	5	640003111134	2011	1.548	0.34
	6	640003162237	2016	1.534	0.37
	7	640003193057	2019	1.496	0.39
	8	640003162301	2016	1.492	0.34
	9	640003195651	2019	1.483	0.41
	9	640003172513	2016	1.483	0.34
640004	1	640004198312	2019	2.198	0.45
	1	640004198324	2019	2.198	0.45
	1	640004198340	2019	2.198	0.45
	4	640004187642	2018	1.917	0.39
	5	640004187620	2018	1.904	0.38
	6	640004205876	2019	1.768	0.40
	7	640004187631	2018	1.702	0.38
	8	640004208275	2020	1.695	0.32
	9	640004167061	2016	1.632	0.34
	10	640004167132	2017	1.623	0.36
640005	1	640005164978	2016	1.618	0.37
	2	640005164927	2016	1.574	0.36
	3	640005123907	2012	1.558	0.35
	4	640005164954	2016	1.539	0.39
	5	640005164931	2016	1.471	0.39
	6	640005164974	2016	1.446	0.35
	7	640005164798	2016	1.442	0.36
	8	640005164826	2016	1.435	0.36

场号	场内排名	牛号	出生年份	尻角度评分 EBV/分	EBV 准确性
640005	9	640005164976	2016	1.432	0.34
	10	640005164942	2016	1.423	0.37
640007	1	640007163974	2016	1.745	0.46
	2	640007206010	2020	1.728	0.38
	3	640007184727	2018	1.720	0.41
	4	640007126070	2012	1.637	0.31
	5	640007174673	2017	1.586	0.38
	6	640007184800	2018	1.581	0.38
	7	640007195671	2019	1.569	0.44
	8	640007195748	2019	1.499	0.42
	9	640007162214	2016	1.486	0.46
	9	640007164183	2016	1.486	0.46
640009	1	640009191770	2019	1.562	0.42
	2	640009191818	2019	1.539	0.44
	3	640009191786	2019	1.408	0.40
	4	640009160911	2016	1.376	0.36
	5	640009160970	2016	1.355	0.35
	6	640009160947	2016	1.352	0.34
	7	640009160851	2016	1.343	0.33
	8	640009171214	2016	1.336	0.34
	9	640009161024	2016	1.319	0.34
	10	640009191805	2019	1.314	0.41
640035	1	640035097573	2018	1.563	0.42
	2	640035128280	2012	1.450	0.42
	3	640035097560	2018	1.403	0.42
	4	640035107614	2010	1.300	0.41
	5	640035107678	2010	1.284	0.44
	6	640035128286	2012	1.282	0.41

场号	场内排名	牛号	出生年份	尻角度评分 EBV/分	EBV 准确性
640035	7	640035097405	2007	1.262	0.42
	8	640035138296	2012	1.241	0.41
	9	640035097525	2003	1.233	0.44
	10	640035107776	2010	1.187	0.31
640166	1	640166119966	2011	1.512	0.39
	2	640166203561	2020	1.484	0.31
	3	640166203471	2019	1.456	0.35
	4	640166193217	2019	1.392	0.31
	5	640166109714	2010	1.382	0.42
	6	640166120606	2012	1.367	0.47
	7	640166151731	2015	1.364	0.27
	8	640166203503	2020	1.363	0.31
	9	640166120384	2012	1.355	0.33
	10	640166193170	2019	1.352	0.41
640190	1	640190140074	2013	2.251	0.43
	2	64019013A067	2013	2.200	0.42
	3	640190140013	2013	2.142	0.42
	3	640190130054	2013	2.142	0.40
	5	640190130060	2013	2.141	0.40
	6	640190130055	2013	2.138	0.40
	7	64019013A004	2013	2.099	0.40
	8	640190130047	2013	2.096	0.40
	9	640190130097	2013	2.082	0.40
	10	640190140335	2014	2.081	0.40
640193	1	640193140141	2011	1.743	0.36
	2	640193130889	2013	1.704	0.36
	3	640193140336	2014	1.680	0.34
	4	640193142131	2014	1.669	0.37

续表

场号	场内排名	牛号	出生年份	尻角度评分 EBV/分	EBV 准确性
640193	5	640193130001	2013	1.653	0.34
	5	640193130038	2013	1.653	0.34
	5	640193130044	2013	1.653	0.34
	5	640193130047	2013	1.653	0.34
	5	640193130048	2013	1.653	0.34
	5	640193130060	2013	1.653	0.34
640251	1	640251186716	2018	0.835	0.52
	2	640251186789	2018	0.768	0.52
	3	640251004861	2017	0.749	0.32
	4	640251186708	2018	0.733	0.51
	4	640251186715	2018	0.733	0.51
	4	640251186719	2018	0.733	0.51
	7	640251006765	2018	0.720	0.42
	8	640251007032	2019	0.717	0.43
	9	640251004853	2017	0.713	0.29
	9	640251186784	2018	0.713	0.51
640253	1	640253182790	2018	0.844	0.52
	2	640253171364	2017	0.804	0.31
	3	640253182842	2018	0.788	0.51
	4	640253181982	2018	0.787	0.57
	5	640253182087	2018	0.786	0.56
	6	640253171361	2017	0.785	0.32
	7	640253171200	2017	0.766	0.33
	8	640253193098	2019	0.760	0.46
	9	640253182823	2018	0.750	0.55
	10	640253182833	2018	0.748	0.55

表 6-1-11 各核心育种场尻宽评分 EBV 排名前 10 名母牛

场号	场内排名	牛号	出生年份	尻宽评分 EBV/分	EBV 准确性
	1	640003203436	2020	2.001	0.56
	2	640003110817	2011	1.948	0.54
	3	640003203418	2020	1.878	0.57
	4	640003090712	2009	1.816	0.42
640003	5	640003203500	2020	1.801	0.47
	6	640003000050	2018	1.763	0.40
	7	640003203492	2020	1.747	0.42
	8	640003203468	2020	1.746	0.48
	8	640003203487	2020	1.746	0.47
	10	640003203472	2020	1.741	0.47
	1	640004099379	2009	2.066	0.53
	2	640004095447	2009	2.029	0.55
	3	640004187620	2018	1.998	0.51
	4	640004095466	2009	1.985	0.53
640004	5	640004208869	2020	1.947	0.42
	6	640004115840	2011	1.935	0.42
	7	640004109789	2010	1.906	0.55
	8	640004187573	2020	1.816	0.36
	9	640004198312	2019	1.717	0.47
	9	640004198324	2019	1.717	0.47
	1	640005113771	2011	2.295	0.54
	2	640005113818	2011	2.038	0.54
	3	640005093359	2009	1.876	0.47
	4	640005103669	2010	1.801	0.55
640005	5	640005144423	2014	1.784	0.46
	6	640005097459	2009	1.745	0.47
	7	640005093362	2003	1.664	0.45
	7	640005206064	2020	1.664	0.57

续表

场号	场内排名	牛号	出生年份	尻宽评分 EBV/分	EBV 准确性
640005	9	640005206069	2020	1.650	0.57
	10	640005134201	2014	1.648	0.48
640007	1	640007172296	2017	2.357	0.46
	2	640007164230	2016	2.346	0.46
	3	640007172307	2017	1.844	0.46
	3	640007172313	2017	1.844	0.46
	3	640007174284	2017	1.844	0.46
	3	640007174297	2017	1.844	0.46
	3	640007174303	2017	1.844	0.46
	8	640007172306	2017	1.821	0.46
	8	640007174266	2017	1.821	0.46
	8	640007164194	2016	1.821	0.46
640009	1	640009191714	2019	1.842	0.36
	2	640009191716	2019	1.478	0.36
	3	640009191718	2019	1.477	0.36
	4	640009110016	2011	1.379	0.39
	5	640009201965	2020	1.327	0.52
	6	640009181498	2020	1.309	0.34
	7	640009100076	2010	1.306	0.42
	8	640009110102	2011	1.268	0.56
	9	640009201957	2020	1.254	0.49
	10	640009120016	2012	1.250	0.50
640035	1	640035097430	2009	2.248	0.52
	2	640035097516	2020	1.974	0.53
	3	640035097551	2011	1.909	0.44
	4	640035097456	2006	1.862	0.49
	5	640035128190	2013	1.803	0.56
	6	640035107722	2010	1.669	0.52

场号	场内排名	牛号	出生年份	尻宽评分 EBV/分	EBV 准确性
640035	7	640035107755	2010	1.639	0.56
	8	640035128241	2012	1.611	0.42
	9	640035117835	2011	1.568	0.48
	10	640035097458	2006	1.553	0.50
640166	1	640166099382	2009	2.684	0.54
	2	640166099388	2009	2.434	0.55
	3	640166109751	2010	2.199	0.55
	4	640166109755	2010	1.999	0.52
	5	640166110072	2011	1.651	0.55
	6	640166141236	2014	1.649	0.47
	7	640166099355	2009	1.552	0.53
	8	640166109722	2010	1.534	0.56
	9	640166099330	2009	1.521	0.45
	10	640166130925	2013	1.507	0.42
640190	1	640190131062	2013	2.662	0.37
	2	640190110202	2011	2.479	0.39
	3	640190110017	2011	2.375	0.37
	4	640190130093	2013	2.278	0.52
	5	640190110419	2011	2.168	0.48
	6	640190135891	2013	2.153	0.37
	7	640190080364	2008	2.112	0.40
	8	640190111157	2011	2.044	0.48
	9	640190113276	2011	2.026	0.41
	10	640190120156	2012	1.938	0.51
640193	1	640193191886	2019	1.452	0.37
	2	640193192148	2019	1.406	0.38
	3	640193141008	2014	1.349	0.39
	3	640193230048	2013	1.349	0.39

续表

场号	场内排名	牛号	出生年份	尻宽评分 EBV/分	EBV 准确性
640193	5	640193155632	2015	1.252	0.36
	6	640193155692	2015	1.060	0.37
	7	640193130671	2013	1.056	0.36
	8	640193130104	2013	0.981	0.35
	9	640193130786	2013	0.945	0.35
	10	640193171405	2017	0.933	0.23
640251	1	640251008732	2020	1.966	0.67
	1	640251008840	2020	1.966	0.67
	3	640251008550	2020	1.798	0.67
	4	640251008187	2019	1.790	0.67
	5	640251185897	2018	1.781	0.52
	6	640251007438	2019	1.651	0.45
	7	640251006464	2019	1.650	0.34
	8	640251007428	2019	1.648	0.46
	8	640251006484	2019	1.648	0.35
	8	640251006508	2019	1.648	0.35
640253	1	640253193409	2019	2.047	0.51
	2	640253193412	2019	1.949	0.51
	2	640253193426	2019	1.949	0.51
	4	640253193432	2019	1.878	0.50
	5	640253193429	2019	1.847	0.49
	6	640253193472	2019	1.741	0.51
	7	640253193513	2019	1.578	0.58
	7	640253193427	2017	1.578	0.50
	9	640253193466	2019	1.575	0.58
	10	640253193328	2011	1.572	0.50

表 6-1-12　各核心育种场蹄角度评分 EBV 排名前 10 名母牛

场号	场内排名	牛号	出生年份	蹄角度评分 EBV/分	EBV 准确性
640003	1	640003110867	2011	3.010	0.48
	2	640003006437	2018	2.806	0.44
	3	640003006453	2018	2.803	0.44
	4	640003182895	2018	2.698	0.51
	5	640003182901	2018	2.666	0.49
	6	640003182940	2018	2.657	0.49
	7	640003182952	2018	2.639	0.49
	8	640003080641	2008	2.478	0.40
	9	640003182932	2018	2.351	0.49
	10	640003182961	2018	2.340	0.48
640004	1	640004109729	2010	3.352	0.50
	2	640004109769	2010	3.203	0.51
	3	640004109789	2010	2.665	0.50
	4	640004109699	2010	2.608	0.52
	5	640004109689	2010	2.435	0.43
	6	640004109759	2010	2.433	0.40
	7	640004121008	2012	2.383	0.40
	8	640004109719	2010	2.352	0.42
	9	640004109779	2010	2.280	0.40
	10	640004109739	2010	2.214	0.50
640005	1	640005185500	2018	2.850	0.46
	2	640005185463	2018	2.702	0.48
	3	640005185489	2018	2.675	0.40
	4	640005185359	2018	2.656	0.42
	5	640005109750	2010	2.584	0.50
	6	640005107679	2010	2.566	0.43
	7	640005185342	2018	2.549	0.41
	8	640005185497	2018	2.507	0.45

场号	场内排名	牛号	出生年份	蹄角度评分 EBV/分	EBV 准确性
640005	9	640005185353	2018	2.356	0.43
	10	640005175160	2017	2.295	0.32
640007	1	640007100801	2010	3.360	0.48
	2	640007090688	2009	2.532	0.40
	3	640007090716	2009	2.496	0.49
	4	640007090671	2009	2.334	0.40
	5	640007195320	2019	2.317	0.44
	6	640007090717	2009	2.306	0.40
	7	640007080761	2008	2.280	0.44
	7	640007080776	2008	2.280	0.40
	7	64000709N652	2009	2.280	0.40
	7	640007090649	2009	2.280	0.40
640009	1	640009191644	2019	2.004	0.42
	2	640009181580	2018	2.000	0.49
	3	640009191704	2019	1.959	0.41
	4	640009181558	2018	1.918	0.47
	5	640009181487	2018	1.914	0.50
	6	640009181534	2018	1.904	0.49
	7	640009181529	2018	1.838	0.49
	8	640009191655	2019	1.833	0.42
	9	640009181510	2018	1.821	0.48
	10	640009191711	2019	1.815	0.43
640035	1	640035109754	2010	3.199	0.50
	2	640035107690	2010	3.098	0.51
	3	640035107717	2010	3.022	0.50
	4	640035107682	2010	2.599	0.44
	5	640035107679	2010	2.566	0.43
	6	640035181029	2018	2.516	0.34

场号	场内排名	牛号	出生年份	蹄角度评分 EBV/分	EBV 准确性
640035	7	640035107691	2010	2.440	0.44
	8	640035107696	2010	2.411	0.43
	9	640035109750	2010	2.402	0.44
	10	640035107723	2010	2.364	0.52
640166	1	640166109725	2010	3.338	0.51
	2	640166109772	2010	3.336	0.51
	3	640166109764	2010	3.111	0.52
	4	640166109732	2010	3.081	0.49
	5	640166109701	2010	3.077	0.49
	6	640166109714	2010	3.013	0.49
	7	640166109790	2010	2.986	0.46
	8	640166109717	2010	2.976	0.49
	9	640166109782	2010	2.935	0.49
	10	640166109785	2010	2.920	0.51
640190	1	640190181214	2018	3.372	0.42
	2	640190127708	2012	3.126	0.46
	3	640190140074	2013	3.076	0.50
	4	640190110361	2011	3.073	0.45
	4	640190110865	2011	3.073	0.45
	4	640190111147	2011	3.073	0.45
	7	640190110911	2011	3.032	0.45
	8	640190110831	2011	3.028	0.45
	9	640190110386	2011	3.014	0.45
	9	640190110946	2011	3.014	0.45
640193	1	640193194686	2019	2.358	0.42
	2	640193180038	2018	2.340	0.40
	2	640193180390	2018	2.340	0.40
	4	640193182032	2018	2.184	0.37

场号	场内排名	牛号	出生年份	蹄角度评分 EBV/分	EBV 准确性
640193	4	640193182362	2018	2.184	0.37
	6	640193182496	2018	2.184	0.37
	7	640193194396	2019	2.177	0.41
	8	640193194656	2019	2.175	0.41
	9	640193194040	2019	2.161	0.42
	10	640193174886	2017	2.157	0.38
640251	1	640251006116	2018	2.349	0.39
	2	640251006181	2018	2.290	0.38
	3	640251006091	2018	2.263	0.38
	4	640251006413	2018	2.246	0.38
	5	640251006079	2018	2.203	0.37
	5	640251006103	2018	2.203	0.37
	7	640251006068	2018	2.180	0.39
	8	640251006461	2018	2.180	0.39
	9	640251006093	2018	2.177	0.37
	10	640251006061	2018	2.129	0.42
640253	1	640253160525	2016	2.763	0.44
	2	640253160483	2016	2.431	0.42
	3	640253169954	2017	1.874	0.04
	4	640253181792	2018	1.819	0.51
	5	640253193327	2019	1.763	0.30
	6	640253193179	2018	1.730	0.34
	7	640253193114	2018	1.718	0.34
	8	640253193098	2019	1.687	0.41
	9	640253169913	2016	1.672	0.35
	10	640253193467	2019	1.641	0.34

表 6-1-13　各核心育种场蹄踵深度评分 EBV 排名前 10 名母牛

场号	场内排名	牛号	出生年份	蹄踵深度评分 EBV/分	EBV 准确性
640003	1	640003111141	2011	0.929	0.32
	2	640003111124	2011	0.866	0.34
	3	640003111119	2011	0.852	0.32
	4	640003193057	2019	0.816	0.36
	5	640003111147	2011	0.808	0.29
	6	640003080629	2008	0.798	0.34
	7	640003111134	2011	0.784	0.30
	8	640003111136	2011	0.779	0.32
	9	640003111123	2011	0.739	0.29
	10	640003182795	2018	0.737	0.34
640004	1	640004208081	2020	0.894	0.36
	2	640004146486	2014	0.864	0.40
	3	640004085320	2008	0.816	0.32
	3	640004085343	2008	0.816	0.32
	5	640004095540	2009	0.810	0.37
	6	640004085315	2008	0.776	0.33
	7	640004085313	2008	0.767	0.33
	7	640004085356	2008	0.767	0.33
	7	640004095488	2009	0.767	0.33
	7	640004095522	2009	0.767	0.33
640005	1	640005146580	2014	0.913	0.39
	2	640005205998	2020	0.902	0.38
	3	640005205953	2020	0.892	0.37
	4	640005206049	2020	0.883	0.35
	5	640005205908	2020	0.867	0.27
	6	640005205982	2020	0.855	0.35
	7	640005205975	2020	0.845	0.35
	8	640005205961	2020	0.812	0.41

场号	场内排名	牛号	出生年份	蹄踵深度评分 EBV/分	EBV 准确性
640005	9	640005205973	2020	0.804	0.37
	10	640005205926	2020	0.799	0.36
640007	1	640007184766	2018	0.743	0.37
	2	640007206261	2020	0.713	0.32
	3	640007110017	2011	0.709	0.26
	4	640007174674	2017	0.677	0.29
	5	640007080798	2008	0.661	0.37
	6	640007174402	2017	0.652	0.29
	6	640007174410	2017	0.652	0.29
	8	640007174368	2017	0.626	0.30
	9	640007080799	2008	0.624	0.36
	10	640007174376	2017	0.617	0.30
640009	1	640009100082	2010	1.257	0.41
	2	640009090082	2009	1.165	0.38
	3	640009100099	2010	1.042	0.11
	4	640009100120	2010	1.035	0.37
	5	640009100131	2010	0.991	0.40
	6	640009090063	2009	0.990	0.40
	7	640009100088	2010	0.970	0.41
	8	640009090041	2009	0.948	0.41
	9	640009090072	2009	0.947	0.41
	10	640009090017	2009	0.937	0.40
640035	1	640035107753	2014	0.823	0.38
	2	640035107763	2014	0.752	0.38
	3	640035109754	2010	0.736	0.39
	4	640035128199	2012	0.710	0.33
	5	640035087375	2007	0.706	0.32
	5	640035117818	2011	0.706	0.34

场号	场内排名	牛号	出生年份	蹄踵深度评分 EBV/分	EBV 准确性
	7	640035117835	2011	0.703	0.30
640035	8	640035117817	2011	0.677	0.29
	9	640035107689	2010	0.650	0.37
	10	640035107723	2010	0.632	0.42
	1	640166120692	2012	0.998	0.39
	2	640166120662	2012	0.948	0.46
	3	640166089201	2008	0.873	0.38
	4	640166089195	2008	0.826	0.34
640166	5	640166109772	2010	0.819	0.41
	6	640166109682	2010	0.802	0.40
	7	640166141284	2014	0.801	0.38
	8	640166120653	2012	0.791	0.46
	9	640166109727	2010	0.780	0.41
	10	640166110165	2011	0.752	0.20
	1	640190130415	2013	1.298	0.41
	2	640190110683	2011	1.043	0.34
	3	640190110701	2011	1.039	0.34
	4	640190090185	2009	0.948	0.37
640190	5	640190140952	2014	0.928	0.39
	6	640190110850	2011	0.922	0.31
	7	640190110909	2011	0.900	0.34
	8	640190153783	2015	0.896	0.29
	9	640190120864	2012	0.885	0.21
	10	640190142181	2014	0.884	0.29
	1	640193140742	2015	0.715	0.31
640193	1	640193153545	2015	0.715	0.31
	1	640193153754	2015	0.715	0.31
	1	640193153853	2015	0.715	0.31

续表

场号	场内排名	牛号	出生年份	蹄踵深度评分 EBV/分	EBV 准确性
640193	1	640193153903	2015	0.715	0.31
	6	640193153516	2015	0.645	0.30
	6	640193154111	2015	0.645	0.30
	8	640193153615	2015	0.636	0.30
	8	640193153825	2015	0.636	0.30
	8	640193154109	2015	0.636	0.30
640251	1	640251186717	2018	0.754	0.38
	2	640251186719	2018	0.751	0.37
	3	640251208644	2020	0.685	0.33
	4	640251185925	2018	0.676	0.44
	5	640251208886	2020	0.672	0.31
	6	640251006884	2018	0.669	0.38
	6	640251186842	2018	0.669	0.38
	8	640251208665	2020	0.660	0.31
	9	640251208698	2020	0.656	0.33
	10	640251208558	2020	0.646	0.33
640253	1	640253182823	2018	0.725	0.42
	2	640253182833	2018	0.716	0.42
	3	640253182866	2018	0.669	0.38
	3	640253182921	2018	0.669	0.38
	5	640253182946	2018	0.650	0.34
	6	640253182883	2018	0.647	0.34
	7	640253182880	2018	0.642	0.34
	7	640253182893	2018	0.642	0.34
	9	640253170732	2017	0.606	0.28
	10	640253182110	2018	0.585	0.39

表 6-1-14　各核心育种场骨质地评分 EBV 排名前 10 名母牛

场号	场内排名	牛号	出生年份	骨质地评分 EBV/分	EBV 准确性
640003	1	640003203319	2020	1.480	0.43
	2	640003203324	2020	1.360	0.43
	3	640003203551	2020	1.256	0.39
	4	640003203825	2020	1.244	0.40
	5	640003203544	2020	1.233	0.41
	6	640003203334	2020	1.188	0.40
	7	640003214012	2021	1.185	0.36
	8	640003203556	2020	1.167	0.43
	9	640003203911	2020	1.145	0.36
	10	640003203398	2020	1.141	0.42
640004	1	640004198312	2019	1.548	0.44
	1	640004198324	2019	1.548	0.44
	1	640004198340	2019	1.548	0.44
	4	640004208104	2020	1.306	0.41
	5	640004208106	2020	1.238	0.44
	6	640004197997	2019	1.149	0.41
	7	640004198337	2019	1.094	0.40
	8	640004198486	2019	1.077	0.40
	9	640004208098	2020	1.056	0.39
	10	640004198314	2019	1.012	0.41
640005	1	640005205864	2019	1.382	0.43
	2	640005205863	2019	1.371	0.40
	3	640005205919	2020	1.361	0.40
	4	640005205883	2020	1.318	0.45
	5	640005205917	2020	1.303	0.43
	6	640005205994	2020	1.300	0.37
	7	640005195861	2019	1.246	0.43
	8	640005206000	2020	1.129	0.46

场号	场内排名	牛号	出生年份	骨质地评分 EBV/分	EBV 准确性
640005	9	640005205935	2020	1.122	0.43
	10	640005205915	2020	1.120	0.38
640007	1	640007206205	2020	1.201	0.40
	2	640007206212	2020	1.153	0.40
	3	640007198475	2019	1.105	0.40
	4	640007206227	2020	1.097	0.40
	5	640007206220	2020	1.091	0.40
	5	640007208094	2020	1.091	0.40
	7	640007206194	2020	1.062	0.38
	8	640007198412	2019	1.025	0.40
	9	640007206226	2020	1.016	0.35
	10	640007206227	2020	0.992	0.38
640009	1	640009110095	2011	1.059	0.40
	2	640009110076	2011	0.886	0.39
	3	640009120019	2012	0.856	0.40
	4	640009110109	2011	0.824	0.42
	5	640009110096	2016	0.811	0.35
	6	640009181579	2018	0.783	0.41
	7	640009181546	2018	0.770	0.41
	8	640009110100	2011	0.769	0.39
	9	640009110097	2011	0.729	0.40
	10	640009112934	2011	0.723	0.26
640035	1	640035107783	2010	1.000	0.45
	2	640035117968	2011	0.991	0.35
	3	640035128203	2012	0.962	0.44
	4	640035107749	2010	0.904	0.38
	5	640035128204	2012	0.852	0.45
	6	640035050575	2005	0.834	0.09

场号	场内排名	牛号	出生年份	骨质地评分 EBV/分	EBV 准确性
	7	640035128239	2012	0.820	0.42
	8	640035117890	2011	0.798	0.44
640035	9	640035109745	2010	0.778	0.42
	10	640035138442	2013	0.759	0.41
	1	640166109772	2010	1.136	0.43
	2	640166110175	2013	1.051	0.45
	3	640166109625	2010	1.001	0.35
	4	640166120583	2012	0.990	0.29
	5	640166109735	2010	0.982	0.39
640166	6	640166141267	2014	0.978	0.37
	7	640166141100	2014	0.976	0.34
	8	640166120488	2012	0.955	0.44
	9	640166120674	2012	0.936	0.28
	10	640166119898	2011	0.926	0.40
	1	640190123606	2012	0.993	0.41
	2	640190120924	2012	0.938	0.30
	3	640190112678	2011	0.920	0.32
	4	640190121577	2012	0.840	0.33
	5	640190182151	2018	0.838	0.45
640190	6	640190121773	2012	0.831	0.34
	7	640190111917	2011	0.826	0.32
	8	640190112980	2011	0.825	0.37
	9	640190182087	2018	0.820	0.36
	10	640190200509	2020	0.818	0.25
	1	640193141409	2014	0.781	0.26
	2	640193201048	2020	0.767	0.29
640193	3	640193200692	2020	0.750	0.28
	4	640193182292	2018	0.744	0.42

场号	场内排名	牛号	出生年份	骨质地评分 EBV/分	EBV 准确性
	4	640193201154	2020	0.744	0.29
	6	640193201204	2020	0.736	0.30
	7	640193182636	2018	0.722	0.43
640193	8	640193201742	2020	0.704	0.28
	9	640193201724	2020	0.697	0.27
	10	640193182746	2018	0.695	0.45
	1	640251008076	2019	1.326	0.37
	2	640251007873	2019	1.261	0.41
	3	640251007978	2019	1.225	0.36
	4	640251008047	2019	1.224	0.40
	5	640251007995	2019	1.182	0.36
640251	5	640251197995	2019	1.182	0.36
	7	640251008071	2019	1.176	0.36
	7	640251198071	2019	1.176	0.36
	9	640251008115	2019	1.172	0.36
	10	640251008106	2019	1.168	0.36
	1	640253193472	2019	1.645	0.47
	2	640253193466	2019	1.616	0.50
	3	640253193513	2019	1.615	0.50
	4	640253193429	2019	1.598	0.45
640253	5	640253193432	2019	1.592	0.45
	6	640253193409	2019	1.559	0.46
	7	640253193412	2019	1.548	0.46
	7	640253193426	2019	1.548	0.46
	9	640253193326	2019	0.841	0.48
	10	640253193314	2019	0.840	0.44

表 6-1-15 各核心育种场后肢侧视评分 EBV 排名前 10 名母牛

场号	场内排名	牛号	出生年份	后肢侧视评分 EBV/分	EBV 准确性
640003	1	640003006257	2018	3.131	0.51
	2	640003186196	2018	2.391	0.50
	3	640003186086	2018	2.363	0.52
	4	640003186166	2018	2.355	0.49
	5	640003000094	2018	2.327	0.39
	6	640003006263	2018	2.303	0.49
	7	640003186257	2018	2.247	0.50
	8	640003128159	2012	2.149	0.37
	9	640003128163	2012	2.144	0.37
	10	640003182796	2018	2.133	0.41
640004	1	640004187454	2018	2.149	0.52
	2	640004182082	2018	2.095	0.49
	3	640004182391	2018	2.086	0.49
	4	640004182177	2018	2.081	0.49
	4	640004182263	2018	2.081	0.49
	6	640004182173	2018	2.070	0.49
	6	640004182175	2018	2.070	0.49
	6	640004182386	2018	2.070	0.49
	9	640004182164	2018	2.061	0.49
	9	640004182168	2018	2.061	0.49
640005	1	640005205911	2020	2.799	0.39
	2	640005185310	2018	2.483	0.43
	3	640005185322	2018	2.431	0.43
	4	640005185327	2018	2.314	0.40
	5	640005185520	2018	2.234	0.54
	6	640005185345	2018	2.140	0.35
	7	640005185337	2018	2.134	0.40
	8	640005185364	2018	2.127	0.40

场号	场内排名	牛号	出生年份	后肢侧视评分 EBV/分	EBV 准确性
640005	9	640005185535	2018	2.114	0.53
	10	640005185323	2018	2.105	0.39
640007	1	640007185162	2018	2.381	0.50
	2	640007185140	2018	2.364	0.45
	3	640007185131	2018	2.220	0.46
	4	640007185059	2018	2.171	0.47
	5	640007185154	2018	2.142	0.49
	6	640007185139	2018	2.114	0.49
	7	640007185168	2018	2.102	0.49
	8	640007185011	2018	2.100	0.50
	9	640007185146	2018	2.092	0.49
	10	640007185168	2018	2.082	0.44
640009	1	640009160782	2016	2.590	0.35
	2	640009181456	2018	2.454	0.49
	3	640009181396	2018	2.422	0.46
	4	640009181457	2018	2.303	0.47
	5	640009160837	2016	2.294	0.33
	6	640009181448	2018	2.268	0.52
	7	640009181438	2018	2.252	0.49
	8	640009181399	2018	2.204	0.47
	9	640009181450	2018	2.178	0.48
	10	640009181449	2018	2.159	0.52
640035	1	640035128115	2012	2.525	0.45
	2	640035128175	2012	2.287	0.43
	3	640035128131	2012	2.149	0.39
	4	640035181014	2018	2.095	0.43
	5	640035097521	2020	2.071	0.47
	6	640035107605	2010	2.062	0.46

场号	场内排名	牛号	出生年份	后肢侧视评分 EBV/分	EBV 准确性
640035	7	640035107588	2010	1.970	0.47
	8	640035128132	2012	1.938	0.39
	9	640035128168	2012	1.906	0.39
	10	640035107622	2010	1.891	0.46
640166	1	640166182918	2018	2.296	0.40
	2	640166182924	2018	2.268	0.39
	3	640166182936	2018	2.237	0.42
	4	640166182908	2018	2.188	0.41
	5	640166182930	2018	2.171	0.40
	6	640166182931	2018	2.151	0.40
	7	640166182927	2018	2.060	0.38
	8	640166120572	2012	2.019	0.48
	9	640166110118	2011	1.982	0.40
	10	640166110111	2011	1.975	0.40
640190	1	640190111997	2011	3.625	0.48
	2	640190127763	2012	3.546	0.48
	3	640190111255	2011	3.523	0.52
	4	640190127810	2012	3.397	0.46
	4	640190128039	2012	3.397	0.46
	6	640190127793	2012	3.395	0.46
	6	640190127798	2012	3.395	0.46
	6	640190128024	2012	3.395	0.46
	9	640190127767	2012	3.391	0.46
	9	640190127799	2012	3.391	0.46
640193	1	640193181300	2018	2.509	0.48
	2	640193182018	2018	2.345	0.47
	3	640193181776	2018	2.226	0.47
	4	640193182012	2018	2.220	0.45

续表

场号	场内排名	牛号	出生年份	后肢侧视评分 EBV/分	EBV 准确性
	5	640193182912	2018	2.207	0.51
	6	640193180472	2018	2.205	0.46
640193	6	640193182130	2018	2.205	0.46
	6	640193182132	2018	2.205	0.46
	9	640193182318	2018	2.179	0.52
	10	640193182828	2018	2.175	0.52
	1	640251186244	2018	2.602	0.52
	2	640251185820	2018	2.539	0.43
	3	640251186271	2018	2.511	0.51
	4	640251185778	2018	2.478	0.42
640251	5	640251185795	2018	2.422	0.42
	6	640251186238	2018	2.405	0.50
	7	640251185792	2018	2.404	0.42
	8	640251185782	2018	2.403	0.42
	8	640251185799	2018	2.403	0.42
	10	640251185785	2018	2.390	0.41
	1	640253182230	2018	2.554	0.47
	2	640253182158	2018	2.494	0.50
	3	640253182324	2018	2.474	0.50
	4	640253182135	2018	2.469	0.50
640253	5	640253182212	2018	2.451	0.51
	6	640253182222	2018	2.450	0.51
	7	640253182370	2018	2.424	0.50
	8	640253182124	2018	2.422	0.51
	8	640253182142	2018	2.422	0.51
	10	640253182204	2018	2.373	0.49

表 6-1-16　各核心育种场后肢后视评分 EBV 排名前 10 名母牛

场号	场内排名	牛号	出生年份	后肢后视评分 EBV/分	EBV 准确性
640003	1	640003121249	2012	1.484	0.42
	2	640003121196	2012	1.408	0.40
	3	640003121248	2012	1.135	0.43
	4	640003121258	2012	1.111	0.42
	5	640003121208	2012	1.052	0.44
	6	640003121286	2012	1.047	0.41
	7	640003182824	2018	1.039	0.31
	8	640003121260	2012	1.033	0.40
	9	640003120517	2012	1.028	0.40
	10	640003121236	2012	0.975	0.38
640004	1	640004205885	2020	1.508	0.51
	2	640004205921	2020	1.162	0.43
	3	640004205900	2020	1.131	0.42
	4	640004205904	2020	1.100	0.42
	5	640004177331	2017	1.090	0.42
	6	640004187389	2018	1.062	0.34
	7	640004187390	2018	1.043	0.49
	8	640004187460	2018	1.018	0.47
	9	640004206089	2020	1.016	0.37
	10	640004187611	2018	0.996	0.45
640005	1	640005123911	2012	1.387	0.40
	2	640005117966	2011	1.228	0.34
	3	640005103637	2010	1.073	0.31
	4	640005123922	2012	1.045	0.43
	5	640005103575	2010	1.022	0.31
	6	640005175141	2017	1.008	0.37
	7	640005117979	2011	0.970	0.35
	8	640005124000	2012	0.951	0.40

续表

场号	场内排名	牛号	出生年份	后肢后视评分 EBV/分	EBV 准确性
640005	9	640005103634	2010	0.940	0.35
	9	640005117986	2011	0.940	0.35
640007	1	640007205895	2020	1.617	0.51
	2	640007205892	2020	1.610	0.51
	3	640007195783	2019	1.503	0.51
	4	640007195812	2019	1.502	0.51
	5	640007195855	2019	1.496	0.51
	6	640007205955	2020	1.431	0.45
	7	640007195839	2019	1.386	0.45
	8	640007205866	2019	1.383	0.45
	9	640007205909	2020	1.318	0.45
	10	640007184861	2018	1.293	0.46
640009	1	640009181501	2018	1.154	0.40
	2	640009090040	2009	1.134	0.40
	3	640009201881	2020	1.113	0.24
	4	640009130147	2013	1.078	0.12
	5	640009090066	2009	1.049	0.40
	6	640009171294	2017	1.041	0.38
	7	640009090057	2009	1.007	0.39
	8	640009100088	2010	1.006	0.41
	9	640009181581	2018	1.000	0.40
	10	640009100099	2010	0.984	0.11
640035	1	640035128214	2012	1.130	0.43
	2	640035128221	2012	1.108	0.41
	3	640035128205	2012	1.078	0.43
	4	640035128203	2012	1.061	0.42
	5	640035128193	2012	1.032	0.44
	6	640035128211	2012	0.989	0.41

场号	场内排名	牛号	出生年份	后肢后视评分 EBV/分	EBV 准确性
640035	7	640035128207	2012	0.982	0.42
	8	640035118000	2011	0.944	0.37
	9	640035128209	2006	0.933	0.42
	10	640035128216	2012	0.924	0.45
640166	1	640166120514	2012	1.237	0.44
	2	640166120573	2012	1.137	0.35
	3	640166120633	2012	1.123	0.43
	4	640166120464	2012	1.077	0.40
	5	640166120511	2012	1.069	0.44
	6	640166120494	2012	1.015	0.39
	7	640166120510	2012	0.986	0.41
	8	640166172493	2017	0.979	0.39
	9	640166172490	2017	0.978	0.33
	10	640166172378	2017	0.967	0.35
640190	1	640190110865	2011	1.430	0.35
	2	640190120977	2012	1.195	0.32
	3	640190121599	2012	1.157	0.31
	4	640190120441	2012	1.141	0.35
	5	640190121773	2012	1.109	0.32
	6	640190121597	2012	1.092	0.33
	7	640190110692	2011	1.078	0.35
	8	640190110502	2011	1.074	0.35
	9	640190120279	2012	1.070	0.35
	10	640190110970	2011	1.060	0.35
640193	1	640193180866	2018	0.939	0.43
	2	640193172344	2017	0.903	0.41
	3	640193181392	2018	0.892	0.42
	4	640193171718	2017	0.810	0.31

续表

场号	场内排名	牛号	出生年份	后肢后视评分 EBV/分	EBV 准确性
640193	5	640193130069	2013	0.798	0.36
	5	640193130163	2013	0.798	0.36
	5	640193130229	2013	0.798	0.36
	5	640193140069	2013	0.798	0.36
	5	640193140163	2013	0.798	0.36
	5	640193140164	2013	0.798	0.36
640251	1	640251008192	2019	1.699	0.46
	2	640251008210	2019	1.698	0.46
	3	640251008348	2019	1.693	0.46
	4	640251008351	2019	1.686	0.46
	4	640251008402	2019	1.686	0.46
	6	640251008232	2019	1.683	0.46
	7	640251008208	2019	1.571	0.46
	8	640251185801	2018	1.440	0.51
	8	640251185840	2018	1.440	0.51
	8	640251185863	2018	1.440	0.51
640253	1	640253204546	2020	1.319	0.37
	2	640253204641	2020	1.215	0.37
	3	640253204593	2020	1.130	0.33
	4	640253204437	2020	1.097	0.45
	5	640253204460	2020	1.074	0.35
	6	640253194134	2019	1.073	0.38
	7	640253182038	2018	1.047	0.45
	8	640253194403	2019	1.045	0.31
	9	640253204555	2020	1.037	0.31
	9	640253204558	2020	1.037	0.31

表 6-1-17 各核心育种场乳房深度评分 EBV 排名前 10 名母牛

场号	场内排名	牛号	出生年份	乳房深度评分 EBV/分	EBV 准确性
	1	640003120550	2012	5.018	0.57
	2	640003121305	2012	4.840	0.47
	3	640003121326	2012	4.573	0.47
	4	640003131363	2013	4.474	0.48
	5	640003121308	2012	4.421	0.46
640003	6	640003131374	2013	4.156	0.49
	7	640003131377	2013	4.013	0.49
	8	640003131378	2013	3.809	0.42
	9	640003000152	2000	3.614	0.41
	10	640003111144	2011	3.565	0.48
	1	640004136253	2013	4.851	0.47
	2	640004126150	2012	4.678	0.51
	2	640004126158	2012	4.678	0.51
	4	640004136276	2013	4.603	0.47
	5	640004136274	2013	4.591	0.47
640004	6	640004126174	2012	4.521	0.47
	7	640004136268	2013	4.481	0.46
	8	640004136261	2013	4.377	0.44
	9	640004126189	2012	4.339	0.50
	10	640004136249	2013	4.227	0.48
	1	640005123982	2012	5.243	0.53
	2	640005123980	2012	5.028	0.56
	3	640005123983	2012	4.918	0.55
	4	640005123986	2012	4.628	0.57
640005	5	640005124012	2012	4.575	0.56
	6	640005124040	2012	4.414	0.56
	7	640005123989	2012	4.313	0.55
	8	640005040734	2004	4.278	0.44

续表

场号	场内排名	牛号	出生年份	乳房深度评分 EBV/分	EBV 准确性
640005	9	640005124037	2012	4.056	0.44
	10	640005134080	2013	4.043	0.54
640007	1	640007174631	2017	4.002	0.51
	2	640007126140	2012	3.809	0.42
	2	640007126148	2012	3.809	0.42
	2	640007126184	2012	3.809	0.42
	5	640007174512	2017	3.709	0.45
	6	640007174616	2017	3.504	0.51
	7	640007184840	2018	3.346	0.40
	7	640007174436	2017	3.346	0.40
	7	640007174442	2017	3.346	0.40
	7	640007174449	2017	3.346	0.40
640009	1	640009000866	2000	3.660	0.34
	2	640009050034	2005	3.153	0.44
	3	640009050047	2005	2.962	0.39
	4	640009090105	2009	2.929	0.56
	5	640009060045	2006	2.792	0.39
	6	640009090063	2009	2.778	0.54
	7	640009060051	2006	2.745	0.41
	8	640009110003	2011	2.724	0.53
	9	640009060052	2006	2.675	0.41
	10	640009090099	2009	2.609	0.56
640035	1	640035128249	2012	5.850	0.56
	2	640035128247	2012	5.346	0.53
	3	640035128222	2012	5.283	0.56
	4	640035128244	2012	5.235	0.57
	5	640035128224	2012	5.134	0.56
	6	640035128238	2012	4.770	0.55

场号	场内排名	牛号	出生年份	乳房深度评分 EBV/分	EBV 准确性
640035	7	640035128236	2012	4.734	0.55
	8	640035128228	2012	4.465	0.54
	9	640035128252	2012	4.066	0.56
	10	640035128250	2012	4.021	0.45
640166	1	640166130765	2013	5.367	0.58
	2	640166130771	2013	5.079	0.56
	3	640166141035	2014	4.804	0.57
	4	640166120574	2012	4.687	0.56
	5	640166130772	2013	4.634	0.57
	6	640166130757	2013	4.614	0.58
	7	640166130766	2013	4.555	0.50
	8	640166130795	2013	4.551	0.55
	9	640166120580	2012	4.534	0.55
	10	640166130743	2013	4.447	0.49
640190	1	640190142123	2014	5.344	0.57
	2	640190141728	2014	4.987	0.54
	3	640190141672	2014	4.842	0.52
	4	640190141721	2014	4.818	0.49
	5	640190171035	2017	4.808	0.46
	6	640190170895	2017	4.782	0.47
	7	640190170969	2017	4.715	0.49
	8	640190171311	2017	4.667	0.48
	9	640190142134	2014	4.645	0.55
	10	640190171187	2017	4.492	0.47
640193	1	640193172290	2017	5.308	0.46
	2	640193141530	2014	4.552	0.46
	3	640193141888	2014	4.390	0.44
	4	640193172320	2017	4.310	0.44

场号	场内排名	牛号	出生年份	乳房深度评分 EBV/分	EBV 准确性
	5	640193141763	2014	4.139	0.45
	6	640193171132	2017	4.059	0.44
640193	6	640193172078	2017	4.059	0.44
	6	640193172156	2017	4.059	0.44
	6	640193172198	2017	4.059	0.44
	6	640193172368	2017	4.059	0.44
	1	640251208669	2020	3.840	0.53
	2	640251208550	2020	3.780	0.52
	3	640251208576	2020	3.762	0.52
	4	640251198512	2019	3.696	0.52
	5	640251208706	2020	3.680	0.52
640251	6	640251208522	2019	3.575	0.52
	6	640251208749	2020	3.575	0.52
	8	640251197732	2019	3.547	0.52
	9	640251197874	2019	3.469	0.50
	10	640251208999	2020	3.429	0.49
	1	640253170969	2017	3.898	0.45
	2	640253194369	2015	3.845	0.54
	3	640253170924	2017	3.798	0.44
	4	640253193413	2019	3.782	0.51
	5	640253170935	2017	3.772	0.44
640253	6	640253193381	2019	3.763	0.50
	7	640253170837	2017	3.696	0.43
	7	640253170858	2017	3.696	0.43
	7	640253170936	2017	3.696	0.43
	7	640253170938	2017	3.696	0.43

表 6-1-18　各核心育种场中央悬韧带评分 EBV 排名前 10 名母牛

场号	场内排名	牛号	出生年份	中央悬韧带评分 EBV/分	EBV 准确性
	1	640003121329	2012	1.982	0.46
	2	640003121209	2012	1.756	0.49
	3	640003100871	2010	1.736	0.45
	4	640003121286	2012	1.720	0.45
	5	640003121257	2012	1.712	0.48
640003	6	640003120482	2012	1.700	0.49
	7	640003121206	2012	1.693	0.48
	8	640003182951	2018	1.686	0.47
	9	640003121214	2012	1.674	0.46
	10	640003110017	2011	1.669	0.44
	1	640004109639	2010	1.784	0.47
	2	640004109569	2010	1.726	0.45
	3	640004085262	2008	1.670	0.38
	4	640004085220	2008	1.571	0.38
	5	640004075084	2007	1.546	0.38
640004	6	640004075134	2007	1.481	0.38
	7	640004125988	2012	1.476	0.48
	8	640004115883	2011	1.463	0.37
	9	640004085172	2008	1.453	0.33
	10	640004085266	2008	1.452	0.38
	1	640005103634	2010	2.254	0.41
	2	640005103575	2010	2.069	0.36
	3	640005103639	2010	2.036	0.40
	4	640005123918	2012	1.769	0.44
640005	5	640005093489	2009	1.700	0.44
	6	640005123973	2012	1.657	0.45
	7	640005099479	2009	1.647	0.45
	7	640005103637	2010	1.647	0.36

续表

场号	场内排名	牛号	出生年份	中央悬韧带评分 EBV/分	EBV 准确性
640005	9	640005093352	2009	1.601	0.42
	10	640005123922	2012	1.584	0.48
640007	1	640007090735	2009	2.305	0.44
	2	640007090711	2009	1.687	0.38
	3	640007100905	2010	1.636	0.41
	4	640007090629	2009	1.632	0.39
	4	640007090713	2009	1.632	0.39
	4	640007090718	2009	1.632	0.39
	7	640007122099	2012	1.617	0.46
	8	640007126108	2012	1.609	0.43
	9	640007100928	2010	1.605	0.42
	10	640007090906	2009	1.563	0.38
640009	1	640009201934	2020	1.775	0.36
	2	640009202061	2020	1.564	0.33
	3	640009202064	2020	1.510	0.33
	4	640009202060	2020	1.403	0.42
	5	640009171142	2017	1.386	0.35
	6	640009202046	2020	1.262	0.33
	6	640009202062	2020	1.262	0.33
	6	640009202066	2020	1.262	0.33
	9	640009191678	2019	1.236	0.39
	10	640009140403	2014	1.176	0.30
640035	1	640035128205	2012	2.187	0.48
	2	640035107621	2010	1.976	0.49
	3	640035128212	2012	1.939	0.46
	4	640035087185	2007	1.837	0.41
	5	640035077144	2011	1.795	0.41
	6	640035128209	2006	1.744	0.47

场号	场内排名	牛号	出生年份	中央悬韧带评分 EBV/分	EBV 准确性
640035	7	640035107626	2010	1.700	0.44
	8	640035109602	2010	1.697	0.44
	9	640035087212	2011	1.692	0.39
	10	640035107642	2010	1.691	0.44
640166	1	640166110077	2011	2.274	0.46
	2	640166109618	2010	2.115	0.51
	3	640166109554	2010	2.068	0.48
	4	640166077028	2007	1.911	0.41
	5	640166077029	2007	1.858	0.42
	6	640166099338	2009	1.832	0.43
	7	640166099311	2009	1.800	0.41
	8	640166120616	2012	1.793	0.45
	9	640166077050	2007	1.789	0.39
	10	640166109512	2010	1.787	0.44
640190	1	640190121584	2012	2.108	0.37
	2	640190121590	2012	2.073	0.38
	3	640190121597	2012	1.947	0.38
	4	640190121593	2012	1.880	0.37
	5	640190121760	2012	1.874	0.37
	6	640190121598	2012	1.855	0.37
	6	640190123201	2012	1.855	0.37
	8	640190120977	2012	1.808	0.37
	9	640190121773	2012	1.715	0.37
	10	640190121578	2012	1.626	0.37
640193	1	640193120181	2012	1.364	0.29
	1	640193120187	2012	1.364	0.29
	1	640193120189	2012	1.364	0.29
	1	640193120198	2012	1.364	0.29

续表

场号	场内排名	牛号	出生年份	中央悬韧带评分 EBV/分	EBV 准确性
640193	1	640193120320	2012	1.364	0.29
	1	640193120580	2012	1.364	0.29
	1	640193121030	2012	1.364	0.29
	1	640193121587	2012	1.364	0.29
	1	640193121766	2012	1.364	0.29
	1	640193121770	2012	1.364	0.29
640251	1	640251013534	2011	1.292	0.43
	1	640251013674	2012	1.292	0.43
	1	640251014477	2011	1.292	0.43
	1	640251017105	2011	1.292	0.43
	5	640251004640	2017	1.194	0.26
	6	640251004644	2017	1.186	0.24
	7	640251004646	2017	1.182	0.24
	8	640251004643	2017	1.173	0.24
	9	640251004642	2017	1.149	0.25
	10	640251004632	2017	1.145	0.26
640253	1	640253172807	2017	1.185	0.24
	2	640253170763	2017	1.145	0.26
	2	640253170765	2017	1.145	0.26
	2	640253172750	2017	1.145	0.26
	5	640253182887	2018	1.131	0.35
	6	640253182863	2018	1.126	0.40
	7	640253171424	2017	1.101	0.36
	8	640253171469	2017	1.059	0.35
	9	640253181990	2014	1.048	0.39
	10	640253181757	2018	1.043	0.36

表 6-1-19　各核心育种场前乳房附着评分 EBV 排名前 10 名母牛

场号	场内排名	牛号	出生年份	前乳房附着评分 EBV/分	EBV 准确性
640003	1	640003197767	2019	1.724	0.48
	2	640003197836	2019	1.614	0.44
	3	640003197702	2019	1.559	0.46
	4	640003121263	2012	1.256	0.42
	5	640003203418	2020	1.217	0.48
	6	640003182940	2018	1.196	0.40
	7	640003203481	2020	1.192	0.33
	8	640003182896	2018	1.181	0.41
	9	640003197787	2019	1.164	0.45
	10	640003197729	2019	1.148	0.46
640004	1	640004198485	2019	1.654	0.47
	2	640004198488	2019	1.640	0.47
	3	640004198318	2019	1.625	0.43
	3	640004198431	2019	1.625	0.43
	5	640004197885	2019	1.216	0.44
	5	640004198304	2019	1.216	0.44
	5	640004198316	2019	1.216	0.44
	5	640004198317	2019	1.216	0.44
	5	640004198319	2019	1.216	0.44
	5	640004198320	2019	1.216	0.44
640005	1	640005123974	2012	1.303	0.47
	2	640005123953	2012	1.279	0.47
	3	640005113829	2011	1.215	0.40
	3	640005123949	2012	1.215	0.47
	5	640005185392	2018	1.209	0.39
	6	640005123993	2012	1.190	0.36
	7	640005123970	2012	1.176	0.47
	8	640005123975	2012	1.157	0.34

场号	场内排名	牛号	出生年份	前乳房附着评分 EBV/分	EBV 准确性
640005	8	640005123991	2012	1.157	0.35
	10	640005123967	2014	1.154	0.31
640007	1	640007198455	2019	1.625	0.43
	2	640007101108	2010	1.289	0.35
	3	640007100864	2010	1.270	0.34
	3	640007105610	2010	1.270	0.35
	5	640007197871	2019	1.216	0.44
	5	640007198329	2019	1.216	0.44
	7	640007174525	2017	1.199	0.37
	8	640007195472	2019	1.180	0.38
	9	640007100690	2010	1.170	0.36
	10	640007100857	2010	1.155	0.34
640009	1	640009191694	2019	1.095	0.37
	2	640009191678	2019	1.020	0.36
	3	640009202207	2020	0.989	0.35
	4	640009181541	2018	0.952	0.37
	5	640009181563	2018	0.946	0.39
	6	640009202005	2020	0.940	0.39
	7	640009181531	2018	0.937	0.34
	8	640009181575	2018	0.917	0.42
	9	640009191681	2019	0.885	0.37
	10	640009181580	2018	0.879	0.40
640035	1	640035191398	2019	1.318	0.35
	2	640035191377	2019	1.254	0.35
	3	640035191456	2019	1.214	0.31
	4	640035191380	2019	1.138	0.30
	5	640035191480	2019	1.124	0.31
	6	640035191404	2019	1.106	0.29

场号	场内排名	牛号	出生年份	前乳房附着评分 EBV/分	EBV 准确性
640035	7	640035201733	2020	1.086	0.33
	8	640035191417	2019	1.082	0.34
	9	640035191466	2019	1.070	0.30
	10	640035060813	2006	1.069	0.30
640166	1	640166193286	2019	1.540	0.35
	2	640166193293	2019	1.452	0.37
	3	640166193244	2019	1.432	0.37
	4	640166120652	2012	1.423	0.47
	5	640166193261	2019	1.384	0.35
	6	640166193295	2019	1.341	0.34
	7	640166120632	2012	1.325	0.46
	8	640166193271	2019	1.302	0.32
	9	640166193278	2019	1.299	0.37
	10	640166193273	2019	1.279	0.35
640190	1	640190080199	2008	1.625	0.43
	1	640190080360	2008	1.625	0.43
	1	640190080363	2008	1.625	0.43
	1	640190080367	2008	1.625	0.43
	1	640190080416	2008	1.625	0.43
	1	640190080490	2008	1.625	0.43
	1	640190090049	2009	1.625	0.43
	1	640190090329	2009	1.625	0.43
	9	640190123802	2012	1.331	0.41
	10	640190112466	2011	1.294	0.40
640193	1	640193190678	2019	1.290	0.37
	2	640193190802	2019	1.256	0.37
	3	640193193516	2019	1.232	0.37
	4	640193184458	2018	1.214	0.34

续表

场号	场内排名	牛号	出生年份	前乳房附着评分 EBV/分	EBV 准确性
	5	640193185164	2018	1.187	0.34
	6	640193184634	2018	1.177	0.34
	7	640193184702	2018	1.171	0.34
640193	8	640193184264	2018	1.162	0.32
	9	640193190794	2019	1.155	0.37
	10	640193190316	2019	1.154	0.34
	1	640251008576	2020	1.898	0.58
	1	640251008669	2020	1.898	0.58
	1	640251008749	2020	1.898	0.58
	4	640251008636	2020	1.891	0.58
	5	640251008381	2019	1.883	0.58
640251	5	640251008386	2019	1.883	0.58
	7	640251208650	2020	1.879	0.48
	8	640251208682	2020	1.874	0.46
	9	640251208646	2020	1.851	0.47
	10	640251198364	2019	1.823	0.46
	1	640253193298	2019	1.889	0.47
	2	640253193326	2019	1.744	0.47
	3	640253193314	2019	1.729	0.44
	4	640253193381	2019	1.555	0.45
640253	5	640253193342	2019	1.539	0.46
	6	640253193413	2019	1.518	0.45
	7	640253193380	2019	1.230	0.49
	8	640253193815	2019	1.115	0.46
	9	640253193823	2019	1.105	0.46
	10	640253193569	2019	1.084	0.46

表 6-1-20　各核心育种场前乳头位置评分 EBV 排名前 10 名母牛

场号	场内排名	牛号	出生年份	前乳头位置评分 EBV/分	EBV 准确性
640003	1	640003121329	2012	0.908	0.38
	2	640003121294	2012	0.820	0.38
	3	640003120482	2012	0.815	0.39
	4	640003121238	2012	0.806	0.37
	5	640003121225	2012	0.791	0.36
	5	640003121204	2012	0.791	0.36
	5	640003121224	2012	0.791	0.36
	8	640003120502	2012	0.786	0.36
	8	640003121209	2012	0.786	0.39
	10	640003121206	2012	0.785	0.39
640004	1	640004126002	2012	0.739	0.35
	2	640004125988	2012	0.731	0.39
	3	640004198312	2019	0.694	0.41
	3	640004198324	2019	0.694	0.41
	5	640004198340	2019	0.694	0.41
	6	640004125995	2012	0.691	0.33
	7	640004125997	2012	0.652	0.32
	7	640004126122	2006	0.652	0.32
	9	640004125989	2012	0.642	0.32
	10	640004126001	2012	0.631	0.35
640005	1	640005123921	2012	0.769	0.37
	1	640005123973	2012	0.769	0.36
	3	640005123922	2012	0.765	0.38
	4	640005185310	2018	0.756	0.30
	4	640005123913	2012	0.756	0.35
	6	640005123918	2012	0.750	0.36
	7	640005123915	2012	0.749	0.34
	8	640005123889	2012	0.735	0.36

续表

场号	场内排名	牛号	出生年份	前乳头位置评分 EBV/分	EBV 准确性
640005	9	640005123966	2012	0.695	0.37
	10	640005123972	2012	0.685	0.38
640007	1	640007126108	2012	0.764	0.36
	2	640007110138	2011	0.714	0.33
	3	640007126098	2012	0.652	0.32
	3	640007126102	2012	0.652	0.32
	3	640007126103	2012	0.652	0.32
	3	640007126109	2012	0.652	0.32
	3	640007126110	2012	0.652	0.32
	3	640007126111	2012	0.652	0.32
	3	640007126113	2012	0.652	0.32
	3	640007126115	2012	0.652	0.32
640009	1	640009171134	2017	0.643	0.30
	2	640009171251	2017	0.624	0.29
	3	640009160944	2016	0.532	0.27
	4	640009160945	2016	0.530	0.27
	5	640009160851	2016	0.526	0.26
	6	640009161025	2016	0.522	0.26
	7	640009160947	2016	0.512	0.27
	8	640009171033	2017	0.511	0.26
	9	640009161014	2016	0.497	0.26
	10	640009161019	2016	0.489	0.26
640035	1	640035128205	2012	0.849	0.38
	2	640035128214	2012	0.848	0.38
	3	640035128212	2012	0.806	0.37
	4	640035128211	2012	0.776	0.36
	5	640035128204	2012	0.772	0.39
	6	640035128216	2012	0.767	0.40

场号	场内排名	牛号	出生年份	前乳头位置评分 EBV/分	EBV 准确性
	7	640035128223	2012	0.681	0.37
	8	640035128206	2012	0.664	0.38
640035	9	640035128221	2012	0.647	0.37
	10	640035128207	2012	0.643	0.37
	1	640166120474	2012	0.827	0.39
	2	640166120477	2012	0.826	0.37
	3	640166120475	2012	0.815	0.39
	4	640166120485	2012	0.798	0.39
	5	640166120465	2012	0.791	0.38
640166	6	640166120525	2012	0.777	0.36
	7	640166120511	2012	0.772	0.39
	7	640166120484	2012	0.772	0.38
	9	640166120464	2012	0.768	0.36
	10	640166120628	2012	0.753	0.39
	1	640190130176	2013	0.729	0.36
	2	640190130163	2013	0.722	0.35
	3	640190130257	2013	0.696	0.35
	4	640190130252	2013	0.682	0.35
	5	640190130229	2013	0.652	0.32
640190	6	640190130053	2013	0.650	0.32
	7	640190130164	2013	0.626	0.35
	8	640190130069	2013	0.621	0.35
	9	640190080199	2008	0.537	0.40
	9	640190080360	2008	0.537	0.40
	1	640193130053	2013	0.704	0.34
	1	640193140053	2013	0.704	0.34
640193	3	640193130069	2013	0.652	0.32
	3	640193130163	2013	0.652	0.32

场号	场内排名	牛号	出生年份	前乳头位置评分 EBV/分	EBV 准确性
	3	640193130229	2013	0.652	0.32
	3	640193140069	2013	0.652	0.32
	3	640193140163	2013	0.652	0.32
640193	3	640193140164	2013	0.652	0.32
	3	640193140229	2013	0.652	0.32
	10	640193172378	2017	0.422	0.20
	1	640251208646	2020	0.704	0.43
	2	640251208682	2020	0.696	0.43
	3	640251198364	2019	0.675	0.43
	4	640251197914	2019	0.610	0.42
	5	640251198386	2019	0.608	0.42
640251	6	640251197732	2019	0.582	0.42
	7	640251197827	2019	0.578	0.41
	8	640251197863	2019	0.576	0.41
	8	640251197881	2019	0.576	0.41
	10	640251197877	2019	0.574	0.41
	1	640253193466	2019	0.768	0.45
	2	640253193513	2019	0.760	0.45
	3	640253193732	2019	0.747	0.43
	4	640253193790	2019	0.742	0.45
	5	640253193552	2017	0.736	0.41
640253	6	640253193717	2019	0.729	0.43
	6	640253193744	2019	0.729	0.42
	6	640253193760	2019	0.729	0.42
	6	640253193771	2019	0.729	0.42
	6	640253193774	2019	0.729	0.42

表 6-1-21　各核心育种场前乳头长度评分 EBV 排名前 10 名母牛

场号	场内排名	牛号	出生年份	前乳头长度评分 EBV/分	EBV 准确性
640003	1	640003090767	2009	1.728	0.35
	2	640003090776	2009	1.570	0.32
	3	640003090769	2009	1.565	0.30
	4	640003090773	2009	1.551	0.39
	5	640003090696	2009	1.535	0.30
	6	640003090758	2009	1.516	0.32
	7	640003090771	2009	1.507	0.29
	8	640003121258	2012	1.485	0.47
	9	640003080687	2008	1.481	0.29
	10	640003141674	2008	1.477	0.39
640004	1	640004136195	2013	1.653	0.40
	2	640004095497	2009	1.608	0.28
	3	640004095496	2009	1.569	0.31
	4	640004095539	2009	1.564	0.27
	5	640004095541	2009	1.468	0.30
	6	640004095516	2009	1.442	0.29
	7	640004095531	2009	1.387	0.29
	8	640004095510	2009	1.363	0.26
	9	640004095520	2009	1.359	0.26
	10	640004095515	2009	1.345	0.30
640005	1	640005124008	2012	2.172	0.46
	2	640005103609	2010	1.993	0.34
	3	640005103563	2010	1.952	0.38
	4	640005124022	2012	1.789	0.42
	5	640005103605	2010	1.784	0.38
	6	640005103604	2010	1.741	0.39
	7	640005103564	2010	1.717	0.39
	8	640005103593	2010	1.716	0.39

续表

场号	场内排名	牛号	出生年份	前乳头长度评分 EBV/分	EBV 准确性
640005	9	640005103608	2010	1.706	0.38
	10	640005134073	2013	1.700	0.49
640007	1	640007100860	2010	1.790	0.45
	2	640007100930	2010	1.412	0.39
	2	640007101160	2010	1.412	0.39
	4	640007100931	2010	1.393	0.42
	5	640007206176	2020	1.326	0.33
	6	640007195675	2019	1.186	0.27
	7	640007100848	2010	1.183	0.42
	8	640007206175	2020	1.107	0.33
	9	640007195687	2019	0.981	0.29
	10	640007126154	2012	0.968	0.41
640009	1	640009110026	2011	2.177	0.38
	2	640009100143	2010	1.925	0.45
	3	640009100047	2010	1.923	0.45
	4	640009100094	2009	1.832	0.41
	5	640009100062	2010	1.825	0.46
	6	640009100065	2010	1.751	0.42
	7	640009090132	2009	1.747	0.45
	8	640009090105	2009	1.744	0.46
	9	640009100033	2010	1.702	0.45
	10	640009090129	2009	1.699	0.45
640035	1	640035087330	2008	1.693	0.32
	2	640035107786	2014	1.579	0.43
	3	640035117816	2014	1.557	0.43
	4	640035128240	2012	1.368	0.45
	5	640035118034	2011	1.357	0.44
	6	640035118028	2011	1.311	0.44

场号	场内排名	牛号	出生年份	前乳头长度评分 EBV/分	EBV 准确性
640035	7	640035191334	2019	1.297	0.38
	8	640035128279	2012	1.287	0.44
	9	640035170778	2017	1.279	0.36
	10	640035107745	2010	1.278	0.36
640166	1	640166120604	2012	1.808	0.47
	2	640166089141	2008	1.497	0.30
	3	640166120606	2012	1.482	0.49
	4	640166109777	2010	1.436	0.41
	5	640166130796	2013	1.431	0.46
	6	640166089110	2008	1.422	0.28
	7	640166109624	2010	1.381	0.39
	7	640166089104	2008	1.381	0.32
	9	640166120597	2012	1.376	0.47
	10	640166120593	2012	1.349	0.44
640190	1	640190112101	2011	1.713	0.37
	1	640190121269	2011	1.713	0.37
	1	640190121925	2011	1.713	0.37
	1	640190122101	2011	1.713	0.37
	1	640190123025	2011	1.713	0.37
	6	640190112424	2011	1.687	0.36
	7	640190111615	2011	1.665	0.43
	8	640190141897	2014	1.636	0.40
	9	640190122701	2011	1.620	0.38
	10	640190121608	2011	1.617	0.39
640193	1	640193150720	2015	1.394	0.35
	1	640193153543	2015	1.394	0.35
	1	640193154176	2015	1.394	0.35
	4	640193153979	2015	1.329	0.32

场号	场内排名	牛号	出生年份	前乳头长度评分 EBV/分	EBV 准确性
640193	5	640193153760	2015	1.324	0.32
	6	640193150711	2015	1.284	0.32
	7	640193154009	2015	1.271	0.32
	8	640193153549	2015	1.266	0.32
	8	640193153618	2015	1.266	0.32
	10	640193154142	2015	1.264	0.32
640251	1	640251006869	2018	1.061	0.27
	2	640251186552	2018	1.039	0.36
	3	640251186634	2018	1.033	0.38
	4	640251016068	2019	1.019	0.40
	5	640251186606	2018	1.008	0.34
	5	640251186564	2018	1.008	0.35
	7	640251005220	2017	0.984	0.36
	8	640251186726	2018	0.982	0.39
	9	640251186643	2018	0.979	0.40
	10	640251186555	2018	0.973	0.34
640253	1	640253182739	2018	0.998	0.45
	2	640253182740	2018	0.981	0.42
	2	640253182747	2018	0.981	0.42
	4	640253194365	2015	0.980	0.32
	5	640253182771	2018	0.959	0.43
	6	640253161703	2015	0.939	0.26
	7	640253182778	2018	0.898	0.41
	8	640253182743	2018	0.878	0.41
	9	640253182833	2018	0.873	0.46
	9	640253182904	2018	0.873	0.43

表 6-1-22　各核心育种场后乳房附着高度评分 EBV 排名前 10 名母牛

场号	场内排名	牛号	出生年份	后乳房附着高度评分 EBV/分	EBV 准确性
640003	1	640003110017	2011	2.130	0.50
	2	640003120502	2012	1.799	0.50
	3	640003120307	2012	1.679	0.48
	4	640003121209	2012	1.625	0.53
	5	640003120302	2012	1.611	0.49
	6	640003186247	2018	1.538	0.54
	7	640003120497	2012	1.500	0.52
	8	640003121287	2012	1.472	0.48
	9	640003120337	2012	1.361	0.51
	10	640003110032	2011	1.352	0.36
640004	1	640004187465	2018	2.009	0.45
	2	640004187458	2018	1.873	0.57
	3	640004187360	2018	1.852	0.48
	4	640004172648	2017	1.734	0.34
	5	640004187460	2018	1.728	0.55
	6	640004187471	2018	1.709	0.41
	7	640004187464	2018	1.649	0.48
	8	640004115901	2011	1.644	0.42
	9	640004172716	2017	1.536	0.34
	9	640004181997	2018	1.536	0.52
640005	1	640005113793	2011	2.132	0.43
	2	640005185466	2018	1.975	0.47
	3	640005123993	2012	1.949	0.47
	4	640005075033	2007	1.912	0.38
	5	640005123984	2012	1.909	0.38
	6	640005113783	2011	1.875	0.50
	7	640005113771	2011	1.782	0.48
	8	640005113764	2011	1.762	0.40

场号	场内排名	牛号	出生年份	后乳房附着高度评分 EBV/分	EBV 准确性
640005	9	640005113817	2019	1.760	0.38
	10	640005113813	2011	1.735	0.40
640007	1	640007174384	2017	1.329	0.44
	2	640007121117	2012	1.282	0.28
	3	640007090606	2009	1.266	0.48
	4	640007110753	2011	1.223	0.41
	4	640007110028	2011	1.223	0.35
	6	640007206257	2020	1.188	0.38
	7	640007206290	2020	1.170	0.38
	7	640007206296	2020	1.170	0.38
	9	640007100169	2011	1.164	0.27
	10	640007197975	2019	1.158	0.30
640009	1	640009120061	2012	1.740	0.46
	2	640009110123	2011	1.732	0.44
	3	640009120078	2012	1.671	0.45
	4	640009181400	2018	1.530	0.47
	5	640009130126	2013	1.441	0.36
	6	640009120066	2012	1.370	0.40
	7	640009120076	2012	1.355	0.40
	8	640009110059	2011	1.289	0.50
	9	640009120060	2012	1.278	0.44
	10	640009120053	2012	1.219	0.34
640035	1	640035128199	2012	2.006	0.45
	2	640035117918	2019	1.695	0.47
	3	640035117920	2011	1.679	0.46
	4	640035128206	2012	1.638	0.52
	5	640035117901	2011	1.596	0.43
	6	640035117927	2011	1.556	0.46

场号	场内排名	牛号	出生年份	后乳房附着高度评分 EBV/分	EBV 准确性
640035	7	640035117942	2011	1.527	0.40
	8	640035110069	2011	1.524	0.42
	9	640035128201	2012	1.506	0.50
	9	640035117914	2011	1.506	0.38
640166	1	640166110077	2011	2.176	0.52
	2	640166130796	2013	1.963	0.52
	3	640166141140	2014	1.928	0.49
	4	640166110035	2011	1.921	0.49
	5	640166110070	2011	1.913	0.50
	6	640166110064	2011	1.851	0.47
	7	640166110075	2011	1.831	0.48
	8	640166110022	2011	1.818	0.47
	9	640166110040	2011	1.756	0.41
	10	640166130794	2013	1.739	0.45
640190	1	640190120331	2012	2.273	0.45
	2	640190121149	2012	2.086	0.43
	3	640190113280	2011	2.013	0.40
	4	640190112373	2011	2.007	0.41
	5	640190121101	2012	1.992	0.44
	6	640190123386	2012	1.910	0.49
	7	640190114041	2011	1.798	0.37
	8	640190111843	2011	1.772	0.45
	9	640190183427	2018	1.743	0.52
	10	640190183649	2018	1.726	0.31
640193	1	640193183972	2018	1.427	0.46
	2	640193183862	2018	1.425	0.46
	3	640193183260	2018	1.423	0.46
	4	640193184174	2018	1.314	0.40

续表

场号	场内排名	牛号	出生年份	后乳房附着高度评分 EBV/分	EBV 准确性
	5	640193120241	2011	1.223	0.41
	6	640193184066	2018	1.198	0.39
640193	7	640193185140	2018	1.180	0.40
	8	640193184262	2018	1.143	0.39
	9	640193192654	2019	1.133	0.45
	10	640193184288	2018	1.113	0.39
	1	640251008726	2020	1.704	0.53
	2	640251185724	2018	1.688	0.52
	3	640251004622	2017	1.527	0.30
	4	640251016068	2019	1.514	0.43
	5	640251005724	2018	1.496	0.47
640251	6	640251185753	2018	1.485	0.51
	7	640251004618	2017	1.465	0.28
	8	640251174632	2017	1.464	0.33
	9	640251004625	2017	1.459	0.28
	10	640251005696	2018	1.458	0.47
	1	640253181983	2018	1.733	0.55
	2	640253181970	2018	1.682	0.51
	3	640253170643	2017	1.679	0.31
	4	640253182017	2018	1.676	0.51
640253	5	640253182065	2018	1.665	0.51
	6	640253170686	2017	1.663	0.31
	7	640253170735	2017	1.652	0.31
	8	640253170681	2017	1.573	0.29
	9	640253182050	2018	1.559	0.52
	10	640253170715	2017	1.480	0.33

表 6-1-23　各核心育种场后乳房附着宽度评分 EBV 排名前 10 名母牛

场号	场内排名	牛号	出生年份	后乳房附着宽度评分 EBV/分	EBV 准确性
640003	1	640003203472	2020	6.958	0.51
	2	640003203468	2020	6.463	0.51
	3	640003203533	2020	6.175	0.48
	4	640003203487	2020	6.095	0.50
	5	640003203500	2020	6.075	0.50
	6	640003203495	2020	5.717	0.50
	7	640003203481	2020	5.658	0.52
	8	640003203474	2020	5.594	0.51
	9	640003203532	2020	5.510	0.48
	9	640003203564	2020	5.510	0.48
640004	1	640004198312	2019	3.204	0.48
	1	640004198324	2019	3.204	0.48
	1	640004198340	2019	3.204	0.48
	4	640004187582	2018	2.959	0.49
	5	640004197885	2019	2.906	0.48
	5	640004198304	2019	2.906	0.48
	5	640004198316	2019	2.906	0.48
	5	640004198317	2019	2.906	0.48
	5	640004198319	2019	2.906	0.48
	5	640004198320	2019	2.906	0.48
640005	1	640005185301	2018	2.810	0.55
	2	640005185291	2018	2.625	0.50
	3	640005205918	2020	2.562	0.51
	4	640005185303	2018	2.524	0.53
	5	640005185295	2018	2.514	0.53
	6	640005113818	2011	2.491	0.57
	7	640005185288	2018	2.337	0.51
	8	640005185553	2019	2.327	0.46

续表

场号	场内排名	牛号	出生年份	后乳房附着宽度评分 EBV/分	EBV 准确性
640005	9	640005134068	2013	2.292	0.30
	10	640005185294	2018	2.267	0.52
640007	1	640007172306	2017	3.719	0.49
	1	640007174268	2017	3.719	0.49
	3	640007174284	2017	3.710	0.49
	4	640007174303	2017	3.710	0.49
	5	640007206317	2020	3.690	0.50
	6	640007206376	2020	3.681	0.50
	7	640007206337	2020	3.225	0.51
	8	640007206336	2020	3.216	0.51
	9	640007164194	2016	3.162	0.49
	10	640007185021	2018	3.110	0.53
640009	1	640009202061	2020	5.660	0.48
	2	640009202046	2020	5.035	0.48
	3	640009202062	2020	4.390	0.48
	3	640009202064	2020	4.390	0.48
	3	640009202066	2020	4.390	0.48
	6	640009120066	2012	3.787	0.49
	7	640009202052	2020	3.744	0.48
	8	640009120082	2012	3.238	0.53
	9	640009191757	2019	3.174	0.59
	10	640009120057	2012	3.050	0.53
640035	1	640035097516	2020	2.877	0.55
	2	640035128210	2012	2.221	0.58
	3	640035128205	2012	2.180	0.59
	4	640035128211	2012	2.179	0.57
	5	640035117890	2011	2.010	0.58
	6	640035117938	2011	2.005	0.58

续表

场号	场内排名	牛号	出生年份	后乳房附着宽度评分 EBV/分	EBV 准确性
640035	7	640035107588	2010	1.812	0.57
	8	640035097523	2020	1.786	0.58
	9	640035201562	2020	1.779	0.49
	9	640035117918	2019	1.779	0.55
640166	1	640166203588	2020	3.881	0.48
	2	640166203543	2020	3.275	0.49
	3	640166203590	2020	3.214	0.51
	4	640166172421	2017	3.093	0.39
	5	640166120344	2012	2.567	0.51
	6	640166109808	2010	2.522	0.59
	7	640166203515	2020	2.433	0.53
	8	640166193424	2019	2.412	0.55
	9	640166099338	2009	2.315	0.58
	10	640166120530	2012	2.300	0.59
640190	1	640190123802	2012	3.479	0.55
	2	640190123517	2012	3.417	0.55
	3	640190123386	2012	3.411	0.55
	4	640190112969	2011	3.231	0.60
	5	640190111602	2011	2.994	0.60
	6	640190123909	2012	2.980	0.41
	7	640190112798	2011	2.913	0.62
	8	640190080196	2008	2.906	0.48
	8	640190080207	2008	2.906	0.48
	8	640190080212	2008	2.906	0.48
640193	1	640193120241	2011	2.800	0.44
	2	640193193472	2019	1.903	0.55
	3	640193127616	2012	1.799	0.23
	3	640193127861	2012	1.799	0.23

续表

场号	场内排名	牛号	出生年份	后乳房附着宽度评分 EBV/分	EBV 准确性
640193	5	640193181262	2018	1.723	0.43
	6	640193127976	2012	1.701	0.30
	7	640193180806	2018	1.660	0.46
	8	640193121068	2011	1.632	0.18
	9	640193112696	2011	1.585	0.22
	9	640193122696	2011	1.585	0.22
640251	1	640251007922	2019	4.161	0.69
	2	640251008732	2020	4.120	0.69
	3	640251008706	2020	3.684	0.69
	3	640251008714	2020	3.684	0.69
	5	640251008662	2020	3.671	0.69
	5	640251008804	2020	3.671	0.69
	5	640251008820	2020	3.671	0.69
	5	640251008836	2020	3.671	0.69
	5	640251008840	2020	3.671	0.69
	5	640251008869	2020	3.671	0.69
640253	1	640253193472	2019	3.445	0.52
	2	640253193409	2019	3.262	0.52
	3	640253193412	2019	3.168	0.51
	3	640253193426	2019	3.168	0.51
	5	640253193513	2019	2.955	0.60
	6	640253193466	2019	2.910	0.60
	7	640253193429	2019	2.906	0.50
	8	640253193432	2019	2.468	0.51
	9	640253193561	2017	2.276	0.60
	10	640253193717	2019	2.054	0.53

表 6-1-24 各核心育种场后乳头位置评分 EBV 排名前 10 名母牛

场号	场内排名	牛号	出生年份	后乳头位置评分 EBV/分	EBV 准确性
	1	640003203583	2020	1.360	0.26
	2	640003203528	2020	1.357	0.26
	3	640003203532	2020	1.355	0.26
	3	640003203564	2020	1.355	0.26
	5	640003203522	2020	1.201	0.25
640003	6	640003203500	2020	1.169	0.31
	7	640003203472	2020	1.146	0.27
	8	640003203559	2020	1.074	0.26
	9	640003203533	2020	1.071	0.26
	10	640003203561	2020	1.056	0.25
	1	640004208632	2020	1.107	0.29
	2	640004208869	2020	1.009	0.26
	3	640004208551	2020	0.981	0.25
	4	640004218873	2021	0.979	0.30
	5	640004218876	2021	0.973	0.23
640004	5	640004105749	2010	0.973	0.41
	7	640004105695	2010	0.972	0.41
	8	640004208570	2020	0.932	0.30
	9	640004218875	2021	0.929	0.23
	9	640004218891	2021	0.929	0.23
	1	640005206243	2020	0.967	0.29
	2	640005123977	2012	0.885	0.44
	3	640005107749	2010	0.880	0.35
	4	640005206255	2020	0.832	0.24
640005	5	640005206262	2020	0.831	0.24
	6	640005107700	2010	0.810	0.37
	7	640005107710	2010	0.805	0.36
	8	640005206258	2020	0.801	0.25

续表

场号	场内排名	牛号	出生年份	后乳头位置评分 EBV/分	EBV 准确性
640005	9	640005206026	2020	0.798	0.41
	10	640005206250	2020	0.788	0.28
640007	1	640007110753	2011	0.954	0.34
	2	640007206134	2020	0.769	0.39
	2	640007206147	2020	0.769	0.39
	4	640007206117	2020	0.766	0.39
	4	640007206146	2020	0.766	0.39
	6	640007206255	2020	0.759	0.39
	7	640007206379	2020	0.706	0.28
	7	640007206426	2020	0.706	0.28
	7	640007206429	2020	0.706	0.28
	10	640007206475	2020	0.701	0.40
640009	1	640009202061	2020	1.321	0.26
	2	640009202046	2020	1.176	0.26
	2	640009202064	2020	1.176	0.26
	4	640009202052	2020	1.035	0.26
	4	640009202066	2020	1.035	0.26
	6	640009201945	2020	0.969	0.31
	7	640009201972	2020	0.943	0.30
	8	640009202062	2020	0.894	0.26
	9	640009202009	2020	0.883	0.40
	10	640009201966	2020	0.866	0.30
640035	1	640035117857	2011	0.951	0.41
	2	640035117856	2011	0.942	0.42
	3	640035107694	2010	0.939	0.40
	4	640035107787	2010	0.936	0.40
	5	640035117882	2011	0.925	0.41
	6	640035107756	2019	0.922	0.41

场号	场内排名	牛号	出生年份	后乳头位置评分 EBV/分	EBV 准确性
	7	640035117849	2011	0.911	0.39
640035	8	640035107784	2010	0.895	0.40
	9	640035107777	2010	0.886	0.39
	9	640035117860	2011	0.886	0.41
	1	640166120670	2012	1.039	0.45
	2	640166109817	2010	0.982	0.41
	2	640166120450	2012	0.982	0.45
	4	640166109661	2010	0.978	0.42
640166	5	640166109862	2010	0.942	0.40
	6	640166120646	2012	0.914	0.45
	7	640166109658	2010	0.905	0.41
	8	640166120458	2012	0.901	0.42
	9	640166109850	2010	0.899	0.42
	10	640166120634	2012	0.890	0.45
	1	640190123386	2012	1.065	0.38
	2	640190123306	2012	1.062	0.38
	3	640190110827	2011	0.954	0.34
	4	640190123517	2012	0.927	0.38
640190	5	640190110241	2011	0.912	0.38
	6	640190123802	2012	0.911	0.38
	7	640190110454	2011	0.880	0.40
	8	640190124095	2012	0.838	0.43
	9	640190123648	2012	0.643	0.30
	10	640190134374	2013	0.636	0.38
	1	640193120241	2011	0.954	0.34
640193	2	640193182738	2018	0.503	0.47
	3	640193182000	2018	0.495	0.45
	4	640193182400	2018	0.491	0.37

场号	场内排名	牛号	出生年份	后乳头位置评分 EBV/分	EBV 准确性
640193	5	640193192994	2019	0.471	0.34
	6	640193192740	2019	0.450	0.37
	7	640193182622	2018	0.446	0.45
	8	640193182416	2018	0.439	0.37
	9	640193182256	2018	0.438	0.40
	10	640193183556	2018	0.437	0.45
640251	1	640251010757	2011	0.954	0.34
	1	640251010761	2011	0.954	0.34
	1	640251010764	2011	0.954	0.34
	1	640251010766	2011	0.954	0.34
	1	640251012212	2011	0.954	0.34
	1	640251013076	2011	0.954	0.34
	1	640251017297	2011	0.954	0.34
	1	640251017347	2011	0.954	0.34
	9	640251016068	2019	0.926	0.35
	10	640251013534	2011	0.880	0.40
640253	1	640253194421	2019	0.701	0.33
	2	640253193666	2019	0.600	0.37
	3	640253204630	2020	0.572	0.35
	4	640253181990	2014	0.563	0.33
	5	640253204457	2020	0.557	0.36
	6	640253204796	2020	0.553	0.32
	7	640253204926	2020	0.543	0.28
	8	640253204907	2020	0.536	0.32
	9	640253204877	2020	0.535	0.32
	9	640253204905	2020	0.535	0.32

表 6-1-25　各核心育种场棱角性评分 EBV 排名前 10 名母牛

场号	场内排名	牛号	出生年份	棱角性评分 EBV/分	EBV 准确性
	1	640003203377	2020	1.028	0.35
	2	640003203376	2020	1.002	0.39
	3	640003203939	2020	0.983	0.36
	3	640003203973	2020	0.983	0.31
640003	5	640003203473	2020	0.965	0.33
	6	640003203481	2020	0.942	0.35
	7	640003203472	2020	0.923	0.33
	7	640003203464	2020	0.923	0.34
	9	640003110087	2011	0.920	0.41
	10	640003203425	2020	0.917	0.37
	1	640004198312	2019	1.013	0.45
	1	640004198324	2019	1.013	0.45
	1	640004198340	2019	1.013	0.45
	4	640004198323	2019	0.959	0.48
640004	5	640004208871	2020	0.957	0.35
	6	640004198497	2019	0.872	0.37
	6	640004198498	2019	0.872	0.37
	8	640004115940	2003	0.861	0.31
	9	640004099249	2009	0.859	0.32
	10	640004208865	2020	0.829	0.27
	1	640005099219	2009	0.900	0.36
	2	640005144387	2014	0.818	0.33
	3	640005206258	2020	0.786	0.29
	4	640005206256	2020	0.757	0.32
640005	5	640005206245	2020	0.735	0.27
	6	640005205937	2020	0.702	0.40
	7	640005206242	2020	0.675	0.28
	8	640005205961	2020	0.667	0.44

场号	场内排名	牛号	出生年份	棱角性评分 EBV/分	EBV 准确性
640005	9	640005206249	2020	0.658	0.26
	10	640005206257	2020	0.654	0.28
640007	1	640007206617	2020	0.950	0.33
	1	640007216686	2021	0.950	0.33
	3	640007184898	2018	0.941	0.39
	4	640007174416	2017	0.860	0.36
	4	640007174384	2017	0.860	0.36
	6	640007195627	2019	0.818	0.42
	7	640007113233	2011	0.813	0.32
	8	640007184783	2018	0.790	0.33
	9	640007184780	2018	0.782	0.30
	10	640007184861	2018	0.774	0.50
640009	1	640009202053	2020	1.011	0.42
	2	640009202008	2020	0.970	0.43
	3	640009202064	2020	0.937	0.31
	4	640009202061	2020	0.933	0.31
	5	640009201959	2020	0.876	0.36
	6	640009202093	2020	0.863	0.40
	7	640009202004	2020	0.837	0.39
	8	640009202049	2020	0.835	0.38
	9	640009202012	2020	0.817	0.41
	10	640009113154	2011	0.811	0.30
640035	1	640035170515	2016	0.777	0.33
	2	6400351-8011	2011	0.772	0.29
	3	640035099219	2009	0.768	0.30
	4	640035117937	2011	0.705	0.40
	5	640035097569	2011	0.658	0.37
	6	640035117849	2011	0.598	0.44

场号	场内排名	牛号	出生年份	棱角性评分 EBV/分	EBV 准确性
640035	7	640035109613	2010	0.596	0.37
	8	640035170580	2017	0.591	0.42
	9	640035170548	2017	0.589	0.41
	10	640035107697	2010	0.580	0.47
640166	1	640166099311	2009	1.194	0.39
	2	640166120616	2012	1.179	0.43
	3	640166099338	2009	1.094	0.41
	4	640166110153	2011	0.945	0.32
	5	640166110100	2011	0.931	0.44
	6	640166109625	2010	0.928	0.37
	7	640166172469	2017	0.909	0.36
	8	640166109611	2010	0.907	0.38
	9	640166110074	2011	0.903	0.41
	10	640166099324	2009	0.897	0.37
640190	1	640190123633	2012	1.195	0.43
	2	640190123856	2012	1.168	0.42
	3	640190113243	2011	0.936	0.27
	4	640190134374	2013	0.884	0.43
	5	640190123606	2012	0.833	0.43
	6	640190123865	2012	0.831	0.38
	7	640190113444	2011	0.830	0.31
	8	640190123910	2012	0.820	0.38
	9	640190123381	2012	0.811	0.28
	10	640190123450	2012	0.802	0.32
640193	1	640193184666	2018	0.565	0.40
	2	640193183430	2018	0.496	0.43
	3	640193183992	2018	0.492	0.43
	3	640193182976	2018	0.492	0.42

续表

场号	场内排名	牛号	出生年份	棱角性评分 EBV/分	EBV 准确性
	5	640193182598	2018	0.488	0.37
	6	640193183026	2018	0.485	0.42
	6	640193183086	2018	0.485	0.42
640193	8	640193183164	2018	0.484	0.42
	9	640193184351	2018	0.483	0.42
	10	640193180794	2018	0.478	0.38
	1	640251007922	2019	1.242	0.59
	2	640251008732	2020	1.240	0.59
	3	640251008662	2020	1.093	0.59
	3	640251008804	2020	1.093	0.59
	3	640251008808	2020	1.093	0.59
640251	3	640251008820	2020	1.093	0.59
	3	640251008836	2020	1.093	0.59
	8	640251008706	2020	1.091	0.59
	8	640251008714	2020	1.091	0.59
	10	640251016495	2011	0.956	0.42
	1	640253193543	2019	1.109	0.47
	2	640253193409	2019	1.100	0.47
	3	640253193412	2019	1.069	0.46
	3	640253193426	2019	1.069	0.46
	5	640253193513	2019	1.062	0.51
640253	6	640253193790	2019	1.042	0.51
	7	640253193536	2019	1.039	0.45
	8	640253193472	2019	1.016	0.47
	9	640253193542	2019	1.012	0.45
	9	640253193557	2017	1.012	0.45

表 6-1-26　各核心育种场胸宽评分 EBV 排名前 10 名母牛

场号	场内排名	牛号	出生年份	胸宽评分 EBV/分	EBV 准确性
	1	640003203472	2020	1.505	0.32
	2	640003203500	2020	1.419	0.35
	3	640003203532	2020	1.386	0.30
	4	640003203550	2020	1.343	0.30
	5	640003203487	2020	1.232	0.33
640003	6	640003120432	2012	1.218	0.47
	7	640003203435	2020	1.203	0.30
	8	640003203528	2020	1.180	0.30
	8	640003203464	2020	1.180	0.33
	10	640003203583	2020	1.179	0.30
	1	640004187526	2018	1.489	0.45
	2	640004174136	2009	1.438	0.40
	3	640004184189	2009	1.426	0.40
	4	640004181987	2018	1.408	0.40
	5	640004187507	2018	1.386	0.44
640004	6	640004198312	2019	1.383	0.44
	6	640004198324	2019	1.383	0.44
	6	640004198340	2019	1.383	0.44
	9	640004187521	2018	1.381	0.40
	10	640004187524	2018	1.374	0.39
	1	640005123978	2005	1.590	0.47
	2	640005175034	2018	1.465	0.41
	3	640005123970	2012	1.382	0.48
	4	640005107749	2010	1.343	0.40
640005	5	640005144370	2014	1.338	0.33
	6	640005113684	2011	1.296	0.42
	7	640005175058	2018	1.287	0.36
	8	640005117889	2011	1.264	0.44

场号	场内排名	牛号	出生年份	胸宽评分 EBV/分	EBV 准确性
640005	9	640005123955	2012	1.249	0.47
	10	640005175133	2018	1.236	0.41
640007	1	640007174519	2017	1.545	0.40
	2	640007174387	2017	1.537	0.40
	3	640007174583	2017	1.513	0.40
	4	640007174453	2017	1.512	0.40
	5	640007174502	2017	1.511	0.40
	5	640007174511	2017	1.511	0.40
	7	640007174488	2017	1.508	0.40
	8	640007174531	2017	1.483	0.38
	9	640007172339	2017	1.478	0.40
	9	640007184880	2018	1.478	0.39
640009	1	640009201889	2020	1.494	0.35
	2	640009201934	2020	1.405	0.33
	3	640009202061	2020	1.291	0.30
	4	640009201926	2020	1.212	0.33
	5	640009201927	2020	1.161	0.29
	6	640009201939	2020	1.157	0.30
	7	640009202046	2020	1.093	0.30
	7	640009202052	2020	1.093	0.30
	9	640009181317	2018	1.084	0.39
	10	640009201880	2020	1.065	0.45
640035	1	640035170580	2017	1.796	0.42
	2	640035201544	2019	1.751	0.32
	3	640035170587	2017	1.631	0.40
	4	640035170655	2017	1.571	0.40
	5	640035170705	2017	1.539	0.42
	6	640035107784	2010	1.477	0.44

场号	场内排名	牛号	出生年份	胸宽评分 EBV/分	EBV 准确性
	7	640035170711	2019	1.473	0.39
	8	640035170713	2019	1.455	0.39
640035	9	640035201554	2020	1.441	0.30
	10	640035170566	2018	1.415	0.41
	1	640166172378	2017	1.385	0.38
	2	640166120676	2012	1.339	0.45
	3	640166172484	2017	1.249	0.35
	4	640166110134	2011	1.240	0.33
640166	5	640166109654	2010	1.207	0.43
	6	640166172282	2017	1.199	0.38
	6	640166172283	2017	1.199	0.38
	8	640166203549	2020	1.186	0.34
	9	640166120441	2012	1.175	0.47
	10	640166120629	2012	1.169	0.45
	1	640190180771	2018	1.453	0.36
	2	640190180591	2018	1.369	0.37
	2	640190180621	2018	1.369	0.37
	4	640190180653	2018	1.351	0.35
	5	640190180605	2018	1.338	0.36
640190	6	640190180443	2018	1.334	0.39
	7	640190180305	2018	1.314	0.35
	8	640190180729	2018	1.313	0.36
	9	640190180271	2018	1.302	0.35
	10	640190180393	2018	1.286	0.34
	1	640193180298	2018	1.595	0.37
	2	640193180364	2018	1.527	0.36
640193	3	640193181114	2018	1.480	0.37
	4	640193180388	2018	1.467	0.38

场号	场内排名	牛号	出生年份	胸宽评分 EBV/分	EBV 准确性
640193	5	640193181268	2018	1.369	0.37
	6	640193180766	2018	1.364	0.35
	7	640193180840	2018	1.360	0.36
	8	640193180680	2018	1.352	0.35
	9	640193180786	2018	1.339	0.35
	9	640193181054	2018	1.339	0.35
640251	1	640251008410	2019	1.353	0.35
	1	640251198410	2019	1.353	0.35
	3	640251008444	2019	1.335	0.40
	4	640251198444	2019	1.296	0.35
	5	640251008377	2019	1.279	0.34
	6	640251005681	2013	1.263	0.37
	7	640251005668	2013	1.235	0.39
	7	640251005672	2013	1.235	0.39
	9	640251005682	2013	1.226	0.36
	10	640251005650	2012	1.212	0.36
640253	1	640253182118	2018	1.489	0.40
	2	640253181825	2018	1.462	0.36
	3	640253182116	2018	1.450	0.40
	4	640253182105	2018	1.430	0.40
	4	640253182114	2018	1.430	0.40
	6	640253181987	2018	1.399	0.35
	7	640253181811	2018	1.398	0.40
	8	640253182096	2018	1.392	0.42
	9	640253193472	2019	1.391	0.47
	10	640253182130	2018	1.387	0.40

6.2 各核心育种场母牛管理性状估计育种值排名

2010 年 1 月 1 日至 2020 年 12 月 31 日出生且有表型记录的母牛中，繁殖性状、产犊性状和长寿性状估计育种值排名前 500 名母牛的牛号、出生年份、估计育种值、估计育种值准确性和排名见附表 6 至附表 15，各核心育种场繁殖性状、产犊性状和长寿性状估计育种值排名前 10 名母牛的牛号、出生年份、估计育种值、估计育种值准确性和排名见表 6-2-1 至表 6-2-10。

表 6-2-1 各核心育种场首次配种日龄 EBV 排名前 10 名母牛

场号	场内排名	牛号	出生年份	首次配种日龄 EBV/d	EBV 准确性
	1	640003203418	2020	−87.4	0.62
	2	640003203436	2020	−76.5	0.60
	3	640003182863	2018	−57.4	0.64
	4	640003182803	2018	−55.5	0.62
	5	640003182852	2018	−54.3	0.64
640003	6	640003182858	2018	−54.1	0.64
	6	640003182853	2018	−54.1	0.62
	8	640003182880	2018	−53.4	0.62
	9	640003182856	2018	−52.9	0.64
	10	640003182857	2018	−52.7	0.63
	1	640004197885	2019	−83.0	0.62
	2	640004198319	2019	−77.7	0.60
	3	640004198320	2019	−77.4	0.60
	4	640004198317	2019	−77.1	0.60
	5	640004198304	2019	−76.2	0.60
640004	6	640004198323	2019	−75.2	0.60
	7	640004198324	2019	−75.0	0.60
	8	640004198316	2019	−74.5	0.60
	9	640004198340	2019	−74.2	0.60
	10	640004198312	2019	−73.8	0.60

续表

场号	场内排名	牛号	出生年份	首次配种日龄 EBV/d	EBV 准确性
640005	1	640005124038	2012	−44.6	0.61
	2	640005124057	2012	−42.3	0.62
	3	640005124050	2012	−37.9	0.66
	4	640005134070	2013	−37.1	0.61
	5	640005124053	2012	−36.9	0.60
	6	640005124042	2012	−36.0	0.68
	6	640005124026	2012	−36.0	0.62
	8	640005124051	2012	−35.9	0.61
	9	640005124054	2012	−35.5	0.61
	10	640005124004	2012	−35.0	0.64
640007	1	640007174624	2017	−35.6	0.61
	2	640007174413	2017	−30.3	0.62
	3	640007172288	2017	−30.1	0.60
	4	640007174264	2017	−29.5	0.60
	5	640007174259	2017	−28.7	0.60
	6	640007174443	2017	−28.3	0.60
	7	640007206204	2020	−19.7	0.61
	8	640007206114	2020	−19.3	0.60
	9	640007206240	2020	−19.2	0.61
	10	640007174416	2017	−19.1	0.60
640009	1	640009181441	2018	−35.4	0.66
	2	640009191681	2019	−31.1	0.65
	3	640009150711	2015	−29.9	0.62
	4	640009191711	2019	−29.8	0.65
	5	640009191705	2019	−29.2	0.63
	6	640009191655	2019	−29.1	0.63
	7	640009191678	2019	−28.9	0.65
	7	640009181479	2018	−28.9	0.65

场号	场内排名	牛号	出生年份	首次配种日龄 EBV/d	EBV 准确性
640009	9	640009191682	2019	−28.7	0.65
	10	640009191710	2019	−28.6	0.63
640035	1	640035117902	2011	−37.7	0.65
	2	640035138318	2013	−34.0	0.64
	3	640035138308	2013	−33.2	0.64
	4	640035117887	2011	−32.2	0.64
	4	640035128267	2012	−32.2	0.61
	6	640035117911	2011	−32.1	0.61
	7	640035138310	2015	−31.5	0.62
	8	640035128293	2015	−31.0	0.60
	9	640035117925	2011	−30.6	0.60
	10	640035128294	2015	−30.4	0.63
640166	1	640166130833	2013	−35.6	0.63
	2	640166130830	2013	−33.1	0.69
	3	640166203492	2020	−31.0	0.64
	4	640166193164	2019	−30.2	0.64
	5	640166203491	2020	−29.5	0.65
	6	640166203490	2020	−29.4	0.65
	7	640166130891	2013	−29.2	0.61
	8	640166130840	2013	−29.1	0.63
	9	640166130806	2013	−28.5	0.64
	10	640166130828	2013	−28.1	0.66
640190	1	640190123764	2012	−65.6	0.60
	2	640190123768	2012	−63.3	0.60
	3	640190121592	2012	−54.4	0.60
	4	640190121779	2012	−52.7	0.61
	5	640190123771	2012	−47.8	0.62
	6	640190120618	2012	−41.7	0.60

续表

场号	场内排名	牛号	出生年份	首次配种日龄 EBV/d	EBV 准确性
	7	640190182771	2018	−38.7	0.65
640190	8	640190121773	2012	−37.2	0.61
	9	640190121599	2012	−35.3	0.61
	10	640190176645	2017	−33.1	0.64
	1	640193182358	2018	−31.1	0.64
	2	640193182324	2018	−27.6	0.62
	3	640193170668	2017	−26.4	0.64
	4	640193140053	2013	−26.3	0.60
	5	640193171320	2017	−25.4	0.65
640193	5	640193142390	2014	−25.4	0.66
	7	640193170102	2017	−23.7	0.61
	8	640193171186	2017	−22.9	0.62
	8	640193153901	2015	−22.9	0.62
	8	640193172162	2017	−22.9	0.64
	1	640251007649	2019	−75.6	0.66
	2	640251007684	2019	−74.8	0.66
	3	640251008820	2020	−69.8	0.72
	4	640251008732	2020	−69.4	0.72
	4	640251008869	2020	−69.4	0.72
640251	6	640251008808	2020	−69.2	0.72
	6	640251008836	2020	−69.2	0.72
	6	640251008804	2020	−69.2	0.72
	9	640251008840	2020	−69.1	0.72
	9	640251008706	2020	−69.1	0.72
	1	640253193298	2019	−78.2	0.65
640253	2	640253193543	2019	−77.9	0.66
	3	640253193314	2019	−76.6	0.66
	4	640253193412	2019	−75.5	0.65

场号	场内排名	牛号	出生年份	首次配种日龄 EBV/d	EBV 准确性
640253	4	640253193432	2019	−75.5	0.66
	6	640253193513	2019	−75.0	0.65
	7	640253193429	2019	−74.8	0.65
	8	640253193466	2019	−74.1	0.65
	9	640253193380	2019	−73.3	0.65
	9	640253193413	2019	−73.3	0.65
640351	1	640351000874	2016	−50.8	0.60
	2	640351000862	2016	−46.2	0.62
	3	640351000875	2016	−45.7	0.61
	4	640351000799	2016	−43.4	0.60
	5	640351000790	2016	−43.0	0.63
	6	640351000857	2016	−42.8	0.62
	7	640351000804	2016	−41.1	0.60
	8	640351000924	2016	−40.8	0.62
	9	640351000671	2019	−39.1	0.61
	10	640351000884	2016	−38.3	0.60

表 6-2-2 各核心育种场首次产犊日龄 EBV 排名前 10 名母牛

场号	场内排名	牛号	出生年份	首次产犊日龄 EBV/d	EBV 准确性
640003	1	640003203418	2020	−69.0	0.48
	2	640003203436	2020	−58.4	0.47
	3	640003007356	2019	−33.4	0.44
	4	640003007362	2019	−31.8	0.44
	5	640003007444	2019	−31.5	0.44
	6	640003007428	2019	−31.3	0.44
	7	640003007414	2019	−30.5	0.44
	8	640003007441	2019	−30.4	0.44

续表

场号	场内排名	牛号	出生年份	首次产犊日龄 EBV/d	EBV 准确性
640003	9	640003007433	2019	−28.5	0.44
	10	640003172458	2016	−27.9	0.42
640004	1	640004197885	2019	−62.8	0.48
	2	640004198320	2019	−60.4	0.47
	3	640004198319	2019	−60.2	0.47
	4	640004198317	2019	−60.1	0.47
	4	640004198304	2019	−60.1	0.47
	6	640004198316	2019	−59.8	0.47
	7	640004198312	2019	−59.3	0.47
	8	640004198340	2019	−58.7	0.47
	9	640004198431	2019	−57.0	0.47
	9	640004198323	2019	−57.0	0.47
640005	1	640005124050	2012	−21.4	0.44
	2	640005124057	2012	−20.8	0.40
	3	640005124026	2012	−20.4	0.41
	4	640005134128	2013	−20.2	0.44
	5	640005124047	2012	−19.9	0.40
	6	640005134104	2013	−19.6	0.43
	7	640005124056	2012	−19.5	0.43
	8	640005134070	2013	−19.4	0.40
	9	640005124042	2012	−19.2	0.46
	10	640005134060	2013	−19.1	0.40
640007	1	640007185180	2018	−35.1	0.40
	2	640007195350	2019	−33.1	0.37
	3	640007185237	2018	−32.4	0.39
	4	640007185236	2018	−31.6	0.38
	5	640007185176	2018	−31.4	0.38
	6	640007185190	2018	−30.7	0.39

场号	场内排名	牛号	出生年份	首次产犊日龄 EBV/d	EBV 准确性
	7	640007184706	2018	−30.5	0.38
640007	8	640007185040	2018	−30.1	0.42
	9	640007195286	2019	−29.8	0.36
	10	640007174443	2017	−29.7	0.40
	1	640009191706	2019	−20.0	0.45
	2	640009191703	2019	−18.9	0.48
	3	640009191682	2019	−18.5	0.48
	4	640009191711	2019	−18.4	0.48
640009	5	640009191655	2019	−17.5	0.47
	6	640009181577	2018	−17.4	0.46
	7	640009191681	2019	−16.4	0.49
	8	640009191705	2019	−16.1	0.44
	9	640009191696	2019	−16.0	0.46
	10	640009191690	2019	−15.9	0.46
	1	640035128268	2012	−24.2	0.47
	2	640035128279	2012	−21.2	0.47
	3	640035128294	2015	−20.6	0.42
	4	640035138296	2012	−20.3	0.46
640035	5	640035128226	2012	−20.2	0.45
	6	640035138307	2015	−19.7	0.43
	7	640035138302	2012	−19.1	0.44
	8	640035128191	2012	−18.7	0.45
	8	640035128286	2012	−18.7	0.46
	10	640035128270	2013	−18.3	0.42
	1	640166130806	2013	−19.1	0.46
640166	1	640166182876	2018	−19.1	0.51
	3	640166182879	2018	−18.9	0.51
	4	640166193164	2019	−18.4	0.44

续表

场号	场内排名	牛号	出生年份	首次产犊日龄 EBV/d	EBV 准确性
	5	640166193097	2019	−17.5	0.44
	6	640166193101	2019	−17.4	0.44
	7	640166193130	2019	−17.2	0.43
640166	7	640166193112	2019	−17.2	0.41
	9	640166193212	2019	−17.0	0.45
	10	640166130884	2013	−16.7	0.41
	1	640190121592	2012	−19.3	0.31
	2	640190121756	2012	−19.2	0.31
	2	640190121759	2012	−19.2	0.31
	4	640190123207	2012	−18.3	0.31
640190	5	640190182771	2018	−17.5	0.47
	6	640190180687	2018	−15.9	0.49
	7	640190121761	2012	−15.7	0.30
	8	640190182733	2018	−15.4	0.46
	9	640190183183	2018	−15.1	0.48
	10	640190181997	2018	−14.9	0.47
	1	640193180276	2018	−17.4	0.49
	2	640193180444	2018	−16.6	0.49
	3	640193182324	2018	−16.3	0.47
	4	640193180098	2018	−15.9	0.47
	4	640193182390	2018	−15.9	0.50
640193	6	640193181470	2018	−15.4	0.48
	7	640193174800	2017	−15.0	0.50
	7	640193181744	2018	−15.0	0.48
	9	640193182686	2018	−14.8	0.49
	10	640193181972	2018	−14.7	0.50
640251	1	640251008820	2020	−57.8	0.60
	1	640251008869	2020	−57.8	0.60

场号	场内排名	牛号	出生年份	首次产犊日龄 EBV/d	EBV 准确性
	3	640251008795	2020	−57.7	0.60
	3	640251008836	2020	−57.7	0.60
	5	640251008840	2020	−57.6	0.60
	5	640251008714	2020	−57.6	0.60
640251	5	640251008732	2020	−57.6	0.60
	5	640251008804	2020	−57.6	0.60
	9	640251008808	2020	−57.5	0.60
	9	640251008706	2020	−57.5	0.60
	1	640253193787	2019	−59.7	0.52
	2	640253193849	2019	−59.2	0.51
	3	640253193814	2019	−59.1	0.51
	4	640253193866	2019	−59.0	0.51
640253	5	640253193778	2019	−58.7	0.52
	5	640253193836	2019	−58.7	0.52
	7	640253193807	2019	−58.6	0.52
	8	640253193860	2019	−58.3	0.51
	9	640253193829	2019	−58.1	0.52
	10	640253193543	2019	−57.1	0.51
	1	640351033565	2019	−15.5	0.44
	2	640351033562	2019	−13.4	0.44
	3	640351033563	2019	−13.2	0.47
	4	640351033559	2019	−12.7	0.44
640351	5	640351000838	2019	−12.0	0.31
	5	640351011061	2017	−12.0	0.38
	7	640351033445	2020	−10.9	0.36
	7	640351000779	2016	−10.9	0.34
	9	640351033333	2018	−10.1	0.34
	10	640351033662	2019	−10.1	0.44

表 6-2-3　各核心育种场青年牛首末次配种间隔 EBV 排名前 10 名母牛

场号	场内排名	牛号	出生年份	青年牛首末次配种间隔 EBV/d	EBV 准确性
640003	1	640003110237	2011	−14.3	0.45
	2	640003110192	2013	−13.6	0.44
	3	640003111175	2011	−13.5	0.48
	4	640003110167	2013	−13.4	0.44
	5	640003110257	2011	−13.3	0.46
	6	640003121187	2013	−13.1	0.45
	6	640003110182	2013	−13.1	0.46
	8	640003110187	2013	−13.0	0.45
	9	640003111173	2013	−12.8	0.48
	10	640003111178	2011	−12.7	0.47
640004	1	640004136437	2013	−14.1	0.40
	2	640004136353	2011	−12.4	0.47
	3	640004136327	2011	−12.0	0.48
	4	640004136357	2011	−11.6	0.47
	5	640004177282	2017	−11.3	0.45
	6	640004136298	2011	−11.2	0.45
	7	640004172649	2017	−11.1	0.47
	8	640004136319	2011	−10.8	0.47
	9	640004136354	2011	−10.5	0.46
	10	640004136351	2011	−10.2	0.47
640005	1	640005113868	2011	−13.8	0.47
	2	640005113857	2011	−13.6	0.46
	3	640005113856	2011	−12.9	0.45
	4	640005113850	2011	−12.6	0.48
	5	640005134138	2013	−12.2	0.50
	6	640005134170	2013	−11.9	0.49
	7	640005113845	2011	−11.8	0.46
	8	640005113847	2011	−11.7	0.46

场号	场内排名	牛号	出生年份	青年牛首末次配种间隔 EBV/d	EBV 准确性
640005	8	640005113842	2011	−11.7	0.47
	10	640005185305	2018	−11.6	0.51
640007	1	640007184849	2018	−7.9	0.42
	2	640007205866	2019	−7.6	0.54
	3	640007195789	2019	−7.0	0.51
	4	640007174443	2017	−6.9	0.43
	5	640007172386	2017	−6.8	0.40
	6	640007184811	2018	−6.7	0.42
	6	640007184728	2018	−6.7	0.41
	8	640007184876	2018	−6.6	0.42
	8	640007195839	2019	−6.6	0.54
	8	640007174307	2017	−6.6	0.42
640009	1	640009160996	2016	−11.3	0.31
	2	640009181496	2018	−11.1	0.46
	3	640009201973	2020	−11.0	0.38
	4	640009181516	2018	−10.8	0.46
	5	640009181534	2018	−10.6	0.47
	6	640009160993	2016	−10.5	0.36
	7	640009181481	2018	−10.3	0.48
	8	640009181347	2018	−10.1	0.50
	8	640009181459	2018	−10.1	0.42
	8	640009181559	2018	−10.1	0.47
640035	1	640035138394	2013	−12.4	0.49
	2	640035138433	2013	−12.3	0.48
	3	640035138391	2013	−12.2	0.48
	4	640035138431	2013	−12.0	0.47
	4	640035180958	2018	−12.0	0.39
	6	640035181028	2018	−11.7	0.45

续表

场号	场内排名	牛号	出生年份	青年牛首末次配种间隔 EBV/d	EBV 准确性
	6	640035138485	2013	−11.7	0.46
	8	640035138498	2013	−11.4	0.46
640035	9	640035138397	2013	−11.3	0.49
	10	640035138426	2013	−11.0	0.45
	1	640166182892	2018	−13.3	0.52
	2	640166141109	2011	−12.8	0.46
	3	640166182876	2018	−12.2	0.53
	4	640166193423	2019	−11.6	0.54
	5	640166151668	2015	−11.5	0.45
640166	5	640166193420	2019	−11.5	0.53
	7	640166183016	2018	−11.4	0.52
	8	640166183018	2018	−11.2	0.54
	8	640166182874	2018	−11.2	0.54
	10	640166193365	2019	−11.1	0.50
	1	640190182771	2018	−13.3	0.49
	2	640190183811	2018	−11.9	0.49
	3	640190184143	2018	−11.7	0.50
	4	640190182807	2018	−11.6	0.53
	5	640190182353	2018	−11.5	0.50
640190	5	640190183951	2018	−11.5	0.50
	7	640190181877	2018	−11.1	0.53
	7	640190182329	2018	−11.1	0.51
	9	640190184557	2018	−11.0	0.53
	10	640190185058	2018	−10.8	0.46
	1	640193182324	2018	−12.5	0.49
	2	640193185798	2019	−12.3	0.53
640193	3	640193190138	2019	−12.0	0.52
	4	640193185418	2018	−11.9	0.52

场号	场内排名	牛号	出生年份	青年牛首末次配种间隔 EBV/d	EBV 准确性
640193	4	640193190014	2019	−11.9	0.52
	6	640193184362	2018	−11.8	0.52
	6	640193190298	2019	−11.8	0.52
	8	640193182714	2018	−11.6	0.51
	9	640193183338	2018	−11.5	0.53
	9	640193183594	2018	−11.5	0.53
640251	1	640251170726	2017	−11.4	0.50
	2	640251004619	2017	−10.4	0.46
	3	640251004629	2017	−9.7	0.47
	3	640251170769	2017	−9.7	0.45
	5	640251006874	2018	−9.6	0.40
	6	640251004609	2017	−9.3	0.44
	7	640251004630	2017	−9.2	0.45
	7	640251170779	2017	−9.2	0.44
	9	640251004626	2017	−9.0	0.47
	9	640251007032	2019	−9.0	0.49
640253	1	640253193787	2019	−12.3	0.53
	2	640253193836	2019	−12.1	0.53
	3	640253193866	2019	−12.0	0.53
	3	640253193849	2019	−12.0	0.53
	3	640253193814	2019	−12.0	0.53
	6	640253193778	2019	−11.7	0.53
	7	640253193829	2019	−11.4	0.53
	8	640253193860	2019	−11.1	0.53
	8	640253193807	2019	−11.1	0.53
	10	640253182946	2018	−9.9	0.50
640351	1	640351022567	2016	−7.4	0.40
	2	640351022579	2016	−7.3	0.39

场号	场内排名	牛号	出生年份	青年牛首末次配种间隔 EBV/d	EBV 准确性
	3	640351033733	2019	−7.2	0.38
	3	640351022568	2016	−7.2	0.41
	5	640351000827	2016	−7.1	0.46
	5	640351022583	2016	−7.1	0.39
640351	7	640351022542	2016	−7.0	0.40
	8	640351022563	2016	−6.9	0.39
	8	640351022550	2016	−6.9	0.40
	8	640351033721	2019	−6.9	0.38

表 6-2-4　各核心育种场经产牛首末次配种间隔 EBV 排名前 10 名母牛

场号	场内排名	牛号	出生年份	经产牛首末次配种间隔 EBV/d	EBV 准确性
	1	640003141711	2013	−9.1	0.31
	2	640003141723	2019	−8.8	0.30
	3	640003151897	2015	−7.8	0.35
	4	640003151994	2015	−7.7	0.44
	5	640003141726	2013	−6.9	0.33
640003	5	640003121186	2012	−6.9	0.33
	7	640003162164	2016	−6.5	0.42
	7	640003141734	2011	−6.5	0.33
	9	640003151981	2015	−6.3	0.48
	9	640003162352	2016	−6.3	0.34
	1	640004162309	2016	−9.8	0.42
	1	640004162276	2016	−9.8	0.42
640004	3	640004146493	2014	−7.0	0.47
	4	640004187496	2018	−6.6	0.39
	5	640004172458	2017	−6.5	0.40
	6	640004162399	2016	−6.4	0.38

场号	场内排名	牛号	出生年份	经产牛首末次配种间隔 EBV/d	EBV 准确性
	7	640004184447	2017	−6.2	0.38
	8	640004162348	2016	−5.9	0.37
640004	8	640004162417	2016	−5.9	0.38
	10	640004172449	2018	−5.8	0.37
	1	640005123904	2012	−9.2	0.31
	2	640005123894	2012	−7.7	0.34
	2	640005123899	2012	−7.7	0.31
	4	640005144454	2014	−7.2	0.46
	5	640005118006	2012	−7.1	0.30
640005	6	640005164966	2016	−7.0	0.43
	7	640005164902	2016	−6.8	0.35
	7	640005134153	2012	−6.8	0.33
	9	640005136424	2015	−6.3	0.44
	10	640005154547	2015	−6.2	0.44
	1	640007185040	2018	−4.8	0.36
	2	640007184802	2018	−4.4	0.37
	2	640007172337	2017	−4.4	0.30
	2	640007184816	2018	−4.4	0.36
	5	640007185008	2018	−4.3	0.35
640007	5	640007182470	2018	−4.3	0.37
	5	640007184855	2018	−4.3	0.31
	8	640007185033	2018	−4.2	0.36
	8	640007184981	2018	−4.2	0.36
	8	640007185012	2018	−4.2	0.36
	1	640009150529	2015	−6.0	0.43
	2	640009150545	2015	−5.2	0.40
640009	2	640009150514	2015	−5.2	0.38
	4	640009171227	2017	−5.1	0.39

续表

场号	场内排名	牛号	出生年份	经产牛首末次配种间隔 EBV/d	EBV 准确性
	4	640009160891	2016	−5.1	0.31
	6	640009150525	2015	−5.0	0.40
	7	640009150498	2015	−4.9	0.39
640009	8	640009150537	2015	−4.7	0.42
	9	640009171064	2017	−4.4	0.35
	10	640009150542	2015	−4.3	0.38
	1	640035128087	2012	−9.3	0.31
	2	640035160375	2016	−9.2	0.32
	3	640035138368	2013	−8.0	0.36
	4	640035138349	2013	−7.7	0.38
	5	640035150054	2015	−7.4	0.43
640035	5	640035128081	2012	−7.4	0.42
	7	640035138510	2013	−7.3	0.32
	8	640035160240	2016	−7.2	0.33
	9	640035150062	2015	−7.1	0.45
	10	640035158878	2015	−6.9	0.45
640166	1	640166161810	2015	−7.8	0.31
	2	640166161870	2016	−7.6	0.43
	3	640166151465	2015	−7.4	0.40
	4	640166162065	2016	−7.2	0.34
	5	640166151437	2015	−7.1	0.41
	6	640166151436	2015	−6.8	0.41
	7	640166162198	2016	−6.6	0.50
	8	640166172255	2016	−6.5	0.48
	8	640166172442	2017	−6.5	0.34
	10	640166172492	2017	−6.2	0.39
640190	1	640190170962	2017	−9.8	0.43
	1	640190170984	2017	−9.8	0.42

场号	场内排名	牛号	出生年份	经产牛首末次配种间隔 EBV/d	EBV 准确性
	3	640190170816	2017	−9.6	0.43
	4	640190170808	2017	−9.5	0.42
	5	640190170854	2017	−9.3	0.43
	6	640190170728	2017	−9.2	0.43
640190	7	640190170406	2017	−8.7	0.42
	7	640190170662	2017	−8.7	0.42
	9	640190142991	2014	−7.3	0.41
	9	640190142930	2014	−7.3	0.40
	1	640193170356	2017	−10.2	0.44
	2	640193170424	2017	−10.1	0.42
	3	640193170316	2017	−10.0	0.43
	3	640193170368	2017	−10.0	0.43
640193	5	640193170414	2017	−9.9	0.43
	6	640193170512	2017	−9.6	0.43
	7	640193170358	2017	−9.5	0.42
	7	640193170046	2017	−9.5	0.42
	9	640193170184	2017	−9.4	0.42
	10	640193170412	2017	−9.2	0.43
	1	640251160382	2016	−13.8	0.37
	2	640251004095	2016	−12.0	0.49
	3	640251004254	2017	−11.4	0.47
	3	640251004108	2016	−11.4	0.48
	3	640251004109	2016	−11.4	0.47
640251	6	640251004227	2016	−11.3	0.45
	7	640251004256	2017	−11.2	0.46
	7	640251004170	2016	−11.2	0.46
	7	640251004206	2016	−11.2	0.45
	7	640251004142	2016	−11.2	0.47

续表

场号	场内排名	牛号	出生年份	经产牛首末次配种间隔 EBV/d	EBV 准确性
	1	640253160454	2016	−11.0	0.43
	2	640253161967	2016	−9.2	0.41
	2	640253161999	2014	−9.2	0.40
	4	640253161965	2016	−9.1	0.40
640253	5	640253160424	2016	−8.5	0.43
	6	640253160537	2016	−8.4	0.43
	7	640253160324	2016	−8.3	0.44
	8	640253160214	2016	−7.2	0.41
	9	640253159067	2015	−7.0	0.43
	10	640253160288	2016	−6.8	0.43
	1	640351000881	2016	−2.6	0.35
	2	640351022527	2016	−2.5	0.31
	3	640351022581	2016	−2.4	0.30
	4	640351000893	2016	−2.1	0.32
	4	640351033639	2019	−2.1	0.39
640351	6	640351000888	2016	−2.0	0.30
	7	640351033624	2019	−1.8	0.39
	8	640351033583	2019	−1.7	0.37
	8	640351022542	2016	−1.7	0.30
	8	640351022568	2016	−1.7	0.30

表 6-2-5　各核心育种场产犊至首次配种间隔 EBV 排名前 10 名母牛

场号	场内排名	牛号	出生年份	产犊至首次配种间隔 EBV/d	EBV 准确性
	1	640003110042	2019	−3.7	0.46
640003	2	640003110032	2011	−3.5	0.43
	3	640003110062	2019	−2.5	0.45
	4	640003151989	2015	−2.4	0.53

续表

场号	场内排名	牛号	出生年份	产犊至首次配种间隔 EBV/d	EBV 准确性
640003	5	640003110007	2011	−2.3	0.46
	6	640003151988	2015	−2.1	0.50
	7	640003121258	2012	−2.0	0.51
	8	640003152036	2015	−1.9	0.54
	8	640003006357	2018	−1.9	0.45
	8	640003121260	2012	−1.9	0.52
640004	1	640004136317	2013	−2.8	0.52
	2	640004115883	2011	−2.7	0.42
	3	640004187465	2018	−2.4	0.47
	4	640004136195	2013	−2.3	0.47
	4	640004136310	2013	−2.3	0.52
	6	640004115916	2011	−2.2	0.37
	6	640004177247	2017	−2.2	0.47
	8	640004156744	2015	−2.1	0.32
	8	640004136307	2013	−2.1	0.52
	10	640004172599	2017	−2.0	0.47
640005	1	640005113813	2011	−3.5	0.47
	2	640005113807	2011	−2.7	0.40
	3	640005113816	2011	−2.6	0.43
	3	640005134063	2013	−2.6	0.45
	3	640005113743	2019	−2.6	0.40
	6	640005113745	2011	−2.5	0.39
	7	640005113801	2011	−2.4	0.39
	7	640005134062	2013	−2.4	0.43
	7	640005124019	2014	−2.4	0.42
	7	640005113875	2011	−2.4	0.44
640007	1	640007185276	2018	−2.2	0.45
	2	640007184706	2018	−2.0	0.43

场号	场内排名	牛号	出生年份	产犊至首次配种间隔 EBV/d	EBV 准确性
640007	3	640007185118	2018	−1.9	0.43
	3	640007182432	2018	−1.9	0.41
	5	640007184815	2018	−1.8	0.45
	6	640007184821	2018	−1.7	0.40
	6	640007184800	2018	−1.7	0.43
	6	640007185120	2018	−1.7	0.45
	9	640007184810	2018	−1.6	0.40
	9	640007184801	2018	−1.6	0.43
640009	1	640009171249	2017	−1.5	0.38
	1	640009181525	2018	−1.5	0.49
	1	640009160864	2016	−1.5	0.47
	4	640009160908	2016	−1.4	0.41
	4	640009160859	2016	−1.4	0.37
	4	640009171176	2017	−1.4	0.38
	4	640009160802	2016	−1.4	0.53
	8	640009140228	2014	−1.3	0.49
	8	640009171069	2017	−1.3	0.50
	8	640009160899	2016	−1.3	0.41
640035	1	640035117925	2011	−3.6	0.46
	2	640035117920	2011	−3.1	0.42
	3	640035117942	2011	−3.0	0.43
	3	640035117921	2019	−3.0	0.51
	5	640035107792	2014	−2.5	0.39
	6	640035117935	2011	−2.4	0.45
	6	640035117907	2019	−2.4	0.52
	6	640035117918	2019	−2.4	0.49
	9	640035117911	2011	−2.3	0.45
	9	640035128107	2011	−2.3	0.43

场号	场内排名	牛号	出生年份	产犊至首次配种间隔 EBV/d	EBV 准确性
640166	1	640166110070	2011	−2.7	0.42
	2	640166110064	2011	−2.6	0.38
	3	640166110066	2011	−2.5	0.37
	4	640166110075	2011	−2.4	0.38
	4	640166110038	2011	−2.4	0.38
	6	640166110040	2011	−2.3	0.39
	6	640166110022	2011	−2.3	0.39
	8	640166151569	2015	−2.2	0.44
	8	640166110068	2011	−2.2	0.38
	10	640166110020	2011	−2.1	0.39
640190	1	640190156324	2015	−1.7	0.55
	1	640190120156	2012	−1.7	0.50
	3	640190155269	2015	−1.6	0.54
	3	640190155318	2015	−1.6	0.53
	5	640190128033	2012	−1.5	0.39
	5	640190155339	2015	−1.5	0.50
	5	640190127582	2012	−1.5	0.40
	8	640190132235	2013	−1.4	0.45
	8	640190127849	2012	−1.4	0.43
	8	640190141233	2014	−1.4	0.55
640193	1	640193141741	2014	−1.7	0.56
	1	640193130798	2013	−1.7	0.50
	3	640193130661	2013	−1.6	0.56
	4	640193141087	2014	−1.5	0.53
	4	640193170358	2017	−1.5	0.51
	4	640193260099	2016	−1.5	0.54
	4	640193129039	2013	−1.5	0.45
	4	640193140942	2014	−1.5	0.53

续表

场号	场内排名	牛号	出生年份	产犊至首次配种间隔 EBV/d	EBV 准确性
640193	4	640193250087	2015	−1.5	0.48
	4	640193130827	2013	−1.5	0.53
640251	1	640251006312	2018	−2.7	0.53
	2	640251011067	2019	−2.6	0.49
	3	640251013194	2011	−2.6	0.43
	3	640251005898	2018	−2.6	0.53
	5	640251006301	2018	−2.5	0.49
	5	640251003581	2016	−2.5	0.56
	7	640251006326	2018	−2.4	0.50
	7	640251004635	2017	−2.4	0.54
	7	640251003656	2016	−2.4	0.57
	7	640251012852	2019	−2.4	0.39
640253	1	640253169433	2016	−2.4	0.55
	2	640253194375	2019	−2.3	0.50
	2	640253169503	2015	−2.3	0.50
	4	640253182465	2018	−2.1	0.52
	5	640253169733	2016	−2.0	0.48
	5	640253170697	2017	−2.0	0.49
	7	640253169363	2016	−1.9	0.55
	7	640253169389	2016	−1.9	0.54
	9	640253182438	2018	−1.8	0.47
	9	640253135804	2013	−1.8	0.58
640351	1	640351033322	2018	−1.3	0.36
	2	640351011147	2017	−1.1	0.34
	3	640351033662	2019	−1.0	0.44
	4	640351011126	2017	−0.9	0.32
	4	640351011024	2017	−0.9	0.36
	4	640351000978	2016	−0.9	0.34

场号	场内排名	牛号	出生年份	产犊至首次配种间隔 EBV/d	EBV 准确性
	4	640351000846	2016	−0.9	0.45
	4	640351011148	2017	−0.9	0.36
640351	9	640351033508	2018	−0.8	0.34
	9	640351022503	2016	−0.8	0.43

表 6-2-6 各核心育种场青年牛产犊难易性 EBV 排名前 10 名母牛

场号	场内排名	牛号	出生年份	青年牛产犊难易性 EBV	EBV 准确性
	1	640003162403	2016	−0.056 8	0.42
	2	640003162449	2016	−0.055 1	0.40
	3	640003162393	2016	−0.053 8	0.43
	4	640003172454	2016	−0.053 7	0.41
	5	640003162217	2016	−0.052 6	0.40
640003	6	640003162411	2016	−0.052 5	0.43
	7	640003006523	2018	−0.052 1	0.47
	8	640003162311	2016	−0.051 2	0.40
	9	640003006517	2018	−0.050 5	0.47
	10	640003167052	2016	−0.050 4	0.39
	1	640004187391	2018	−0.059 3	0.47
	2	640004184328	2019	−0.056 5	0.48
	3	640004187485	2018	−0.055 3	0.36
	4	640004187392	2018	−0.054 7	0.49
	5	640004184323	2018	−0.052 6	0.47
640004	6	640004184832	2018	−0.052 5	0.34
	6	640004184814	2018	−0.052 5	0.33
	8	640004184765	2018	−0.052 3	0.33
	9	640004187404	2018	−0.052 2	0.49
	9	640004184295	2018	−0.052 2	0.47

场号	场内排名	牛号	出生年份	青年牛产犊难易性 EBV	EBV 准确性
640005	1	640005166981	2016	−0.039 8	0.36
	2	640005154463	2015	−0.039 6	0.27
	3	640005164797	2016	−0.037 6	0.45
	4	640005164940	2016	−0.037 2	0.37
	5	640005164943	2016	−0.036 6	0.45
	6	640005164920	2016	−0.036 2	0.34
	7	640005164844	2016	−0.035 4	0.36
	8	640005205870	2020	−0.034 8	0.34
	9	640005206029	2020	−0.033 8	0.32
	10	640005144429	2014	−0.033 7	0.28
640007	1	640007184975	2018	−0.062 6	0.33
	1	640007184916	2018	−0.062 6	0.32
	3	640007184974	2018	−0.062 5	0.44
	3	640007185026	2018	−0.062 5	0.44
	5	640007184691	2018	−0.062 2	0.45
	6	640007184990	2018	−0.061 1	0.33
	6	640007184967	2018	−0.061 1	0.31
	8	640007184965	2018	−0.060 2	0.42
	9	640007172373	2017	−0.059 9	0.46
	10	640007184954	2018	−0.058 3	0.33
640009	1	640009160949	2016	−0.045 9	0.37
	2	640009160958	2016	−0.043 9	0.37
	3	640009160907	2016	−0.037 6	0.36
	4	640009160984	2016	−0.027 3	0.36
	5	640009181426	2018	−0.026 6	0.25
	5	640009181343	2018	−0.026 6	0.41
	7	640009181355	2018	−0.026 5	0.38
	8	640009181398	2018	−0.026 4	0.40

场号	场内排名	牛号	出生年份	青年牛产犊难易性 EBV	EBV 准确性
640009	9	640009201865	2020	−0.025 9	0.29
	9	640009181356	2018	−0.025 9	0.40
640035	1	640035160401	2016	−0.041 2	0.46
	2	640035160334	2016	−0.039 3	0.42
	3	640035160338	2016	−0.038 6	0.44
	4	640035160418	2016	−0.037 4	0.45
	5	640035160368	2016	−0.036 5	0.46
	6	640035160441	2016	−0.035 0	0.46
	7	640035160323	2016	−0.034 7	0.44
	8	640035160283	2016	−0.034 3	0.41
	9	640035160318	2016	−0.034 0	0.44
	10	640035160330	2016	−0.033 9	0.44
640166	1	640166182860	2018	−0.069 2	0.52
	2	640166182956	2018	−0.067 1	0.52
	3	640166182967	2018	−0.065 7	0.50
	4	640166182865	2018	−0.057 2	0.50
	5	640166182949	2018	−0.056 4	0.47
	6	640166182862	2018	−0.054 6	0.51
	7	640166182955	2018	−0.052 9	0.48
	8	640166193331	2016	−0.052 7	0.47
	9	640166193306	2014	−0.052 5	0.47
	9	640166193330	2013	−0.052 5	0.47
640190	1	640190180303	2018	−0.063 0	0.49
	2	640190180299	2018	−0.060 7	0.49
	3	640190180911	2018	−0.057 5	0.51
	3	640190180479	2018	−0.057 5	0.51
	5	640190180309	2018	−0.056 6	0.47
	6	640190171668	2017	−0.056 0	0.47

续表

场号	场内排名	牛号	出生年份	青年牛产犊难易性 EBV	EBV 准确性
640190	7	640190180909	2018	−0.055 8	0.47
	8	640190177009	2017	−0.055 7	0.47
	9	640190180473	2018	−0.054 5	0.47
	10	640190185164	2018	−0.053 8	0.36
640193	1	640193180960	2018	−0.064 8	0.50
	2	640193181136	2018	−0.061 8	0.50
	3	640193172668	2017	−0.060 9	0.50
	4	640193180470	2018	−0.060 2	0.51
	5	640193171242	2017	−0.059 8	0.51
	6	640193180794	2018	−0.059 5	0.40
	7	640193180764	2018	−0.059 4	0.40
	8	640193180954	2018	−0.059 2	0.51
	9	640193190782	2019	−0.059 1	0.37
	10	640193171818	2017	−0.059 0	0.51
640251	1	640251006509	2018	−0.067 0	0.50
	2	640251006515	2018	−0.059 0	0.51
	3	640251006536	2018	−0.058 8	0.51
	4	640251006506	2018	−0.055 5	0.50
	5	640251170652	2017	−0.054 1	0.47
	6	640251008355	2019	−0.053 3	0.45
	7	640251006539	2018	−0.052 6	0.49
	8	640251170636	2017	−0.050 3	0.47
	8	640251170582	2017	−0.050 3	0.47
	10	640251170596	2017	−0.049 9	0.47
640253	1	640253204745	2020	−0.050 5	0.36
	2	640253170589	2017	−0.050 1	0.47
	3	640253170648	2017	−0.050 0	0.47
	4	640253204782	2020	−0.049 8	0.36

场号	场内排名	牛号	出生年份	青年牛产犊难易性 EBV	EBV 准确性
	4	640253160563	2016	−0.049 8	0.47
	4	640253181744	2018	−0.049 8	0.49
	7	640253181975	2018	−0.049 3	0.47
640253	8	640253181952	2018	−0.049 1	0.47
	9	640253181956	2017	−0.049 0	0.47
	10	640253171025	2017	−0.048 9	0.47
	1	640351033092	2018	−0.072 2	0.23
	2	640351033183	2018	−0.065 9	0.24
	3	640351033219	2018	−0.065 2	0.23
	4	640351033233	2018	−0.064 8	0.23
640351	5	640351033197	2018	−0.064 6	0.23
	6	640351033209	2018	−0.064 1	0.23
	7	640351033246	2018	−0.063 5	0.23
	8	640351033171	2018	−0.062 6	0.23
	9	640351033230	2018	−0.061 9	0.23
	10	640351033112	2018	−0.055 2	0.23

表 6-2-7 各核心育种场经产牛产犊难易性 EBV 排名前 10 名母牛

场号	场内排名	牛号	出生年份	经产牛产犊难易性 EBV	EBV 准确性
	1	640003172468	2017	−0.047 3	0.48
	2	640003162395	2016	−0.046 9	0.47
	3	640003172497	2016	−0.044 5	0.48
	4	640003182896	2018	−0.044 4	0.46
640003	5	640003172478	2017	−0.044 1	0.48
	6	640003162231	2016	−0.042 4	0.51
	7	640003152038	2015	−0.041 8	0.51
	8	640003172526	2017	−0.041 7	0.42

续表

场号	场内排名	牛号	出生年份	经产牛产犊难易性 EBV	EBV 准确性
640003	9	640003141821	2014	−0.041 3	0.46
	10	640003182894	2018	−0.040 9	0.46
640004	1	640004136369	2011	−0.061 9	0.40
	2	640004136376	2011	−0.059 9	0.40
	3	640004172771	2017	−0.052 1	0.40
	4	640004136373	2013	−0.050 8	0.43
	5	640004172708	2017	−0.048 7	0.37
	6	640004136377	2011	−0.048 6	0.32
	7	640004136368	2011	−0.048 5	0.42
	8	640004177287	2017	−0.047 7	0.44
	9	640004172763	2017	−0.047 1	0.37
	9	640004136383	2013	−0.047 1	0.36
640005	1	640005185305	2018	−0.042 3	0.45
	2	640005185314	2018	−0.038 6	0.44
	3	640005164931	2016	−0.036 5	0.50
	4	640005154522	2015	−0.035 9	0.48
	5	640005164952	2016	−0.035 2	0.50
	6	640005195688	2011	−0.035 1	0.40
	7	640005195683	2011	−0.034 6	0.36
	8	640005164972	2016	−0.034 5	0.50
	9	640005144335	2014	−0.034 3	0.54
	10	640005195713	2012	−0.033 6	0.40
640007	1	640007184827	2018	−0.044 3	0.44
	2	640007184826	2018	−0.043 7	0.41
	3	640007184811	2018	−0.042 9	0.43
	4	640007184688	2018	−0.042 8	0.43
	5	640007184837	2018	−0.042 6	0.40
	6	640007184774	2018	−0.042 2	0.44

场号	场内排名	牛号	出生年份	经产牛产犊难易性 EBV	EBV 准确性
640007	6	640007184734	2018	−0.042 2	0.43
	6	640007184766	2018	−0.042 2	0.43
	9	640007174413	2017	−0.041 9	0.40
	10	640007184808	2018	−0.041 7	0.41
640009	1	640009181455	2018	−0.058 1	0.44
	2	640009181437	2018	−0.057 4	0.45
	3	640009171286	2017	−0.056 0	0.44
	4	640009171255	2017	−0.055 5	0.49
	5	640009181428	2018	−0.053 7	0.44
	6	640009181353	2018	−0.053 5	0.41
	7	640009181436	2018	−0.052 3	0.43
	8	640009181406	2018	−0.050 3	0.42
	9	640009181390	2018	−0.050 1	0.41
	10	640009171187	2017	−0.049 8	0.47
640035	1	640035050516	2012	−0.031 8	0.24
	2	640035087233	2011	−0.029 1	0.28
	3	640035128107	2011	−0.028 3	0.38
	4	640035117887	2011	−0.027 5	0.43
	5	640035170579	2017	−0.025 4	0.45
	5	640035170703	2017	−0.025 4	0.45
	7	640035170749	2017	−0.025 3	0.47
	8	640035170682	2017	−0.024 8	0.47
	9	640035170561	2017	−0.024 7	0.45
	10	640035050504	2012	−0.024 6	0.27
640166	1	640166119987	2011	−0.037 3	0.28
	2	640166151556	2015	−0.036 2	0.56
	3	640166119974	2011	−0.034 3	0.30
	4	640166151398	2015	−0.033 2	0.59

场号	场内排名	牛号	出生年份	经产牛产犊难易性 EBV	EBV 准确性
640166	5	640166182923	2018	−0.033 1	0.38
	6	640166141384	2014	−0.033 0	0.56
	7	640166119938	2011	−0.032 8	0.25
	8	640166151667	2015	−0.032 6	0.58
	8	640166162175	2015	−0.032 6	0.37
	10	640166151484	2015	−0.032 4	0.58
640190	1	640190143380	2014	−0.050 5	0.50
	2	640190143370	2014	−0.050 1	0.52
	3	640190142964	2014	−0.049 4	0.54
	3	640190142822	2014	−0.049 4	0.51
	5	640190143289	2014	−0.049 2	0.52
	6	640190143299	2014	−0.048 5	0.54
	7	640190142840	2014	−0.047 7	0.50
	7	640190142867	2014	−0.047 7	0.49
	7	640190143378	2014	−0.047 7	0.50
	10	640190143449	2014	−0.047 5	0.48
640193	1	640193142866	2014	−0.042 3	0.48
	2	640193143462	2014	−0.041 4	0.49
	3	640193143016	2014	−0.040 8	0.48
	4	640193154154	2015	−0.040 4	0.48
	4	640193143001	2014	−0.040 4	0.48
	4	640193142816	2014	−0.040 4	0.49
	7	640193142820	2014	−0.039 8	0.43
	8	640193142897	2014	−0.039 6	0.48
	8	640193143063	2014	−0.039 6	0.48
	10	640193153696	2015	−0.039 3	0.48
640251	1	640251005534	2017	−0.060 4	0.47
	2	640251004646	2017	−0.052 0	0.36

场号	场内排名	牛号	出生年份	经产牛产犊难易性 EBV	EBV 准确性
640251	3	640251005609	2018	−0.051 1	0.43
	4	640251007047	2019	−0.050 7	0.41
	5	640251007019	2019	−0.050 3	0.40
	6	640251005578	2018	−0.050 2	0.44
	7	640251005605	2018	−0.050 0	0.46
	8	640251007347	2019	−0.049 9	0.42
	9	640251005520	2017	−0.049 7	0.42
	10	640251006761	2018	−0.049 3	0.42
640253	1	640253182880	2018	−0.050 6	0.43
	2	640253182893	2018	−0.049 4	0.41
	3	640253171594	2017	−0.042 9	0.44
	4	640253171598	2017	−0.042 5	0.43
	5	640253182806	2018	−0.041 7	0.41
	6	640253181747	2018	−0.040 9	0.39
	6	640253181707	2018	−0.040 9	0.43
	8	640253171608	2017	−0.040 7	0.43
	9	640253171677	2017	−0.040 0	0.39
	10	640253171622	2017	−0.039 5	0.39
640351	1	640351033645	2019	−0.045 7	0.38
	2	640351033564	2019	−0.042 8	0.45
	3	640351033658	2019	−0.038 6	0.40
	4	640351033562	2019	−0.037 5	0.37
	5	640351000430	2019	−0.037 4	0.24
	6	640351033606	2018	−0.036 9	0.40
	7	640351000434	2019	−0.034 9	0.31
	8	640351033559	2019	−0.034 6	0.36
	8	640351033565	2019	−0.034 6	0.36
	8	640351033574	2018	−0.034 6	0.36

表 6-2-8 各核心育种场青年牛死产率 EBV 排名前 10 名母牛

场号	场内排名	牛号	出生年份	青年牛死产率 EBV	EBV 准确性
640003	1	640003006493	2018	−0.027 8	0.44
	2	640003006523	2018	−0.027 7	0.43
	3	640003141757	2014	−0.027 6	0.23
	4	640003006527	2018	−0.027 5	0.43
	5	640003006517	2018	−0.027 4	0.43
	6	640003006537	2018	−0.026 6	0.43
	6	640003006557	2018	−0.026 6	0.43
	8	640003006477	2018	−0.026 5	0.43
	8	640003006513	2018	−0.026 5	0.43
	10	640003162420	2016	−0.023 9	0.23
640004	1	640004187395	2018	−0.032 7	0.47
	2	640004187391	2018	−0.030 0	0.43
	3	640004187404	2018	−0.029 0	0.45
	4	640004187393	2018	−0.028 8	0.45
	5	640004187601	2018	−0.028 7	0.46
	5	640004184264	2018	−0.028 7	0.44
	5	640004184328	2019	−0.028 7	0.44
	8	640004187399	2018	−0.028 5	0.45
	8	640004187609	2018	−0.028 5	0.45
	10	640004187394	2018	−0.028 3	0.48
640005	1	640005144450	2014	−0.033 2	0.25
	1	640005144432	2014	−0.033 2	0.28
	3	640005164934	2016	−0.032 4	0.41
	4	640005144437	2014	−0.029 8	0.25
	5	640005144416	2014	−0.028 2	0.25
	6	640005144399	2014	−0.028 1	0.25
	7	640005175009	2017	−0.026 9	0.38
	8	640005164797	2016	−0.026 7	0.39

场号	场内排名	牛号	出生年份	青年牛死产率 EBV	EBV 准确性
640005	9	640005164938	2016	−0.025 8	0.41
	10	640005144429	2014	−0.025 3	0.23
640007	1	640007174389	2017	−0.029 4	0.43
	2	640007174451	2017	−0.029 0	0.43
	3	640007172373	2017	−0.028 9	0.43
	4	640007184691	2018	−0.028 6	0.42
	5	640007174499	2017	−0.028 5	0.43
	5	640007174526	2017	−0.028 5	0.43
	7	640007174587	2017	−0.028 3	0.43
	8	640007174600	2017	−0.028 2	0.43
	9	640007174514	2017	−0.028 1	0.43
	10	640007174555	2017	−0.028 0	0.43
640009	1	640009181399	2018	−0.018 5	0.40
	2	640009191828	2019	−0.017 7	0.35
	3	640009191806	2019	−0.017 3	0.31
	4	640009191818	2019	−0.015 9	0.30
	5	640009202008	2020	−0.015 4	0.28
	6	640009181440	2018	−0.015 3	0.40
	7	640009171063	2017	−0.015 0	0.26
	8	640009171067	2017	−0.014 9	0.27
	8	640009181448	2018	−0.014 9	0.40
	10	640009161020	2016	−0.014 6	0.26
640035	1	640035160316	2016	−0.029 6	0.42
	2	640035160441	2016	−0.027 6	0.40
	3	640035160368	2016	−0.025 7	0.40
	4	640035160334	2016	−0.025 3	0.38
	5	640035160319	2016	−0.025 2	0.40
	6	640035160401	2016	−0.024 6	0.40

场号	场内排名	牛号	出生年份	青年牛死产率 EBV	EBV 准确性
640035	7	640035160335	2016	−0.024 4	0.39
	8	640035160340	2016	−0.024 3	0.39
	9	640035160330	2016	−0.024 0	0.39
	10	640035170767	2017	−0.023 8	0.35
640166	1	640166182860	2018	−0.037 7	0.47
	2	640166182967	2018	−0.036 2	0.47
	3	640166182956	2018	−0.033 7	0.48
	4	640166182968	2018	−0.033 3	0.46
	5	640166182939	2018	−0.030 6	0.43
	6	640166162048	2016	−0.030 1	0.42
	7	640166161927	2016	−0.030 0	0.41
	8	640166162050	2016	−0.029 9	0.42
	9	640166182854	2018	−0.029 7	0.44
	9	640166162124	2016	−0.029 7	0.42
640190	1	640190180978	2018	−0.032 0	0.43
	2	640190180479	2018	−0.031 6	0.47
	3	640190180911	2018	−0.029 1	0.47
	4	640190181134	2018	−0.028 9	0.46
	5	640190180956	2018	−0.028 3	0.45
	6	640190180011	2018	−0.028 0	0.46
	7	640190180933	2018	−0.027 9	0.44
	8	640190180309	2018	−0.027 6	0.44
	9	640190176587	2017	−0.027 4	0.43
	9	640190180394	2018	−0.027 4	0.43
640193	1	640193172680	2017	−0.034 0	0.46
	2	640193172668	2017	−0.033 7	0.46
	3	640193180954	2018	−0.032 9	0.47
	4	640193180470	2018	−0.032 7	0.47

场号	场内排名	牛号	出生年份	青年牛死产率 EBV	EBV 准确性
640193	5	640193171818	2017	−0.032 6	0.47
	6	640193171242	2017	−0.032 5	0.47
	7	640193173604	2017	−0.032 4	0.47
	8	640193171374	2017	−0.032 3	0.47
	9	640193181136	2018	−0.032 0	0.47
	10	640193180918	2018	−0.031 9	0.44
640251	1	640251006525	2018	−0.033 9	0.48
	2	640251006538	2018	−0.031 4	0.47
	3	640251006519	2018	−0.029 0	0.44
	4	640251006541	2018	−0.028 7	0.47
	5	640251170652	2017	−0.027 8	0.44
	5	640251006511	2018	−0.027 8	0.47
	7	640251006485	2018	−0.027 7	0.44
	7	640251006539	2018	−0.027 7	0.45
	9	640251170636	2017	−0.027 6	0.43
	10	640251170672	2016	−0.027 5	0.43
640253	1	640253171034	2017	−0.035 9	0.47
	2	640253171020	2017	−0.035 4	0.47
	2	640253171053	2017	−0.035 4	0.47
	4	640253171048	2017	−0.034 7	0.47
	5	640253181933	2018	−0.032 4	0.47
	6	640253171033	2017	−0.032 3	0.45
	7	640253171049	2017	−0.032 0	0.43
	8	640253170626	2017	−0.029 5	0.44
	9	640253181766	2018	−0.029 2	0.44
	10	640253170648	2017	−0.029 1	0.44
640351	1	640351033495	2018	−0.022 9	0.28
	2	640351033378	2018	−0.022 8	0.28

场号	场内排名	牛号	出生年份	青年牛死产率 EBV	EBV 准确性
640351	3	640351033513	2018	−0.021 1	0.25
	4	640351033431	2020	−0.020 7	0.39
	5	640351033393	2018	−0.020 0	0.24
	6	640351033412	2018	−0.019 9	0.29
	7	640351033377	2018	−0.019 1	0.24
	8	640351033339	2018	−0.018 9	0.24
	9	640351033444	2020	−0.018 7	0.37
	10	640351033470	2018	−0.018 5	0.27

表 6-2-9　各核心育种场经产牛死产率 EBV 排名前 10 名母牛

场号	场内排名	牛号	出生年份	经产牛死产率 EBV	EBV 准确性
640003	1	640003182896	2018	−0.003 8	0.23
	2	640003141817	2014	−0.003 5	0.24
	2	640003182802	2018	−0.003 5	0.23
	4	640003182914	2018	−0.003 3	0.24
	4	640003182930	2018	−0.003 3	0.22
	6	640003141818	2014	−0.003 1	0.23
	6	640003151848	2015	−0.003 1	0.24
	6	640003006513	2018	−0.003 1	0.36
	6	640003006537	2018	−0.003 1	0.36
	6	640003121323	2012	−0.003 1	0.16
640004	1	640004187392	2018	−0.003 8	0.37
	2	640004187394	2018	−0.003 7	0.39
	2	640004187400	2018	−0.003 7	0.38
	2	640004187403	2018	−0.003 7	0.38
	5	640004187393	2018	−0.003 6	0.38
	6	640004187601	2018	−0.003 5	0.38

场号	场内排名	牛号	出生年份	经产牛死产率 EBV	EBV 准确性
640004	7	640004187604	2018	−0.003 2	0.36
	7	640004184264	2018	−0.003 2	0.36
	7	640004184341	2018	−0.003 2	0.36
	7	640004187611	2018	−0.003 2	0.37
640005	1	640005185391	2018	−0.003 7	0.21
	2	640005185468	2018	−0.003 2	0.20
	2	640005185438	2018	−0.003 2	0.20
	2	640005185513	2018	−0.003 2	0.20
	5	640005185475	2018	−0.003 1	0.19
	5	640005185404	2018	−0.003 1	0.19
	5	640005185433	2018	−0.003 1	0.20
	8	640005175113	2015	−0.003 0	0.28
	8	640005185476	2018	−0.003 0	0.19
	8	640005185444	2018	−0.003 0	0.21
640007	1	640007184691	2018	−0.003 2	0.33
	1	640007174517	2017	−0.003 2	0.36
	1	640007172373	2017	−0.003 2	0.34
	1	640007174520	2017	−0.003 2	0.36
	1	640007174491	2017	−0.003 2	0.36
	1	640007174578	2017	−0.003 2	0.36
	7	640007174587	2017	−0.003 1	0.36
	7	640007174526	2017	−0.003 1	0.36
	7	640007174528	2017	−0.003 1	0.36
	7	640007174548	2017	−0.003 1	0.36
640009	1	640009191711	2019	−0.003 2	0.24
	2	640009181564	2018	−0.003 1	0.22
	2	640009171063	2017	−0.003 1	0.17
	4	640009171062	2017	−0.003 0	0.16

续表

场号	场内排名	牛号	出生年份	经产牛死产率 EBV	EBV 准确性
640009	4	640009171067	2017	−0.003 0	0.17
	6	640009171092	2017	−0.002 9	0.16
	6	640009171031	2017	−0.002 9	0.16
	6	640009171059	2017	−0.002 9	0.16
	6	640009171060	2017	−0.002 9	0.16
	10	640009171064	2017	−0.002 7	0.15
640035	1	640035117802	2014	−0.003 0	0.14
	1	640035117816	2014	−0.003 0	0.14
	3	640035160289	2016	−0.002 9	0.22
	3	640035148616	2014	−0.002 9	0.29
	5	640035150017	2015	−0.002 8	0.23
	5	640035160315	2016	−0.002 8	0.24
	5	640035107753	2014	−0.002 8	0.13
	5	640035160278	2016	−0.002 8	0.24
	5	640035107786	2014	−0.002 8	0.13
	5	640035160337	2016	−0.002 8	0.24
640166	1	640166182967	2018	−0.004 6	0.38
	2	640166182956	2018	−0.004 2	0.37
	3	640166182860	2018	−0.003 9	0.37
	3	640166182862	2018	−0.003 9	0.37
	5	640166182971	2018	−0.003 8	0.38
	6	640166182941	2018	−0.003 7	0.38
	6	640166182974	2018	−0.003 7	0.37
	8	640166182805	2018	−0.003 5	0.23
	8	640166182958	2018	−0.003 5	0.37
	10	640166182821	2018	−0.003 4	0.23
640190	1	640190180303	2018	−0.004 1	0.37
	2	640190180309	2018	−0.003 2	0.36

场号	场内排名	牛号	出生年份	经产牛死产率 EBV	EBV 准确性
640190	2	640190171206	2017	−0.003 2	0.36
	4	640190175971	2017	−0.003 1	0.36
	4	640190171652	2017	−0.003 1	0.36
	4	640190171668	2017	−0.003 1	0.36
	4	640190171352	2017	−0.003 1	0.36
	4	640190171442	2017	−0.003 1	0.36
	4	640190174729	2017	−0.003 1	0.36
	4	640190176587	2017	−0.003 1	0.36
640193	1	640193171718	2017	−0.004 6	0.19
	2	640193171720	2017	−0.003 7	0.38
	2	640193171638	2017	−0.003 7	0.38
	2	640193171242	2017	−0.003 7	0.39
	2	640193171634	2017	−0.003 7	0.38
	6	640193171704	2017	−0.003 3	0.37
	6	640193172490	2017	−0.003 3	0.37
	8	640193172308	2017	−0.003 2	0.37
	8	640193171320	2017	−0.003 2	0.36
	8	640193171402	2017	−0.003 2	0.36
640251	1	640251006539	2018	−0.003 6	0.36
	1	640251006525	2018	−0.003 6	0.38
	3	640251006500	2018	−0.003 5	0.36
	3	640251006561	2018	−0.003 5	0.22
	5	640251006538	2018	−0.003 4	0.38
	6	640251006521	2018	−0.003 3	0.36
	7	640251006530	2018	−0.003 2	0.36
	7	640251006468	2018	−0.003 2	0.37
	7	640251006485	2018	−0.003 2	0.36
	7	640251170619	2017	−0.003 2	0.36

场号	场内排名	牛号	出生年份	经产牛死产率 EBV	EBV 准确性
	1	640253181785	2018	−0.003 7	0.38
	2	640253171044	2017	−0.003 6	0.37
	3	640253171020	2017	−0.003 5	0.38
	4	640253171384	2017	−0.003 4	0.29
	4	640253171319	2017	−0.003 4	0.29
640253	4	640253171048	2017	−0.003 4	0.38
	7	640253193663	2019	−0.003 3	0.26
	7	640253181783	2018	−0.003 3	0.37
	7	640253181744	2018	−0.003 3	0.37
	7	640253171358	2017	−0.003 3	0.27
	1	640351033337	2019	−0.003 5	0.14
	2	640351033467	2019	−0.003 4	0.13
	2	640351033414	2019	−0.003 4	0.14
	4	640351033338	2019	−0.003 3	0.14
	4	640351033326	2019	−0.003 3	0.14
640351	6	640351033401	2019	−0.003 2	0.16
	7	640351033753	2018	−0.002 9	0.13
	8	640351000393	2014	−0.002 6	0.23
	9	640351033561	2019	−0.002 3	0.19
	10	640351000387	2014	−0.002 2	0.22

表 6-2-10　各核心育种场生产寿命 EBV 排名前 10 名母牛

场号	场内排名	牛号	出生年份	生产寿命 EBV/d	EBV 准确性
	1	640003120292	2012	377.3	0.47
	2	640003120337	2012	356.5	0.47
640003	3	640003120347	2012	344.8	0.48
	4	640003128076	2012	333.1	0.44

场号	场内排名	牛号	出生年份	生产寿命 EBV/d	EBV 准确性
640003	5	640003110287	2011	328.7	0.47
	6	640003120307	2012	327.6	0.45
	7	640003131383	2013	323.2	0.53
	8	640003131348	2013	322.3	0.47
	9	640003120362	2012	320.5	0.48
	10	640003120302	2012	309.0	0.47
640004	1	640004136282	2013	293.7	0.47
	2	640004136267	2013	291.6	0.50
	3	640004136315	2013	281.9	0.51
	4	640004136255	2013	272.9	0.51
	5	640004136312	2013	272.3	0.50
	6	640004136239	2013	267.2	0.46
	7	640004136245	2013	264.2	0.50
	8	640004136279	2013	261.5	0.49
	9	640004136232	2013	259.7	0.52
	10	640004136320	2013	256.5	0.49
640005	1	640005134208	2013	344.2	0.49
	2	640005117946	2011	314.7	0.48
	3	640005123980	2012	312.7	0.53
	4	640005124029	2012	309.9	0.48
	5	640005124042	2012	307.5	0.49
	6	640005124016	2012	307.2	0.52
	7	640005134078	2013	300.8	0.51
	8	640005124032	2012	298.4	0.50
	9	640005134212	2013	297.5	0.53
	10	640005134073	2013	292.1	0.50
640009	1	640009150532	2015	165.2	0.47
	2	640009150525	2015	154.4	0.44

续表

场号	场内排名	牛号	出生年份	生产寿命 EBV/d	EBV 准确性
640009	3	640009150474	2020	152.0	0.47
	4	640009150529	2015	149.1	0.49
	5	640009150537	2015	148.0	0.44
	6	640009150652	2015	138.1	0.44
	7	640009150488	2020	137.2	0.47
	8	640009150545	2015	129.6	0.48
	9	640009150602	2015	125.5	0.46
	10	640009140260	2014	117.8	0.49
640035	1	640035138504	2013	365.2	0.49
	2	640035117965	2011	354.8	0.48
	3	640035128081	2012	342.5	0.48
	4	640035118002	2011	334.1	0.45
	5	640035117995	2011	333.0	0.47
	6	640035118018	2011	329.2	0.46
	7	640035128078	2012	327.5	0.46
	8	640035118030	2011	323.9	0.48
	9	640035118007	2011	322.1	0.48
	10	640035128283	2012	311.0	0.48
640166	1	640166120348	2012	350.1	0.45
	2	640166120619	2012	337.8	0.51
	3	640166130763	2013	336.9	0.53
	4	640166130807	2013	333.4	0.47
	5	640166120288	2012	330.3	0.47
	6	640166120554	2012	318.9	0.46
	7	640166120568	2012	315.7	0.47
	8	640166130771	2013	308.1	0.52
	9	640166130766	2013	306.2	0.52
	10	640166120597	2012	300.5	0.49

场号	场内排名	牛号	出生年份	生产寿命 EBV/d	EBV 准确性
640173	1	640173153687	2015	106.6	0.48
	2	640173164200	2016	105.1	0.50
	3	640173153718	2015	102.7	0.50
	4	640173153553	2015	89.6	0.46
	5	640173164182	2016	89.4	0.51
	6	640173164191	2016	77.1	0.52
	7	640173162127	2016	64.8	0.46
	8	640173152969	2015	64.1	0.43
	9	640173152939	2015	63.9	0.44
	10	640173153618	2015	61.9	0.44
640190	1	640190130893	2013	296.0	0.52
	2	640190141822	2014	265.3	0.50
	3	640190141254	2014	265.1	0.48
	4	640190141327	2014	255.8	0.52
	5	640190141331	2014	254.6	0.50
	6	640190141623	2014	253.7	0.51
	7	640190141263	2014	251.5	0.50
	8	640190141422	2014	245.1	0.49
	9	640190141617	2014	235.2	0.48
	10	640190141180	2014	235.1	0.50
640193	1	640193141844	2014	303.9	0.52
	2	640193142114	2014	251.4	0.48
	3	640193141367	2014	250.8	0.50
	4	640193141229	2014	246.1	0.48
	5	640193141674	2014	244.3	0.49
	6	640193141739	2014	244.1	0.48
	7	640193141391	2014	241.8	0.49
	8	640193141836	2014	241.5	0.48

续表

场号	场内排名	牛号	出生年份	生产寿命 EBV/d	EBV 准确性
640193	9	640193142124	2014	241.0	0.48
	10	640193141269	2014	240.7	0.48
640251	1	640251003874	2016	132.3	0.50
	2	640251010948	2012	123.9	0.37
	3	640251010211	2012	119.9	0.42
	4	640251013060	2011	118.9	0.42
	5	640251159124	2015	117.8	0.45
	6	640251015004	2012	116.0	0.35
	7	640251003919	2016	115.5	0.49
	8	640251013500	2011	114.0	0.40
	9	640251015485	2011	113.3	0.44
	10	640251003938	2016	112.4	0.50
640253	1	640253000146	2011	116.4	0.27
	2	640253003438	2011	112.0	0.27
	3	640253003714	2011	109.6	0.27
	4	640253000815	2011	109.1	0.30
	5	640253169675	2016	97.2	0.48
	6	640253004405	2011	93.9	0.27
	7	640253169718	2016	93.1	0.46
	8	640253169724	2016	92.5	0.46
	9	640253169697	2016	91.8	0.47
	10	640253169587	2016	90.7	0.46

6.3 CPI1$_{2020}$ 指数变化趋势及排名

6.3.1 种公牛后裔女儿分布情况

参与产奶性状和/或体型性状遗传评估的有表型记录的母牛共计 161 814 头，为 5 597 头种公牛的后裔。有表型记录的母牛中，30 443 头母牛有体型性状表型记录（2 364 头种公牛后裔），149 150 头母牛有产奶性状表型记录（4 859 头种公牛后裔）。宁夏种公牛有表型记录女儿的分布情况如表 6-3-1 所示。随着女儿数量增加，公牛头数有减少的趋势。

表 6-3-1　种公牛有表型记录女儿的分布情况

女儿数量分组	种公牛后裔头数/头	
	有产奶性状表型记录	有体型性状表型记录
1~10 头	3 662	1 877
11~20 头	361	197
21~30 头	159	90
31~50 头	206	92
51~100 头	207	69
101~300 头	218	36
301~500 头	30	3
501~1 000 头	16	0
1 000 头以上	0	0

6.3.2　种公牛及母牛 CPI1$_{2020}$ 指数年度变化

2010 年 1 月 1 日至 2018 年 12 月 31 日出生，有产奶性状及体型性状表型记录的 61 612 头母牛及其父亲（2007 年 1 月 1 日至 2017 年 12 月 31 日出生，共 158 头）的 CPI1$_{2020}$ 指数年度变化趋势见图6-3-1 和图6-3-2。

6.3.3　CPI1$_{2020}$ 指数排名前 500 名的母牛及各核心育种场排名前 10 名的母牛

同时具有 3 胎产奶性状和体型性状表型记录的 17 691 头母牛中，CPI1$_{2020}$ 指数排名前 500 名母牛的牛号、出生年份和指数值见附表 16，各核心育种场 CPI1$_{2020}$ 指数排名前 10 名母牛的牛号、出生年份和指数值见表 6-3-2。

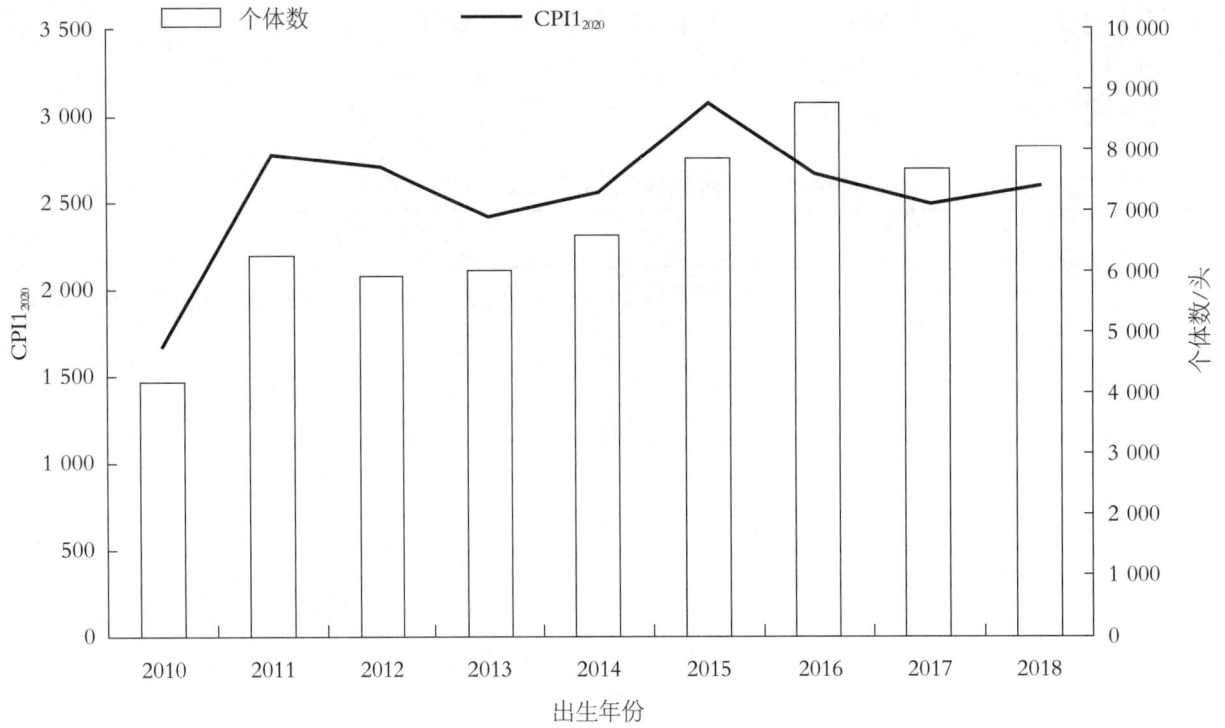

图 6-3-1　宁夏有表型母牛 $CPI1_{2020}$ 年度变化

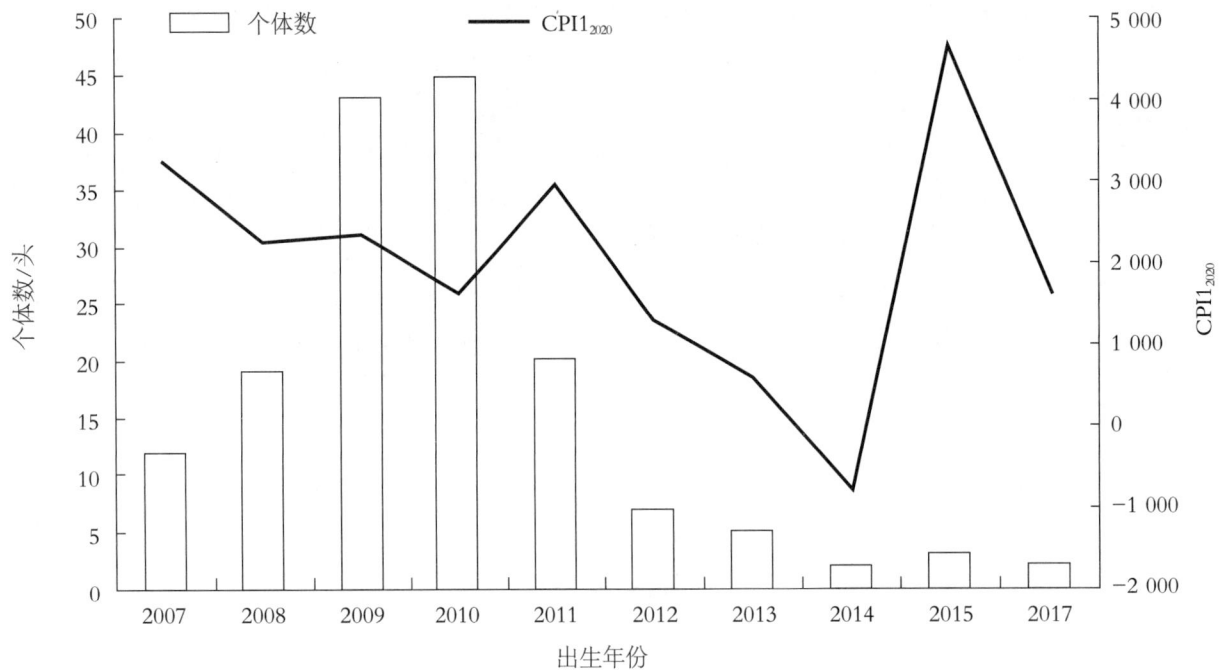

图 6-3-2　宁夏母牛群曾使用公牛 $CPI1_{2020}$ 年度变化

表 6-3-2　各核心育种场 CPI1$_{2020}$ 指数排名前 10 名的母牛

场号	排名	牛号	出生年份	CPI1$_{2020}$
640003	1	640003162234	2016	2 741.4
	2	640003121310	2012	2 721.7
	3	640003162427	2016	2 713.9
	4	640003120302	2012	2 708.1
	5	640003162404	2016	2 697.2
	6	640003131345	2013	2 692.5
	7	640003172492	2017	2 690.1
	8	640003121294	2012	2 689.8
	9	640003121284	2012	2 680.0
	10	640003111119	2011	2 675.7
640004	1	640004125988	2012	2 702.1
	2	640004126094	2012	2 675.5
	3	640004177351	2017	2 668.5
	4	640004136275	2013	2 668.3
	5	640004115946	2011	2 667.1
	6	640004146461	2014	2 666.6
	7	640004095534	2009	2 663.0
	8	640004156810	2015	2 660.4
	8	640004177347	2017	2 660.4
	10	640004177325	2017	2 660.2
640005	1	640005134196	2013	2 701.1
	2	640005103598	2010	2 700.6
	3	640005123952	2012	2 698.8
	4	640005124024	2012	2 696.9
	5	640005124022	2012	2 679.3
	6	640005103629	2010	2 674.7
	6	640005117970	2011	2 674.7
	8	640005093431	2009	2 667.1

续表

场号	排名	牛号	出生年份	CPI1$_{2020}$
640005	9	640005166981	2016	2 665.5
	10	640005113832	2011	2 665.1
640009	1	640009120168	2012	2 695.5
	2	640009110049	2011	2 693.1
	3	640009090040	2009	2 688.5
	4	640009110066	2011	2 686.0
	4	640009110050	2011	2 686.0
	6	640009110070	2011	2 684.4
	7	640009090080	2009	2 682.0
	8	640009140308	2014	2 681.9
	9	640009090048	2009	2 678.0
	10	640009090052	2009	2 677.4
640035	1	640035107702	2014	2 711.7
	2	640035148768	2014	2 699.1
	3	640035160198	2016	2 690.5
	4	640035107685	2010	2 673.8
	4	640035170689	2017	2 673.8
	6	640035141157	2014	2 671.9
	7	640035118007	2011	2 664.9
	8	640035148796	2014	2 662.0
	9	640035138502	2013	2 659.0
	10	640035128077	2012	2 656.2
640166	1	640166120671	2012	2 716.5
	2	640166120638	2012	2 697.3
	3	640166172505	2017	2 694.3
	4	640166120525	2012	2 685.0
	5	640166162131	2016	2 681.7
	6	640166172565	2017	2 678.9

场号	排名	牛号	出生年份	CPI1$_{2020}$
640166	7	640166120644	2012	2 678.4
	8	640166120654	2012	2 677.1
	9	640166109742	2010	2 670.6
	10	640166161836	2015	2 668.7
640007	1	640007100895	2010	2 658.5
	2	640007090665	2009	2 651.0
	3	640007110037	2011	2 650.8
	4	640007100837	2010	2 640.1
	5	640007110043	2011	2 633.3
	6	640007080523	2008	2 625.5
	7	640007100871	2010	2 619.8
	8	640007100847	2010	2 614.3
	9	640007090993	2009	2 609.4
	10	640007090609	2009	2 603.7
640190	1	640190175799	2017	2 719.7
	2	640190155644	2015	2 716.9
	3	640190160409	2016	2 709.0
	4	640190261023	2016	2 701.8
	5	640190130838	2013	2 700.2
	6	640190156262	2015	2 694.9
	7	640190155922	2015	2 694.7
	8	640190182341	2018	2 693.8
	9	640190162443	2016	2 692.6
	10	640190155646	2015	2 692.3

6.3.4 CPI1$_{2020}$指数排名前 300 名和前 1 000 名母牛在各场的分布

同时具有产奶性状和体型性状育种值的 17 691 头有表型记录的母牛中，CPI1$_{2020}$指数排名前 300 名及前 1 000 名的母牛来源场见图 6-3-3 和图 6-3-4。优秀母牛中，640193 号牧场和 640190 号牧场占比最大。

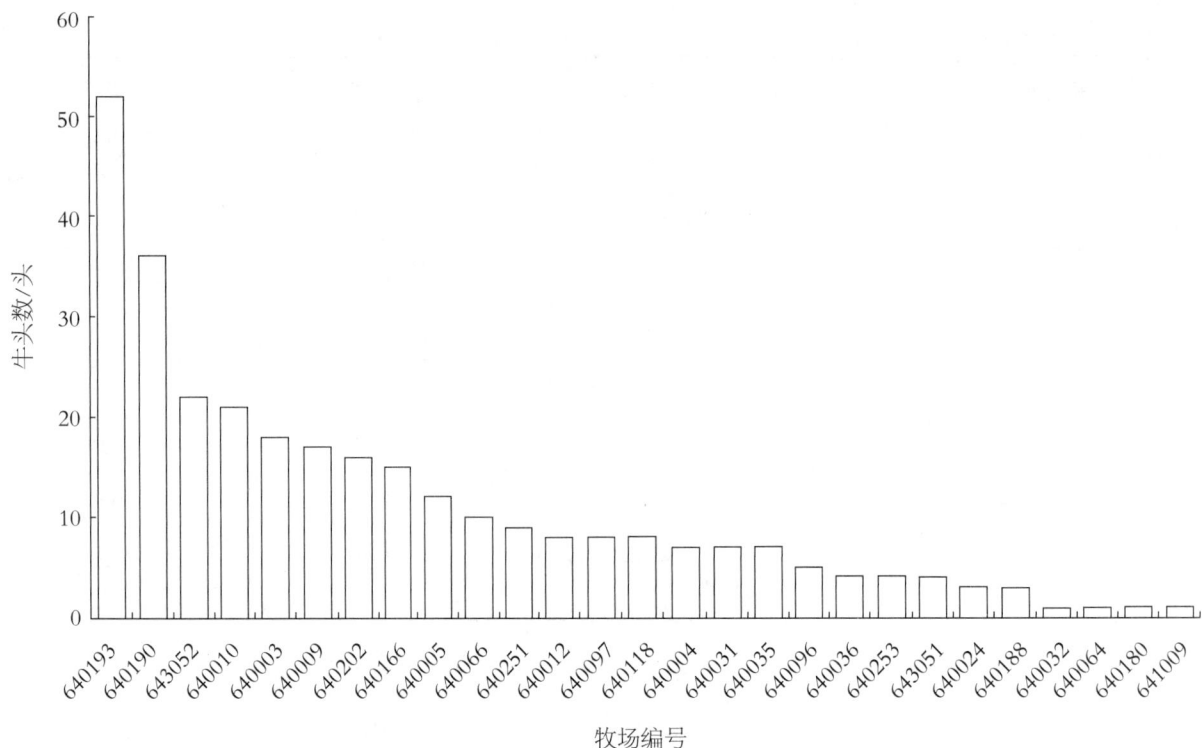

图 6-3-3 宁夏 CPI1$_{2020}$ 指数排名前 300 名母牛来源场分布

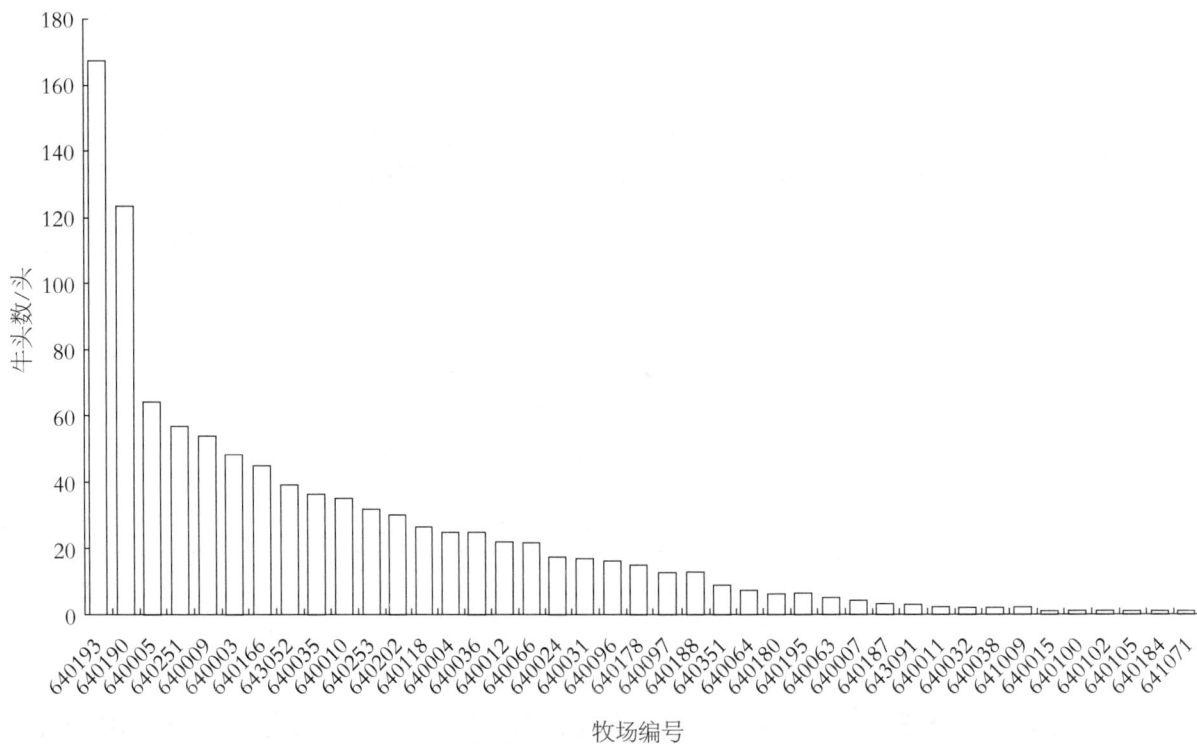

图 6-3-4 宁夏 CPI1$_{2020}$ 指数排名前 1 000 名母牛来源场分布

6.4　各性状遗传进展趋势

6.4.1　母牛产奶性状

宁夏荷斯坦牛产奶性状估计育种值年度变化趋势见图 6-4-1 至图 6-4-6。产奶性状育种值来源于有表型记录、出生于 2010 年 1 月 1 日至 2018 年 12 月 31 日的 20 136 头母牛（产奶母牛 21 708 头）。

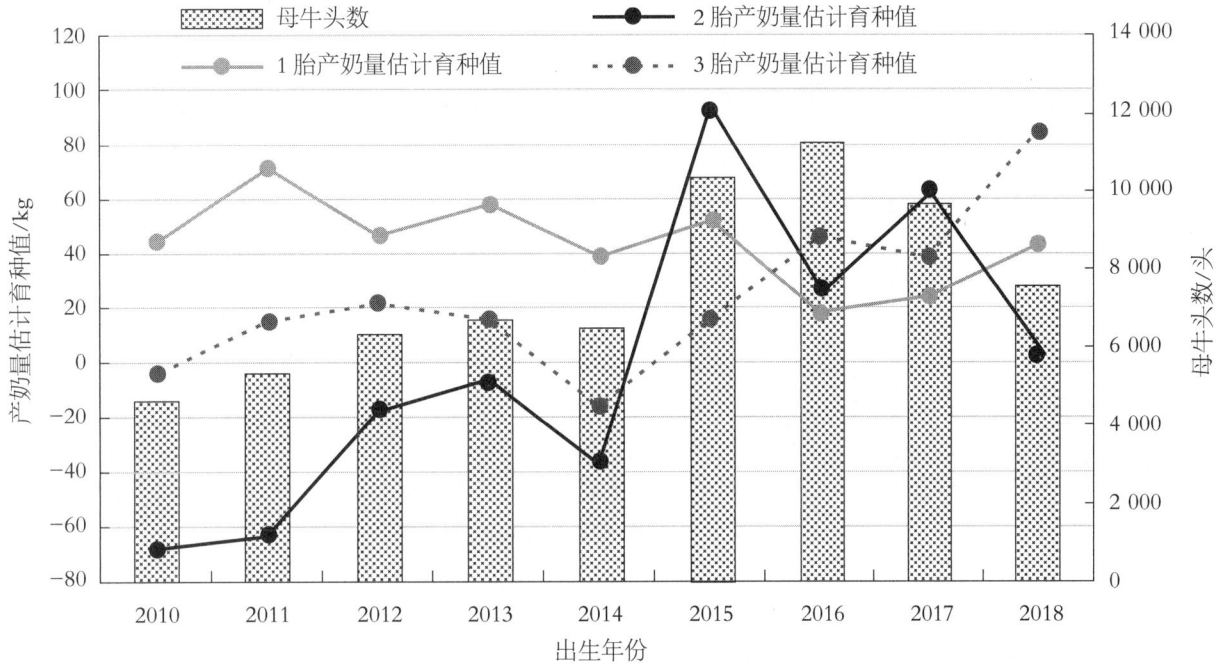

图 6-4-1　宁夏母牛产奶量估计育种值年度变化

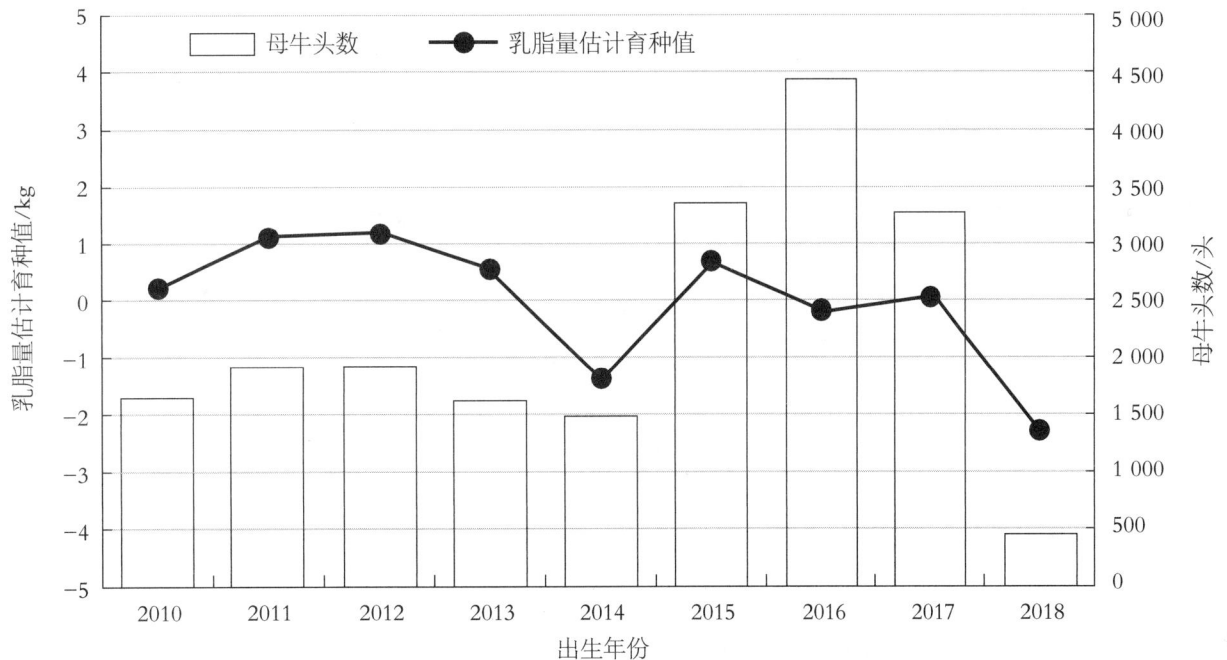

图 6-4-2　宁夏母牛乳脂量估计育种值年度变化

图 6-4-3　宁夏母牛乳脂率估计育种值年度变化

图 6-4-4　宁夏母牛乳蛋白量估计育种值年度变化

图 6-4-5　宁夏母牛乳蛋白率估计育种值年度变化

图 6-4-6　宁夏母牛体细胞评分估计育种值年度变化

6.4.2 产奶性状估计育种值排名前 10 名种公牛

女儿数大于 20 头且各性状估计育种值排名前 10 名的种公牛信息见表 6-4-1 至表 6-4-4。

表 6-4-1 产奶量 EBV 排名前 10 名的种公牛（女儿数大于 20 头）信息

排名	公牛注册号	产奶量 EBV/kg	出生年份
1	HO840M3010353210	505.97	2014
2	HOUSAM71703339	451.13	2014
3	HOUSAM69017605	428.79	2009
4	HO840M3128557668	404.95	2015
5	HOCANM7611374	379.05	2006
6	HOUSAM69981350	357.39	2013
7	HOCANM7207959	340.95	1999
8	HOUSAM68977120	340.23	2013
9	HO840M3129037786	333.40	2015
10	HOUSAM70135881	314.88	2008

表 6-4-2 乳脂量 EBV 排名前 10 名的种公牛（女儿数大于 20 头）信息

排名	公牛注册号	乳脂量 EBV/kg	出生年份
1	HOCANM7611374	16.02	2006
2	HO840M3010353210	15.76	2014
3	HOUSAM68977120	14.35	2013
4	HOUSAM63031811	13.58	2008
5	HOUSAM69791634	11.84	2012
6	HOUSAM70541411	11.73	2011
7	HOUSAM69017605	11.55	2009
8	HOUSAM136525132	11.25	2004
9	HOCANM101432000	11.15	2003
10	HOUSAM71703339	10.94	2014

表 6-4-3　乳蛋白量 EBV 排名前 10 名的种公牛（女儿数大于 20 头）信息

排名	公牛注册号	乳蛋白量 EBV/kg	出生年份
1	HOUSAM68977120	16.52	2013
2	HOUSAM63031811	15.76	2008
3	HOCANM7611374	15.06	2006
4	HOCHNM31104493	12.35	2004
5	HOUSAM61196049	11.05	2003
6	HOCANM101432000	10.66	2003
7	HOGBRM598172	10.27	1999
8	HOVNMM150210	9.75	2017
9	HONZLM106778	9.67	2005
10	HOAUSM1383442	9.14	2005

表 6-4-4　体细胞评分 EBV 排名前 10 名的种公牛（女儿数大于 20 头）信息

排名	公牛注册号	体细胞评分 EBV/分	出生年份
1	HOCHNM64788382	−0.10	2007
2	HOCHNM31115400	−0.08	2002
3	HOCHNM64108227	−0.06	2013
3	HOUSAM62617936	−0.06	1990
3	HOCHNM15503889	−0.06	2014
6	HOCHNM11102922	−0.05	2015
7	HOUSAM68698052	−0.04	2015
7	HOCHNM3006972776	−0.04	2015
7	HOCHNM13309038	−0.04	2013
10	HOFR4403782130	−0.03	2009

6.4.3　母牛体型性状

宁夏荷斯坦母牛的体型总分和部位分估计育种值年度变化趋势见图 6-4-7 至图 6-4-12。

图 6-4-7　宁夏母牛体型总分估计育种值年度变化

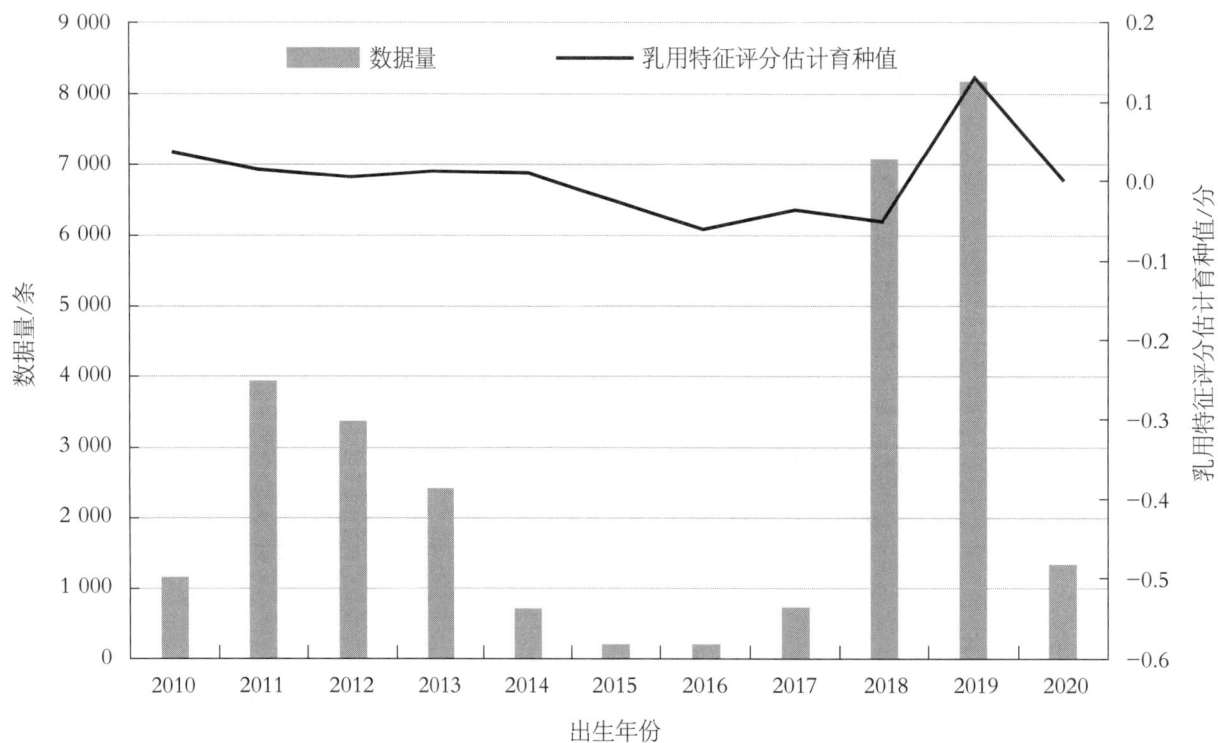

图 6-4-8　宁夏母牛乳用特征评分估计育种值年度变化

图 6-4-9 宁夏母牛体躯容量评分估计育种值年度变化

图 6-4-10 宁夏母牛泌乳系统评分估计育种值年度变化

图 6-4-11　宁夏母牛尻部评分估计育种值年度变化

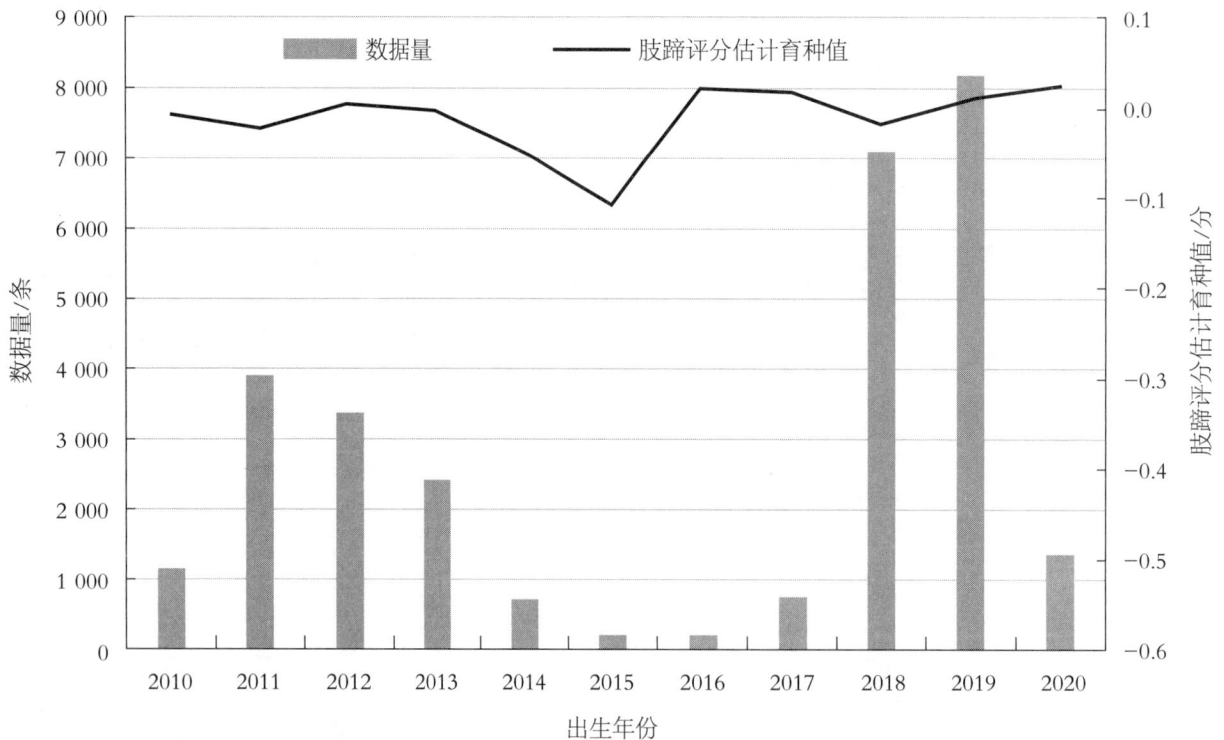

图 6-4-12　宁夏母牛肢蹄评分估计育种值年度变化

6.4.4　体型总分估计育种值排名前 10 名种公牛

女儿数大于 20 头且体型总分估计育种值排名前 10 名的种公牛信息见表 6-4-5。

表 6-4-5　体型总分 EBV 排名前 10 名的种公牛（女儿数大于 20 头）信息

排名	公牛注册号	体型总分 EBV/分	出生年份
1	HO840M3131107137	0.58	2015
2	HOCHNM11114602	0.56	2014
3	HOCANM101432000	0.55	2003
4	HOAUSM930377	0.54	1998
4	HOUSAM3006988872	0.54	2010
6	HOUSAM136525132	0.53	2004
7	HOCANM5457798	0.51	1991
7	HOAUSM1352464	0.51	2005
9	HODEUM580675108	0.50	2006
10	HOCANM10705608	0.49	2000

6.4.5　母牛繁殖性状

宁夏荷斯坦牛母牛繁殖性状估计育种值年度变化趋势见图 6-4-13 至图 6-4-17。青年牛繁殖性状估计育种值来源于有表型记录、出生于 2011 年 1 月 1 日至 2020 年 12 月 31 日的 68 044 头母牛，经产牛繁殖性状估计育种值来源于有表型记录、出生于 2011 年 1 月 1 日至 2020 年 12 月 31 日的 57 737 头母牛。

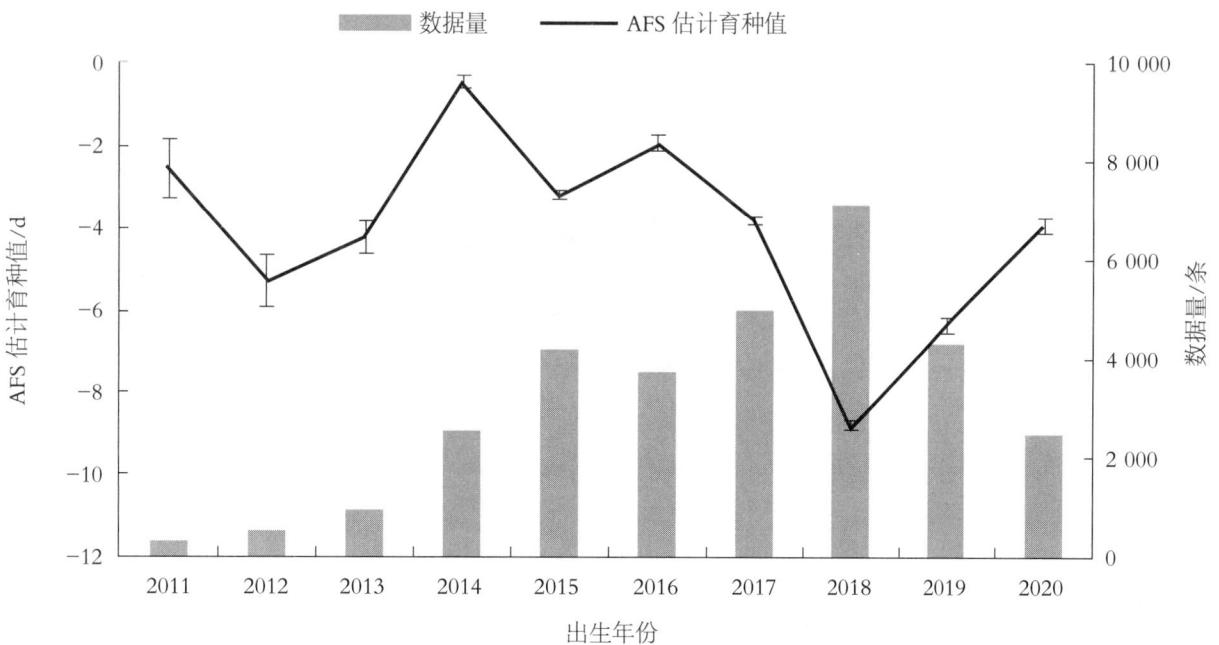

图 6-4-13　宁夏核心育种场 2011—2020 年出生母牛首次配种日龄（AFS）估计育种值年度变化

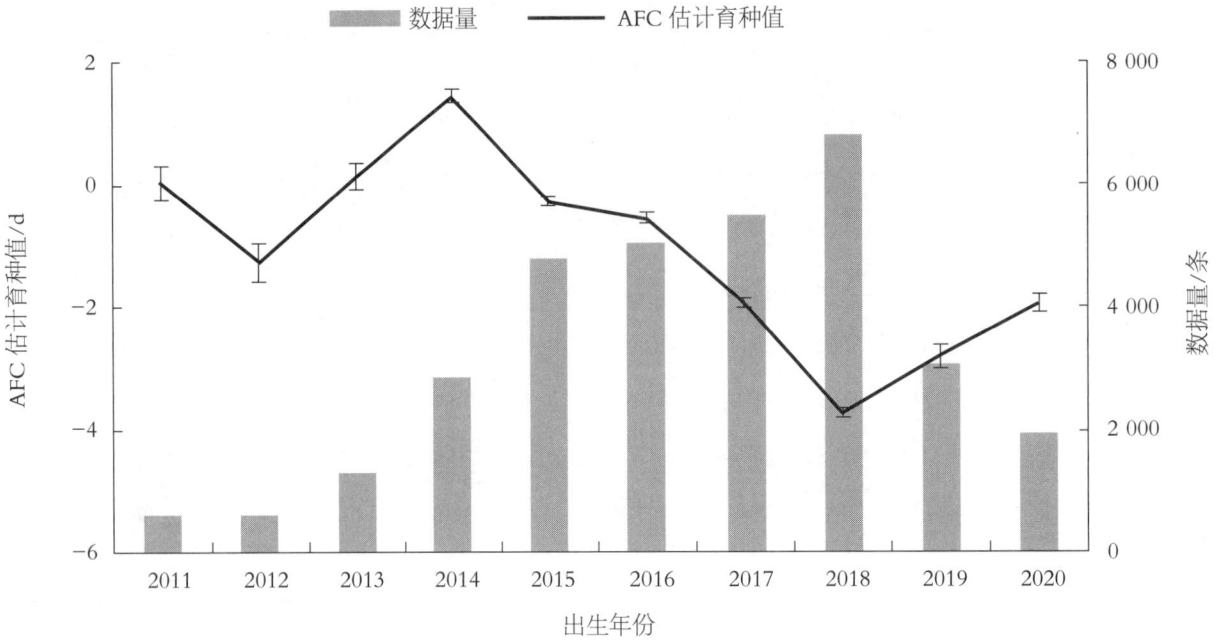

图 6-4-14 宁夏核心育种场 2011—2020 年出生母牛首次产犊日龄（AFC）估计育种值年度变化

图 6-4-15 宁夏核心育种场 2011—2020 年出生青年牛首末次配种间隔（IFL_H）估计育种值年度变化

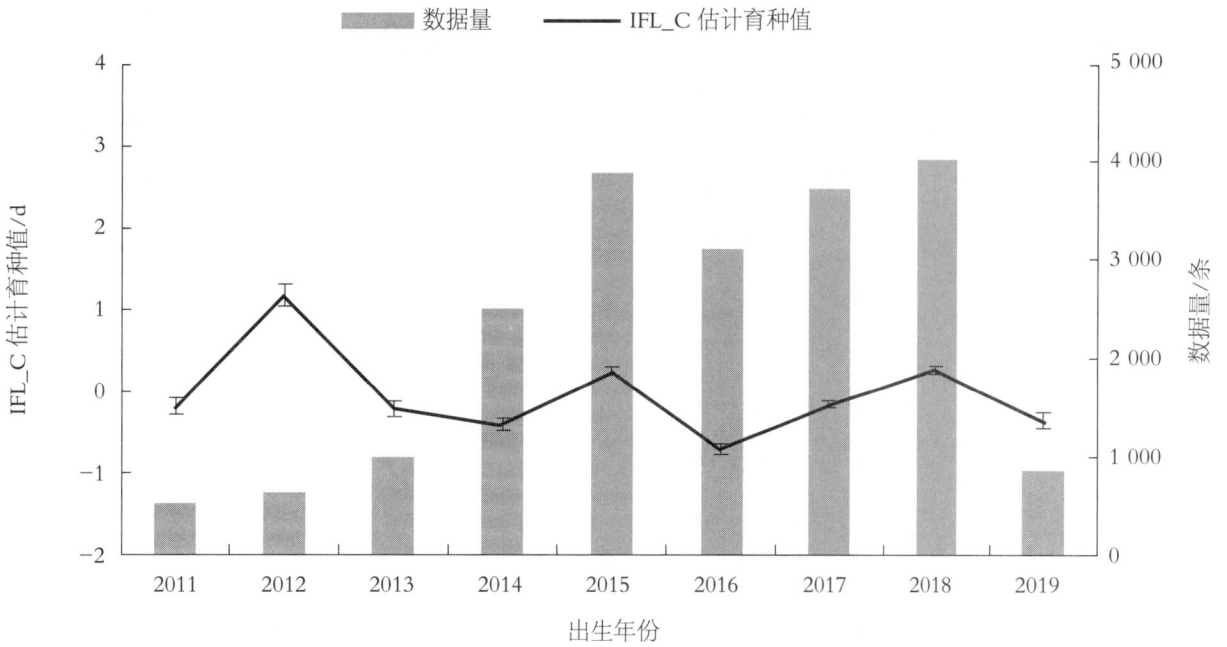

图 6-4-16　宁夏核心育种场 2011—2019 年出生经产牛首末次配种间隔（IFL_C）估计育种值年度变化

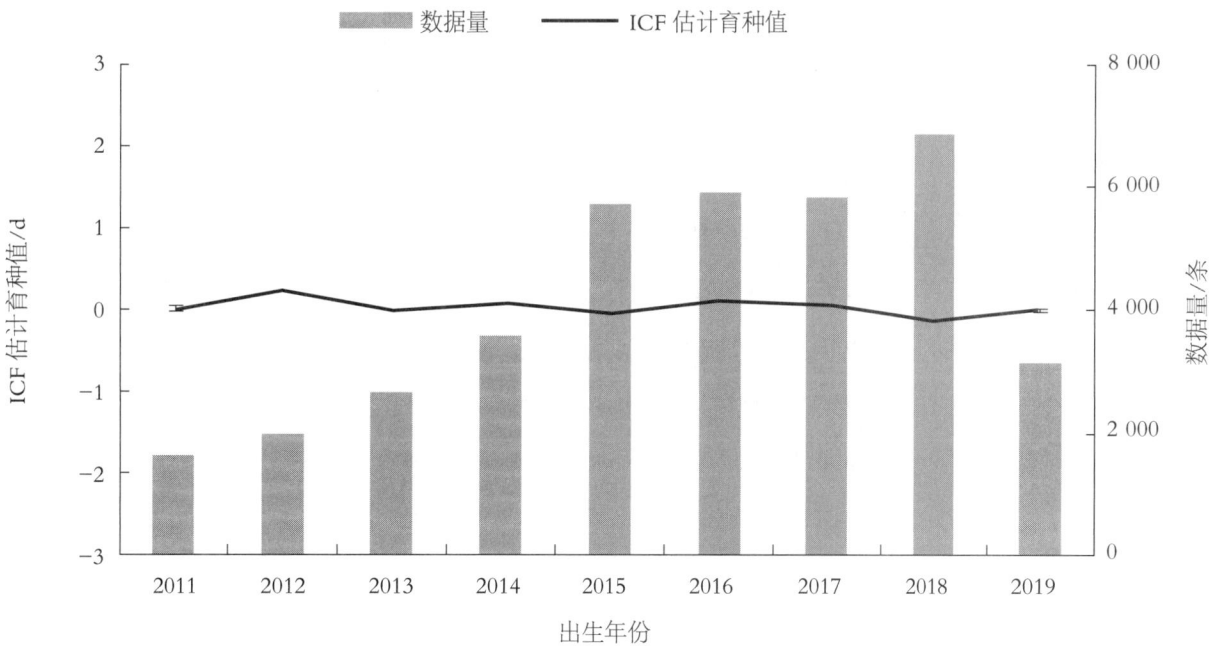

图 6-4-17　宁夏核心育种场 2011—2019 年出生母牛产犊至首次配种间隔（ICF）估计育种值年度变化

6.4.6　繁殖性状估计育种值排名前 10 名种公牛

女儿数大于 20 头且各繁殖性状估计育种值排名前 10 名的种公牛信息见表 6-4-6 至表 6-4-10。

表 6-4-6　首次配种日龄 EBV 排名前 10 名的种公牛（女儿数大于 20 头）信息

排名	公牛注册号	首次配种日龄 EBV/d	出生年份
1	HOCANM11104016	−27.5	2012
2	HOUSAM70626023	−20.3	2014
3	HOUSAM66451345	−18.7	2011
4	HO840M3128461509	−15.3	2017
5	HO840M3132350030	−12.2	2016
6	HO840M3008897582	−11.4	2016
7	HO840M3008328673	−7.9	2015
8	HOUSAM3010660326	−7.4	2012
9	HO840M3128463273	−7.3	2017
10	HOCANM104854291	−6.9	2015

表 6-4-7　首次产犊日龄 EBV 排名前 10 名的种公牛（女儿数大于 20 头）信息

排名	公牛注册号	首次产犊日龄 EBV/d	出生年份
1	HOCANM11104016	−13.3	2012
2	HOCANM104854291	−11.2	2015
3	HOUSAM66451345	−10.7	2011
4	HONZLM108237	−7.2	2007
5	HO840M3128461509	−6.0	2017
6	HONZLM103505	−3.0	2007
7	HO840M3132350030	−0.3	2016
8	HOUSAM69169951	0.1	2014
9	HOUSAM70626023	0.3	2014
10	HOUSAM3006988872	1.6	2010

表 6-4-8 青年牛首末次配种间隔 EBV 排名前 10 名的种公牛（女儿数大于 20 头）信息

排名	公牛注册号	青年牛首末次配种间隔 EBV/d	出生年份
1	HOAUSM1620990	−12.5	2010
2	HOAUSM859718	−9.3	1996
3	HOAUSM1377914	−9.1	2005
4	HOCANM104854291	−8.7	2015
5	HOAUSM1383442	−6.4	2005
6	HONZLM108237	−6.0	2007
7	HOGBRM598172	−5.8	1999
8	HOAUSM1352464	−4.8	2005
8	HOAUSM1549182	−4.8	2008
10	HO840M3008897582	−4.7	2016

表 6-4-9 经产牛首末次配种间隔 EBV 排名前 10 名的种公牛（女儿数大于 20 头）信息

排名	公牛注册号	经产牛首末次配种间隔 EBV/d	出生年份
1	HOUSAM66451345	−7.4	2011
2	HOGBRM598172	−5.5	1999
3	HONZLM104015	−5.3	2010
4	HONZLM103180	−4.7	2002
5	HO840M3008328673	−4.5	2015
6	HOAUSM1352464	−3.5	2005
7	HOAUSM859718	−1.5	1996
8	HOUSAM132135971	−1.4	2008
9	HOUSAM3006988872	−1.0	2010
10	HONZLM108237	−0.8	2007

表 6-4-10　产犊至首次配种间隔 EBV 排名前 10 名的种公牛（女儿数大于 20 头）信息

排名	公牛注册号	产犊至首次配种间隔 EBV/d	出生年份
1	HOUSAM66451345	−2.5	2011
2	HOCANM11104016	−2.3	2012
2	HOUSAM132135971	−2.3	2008
4	HOAUSM1383442	−1.6	2005
5	HONZLM108237	−1.3	2007
6	HOAUSM1243343	−1.0	2003
7	HOUSAM138090025	−0.9	2006
7	HOAUSM1317385	−0.9	2004
7	HOAUSM1140730	−0.9	2001
10	HO840M3132350030	−0.8	2016

6.4.7　母牛产犊性状

　　宁夏荷斯坦牛母牛产犊性状估计育种值年度变化趋势见图 6-4-18 至图 6-4-21。青年牛产犊性状估计育种值来源于有表型记录、出生于 2011 年 1 月 1 日至 2020 年 12 月 31 日的 58 908 头母牛，经产牛产犊性状估计育种值来源于有表型记录、出生于 2011 年 1 月 1 日至 2019 年 12 月 31 日的 43 084 头母牛。

图 6-4-18　宁夏核心育种场 2011—2020 年出生青年牛产犊难易性（CE_H）估计育种值年度变化

图 6-4-19 宁夏核心育种场 2011—2019 年出生经产牛产犊难易性（CE_C）估计育种值年度变化

图 6-4-20 宁夏核心育种场 2011—2020 年出生青年牛死产率（SB_H）估计育种值年度变化

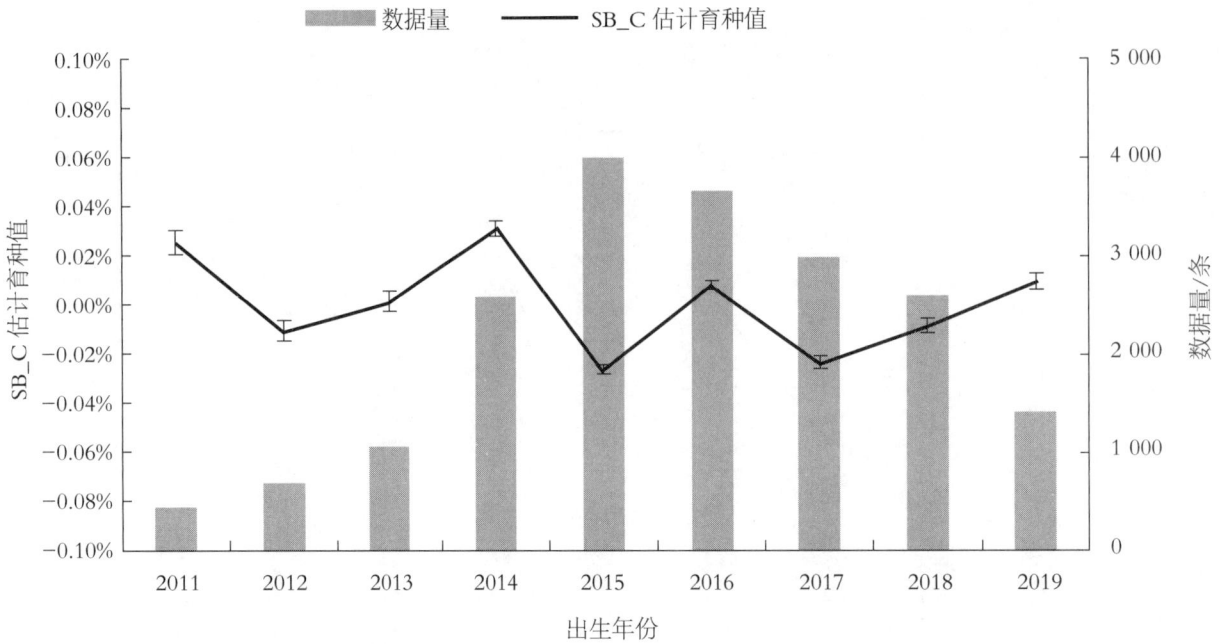

图 6-4-21 宁夏核心育种场 2011-2019 年出生经产牛死产率（SB_C）估计育种值年度变化

6.4.8 产犊性状估计育种值排名前 10 名种公牛

女儿数大于 20 头且各产犊性状估计育种值排名前 10 名的种公牛信息见表 6-4-11 至表 6-4-14。

表 6-4-11 青年牛产犊难易性 EBV 排名前 10 名的种公牛（女儿数大于 20 头）信息

排名	公牛注册号	青年牛产犊难易性 EBV	出生年份
1	HO840M3129037786	−0.066 4	2015
2	HOUSAM60597003	−0.029 7	2003
3	HOAUSM1377914	−0.025 4	2005
4	HOAUSM1142619	−0.021 3	2001
5	HO840M3128463273	−0.017 8	2017
6	HOUSAM3006988872	−0.017 5	2010
7	HOAUSM1422003	−0.017 2	2006
8	HOGBRM598172	−0.013 1	1999
9	HO840M3132350030	−0.012 4	2016
10	HOAUSM1620990	−0.012 3	2010

表 6-4-12　经产牛产犊难易性 EBV 排名前 10 名的种公牛（女儿数大于 20 头）信息

排名	公牛注册号	经产牛产犊难易性 EBV	出生年份
1	HOGBRM598172	−0.066 8	1999
2	HOUSAM137633111	−0.047 4	2006
3	HOAUSM1317385	−0.034 2	2004
4	HOAUSM1352464	−0.030 5	2005
5	HOUSAM132135971	−0.026 5	2008
6	HONZLM113938	−0.025 0	2009
7	HOUSAM3006988872	−0.022 2	2010
8	HOAUSM859718	−0.021 7	1996
9	HOUSAM129800008	−0.010 9	2007
10	HOCANM104854291	−0.008 2	2015

表 6-4-13　青年牛死产率 EBV 排名前 10 名的种公牛（女儿数大于 20 头）信息

排名	公牛注册号	青年牛死产率 EBV	出生年份
1	HO840M3128463273	−0.016 4	2017
1	HOAUSM1317385	−0.016 4	2004
3	HOUSAM132135971	−0.016 1	2008
4	HONZLM104015	−0.013 3	2010
5	HO840M3129037786	−0.011 5	2015
5	HONZLM108237	−0.011 5	2007
7	HOAUSM1140730	−0.006 5	2001
7	HOAUSM1422003	−0.006 5	2006
9	HOUSAM70626023	−0.004 4	2014
10	HOCANM104854291	−0.004 1	2015

表 6-4-14　经产牛死产率 EBV 排名前 10 名的种公牛（女儿数大于 20 头）信息

排名	公牛注册号	经产牛死产率 EBV	出生年份
1	HOCANM11104016	−0.004 5	2012
2	HOUSAM129800008	−0.000 9	2007
3	HOUSAM66451345	−0.000 3	2011
4	HONZLM103505	0.000 1	2007
5	HOUSAM132135971	0.000 3	2008
6	HONZLM108237	0.000 4	2007
7	HOUSAM69169951	0.000 5	2014
8	HO840M3008897582	0.000 7	2016
9	HO840M3008328673	0.000 8	2015
10	HOCANM104854291	0.000 9	2015

6.4.9　母牛长寿性状

宁夏荷斯坦牛母牛生产寿命估计育种值年度变化趋势见图 6-4-22。生产寿命估计育种值来源于有表型记录、出生于 2010 年 1 月 1 日至 2019 年 12 月 31 日的 24 295 头母牛。

图 6-4-22　宁夏核心育种场 2010—2019 年出生母牛生产寿命估计育种值年度变化

6.4.10 长寿性状估计育种值排名前 10 名种公牛

女儿数大于 20 头且生产寿命性状估计育种值排名前 10 名的种公牛信息见表 6-4-15。

表 6-4-15 生产寿命性状 EBV 排名前 10 名的种公牛（女儿数大于 20 头）信息

排名	公牛注册号	生产寿命 EBV/d	EBV 准确性	出生年份
1	HOUSA132135971	537.94	0.75	2001
2	HOUSAM62294281	479.61	0.80	2005
3	HOUSAM62037518	454.93	0.87	2005
4	HOUSAM134625573	374.49	0.79	2003
5	HOUSAM131606786	361.09	0.75	2001
6	HOUSAM51557959	241.16	0.66	2001
7	HOUSAM137375664	234.47	0.76	2006
8	HOUSAM62030790	204.01	0.87	2004
9	HOUSAM62175932	184.73	0.72	2005
10	HOCANM101158614	183.23	0.63	2003

6.5 核心育种场管理性状遗传变异度变化趋势

各核心育种场 2011 年 1 月 1 日至 2020 年 12 月 31 日出生的母牛中，繁殖性状、产犊性状和长寿性状估计育种值排名前 25% 及排名后 25% 的母牛遗传水平随出生年份变化的趋势见图 6-5-1 至图 6-5-10。遗传水平较高的青年牛与遗传水平较低的青年牛相比，首次配种日龄相差 17~35 d，首次产犊日龄相差 11~24 d，青年牛首末次配种间隔相差 9~13 d，经产牛首末次配种间隔相差 7~9 d，产犊至首次配种间隔相差 1~3 d，生产寿命相差 78~203 d。

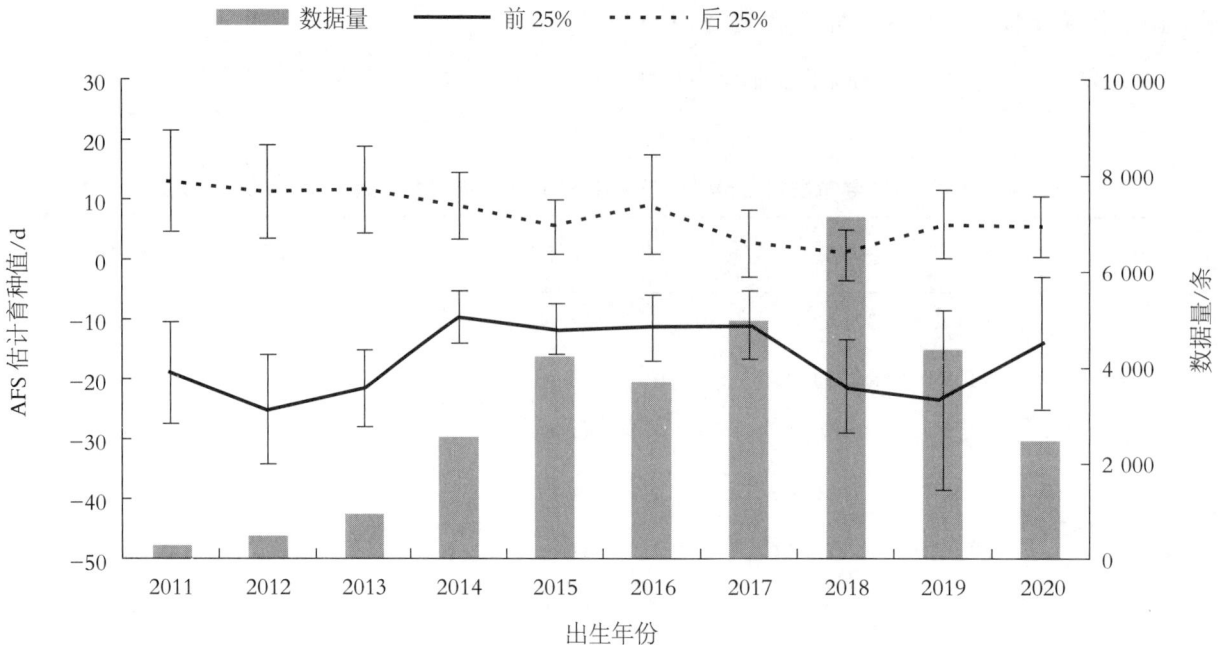

图 6-5-1 宁夏核心育种场 2011—2020 年出生的母牛首次配种日龄（AFS）估计育种值年度变化

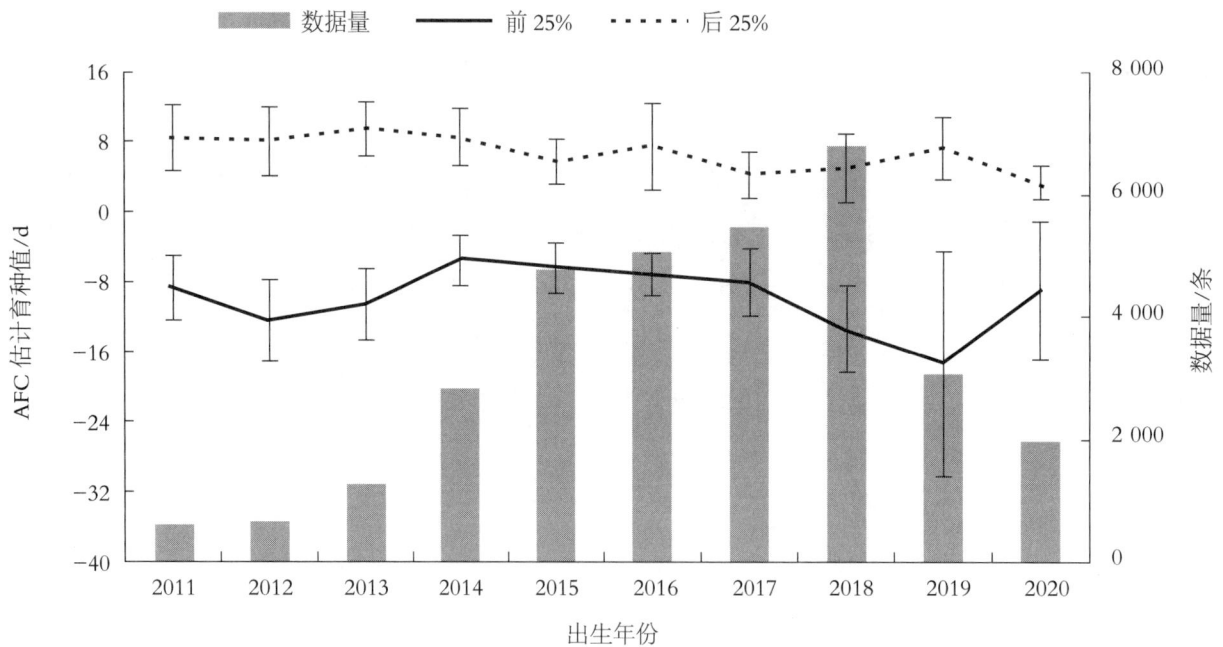

图 6-5-2 宁夏核心育种场 2011—2020 年出生的母牛首次产犊日龄（AFC）估计育种值年度变化

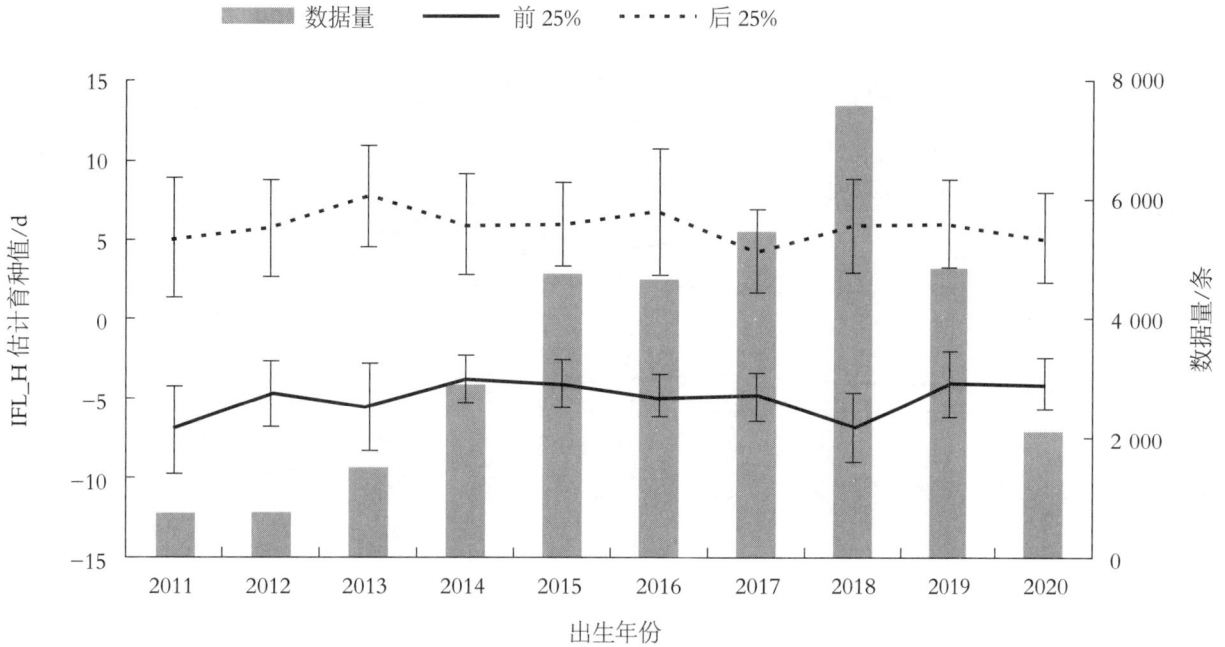

图 6-5-3　宁夏核心育种场 2011—2020 年出生的青年牛首末次配种间隔（IFL_H）估计育种值年度变化

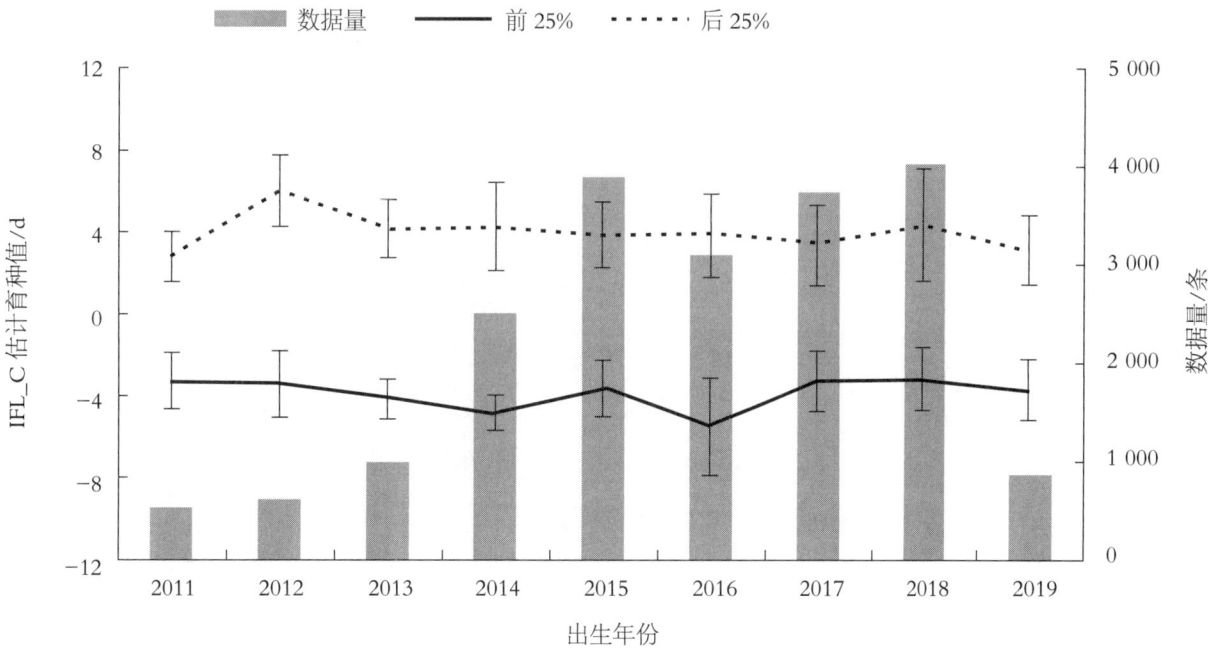

图 6-5-4　宁夏核心育种场 2011—2019 年出生的经产牛首末次配种间隔（IFL_C）估计育种值年度变化

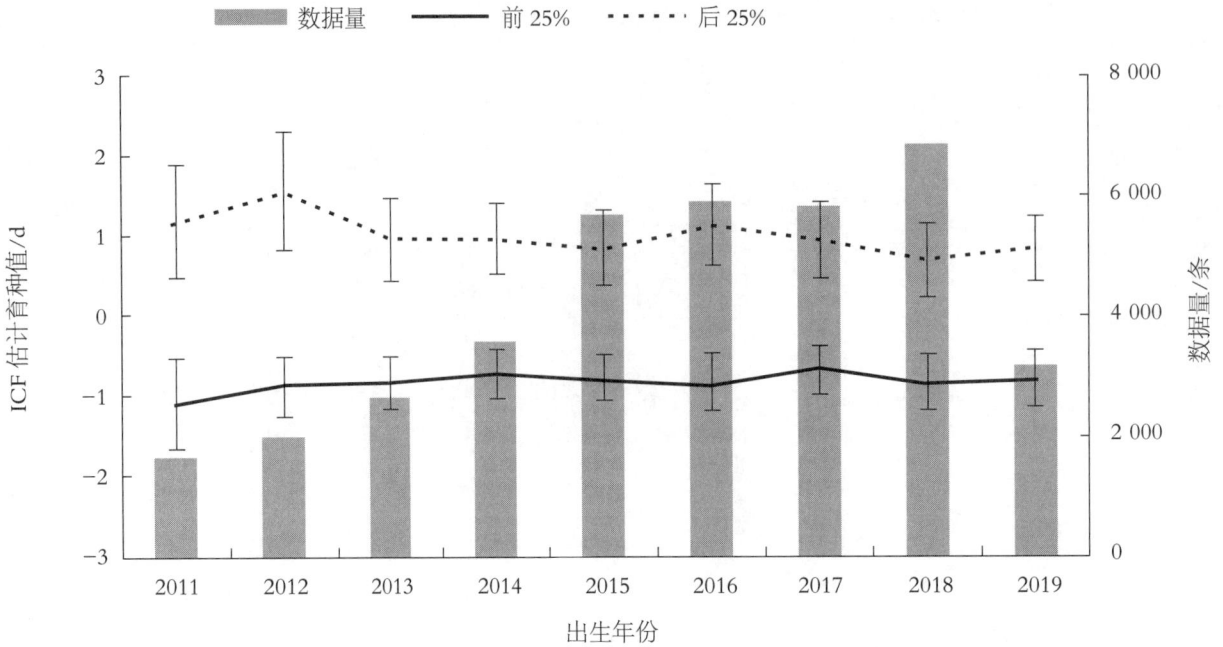

图 6-5-5　宁夏核心育种场 2011—2019 年出生的母牛产犊至首次配种间隔（ICF）估计育种值年度变化

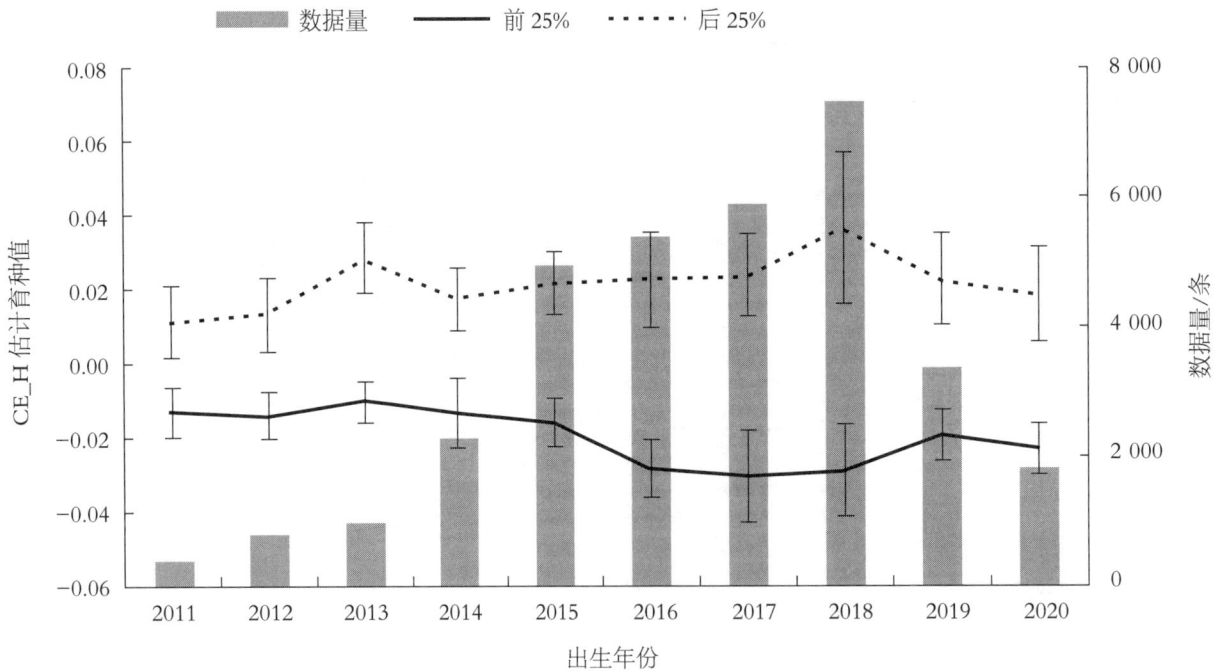

图 6-5-6　宁夏核心育种场 2011—2020 年出生的青年牛产犊难易性（CE_H）估计育种值年度变化

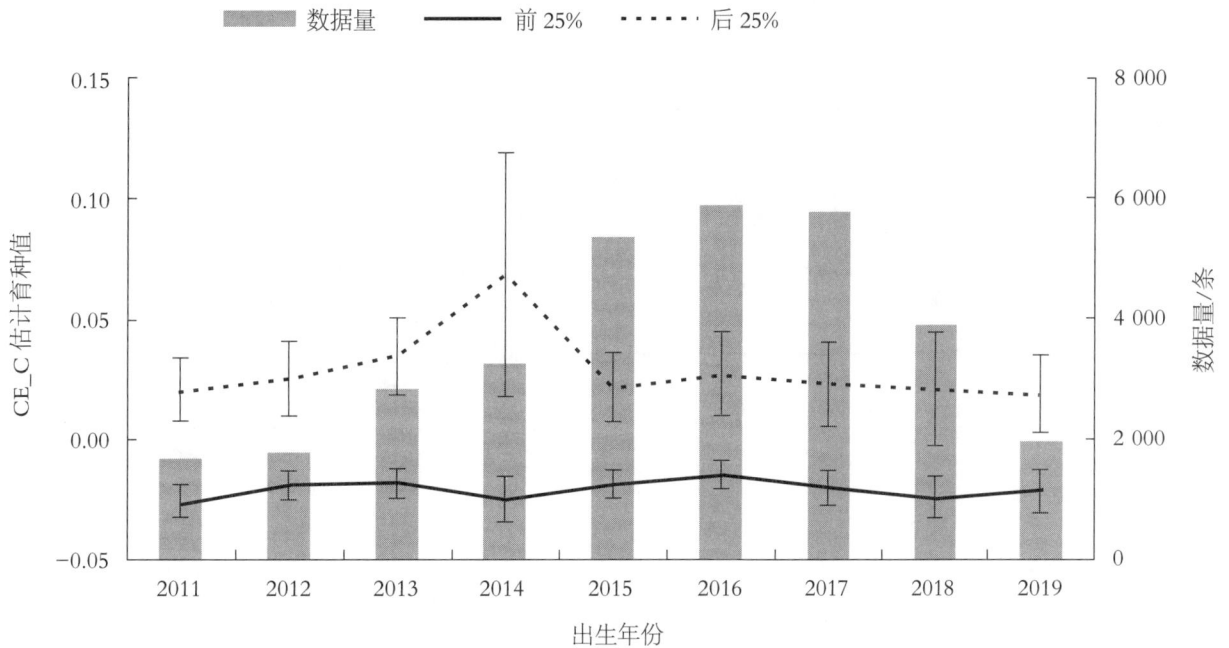

图 6-5-7　宁夏核心育种场 2011—2019 年出生的经产牛产犊难易性（CE_C）估计育种值年度变化

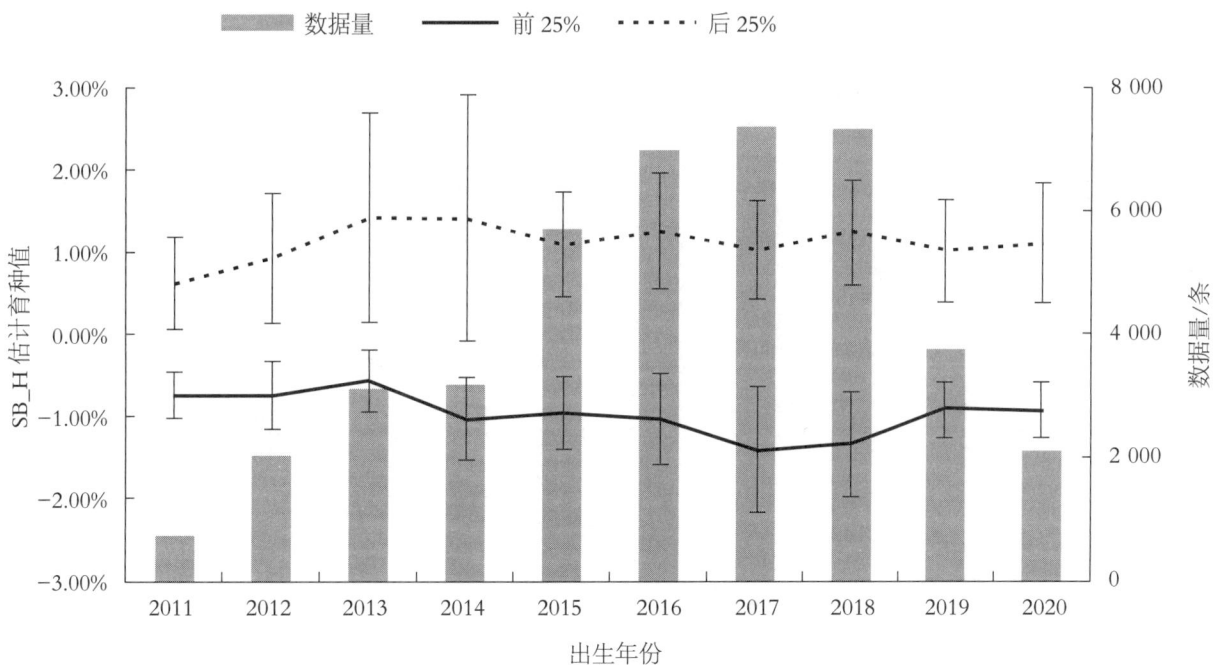

图 6-5-8　宁夏核心育种场 2011—2020 年出生的青年牛死产率（SB_H）估计育种值年度变化

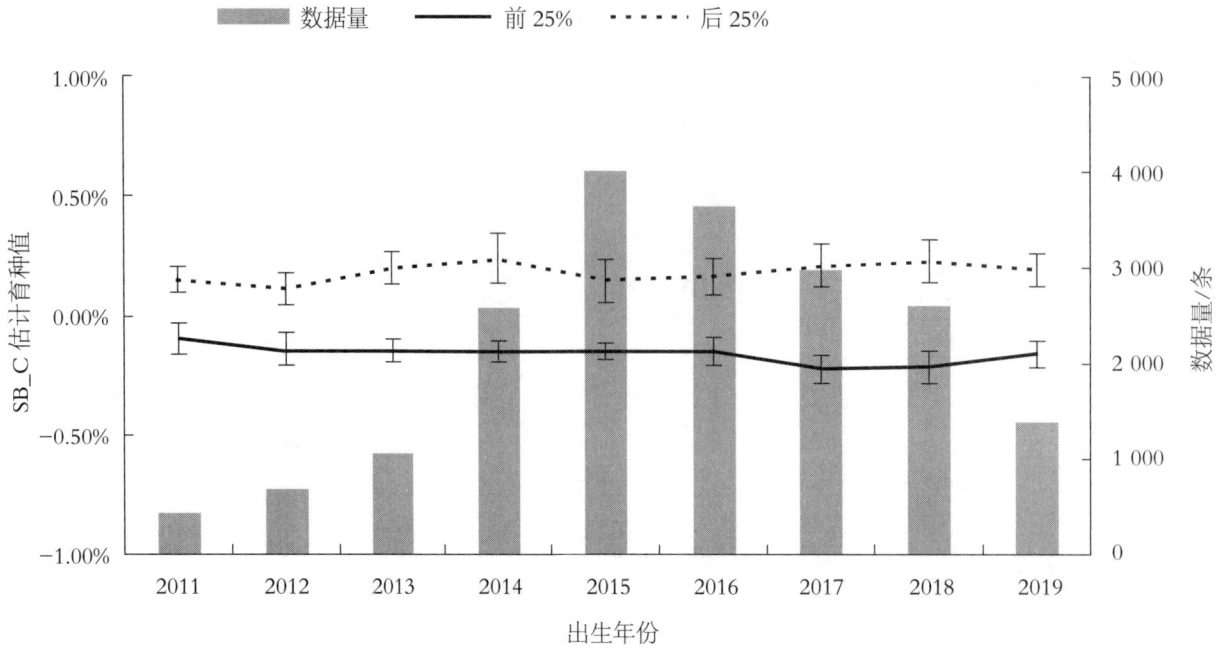

图 6-5-9　宁夏核心育种场 2011—2019 年出生的经产牛死产率（SB_C）估计育种值年度变化

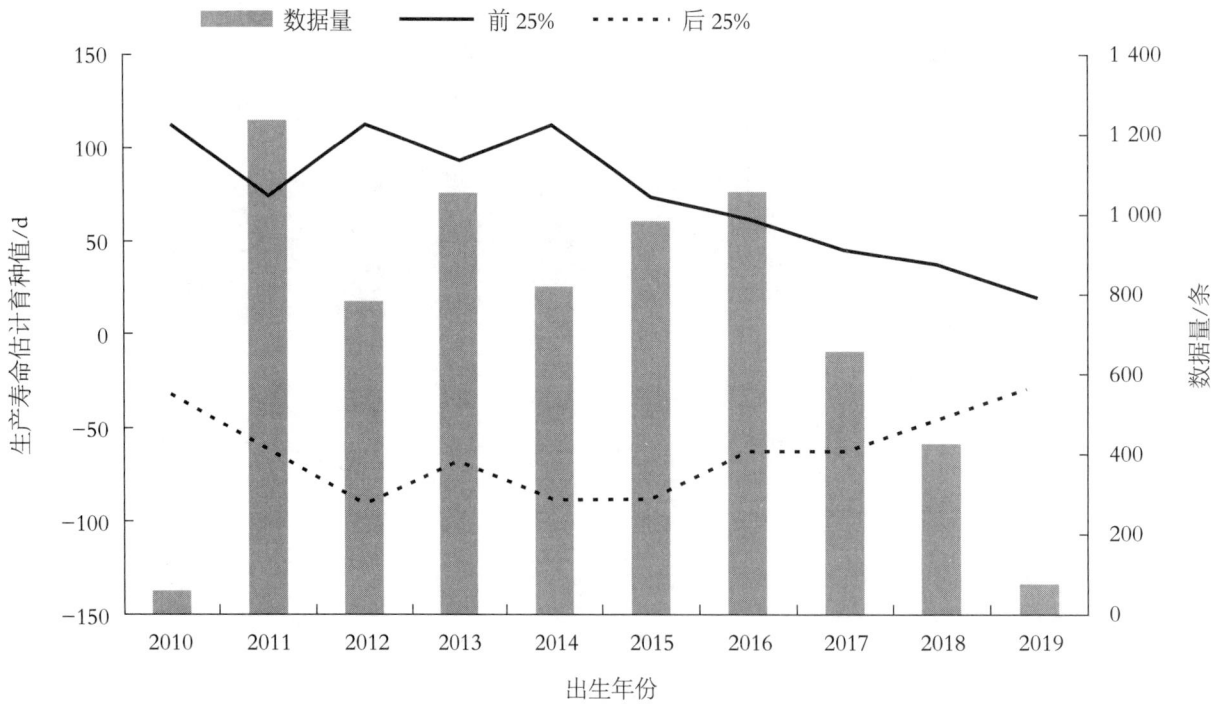

图 6-5-10　宁夏核心育种场 2010—2019 年出生的母牛生产寿命估计育种值年度变化

附　表

附表 1　全宁夏产奶量 EBV 排名前 500 名母牛

排名	牛号	出生年份	产奶量 EBV/kg	EBV 准确性
1	640003162234	2016	537.0	0.64
2	640202155629	2015	508.6	0.62
3	640202155621	2015	493.1	0.63
4	640193173596	2017	489.6	0.57
5	640202155620	2015	485.7	0.63
6	640166172505	2017	466.4	0.59
7	640064130484	2013	462.2	0.56
8	640193155973	2015	451.4	0.61
9	640193155567	2015	450.6	0.61
10	640193174712	2017	450.3	0.60
11	640024101224	2010	442.2	0.62
12	640190141045	2014	441.7	0.50
13	640166161836	2015	441.4	0.64
14	640003121310	2012	441.1	0.61
15	640190155644	2015	436.8	0.56
16	640193163731	2016	432.7	0.61
17	640190162159	2016	431.5	0.62
18	640190160813	2016	431.2	0.65
19	640202155544	2015	430.7	0.60
20	640035097427	2009	428.0	0.62
21	640193156044	2015	426.6	0.62
22	640035117802	2014	425.5	0.64

续表

排名	牛号	出生年份	产奶量 EBV/kg	EBV 准确性
23	640190157483	2015	420.8	0.49
24	640193161715	2016	416.1	0.57
25	640193181794	2018	410.9	0.62
26	640190174635	2017	410.3	0.50
27	640202155604	2015	406.7	0.62
28	643051140374	2014	406.3	0.61
29	640202155583	2015	406.0	0.54
30	640190134847	2013	404.1	0.44
31	640097090209	2009	401.6	0.46
32	640202155513	2015	401.2	0.62
33	640193156028	2015	400.7	0.62
34	640193162689	2016	399.5	0.58
35	640066111114	2011	399.1	0.57
36	640003162427	2016	398.6	0.65
37	640005124022	2012	397.4	0.63
38	640005144360	2014	396.2	0.59
39	640190261023	2016	395.5	0.62
40	640009120168	2012	394.9	0.63
41	640193155954	2015	393.4	0.64
42	640193160929	2016	390.3	0.64
43	643052140408	2014	389.6	0.56
44	640066156091	2015	387.9	0.64
45	640193163677	2016	387.3	0.60
46	640005134196	2013	386.9	0.63
47	64305117C057	2017	385.8	0.61
48	640193173590	2017	385.6	0.64
49	640035097559	2011	385.5	0.57
50	640193163482	2016	385.1	0.60

排名	牛号	出生年份	产奶量 EBV/kg	EBV 准确性
51	643052120405	2012	384.9	0.60
52	640193161045	2016	384.7	0.62
53	640193172990	2017	383.4	0.63
54	640190160409	2016	383.2	0.64
55	640193163724	2016	383.0	0.57
56	640193173746	2017	382.9	0.62
57	640202155669	2015	382.5	0.58
58	643052140216	2014	382.3	0.61
59	640166099388	2009	381.6	0.69
60	640193163272	2016	380.0	0.57
61	640193155976	2015	379.1	0.60
62	640193162032	2016	378.5	0.62
63	640190142183	2014	378.1	0.53
64	640036130408	2013	376.4	0.58
65	640193150004	2015	376.2	0.62
66	640193156753	2015	375.7	0.61
67	640251153284	2015	374.2	0.62
68	640190113415	2011	373.4	0.46
69	640202155640	2015	372.7	0.62
70	640202155374	2015	372.4	0.55
71	640003100927	2010	372.2	0.62
72	640005124024	2012	370.7	0.61
73	640035118018	2011	368.0	0.66
74	640166120671	2012	367.6	0.69
75	640190156070	2015	367.2	0.48
76	640190160340	2016	366.9	0.63
76	640193156400	2015	366.9	0.62
78	640004095480	2009	366.3	0.62

续表

排名	牛号	出生年份	产奶量 EBV/kg	EBV 准确性
79	640009090069	2009	366.2	0.63
80	640118090522	2009	365.5	0.63
81	640193155999	2015	365.3	0.58
82	640003100948	2010	363.8	0.60
83	640202155490	2015	363.6	0.61
84	640005144340	2014	363.5	0.55
85	640193180670	2018	363.1	0.63
86	640024121697	2012	363.0	0.44
87	640009150532	2015	362.4	0.63
88	640202161960	2016	361.6	0.57
89	640202155484	2015	361.1	0.59
89	640009150583	2015	361.1	0.63
91	640193180421	2018	360.9	0.49
92	643052140413	2014	360.5	0.53
93	640190125046	2012	359.5	0.52
93	640190160951	2016	359.5	0.54
95	640193162724	2016	359.1	0.50
95	640193161368	2016	359.1	0.61
97	640193181540	2018	358.6	0.58
98	640193173674	2017	358.4	0.62
99	640012110404	2011	358.3	0.66
100	640005134179	2013	358.1	0.68
101	640190156061	2015	357.5	0.58
102	640009171093	2017	357.0	0.58
103	640190162176	2016	356.9	0.59
104	640193156848	2015	355.9	0.62
105	640003172492	2017	355.8	0.60
106	640193163641	2016	355.2	0.58

排名	牛号	出生年份	产奶量 EBV/kg	EBV 准确性
107	640190130785	2013	354.8	0.61
108	640066100885	2010	354.2	0.64
109	640190181641	2018	353.6	0.48
110	640190140331	2014	353.5	0.55
111	640193173632	2017	352.5	0.60
111	640202155557	2015	352.5	0.62
113	640202155646	2015	352.1	0.58
114	640202155612	2015	351.7	0.62
114	640036130422	2013	351.7	0.62
116	640118130431	2013	351.3	0.61
117	640190160448	2016	350.5	0.62
117	640202155368	2015	350.5	0.56
119	640190174883	2017	350.2	0.44
120	640190130856	2013	350.1	0.59
121	640190157644	2015	349.9	0.65
122	640190173699	2017	349.4	0.51
123	640066111116	2011	349.3	0.58
124	640193160243	2016	348.9	0.62
125	640193172054	2017	348.1	0.58
126	640190130838	2013	347.4	0.56
127	640036130394	2013	346.6	0.53
128	640012090198	2009	346.5	0.64
128	640202155649	2015	346.5	0.58
130	640004115942	2011	345.8	0.65
131	640190156072	2015	344.8	0.61
132	640190162443	2016	344.7	0.51
132	640009130014	2013	344.7	0.63
132	640193174644	2017	344.7	0.62

续表

排名	牛号	出生年份	产奶量 EBV/kg	EBV 准确性
135	640193172342	2017	344.4	0.64
136	640035097455	2009	344.0	0.64
136	640193155093	2015	344.0	0.61
138	640251164273	2016	343.8	0.52
139	640193161698	2016	343.7	0.53
140	643051130119	2013	342.3	0.63
141	640193161409	2016	342.1	0.62
141	640253171326	2017	342.1	0.61
143	640190174497	2017	342.0	0.48
144	640193173262	2017	341.8	0.66
145	640036120046	2012	341.6	0.57
146	643052120118	2012	341.3	0.58
147	640005124027	2012	341.0	0.64
147	640190162476	2016	341.0	0.62
149	640036100983	2010	340.9	0.55
150	643051118613	2011	340.8	0.62
151	640005093316	2009	340.0	0.63
152	640202161875	2016	339.3	0.59
153	640009110118	2011	339.2	0.59
154	640118120162	2012	339.1	0.61
155	640193173504	2017	338.4	0.64
156	640036111108	2011	337.9	0.58
157	640005174981	2016	337.8	0.66
158	640202155366	2015	337.7	0.58
159	640193160032	2016	337.5	0.61
160	640190160971	2016	336.9	0.63
161	640193155981	2015	336.7	0.60
162	640118090332	2009	335.6	0.61

排名	牛号	出生年份	产奶量 EBV/kg	EBV 准确性
162	640190142289	2014	335.6	0.51
164	640166172565	2017	335.4	0.54
165	640036101034	2010	335.3	0.62
166	640035097458	2006	335.1	0.65
167	640193163234	2016	335.0	0.57
168	640005093431	2009	334.7	0.62
168	640190155922	2015	334.7	0.55
170	640193260372	2016	334.0	0.60
171	640066156191	2015	333.9	0.52
172	640202155635	2015	333.7	0.62
173	640190140035	2014	333.6	0.59
174	640193160183	2016	333.5	0.63
175	640005103629	2010	332.7	0.63
176	640193174714	2017	332.1	0.63
177	640193174608	2017	331.7	0.62
177	640190139285	2013	331.7	0.49
179	640193174852	2017	331.5	0.63
180	640024132255	2013	331.3	0.58
180	640024176565	2017	331.3	0.49
182	640190174235	2017	330.5	0.44
183	640193174804	2017	330.0	0.59
184	640064130455	2013	329.8	0.52
184	640190113916	2011	329.8	0.40
186	640003121323	2012	329.7	0.66
187	640193163704	2016	329.1	0.58
188	640024175763	2017	328.4	0.50
189	640193155340	2015	327.5	0.62
190	640190156452	2015	327.4	0.59

排名	牛号	出生年份	产奶量 EBV/kg	EBV 准确性
191	640193156027	2015	326.4	0.53
192	640190142471	2014	326.3	0.62
193	640193155286	2015	325.4	0.62
194	640038121243	2012	324.8	0.61
195	640253169874	2016	324.5	0.61
196	640193163471	2016	324.4	0.56
196	640202155676	2015	324.4	0.63
198	640193155875	2015	324.3	0.59
199	640202155524	2015	323.9	0.57
200	640003090773	2009	323.8	0.63
201	640193174676	2017	323.4	0.59
202	640187111613	2011	323.0	0.55
202	640193173054	2017	323.0	0.63
204	640193163552	2016	322.9	0.57
205	640190141026	2014	322.8	0.56
206	640190162494	2016	322.1	0.47
207	640036101041	2010	321.9	0.56
207	640193150109	2015	321.9	0.55
209	640190163779	2016	321.3	0.44
210	640096080429	2008	321.2	0.57
211	640253169851	2016	321.1	0.58
212	643052120608	2012	320.7	0.59
213	640003162369	2016	320.6	0.64
213	640193150034	2015	320.6	0.61
213	640190160441	2016	320.6	0.63
216	640190160747	2016	320.3	0.65
216	640005083293	2008	320.3	0.64
216	641009090596	2009	320.3	0.60

排名	牛号	出生年份	产奶量 EBV/kg	EBV 准确性
216	640202155547	2015	320.3	0.61
220	640190160792	2016	319.9	0.63
221	640190130217	2013	319.6	0.48
221	640009080084	2008	319.6	0.61
223	640193174356	2017	319.4	0.60
224	640193160446	2016	319.3	0.61
225	640193161696	2016	319.1	0.63
226	640193163553	2016	318.8	0.58
226	640190157417	2015	318.8	0.57
228	640193163274	2016	318.7	0.55
228	640097110536	2011	318.7	0.63
230	640193154786	2015	318.6	0.56
231	640009120064	2012	318.3	0.62
232	640193181430	2018	318.1	0.64
233	640193172722	2017	318.0	0.62
234	640193160899	2016	317.5	0.62
235	640193163637	2016	317.4	0.59
236	640003121284	2012	317.1	0.63
237	640190156040	2015	316.9	0.58
237	640166120583	2012	316.9	0.62
239	640193172682	2017	316.7	0.66
240	640190173719	2017	316.5	0.48
241	640193155555	2015	315.9	0.58
242	640193173226	2017	315.8	0.62
243	640188100567	2010	315.7	0.60
243	640005175086	2017	315.7	0.46
245	640193163621	2016	315.6	0.60
246	640188100508	2010	315.5	0.59

排名	牛号	出生年份	产奶量 EBV/kg	EBV 准确性
247	640190175609	2017	314.7	0.48
248	640193162087	2016	314.6	0.57
249	640009130020	2013	314.2	0.56
249	640118110044	2011	314.2	0.67
251	640193175086	2017	314.1	0.61
251	640190174339	2017	314.1	0.48
253	640005103628	2010	314.0	0.62
254	640193162823	2016	313.9	0.48
255	640193163934	2016	313.8	0.50
255	640190155449	2015	313.8	0.62
257	640036101101	2010	313.6	0.53
258	640202155631	2015	313.5	0.62
259	640024132040	2013	313.3	0.55
260	640190141149	2014	313.1	0.56
261	643052120601	2012	312.7	0.60
262	640173174486	2017	312.4	0.52
263	640202155568	2015	312.2	0.61
264	640190174844	2017	312.0	0.57
264	640193173110	2017	312.0	0.63
266	640038121338	2012	311.8	0.58
266	640035097550	2011	311.8	0.57
268	640193161722	2016	311.7	0.61
268	640193155723	2015	311.7	0.64
270	640193161552	2016	311.6	0.57
271	640190163195	2016	311.4	0.50
272	640202155553	2015	311.3	0.60
273	640005144328	2014	311.1	0.65
273	640173174542	2017	311.1	0.61

排名	牛号	出生年份	产奶量 EBV/kg	EBV 准确性
275	640193163431	2016	310.5	0.60
276	640005103598	2010	310.4	0.66
276	640202155623	2015	310.4	0.58
278	640024142654	2015	310.3	0.64
279	640193173094	2017	309.7	0.64
280	640180110230	2011	309.6	0.60
280	640003131548	2013	309.6	0.57
282	640193160656	2016	309.2	0.61
283	640193150162	2015	309.1	0.55
283	640173153509	2015	309.1	0.56
285	640193155663	2015	309.0	0.61
286	640118120119	2012	308.9	0.64
287	640118120143	2012	308.7	0.65
288	640193160591	2016	308.6	0.62
289	640190156262	2015	308.5	0.61
290	640193173030	2017	307.6	0.65
291	640193172058	2017	307.4	0.59
291	640190172251	2017	307.4	0.51
293	640190129337	2013	307.1	0.51
294	643052110709	2011	306.9	0.60
295	640118110112	2011	306.7	0.61
295	640166120644	2012	306.7	0.68
297	640193156097	2015	306.6	0.63
298	640202155555	2015	306.4	0.60
298	640193155837	2015	306.4	0.59
300	640166119947	2011	306.3	0.63
301	640193160437	2016	306.2	0.61
302	640193181000	2018	306.0	0.58

续表

排名	牛号	出生年份	产奶量 EBV/kg	EBV 准确性
303	640173143182	2014	305.4	0.53
304	640193170067	2017	305.3	0.51
304	640193163733	2016	305.3	0.57
306	640202155538	2015	304.0	0.58
306	640190156039	2015	304.0	0.61
308	640193161903	2016	303.9	0.55
309	640193173454	2017	303.8	0.65
310	640202155520	2015	303.7	0.64
310	640193176777	2017	303.7	0.46
312	640193156026	2015	303.4	0.58
313	640193161246	2016	303.3	0.62
314	640193177243	2017	303.1	0.48
314	640009110081	2011	303.1	0.54
316	640005103621	2010	302.9	0.63
316	640012110459	2011	302.9	0.66
318	640038100997	2010	302.4	0.64
319	640193160978	2016	302.3	0.64
319	640193161229	2016	302.3	0.64
321	640009090095	2009	302.0	0.61
322	640190172323	2017	301.8	0.47
323	640010120469	2012	301.5	0.68
324	640178099785	2009	301.3	0.62
325	640166182635	2017	301.1	0.64
326	640190171827	2017	300.7	0.50
327	640003167063	2016	300.6	0.59
327	640064110053	2011	300.6	0.61
329	640202155664	2015	300.4	0.58
330	640253170609	2017	300.2	0.49

排名	牛号	出生年份	产奶量 EBV/kg	EBV 准确性
331	640202155645	2015	300.1	0.61
332	640004095563	2009	299.9	0.64
333	640166161851	2016	299.7	0.63
334	640193156362	2015	299.6	0.63
335	640193150051	2015	299.5	0.63
336	640009090048	2009	299.4	0.62
337	643052120402	2012	299.2	0.57
338	640003162404	2016	298.9	0.59
338	643052121010	2012	298.9	0.54
340	643052110907	2011	298.7	0.58
341	640009150468	2019	298.6	0.62
341	640004095539	2009	298.6	0.61
343	640193155691	2015	298.3	0.62
343	640202155510	2015	298.3	0.59
345	640004115946	2011	297.9	0.60
345	640193180125	2018	297.9	0.51
345	640190140332	2014	297.9	0.53
345	640193163659	2016	297.9	0.58
349	640097110542	2011	297.8	0.59
350	640036130365	2013	297.7	0.58
351	643051130127	2013	297.5	0.60
351	64305117C079	2017	297.5	0.50
353	640193161090	2016	297.3	0.59
354	640193172424	2017	297.2	0.60
354	640009090064	2009	297.2	0.63
356	640004136275	2013	297.1	0.63
357	640251163998	2016	297.0	0.59
358	640193160038	2016	296.9	0.60

排名	牛号	出生年份	产奶量 EBV/kg	EBV 准确性
359	640193161022	2016	296.7	0.60
360	640166120674	2012	296.6	0.57
361	640251163934	2016	296.3	0.63
362	640032110817	2011	296.0	0.49
363	640190260930	2016	295.5	0.43
363	640190157376	2015	295.5	0.51
365	640010090021	2009	295.4	0.59
366	640193181472	2018	295.3	0.61
367	640190155531	2015	295.2	0.48
368	640190155646	2015	295.1	0.61
368	640202155639	2015	295.1	0.63
370	640035160198	2016	295.0	0.59
371	640193260735	2016	294.9	0.61
372	640187111610	2011	294.8	0.61
373	640003162447	2016	294.3	0.65
373	640251163898	2016	294.3	0.59
375	640193175042	2017	294.2	0.64
376	640118140727	2014	294.1	0.62
376	640190162160	2016	294.1	0.62
376	640173174297	2017	294.1	0.45
376	640035097451	2013	294.1	0.65
380	643052120309	2012	293.8	0.63
380	640064100062	2010	293.8	0.58
380	640193155801	2015	293.8	0.61
383	640036130428	2013	293.6	0.59
384	640190163518	2016	293.4	0.48
385	640251163932	2016	293.2	0.61
386	640193161411	2016	292.9	0.61

排名	牛号	出生年份	产奶量 EBV/kg	EBV 准确性
387	640035097430	2009	292.7	0.64
387	640202155622	2015	292.7	0.59
389	640012110402	2011	292.6	0.58
389	640193176535	2017	292.6	0.46
389	640190174896	2017	292.6	0.55
392	640005117970	2011	292.4	0.64
393	640193163841	2016	292.3	0.58
394	643052120202	2012	292.1	0.65
395	640253169845	2016	291.6	0.64
395	640193155803	2015	291.6	0.60
397	640012100328	2010	291.5	0.56
398	640178099782	2009	291.1	0.59
398	640035087365	2007	291.1	0.66
400	640190162226	2016	291.0	0.59
401	640193173792	2017	290.9	0.64
401	640118120153	2012	290.9	0.62
403	640035107763	2014	290.8	0.64
404	640064110087	2011	290.7	0.58
405	640193161038	2016	290.6	0.61
406	640202155509	2015	290.4	0.56
406	640188100550	2010	290.4	0.59
408	640190130356	2013	290.3	0.50
409	640202155569	2015	290.1	0.59
410	640193156773	2015	289.5	0.61
411	640066090789	2009	289.0	0.59
412	640035097447	2009	288.9	0.63
412	640193155958	2015	288.9	0.62
414	640173174508	2017	288.5	0.60

排名	牛号	出生年份	产奶量 EBV/kg	EBV 准确性
415	640166120661	2012	288.3	0.67
416	640193163534	2016	288.2	0.61
416	640193163640	2016	288.2	0.58
418	640004187381	2018	287.9	0.61
419	640190173355	2017	287.5	0.48
419	640024101322	2010	287.5	0.60
421	640190175405	2017	287.4	0.46
422	640009110087	2015	287.0	0.62
423	640009160841	2016	286.9	0.65
424	640193157269	2015	286.7	0.59
425	640036120261	2012	286.6	0.58
426	640004085371	2008	286.5	0.64
426	640193162721	2016	286.5	0.59
428	640193160877	2016	286.4	0.65
428	640011122541	2012	286.4	0.56
430	640003162360	2016	286.1	0.62
430	640253171648	2017	286.1	0.61
430	640031120459	2012	286.1	0.64
433	640012110432	2011	285.7	0.62
433	640251163978	2016	285.7	0.64
435	640193163594	2016	285.6	0.60
436	643052140317	2014	285.5	0.59
436	640193162649	2016	285.5	0.60
438	640190130019	2013	285.4	0.56
438	640251153293	2015	285.4	0.60
440	640193157668	2015	285.3	0.60
441	640031110257	2011	285.1	0.66
442	640190157279	2015	284.7	0.54

排名	牛号	出生年份	产奶量 EBV/kg	EBV 准确性
443	640190157584	2015	284.0	0.50
444	640251164389	2016	283.9	0.60
445	640096110713	2011	283.6	0.61
446	640190261040	2016	283.3	0.60
447	640035180837	2018	283.2	0.60
447	640009150560	2015	283.2	0.63
449	640190160123	2016	283.1	0.53
450	640190173013	2017	283.0	0.49
450	640253171234	2017	283.0	0.64
452	640166162131	2016	282.9	0.63
453	640009160907	2016	282.5	0.66
454	643051126110	2012	282.4	0.59
455	640118120095	2012	282.2	0.58
456	640253169856	2016	282.0	0.61
456	640003141746	2014	282.0	0.59
458	643051118583	2011	282.0	0.58
459	640166151707	2015	281.7	0.57
459	640193157421	2015	281.7	0.62
459	640009130016	2013	281.7	0.61
462	640251185573	2018	281.3	0.54
463	640012090184	2009	281.2	0.51
464	640035107702	2014	280.9	0.65
465	640193162036	2016	280.8	0.60
465	640251163950	2016	280.8	0.64
465	640005093396	2009	280.8	0.62
468	643052120513	2012	280.7	0.59
469	640253171344	2017	280.6	0.57
470	640190162807	2016	280.3	0.52

排名	牛号	出生年份	产奶量 EBV/kg	EBV 准确性
471	640009110119	2011	280.2	0.56
472	640193161713	2016	280.0	0.63
473	640193173714	2017	279.8	0.60
473	640190173711	2017	279.8	0.53
473	640012090185	2009	279.8	0.65
476	640005103608	2010	279.6	0.63
477	643052110808	2011	279.5	0.62
477	640251153178	2015	279.5	0.64
477	640003090701	2009	279.5	0.65
480	643052120613	2012	279.3	0.59
480	643052120907	2012	279.3	0.55
480	640036100937	2010	279.3	0.63
483	640064120384	2012	279.2	0.47
483	640118110124	2011	279.2	0.59
483	643051098192	2009	279.2	0.58
486	640202155354	2015	279.0	0.59
487	640190160715	2016	278.7	0.63
487	640190142466	2014	278.7	0.59
489	643051160929	2016	278.6	0.59
490	640251153282	2015	278.3	0.62
491	640193161452	2016	277.9	0.60
491	640173184793	2018	277.9	0.58
493	640178110027	2011	277.8	0.64
494	640193180108	2018	277.6	0.62
494	640190142447	2014	277.6	0.52
496	640005154575	2015	277.4	0.67
497	640166182639	2017	277.3	0.65
498	640190162657	2016	276.9	0.52
499	640009100124	2010	276.8	0.63
500	643052110913	2011	276.4	0.55

附表 2　全宁夏乳脂率 EBV 排名前 500 名母牛

排名	牛号	出生年份	乳脂率 EBV/%	EBV 准确性
1	640195170674	2017	0.247	0.49
2	640195171152	2017	0.226	0.50
3	640195171452	2017	0.210	0.48
3	640195180047	2018	0.210	0.46
5	640195171091	2017	0.208	0.44
6	640195171464	2017	0.204	0.47
7	640195180050	2018	0.195	0.46
8	640195170714	2017	0.193	0.48
9	640195171451	2017	0.188	0.47
10	640195170658	2017	0.187	0.47
10	640195170659	2017	0.187	0.46
12	640195171467	2017	0.183	0.48
13	640195171394	2017	0.181	0.50
14	640195171444	2017	0.179	0.48
15	640195171238	2017	0.178	0.47
16	640195171216	2017	0.177	0.46
17	640195171067	2017	0.176	0.50
18	640195171181	2017	0.174	0.49
18	640195171439	2017	0.174	0.46
20	640195170650	2017	0.173	0.43
21	640195170466	2017	0.172	0.47
21	640195180023	2018	0.172	0.46
23	640195170654	2017	0.171	0.48
24	640195170472	2017	0.169	0.48
25	640195171367	2017	0.165	0.45
26	640195150064	2015	0.164	0.47
27	640195170446	2017	0.163	0.47
28	640195171445	2017	0.161	0.46

续表

排名	牛号	出生年份	乳脂率 EBV/%	EBV 准确性
29	640195150285	2015	0.160	0.47
29	640195150338	2015	0.160	0.49
31	640195150319	2015	0.159	0.46
31	640195160074	2016	0.159	0.46
33	640195170500	2017	0.158	0.47
34	640195170775	2017	0.157	0.47
35	643052110906	2011	0.156	0.36
36	640195171449	2017	0.155	0.45
36	640195150176	2015	0.155	0.47
38	640195150252	2015	0.153	0.47
39	640195171290	2017	0.151	0.46
39	643052110203	2011	0.151	0.40
39	640195150167	2015	0.151	0.46
42	640195150387	2015	0.150	0.47
42	640097012715	2012	0.150	0.45
44	640195150358	2015	0.149	0.47
45	640195160067	2016	0.147	0.44
46	640195150314	2015	0.146	0.46
47	640195171307	2017	0.145	0.46
48	640195171419	2017	0.144	0.48
48	640195170086	2017	0.144	0.46
48	640195160202	2016	0.144	0.45
48	640195171331	2017	0.144	0.46
48	640195170439	2017	0.144	0.49
48	640195170282	2017	0.144	0.49
54	640195150428	2015	0.142	0.46
55	640195150107	2015	0.141	0.47
56	640195171166	2017	0.140	0.49

排名	牛号	出生年份	乳脂率 EBV/%	EBV 准确性
57	640195150447	2015	0.139	0.48
57	640195150279	2015	0.139	0.48
59	640195160130	2016	0.138	0.47
59	640195150480	2015	0.138	0.46
61	640195150248	2015	0.137	0.46
62	640195160218	2016	0.136	0.46
62	640195170487	2017	0.136	0.50
64	640195170210	2017	0.135	0.49
65	640195150096	2015	0.134	0.45
65	640195150023	2015	0.134	0.46
65	640195150356	2015	0.134	0.48
68	640195150155	2015	0.133	0.47
68	640195150313	2015	0.133	0.48
68	640195170791	2017	0.133	0.52
71	640195160172	2016	0.132	0.43
71	640195160062	2016	0.132	0.46
71	640195160077	2016	0.132	0.44
71	640195170468	2017	0.132	0.48
75	640195150398	2015	0.131	0.47
75	640195160368	2016	0.131	0.42
77	640024152669	2015	0.130	0.46
78	640195160212	2016	0.129	0.44
78	640195150090	2015	0.129	0.45
78	640195150345	2015	0.129	0.46
78	640195150189	2015	0.129	0.48
82	640195150153	2015	0.128	0.45
83	640195160236	2016	0.127	0.45
84	640195150111	2015	0.126	0.47

续表

排名	牛号	出生年份	乳脂率 EBV/%	EBV 准确性
84	640251175492	2017	0.126	0.50
86	640195160182	2016	0.123	0.47
86	640195150082	2015	0.123	0.46
86	640195150268	2015	0.123	0.47
89	640035160201	2016	0.122	0.48
89	640251163640	2016	0.122	0.54
89	640195150073	2015	0.122	0.47
92	640195150091	2015	0.121	0.45
92	640195160188	2016	0.121	0.43
94	640195150069	2015	0.120	0.47
94	640195160205	2016	0.120	0.45
94	640009110045	2011	0.120	0.49
94	640195160133	2016	0.120	0.46
94	640066111266	2012	0.120	0.41
99	640195160021	2016	0.119	0.42
100	640195150443	2015	0.118	0.45
100	640195160217	2016	0.118	0.47
100	640251175405	2017	0.118	0.46
103	643052100904	2010	0.117	0.48
103	640195160224	2016	0.117	0.46
103	640195160099	2016	0.117	0.44
106	640097120731	2012	0.116	0.41
106	640195150365	2015	0.116	0.47
108	640195150221	2015	0.115	0.47
109	640190175799	2017	0.114	0.49
109	640195160234	2016	0.114	0.44
111	640195160112	2016	0.113	0.42
111	640195160042	2016	0.113	0.45

排名	牛号	出生年份	乳脂率 EBV/%	EBV 准确性
113	640195150373	2015	0.112	0.48
113	640195160211	2016	0.112	0.42
113	643052110206	2011	0.112	0.40
116	640032110083	2011	0.111	0.48
117	640195150820	2015	0.110	0.45
118	640195170082	2017	0.109	0.49
119	640195160064	2016	0.108	0.47
119	640009120044	2012	0.108	0.41
119	640035138498	2013	0.108	0.51
119	640195160038	2016	0.108	0.45
119	640024142654	2015	0.108	0.50
124	640253169385	2016	0.107	0.42
125	640035170732	2017	0.106	0.51
125	640195160052	2016	0.106	0.44
125	640024163185	2016	0.106	0.47
128	640035148670	2014	0.105	0.55
128	640031100062	2010	0.105	0.52
130	640096120773	2012	0.104	0.42
131	640251175445	2017	0.103	0.45
131	640195171303	2017	0.103	0.46
131	640007100871	2010	0.103	0.47
131	640097120740	2012	0.103	0.46
131	640097120744	2012	0.103	0.47
131	640195160046	2016	0.103	0.45
131	640195160183	2016	0.103	0.45
131	640035180864	2018	0.103	0.33
131	640195150335	2015	0.103	0.46
131	640195160136	2016	0.103	0.46

排名	牛号	出生年份	乳脂率 EBV/%	EBV 准确性
141	640005113671	2011	0.102	0.52
141	640009090007	2009	0.102	0.52
141	640195160369	2016	0.102	0.40
141	640193154966	2015	0.102	0.46
141	640195160050	2016	0.102	0.46
146	640251175434	2017	0.101	0.45
146	640097090232	2009	0.101	0.43
146	640251175531	2017	0.101	0.46
146	640195150411	2015	0.101	0.47
146	640064116279	2011	0.101	0.26
146	640097110492	2011	0.101	0.53
146	640251163886	2016	0.101	0.55
146	640195150127	2015	0.101	0.47
146	640024142455	2014	0.101	0.44
146	640118150790	2015	0.101	0.43
146	640035170725	2017	0.101	0.50
157	640251174558	2017	0.100	0.40
157	640195160468	2016	0.100	0.41
157	640195160041	2016	0.100	0.47
157	640195160015	2016	0.100	0.44
157	640195150646	2015	0.100	0.46
157	640195160288	2016	0.100	0.42
157	640009150689	2015	0.100	0.53
157	640005103578	2010	0.100	0.41
165	640195170671	2017	0.099	0.49
165	640118110108	2011	0.099	0.43
165	640035150128	2015	0.099	0.48
165	640178210575	2016	0.099	0.44

排名	牛号	出生年份	乳脂率 EBV/%	EBV 准确性
165	640097120711	2012	0.099	0.41
165	643052120503	2012	0.099	0.45
171	640195160096	2016	0.098	0.44
171	640251175332	2017	0.098	0.46
171	640195160012	2016	0.098	0.45
171	640251174861	2017	0.098	0.39
171	640195160174	2016	0.098	0.46
171	640097110506	2011	0.098	0.52
171	640097140172	2014	0.098	0.48
171	640035148788	2014	0.098	0.53
179	640035160210	2016	0.097	0.48
179	643052100028	2010	0.097	0.45
179	640195171391	2017	0.097	0.46
179	640195150014	2015	0.097	0.47
179	640195160147	2016	0.097	0.45
179	640190090151	2009	0.097	0.48
179	640009110046	2011	0.097	0.50
179	640251175271	2017	0.097	0.43
179	640195150094	2015	0.097	0.46
179	640005113728	2011	0.097	0.52
189	640251174533	2017	0.096	0.40
189	640005175220	2017	0.096	0.48
189	640009123574	2012	0.096	0.37
189	640251175371	2017	0.096	0.46
189	640035150132	2015	0.096	0.45
189	640100090151	2009	0.096	0.48
195	640178210481	2016	0.095	0.45
195	64305116B483	2016	0.095	0.39

续表

排名	牛号	出生年份	乳脂率 EBV/%	EBV 准确性
197	640195160119	2016	0.094	0.45
197	640190110414	2011	0.094	0.35
197	640097120742	2012	0.094	0.46
197	640097012736	2012	0.094	0.44
201	640136120023	2012	0.093	0.44
201	640035160257	2016	0.093	0.51
201	640195171386	2017	0.093	0.46
201	640190127234	2012	0.093	0.34
201	640251175240	2017	0.093	0.46
201	640004187386	2018	0.093	0.50
207	640118150782	2015	0.092	0.50
207	640178141578	2014	0.092	0.45
207	640118110045	2011	0.092	0.56
207	640195160223	2016	0.092	0.45
207	640003152045	2015	0.092	0.51
207	640251174837	2017	0.092	0.40
207	640195151084	2015	0.092	0.47
207	640004156759	2015	0.092	0.53
215	640195170861	2017	0.091	0.53
215	640003172517	2017	0.091	0.42
215	640004156810	2015	0.091	0.54
215	640251153452	2015	0.091	0.49
215	640064110135	2011	0.091	0.42
215	640166162179	2016	0.091	0.43
215	640251175440	2017	0.091	0.46
215	640010110400	2011	0.091	0.55
215	640035160228	2016	0.091	0.52
215	640195160426	2016	0.091	0.41

排名	牛号	出生年份	乳脂率 EBV/%	EBV 准确性
225	640166151419	2015	0.090	0.51
225	640035150130	2015	0.090	0.50
225	643052100707	2010	0.090	0.46
225	640251163528	2016	0.090	0.53
225	640195170279	2017	0.090	0.48
225	640009150726	2015	0.090	0.54
225	640097140242	2014	0.090	0.55
225	640195160019	2016	0.090	0.45
225	640195160035	2016	0.090	0.45
234	640024152722	2015	0.089	0.46
234	640253158965	2015	0.089	0.31
234	640024163193	2016	0.089	0.45
234	640035117908	2018	0.089	0.42
234	640096120774	2012	0.089	0.45
234	640195160117	2016	0.089	0.49
234	640178141155	2014	0.089	0.48
234	640251175300	2017	0.089	0.47
234	640193155978	2015	0.089	0.48
234	640195160424	2016	0.089	0.39
234	641071120016	2012	0.089	0.34
234	640035148753	2014	0.089	0.47
234	640097120705	2012	0.089	0.40
234	640251174687	2017	0.089	0.54
234	640118110117	2011	0.089	0.43
249	640035117965	2011	0.088	0.51
249	640024142419	2014	0.088	0.49
249	640193155072	2015	0.088	0.47
249	640005164904	2016	0.088	0.39

排名	牛号	出生年份	乳脂率 EBV/%	EBV 准确性
249	640195160128	2016	0.088	0.45
249	640190174607	2017	0.088	0.33
249	640118110031	2011	0.088	0.52
249	640195160066	2016	0.088	0.43
249	643052111010	2011	0.088	0.42
258	640178210909	2016	0.087	0.44
258	640193173430	2017	0.087	0.49
258	640251163474	2016	0.087	0.48
258	640097120712	2012	0.087	0.47
258	640105090579	2009	0.087	0.45
258	640004187459	2018	0.087	0.47
258	640195160083	2016	0.087	0.45
258	643051130086	2013	0.087	0.47
258	640003120487	2012	0.087	0.52
258	640035107646	2010	0.087	0.56
258	640251185641	2018	0.087	0.53
258	640007100854	2010	0.087	0.44
258	640003152044	2015	0.087	0.50
258	640035150144	2015	0.087	0.49
258	640005113859	2011	0.087	0.51
258	640195160380	2016	0.087	0.42
274	640178141759	2014	0.086	0.46
274	640035148546	2016	0.086	0.50
274	640035128075	2012	0.086	0.51
274	640195160448	2016	0.086	0.43
274	640193155199	2015	0.086	0.46
274	640195151217	2015	0.086	0.47
274	640035148668	2014	0.086	0.51

排名	牛号	出生年份	乳脂率 EBV/%	EBV 准确性
274	643052101105	2010	0.086	0.39
274	640193172866	2017	0.086	0.51
274	640035148819	2014	0.086	0.52
274	640251163676	2016	0.086	0.51
285	643052111109	2011	0.085	0.39
285	640166120604	2012	0.085	0.53
285	640251175313	2017	0.085	0.44
285	640005113727	2011	0.085	0.46
285	641071110064	2011	0.085	0.42
285	640195160229	2016	0.085	0.44
285	640005164874	2016	0.085	0.43
285	640118110078	2011	0.085	0.33
285	640005164939	2016	0.085	0.36
285	640007090716	2009	0.085	0.48
285	640195180035	2018	0.085	0.30
285	640251174594	2017	0.085	0.39
285	640005175182	2017	0.085	0.50
285	640195160281	2016	0.085	0.41
285	640188120735	2012	0.085	0.44
300	640010120450	2012	0.084	0.53
300	640251150199	2015	0.084	0.50
300	640035138442	2013	0.084	0.53
300	640009080134	2008	0.084	0.53
300	640195160058	2016	0.084	0.47
300	640251175367	2017	0.084	0.46
300	643052100074	2010	0.084	0.47
300	640066111234	2011	0.084	0.46
300	640195160016	2016	0.084	0.47

续表

排名	牛号	出生年份	乳脂率 EBV/%	EBV 准确性
300	640066111233	2011	0.084	0.46
300	640253160542	2016	0.084	0.48
300	640166151424	2015	0.084	0.51
300	640035138510	2013	0.084	0.42
313	640190182085	2018	0.083	0.40
313	643052100012	2010	0.083	0.45
313	640035138471	2013	0.083	0.52
313	640024101228	2010	0.083	0.40
313	640253169469	2016	0.083	0.45
313	640193173598	2017	0.083	0.51
313	640251174944	2017	0.083	0.42
313	640009120111	2012	0.083	0.49
313	640251174893	2017	0.083	0.41
313	640193155047	2015	0.083	0.45
313	640178200341	2015	0.083	0.40
313	640178094011	2009	0.083	0.27
313	640251175361	2017	0.083	0.45
313	643052100060	2010	0.083	0.46
313	640007090627	2009	0.083	0.33
313	640010130571	2013	0.083	0.51
313	640251175373	2017	0.083	0.45
313	640066156066	2015	0.083	0.45
313	640188110690	2011	0.083	0.46
313	640178200411	2015	0.083	0.47
333	640035148563	2014	0.082	0.54
333	640251163762	2016	0.082	0.49
333	640035170542	2017	0.082	0.50
333	640178141462	2014	0.082	0.37

排名	牛号	出生年份	乳脂率 EBV/%	EBV 准确性
333	640166151433	2015	0.082	0.53
333	640166120615	2012	0.082	0.51
333	64305212B030	2011	0.082	0.33
333	640136120019	2012	0.082	0.41
333	640178200798	2015	0.082	0.46
333	640251163608	2016	0.082	0.49
333	640010110390	2011	0.082	0.56
333	640190130494	2013	0.082	0.47
333	640193172830	2017	0.082	0.52
333	640012090144	2009	0.082	0.38
333	640118090573	2009	0.082	0.52
333	640032101206	2010	0.082	0.48
333	640009140215	2014	0.082	0.49
333	640007100801	2010	0.082	0.44
333	640178210275	2016	0.082	0.44
352	640005164932	2016	0.081	0.45
352	640193155338	2015	0.081	0.47
352	640193173110	2017	0.081	0.49
352	640195160026	2016	0.081	0.43
352	640195172120	2017	0.081	0.24
352	640004177288	2017	0.081	0.41
352	640195180038	2018	0.081	0.33
352	643052110112	2011	0.081	0.44
352	640251175491	2017	0.081	0.44
352	640193174268	2017	0.081	0.43
352	640178150005	2015	0.081	0.43
352	640024142588	2014	0.081	0.37
352	640136080209	2008	0.081	0.41

续表

排名	牛号	出生年份	乳脂率 EBV/%	EBV 准确性
352	640007100837	2010	0.081	0.48
352	640009120127	2012	0.081	0.49
352	640005154536	2015	0.081	0.56
352	640251163630	2016	0.081	0.52
352	640009120155	2012	0.081	0.45
352	640251174664	2017	0.081	0.55
352	640195150019	2015	0.081	0.46
352	640035138423	2013	0.081	0.53
373	641071090045	2009	0.080	0.55
373	640251153438	2015	0.080	0.50
373	640166109752	2010	0.080	0.52
373	640035160225	2016	0.080	0.50
373	640064119125	2011	0.080	0.31
373	640251175413	2017	0.080	0.47
373	640032122053	2012	0.080	0.40
373	640166151494	2015	0.080	0.52
373	640193173972	2017	0.080	0.52
373	640166120328	2011	0.080	0.55
373	640195160091	2016	0.080	0.44
373	643052110108	2011	0.080	0.38
373	640035170682	2017	0.080	0.48
373	640193156830	2015	0.080	0.44
373	640066090782	2009	0.080	0.51
373	640193154862	2015	0.080	0.46
373	640195172551	2017	0.080	0.25
373	640178210619	2016	0.080	0.47
373	640195180012	2018	0.080	0.31
373	640097120701	2012	0.080	0.47

排名	牛号	出生年份	乳脂率 EBV/%	EBV 准确性
373	640178121282	2012	0.080	0.27
394	640195160438	2016	0.079	0.42
394	640024163396	2016	0.079	0.46
394	640178210228	2016	0.079	0.47
394	643052100808	2010	0.079	0.47
394	640035128084	2012	0.079	0.53
394	640066121395	2012	0.079	0.38
394	640253171204	2017	0.079	0.44
394	640032122075	2012	0.079	0.50
394	640251175389	2017	0.079	0.45
394	640195160403	2016	0.079	0.42
394	640251175352	2017	0.079	0.46
405	640024163128	2016	0.078	0.37
405	640195170128	2017	0.078	0.52
405	640003152090	2015	0.078	0.52
405	640193156157	2015	0.078	0.52
405	643052110901	2011	0.078	0.29
405	640004177284	2017	0.078	0.40
405	640009090080	2009	0.078	0.49
405	640251163549	2016	0.078	0.53
405	640024090019	2009	0.078	0.45
405	640193155188	2015	0.078	0.47
405	640166120477	2012	0.078	0.52
405	640035170548	2017	0.078	0.48
405	640188131121	2013	0.078	0.46
405	640035160268	2016	0.078	0.50
405	640178210420	2016	0.078	0.49
405	640004146461	2014	0.078	0.50

排名	牛号	出生年份	乳脂率 EBV/%	EBV 准确性
405	640035150159	2015	0.078	0.47
405	640193173730	2017	0.078	0.43
423	640190127981	2012	0.077	0.26
423	640004115914	2013	0.077	0.53
423	640035148798	2014	0.077	0.48
423	640066156206	2015	0.077	0.35
423	640251163579	2016	0.077	0.49
423	640193156301	2015	0.077	0.43
423	640193173408	2017	0.077	0.51
423	643052100014	2010	0.077	0.50
423	640097013888	2013	0.077	0.51
423	640035107702	2014	0.077	0.49
423	640188100532	2010	0.077	0.51
423	640193173158	2017	0.077	0.52
423	640096120782	2012	0.077	0.44
423	640195160397	2016	0.077	0.38
423	640035160237	2016	0.077	0.50
423	640195170338	2017	0.077	0.49
423	640193156250	2015	0.077	0.46
423	640195160081	2016	0.077	0.45
423	640005099479	2009	0.077	0.54
423	640193174264	2017	0.077	0.44
443	640188100530	2010	0.076	0.43
443	640009160953	2016	0.076	0.35
443	640195169023	2016	0.076	0.47
443	640003110197	2013	0.076	0.46
443	640195160361	2016	0.076	0.41
443	640178200410	2015	0.076	0.39

排名	牛号	出生年份	乳脂率 EBV/%	EBV 准确性
443	640009160968	2016	0.076	0.40
443	640195160783	2016	0.076	0.49
443	640253169527	2016	0.076	0.44
443	640251175398	2017	0.076	0.46
443	640005154538	2015	0.076	0.52
443	640195169202	2016	0.076	0.48
443	640193173550	2017	0.076	0.41
443	640251175495	2017	0.076	0.44
443	640096110627	2011	0.076	0.49
443	640105080396	2008	0.076	0.41
443	643052100063	2010	0.076	0.46
443	640195160131	2016	0.076	0.49
443	640005093339	2003	0.076	0.41
443	640005124034	2012	0.076	0.52
463	640005134212	2013	0.075	0.54
463	640118160958	2016	0.075	0.43
463	640166109634	2010	0.075	0.55
463	640009150691	2015	0.075	0.50
463	640166161880	2016	0.075	0.54
463	640178200773	2015	0.075	0.35
463	640009160966	2016	0.075	0.39
463	640178141812	2014	0.075	0.42
463	640195160758	2016	0.075	0.52
463	640178200665	2015	0.075	0.43
463	640251175402	2017	0.075	0.45
463	640178090343	2009	0.075	0.24
463	640005154616	2015	0.075	0.54
463	640136100324	2010	0.075	0.36

续表

排名	牛号	出生年份	乳脂率 EBV/%	EBV 准确性
463	640005164829	2016	0.075	0.40
463	640005123968	2012	0.075	0.53
463	640118100207	2009	0.075	0.51
463	640005154650	2015	0.075	0.54
463	640190136747	2013	0.075	0.30
482	640251153451	2015	0.074	0.49
482	640253169475	2016	0.074	0.43
482	640195160173	2016	0.074	0.47
482	643052110103	2011	0.074	0.42
482	640035109754	2010	0.074	0.51
482	640178210473	2016	0.074	0.45
482	640178210790	2016	0.074	0.47
482	640193172972	2017	0.074	0.51
482	640193154907	2015	0.074	0.44
482	640190155665	2015	0.074	0.48
482	640251163529	2016	0.074	0.52
482	640190174771	2017	0.074	0.49
482	640178210479	2016	0.074	0.46
482	640005175167	2017	0.074	0.47
482	640035148766	2014	0.074	0.52
482	640195160894	2016	0.074	0.50
482	640184116073	2011	0.074	0.48
482	640009150610	2015	0.074	0.51
482	640195160430	2016	0.074	0.42

附表3　全宁夏乳蛋白率 EBV 排名前 500 名母牛

排名	牛号	出生年份	乳蛋白率 EBV/%	EBV 准确性
1	640190175799	2017	0.190	0.55
2	640193173596	2017	0.173	0.48
3	643052110203	2011	0.156	0.48
4	640202155631	2015	0.150	0.53
5	640190136747	2013	0.148	0.39
6	640004174005	2017	0.147	0.33
6	640009110066	2011	0.147	0.59
8	640193180421	2018	0.144	0.38
9	640010110400	2011	0.143	0.60
10	640253159147	2015	0.141	0.56
11	643052121107	2012	0.140	0.45
11	640190139347	2013	0.140	0.39
13	643052100060	2010	0.139	0.53
13	640173163988	2016	0.139	0.52
15	640195170654	2017	0.137	0.54
16	640193172866	2017	0.136	0.56
16	640195171091	2017	0.136	0.50
18	643052100823	2010	0.135	0.56
18	640193173090	2017	0.135	0.55
18	640003162399	2016	0.135	0.46
21	643052100065	2010	0.134	0.51
22	640190162951	2016	0.133	0.30
23	640251175243	2017	0.132	0.53
23	640195160153	2016	0.132	0.51
25	640193172830	2017	0.131	0.58
25	640009150726	2015	0.131	0.59
25	640010120446	2012	0.131	0.59
25	640190090328	2009	0.131	0.35

排名	牛号	出生年份	乳蛋白率 EBV/%	EBV 准确性
29	640097140247	2014	0.130	0.55
29	640004156810	2015	0.130	0.59
29	640004174156	2017	0.130	0.31
29	640195160074	2016	0.130	0.52
29	640193172990	2017	0.130	0.57
34	640036140908	2014	0.129	0.44
34	640195171444	2017	0.129	0.53
36	640190171692	2017	0.128	0.35
36	640173143234	2014	0.128	0.35
36	640004187386	2018	0.128	0.55
36	643052120503	2012	0.128	0.52
36	640193173972	2017	0.128	0.58
41	643051130096	2013	0.127	0.62
41	640173174542	2017	0.127	0.52
41	640190156775	2015	0.127	0.50
44	640004187459	2018	0.126	0.53
45	640190127713	2012	0.125	0.40
46	640004125986	2012	0.124	0.61
46	640195160368	2016	0.124	0.48
46	640195160130	2016	0.124	0.54
46	640009160993	2016	0.124	0.50
46	640003172579	2017	0.124	0.43
46	640190155317	2015	0.124	0.41
46	640190130240	2013	0.124	0.36
53	640024142440	2014	0.123	0.48
53	640024101278	2010	0.123	0.57
53	640193155199	2015	0.123	0.51
56	640010120542	2012	0.122	0.59

排名	牛号	出生年份	乳蛋白率 EBV/%	EBV 准确性
56	640190134233	2013	0.122	0.35
58	640004125988	2012	0.121	0.59
58	640024152781	2015	0.121	0.48
58	640005134098	2013	0.121	0.57
58	640009150586	2015	0.121	0.46
62	640036101022	2010	0.120	0.55
62	640251174907	2017	0.120	0.55
62	640251185641	2018	0.120	0.58
62	640097140118	2014	0.120	0.60
66	640066156185	2015	0.119	0.37
66	640195160182	2016	0.119	0.54
66	640195151225	2015	0.119	0.53
66	640195171439	2017	0.119	0.51
66	640251174865	2017	0.119	0.49
66	640195180038	2018	0.119	0.40
66	643052110906	2011	0.119	0.42
73	640005154650	2015	0.118	0.59
73	640004177284	2017	0.118	0.46
73	640173153542	2015	0.118	0.54
73	640190162467	2016	0.118	0.37
73	640251175373	2017	0.118	0.51
73	640005144382	2014	0.118	0.46
73	640066156091	2015	0.118	0.56
80	640003110237	2011	0.117	0.53
80	640005164904	2016	0.117	0.46
80	640195170714	2017	0.117	0.54
80	640180114035	2011	0.117	0.55
84	643052111112	2011	0.116	0.47

续表

排名	牛号	出生年份	乳蛋白率 EBV/%	EBV 准确性
84	640190110414	2011	0.116	0.44
84	640166162179	2016	0.116	0.50
84	640009090080	2009	0.116	0.55
88	640195180050	2018	0.115	0.52
88	640066090782	2009	0.115	0.57
88	640188110689	2011	0.115	0.56
88	640009130090	2013	0.115	0.52
88	640190127419	2012	0.115	0.31
88	640195160062	2016	0.115	0.52
94	640003141688	2011	0.114	0.50
94	643052121106	2012	0.114	0.49
94	640031130393	2013	0.114	0.61
94	640035170689	2017	0.114	0.45
94	640173172357	2017	0.114	0.37
94	640005175200	2017	0.114	0.51
94	640190156262	2015	0.114	0.52
94	640009160961	2016	0.114	0.51
94	640173152938	2015	0.114	0.54
94	640190130467	2013	0.114	0.54
94	640190140139	2013	0.114	0.36
94	640202162021	2016	0.114	0.44
94	640190155522	2015	0.114	0.41
107	640195150820	2015	0.113	0.52
107	643052111010	2011	0.113	0.49
107	640202155640	2015	0.113	0.54
107	64018013N215	2013	0.113	0.54
107	643052121112	2012	0.113	0.48
107	640195151217	2015	0.113	0.53

排名	牛号	出生年份	乳蛋白率 EBV/%	EBV 准确性
107	640190174607	2017	0.113	0.40
107	640253171525	2017	0.113	0.50
115	640182120062	2012	0.112	0.54
115	640190175017	2017	0.112	0.37
115	640195169131	2016	0.112	0.52
115	643052110110	2011	0.112	0.43
115	640009140423	2014	0.112	0.57
115	640190174339	2017	0.112	0.38
115	640195151191	2015	0.112	0.55
115	640005134253	2013	0.112	0.58
123	640024142553	2014	0.111	0.46
123	640003151857	2015	0.111	0.58
123	640190154552	2015	0.111	0.41
123	640195160212	2016	0.111	0.51
123	640193173110	2017	0.111	0.55
123	640190141323	2014	0.111	0.35
123	640190157484	2015	0.111	0.40
130	640005175220	2017	0.110	0.54
130	640193173408	2017	0.110	0.56
130	640005154616	2015	0.110	0.60
130	640035138498	2013	0.110	0.58
130	640004177347	2017	0.110	0.55
130	640253170579	2017	0.110	0.59
130	643051098192	2009	0.110	0.49
130	640251175033	2017	0.110	0.47
130	640009090040	2009	0.110	0.58
139	640003152044	2015	0.109	0.56
139	640251175405	2017	0.109	0.54

续表

排名	牛号	出生年份	乳蛋白率 EBV/%	EBV 准确性
139	640190162796	2016	0.109	0.40
139	643052128805	2012	0.109	0.52
139	640190157409	2015	0.109	0.41
139	640251175367	2017	0.109	0.54
139	643052120801	2012	0.109	0.41
139	640190162446	2016	0.109	0.38
139	640004177288	2017	0.109	0.48
148	640193173632	2017	0.108	0.52
148	640193161648	2016	0.108	0.50
148	640251175398	2017	0.108	0.52
148	640193172342	2017	0.108	0.55
148	643052100802	2010	0.108	0.53
148	640190155879	2015	0.108	0.34
148	640064130694	2013	0.108	0.49
148	640251175300	2017	0.108	0.53
148	640193155093	2015	0.108	0.53
148	640173153502	2015	0.108	0.52
148	640193171784	2017	0.108	0.56
148	640097140128	2014	0.108	0.50
148	640190156048	2015	0.108	0.38
161	640190123976	2012	0.107	0.42
161	640005118003	2011	0.107	0.55
161	640173174526	2017	0.107	0.53
161	640005175129	2017	0.107	0.37
161	640178200460	2015	0.107	0.35
161	640190130033	2013	0.107	0.35
161	643052100820	2010	0.107	0.52
161	640195180023	2018	0.107	0.51

排名	牛号	出生年份	乳蛋白率 EBV/%	EBV 准确性
161	640190174529	2017	0.107	0.41
170	640005164716	2016	0.106	0.59
170	640003162119	2015	0.106	0.39
170	640251163886	2016	0.106	0.60
170	640005164939	2016	0.106	0.43
170	640012090198	2009	0.106	0.55
170	640190155437	2015	0.106	0.37
170	640012100242	2010	0.106	0.47
170	640010120465	2012	0.106	0.60
170	640003120302	2012	0.106	0.56
170	640011122454	2012	0.106	0.49
170	640005113671	2011	0.106	0.57
170	640193174264	2017	0.106	0.51
182	640251175299	2017	0.105	0.53
182	640009160936	2016	0.105	0.53
182	640173153700	2015	0.105	0.36
182	640253169901	2016	0.105	0.47
182	643052110103	2011	0.105	0.49
182	640190130217	2013	0.105	0.38
182	640190162443	2016	0.105	0.39
182	643052120907	2012	0.105	0.45
182	640251175498	2017	0.105	0.51
182	640009120175	2012	0.105	0.50
182	640251163640	2016	0.105	0.59
182	640036080679	2008	0.105	0.36
182	640003162404	2016	0.105	0.50
182	640202155620	2015	0.105	0.55
182	640004177351	2017	0.105	0.56

续表

排名	牛号	出生年份	乳蛋白率 EBV/%	EBV 准确性
182	640066105005	2010	0.105	0.37
198	640009150488	2020	0.104	0.56
198	640190155922	2015	0.104	0.47
198	640010120470	2012	0.104	0.61
198	640066156066	2015	0.104	0.51
198	640024142522	2014	0.104	0.44
198	640004136322	2013	0.104	0.58
198	640188120764	2012	0.104	0.56
198	643052110907	2011	0.104	0.49
198	640190123201	2012	0.104	0.50
198	640195171452	2017	0.104	0.54
198	640173172367	2017	0.104	0.38
198	640190155303	2015	0.104	0.35
198	643052100901	2010	0.104	0.55
211	640251163579	2016	0.103	0.54
211	640253171454	2017	0.103	0.49
211	640031100052	2010	0.103	0.53
211	640005164874	2016	0.103	0.49
211	640173172305	2017	0.103	0.26
211	640010120563	2012	0.103	0.58
211	640066112117	2011	0.103	0.36
211	640195170674	2017	0.103	0.54
219	640005175084	2017	0.102	0.41
219	640035160358	2016	0.102	0.52
219	640003131527	2013	0.102	0.59
219	640190156452	2015	0.102	0.50
219	640005144292	2014	0.102	0.59
219	640038090083	2009	0.102	0.38

排名	牛号	出生年份	乳蛋白率 EBV/%	EBV 准确性
219	640193161083	2016	0.102	0.48
219	643052100904	2010	0.102	0.54
219	640009150597	2015	0.102	0.56
219	640190157254	2015	0.102	0.42
219	643052121201	2012	0.102	0.49
219	640003131550	2013	0.102	0.53
219	640173174575	2017	0.102	0.56
219	640253171535	2017	0.102	0.52
219	640036140882	2014	0.102	0.45
219	643052100028	2010	0.102	0.51
219	640166099387	2009	0.102	0.61
219	640005144339	2014	0.102	0.53
219	640190128105	2012	0.102	0.33
219	640190182341	2018	0.102	0.48
239	640031110257	2011	0.101	0.60
239	640009140440	2014	0.101	0.48
239	640193173608	2017	0.101	0.56
239	640190123686	2012	0.101	0.39
239	640012090216	2009	0.101	0.39
239	640096110711	2011	0.101	0.56
239	640190134617	2013	0.101	0.35
239	640195160488	2016	0.101	0.51
239	640009160925	2016	0.101	0.47
239	640188110666	2011	0.101	0.52
239	640012120557	2012	0.101	0.59
239	640193172058	2017	0.101	0.49
251	640009161007	2016	0.100	0.45
251	640195160067	2016	0.100	0.51

排名	牛号	出生年份	乳蛋白率 EBV/%	EBV 准确性
251	640190139340	2013	0.100	0.35
251	640118090332	2009	0.100	0.53
251	640173163871	2016	0.100	0.50
251	640066121378	2012	0.100	0.44
251	640190141588	2014	0.100	0.36
251	640173152960	2015	0.100	0.37
251	640012090232	2009	0.100	0.43
251	640005175115	2017	0.100	0.46
251	640251174547	2017	0.100	0.46
251	640064130581	2013	0.100	0.49
251	640195170659	2017	0.100	0.52
251	640190157667	2015	0.100	0.40
251	640190174435	2017	0.100	0.37
251	640195150064	2015	0.100	0.52
251	640251175226	2017	0.100	0.51
251	640253171476	2017	0.100	0.55
251	640005134196	2013	0.100	0.56
251	640195150681	2015	0.100	0.52
251	640195170791	2017	0.100	0.57
272	640010110357	2011	0.099	0.61
272	640190090182	2009	0.099	0.39
272	640166120477	2012	0.099	0.58
272	640173152977	2015	0.099	0.55
272	640190157160	2015	0.099	0.40
272	640193170535	2017	0.099	0.40
272	643052121210	2012	0.099	0.47
272	640190155318	2015	0.099	0.53
272	640004177330	2017	0.099	0.54

排名	牛号	出生年份	乳蛋白率 EBV/%	EBV 准确性
272	640190172251	2017	0.099	0.43
272	640011122651	2012	0.099	0.39
272	640005093362	2003	0.099	0.52
284	640035160198	2016	0.098	0.49
284	640193150234	2015	0.098	0.53
284	640190130838	2013	0.098	0.46
284	640251163751	2016	0.098	0.56
284	640005144456	2014	0.098	0.60
284	640004126006	2012	0.098	0.59
284	640195150646	2015	0.098	0.53
284	640193170475	2017	0.098	0.39
284	643052100902	2010	0.098	0.57
284	640009140287	2014	0.098	0.57
284	640251174855	2017	0.098	0.46
284	643052110111	2011	0.098	0.47
296	640024132277	2013	0.097	0.58
296	640193156753	2015	0.097	0.54
296	640190131141	2013	0.097	0.35
296	643052100916	2010	0.097	0.55
296	640195160229	2016	0.097	0.50
296	640010110412	2011	0.097	0.61
296	640064130597	2013	0.097	0.50
296	640190141156	2014	0.097	0.42
296	640032110083	2011	0.097	0.54
296	640066112129	2011	0.097	0.32
296	640195160205	2016	0.097	0.51
296	640005154522	2015	0.097	0.57
296	640195172332	2017	0.097	0.32

续表

排名	牛号	出生年份	乳蛋白率 EBV/%	EBV 准确性
296	640190182085	2018	0.097	0.50
296	640193172084	2017	0.097	0.48
296	640190174819	2017	0.097	0.41
296	643052120707	2012	0.097	0.45
296	640251175271	2017	0.097	0.48
296	640195160211	2016	0.097	0.49
296	640190126385	2012	0.097	0.41
296	643052130805	2013	0.097	0.52
296	640253170885	2017	0.097	0.34
296	640136120023	2012	0.097	0.50
296	640195170650	2017	0.097	0.50
296	640118110127	2011	0.097	0.50
296	643052120706	2012	0.097	0.53
296	640253170730	2017	0.097	0.37
323	640010120565	2012	0.096	0.61
323	640251163781	2016	0.096	0.53
323	640118100258	2010	0.096	0.59
323	640024163128	2016	0.096	0.44
323	640195172019	2017	0.096	0.30
323	643052137705	2013	0.096	0.50
323	640251175067	2017	0.096	0.55
323	641009120727	2012	0.096	0.56
323	640173164139	2016	0.096	0.37
323	640195169089	2016	0.096	0.37
323	643052111109	2011	0.096	0.46
323	640251175337	2017	0.096	0.50
323	640251175426	2017	0.096	0.52
323	640005123916	2012	0.096	0.59

排名	牛号	出生年份	乳蛋白率 EBV/%	EBV 准确性
323	640193180125	2018	0.096	0.40
323	640035107702	2014	0.096	0.55
323	640195160147	2016	0.096	0.51
340	640009160857	2016	0.095	0.35
340	640066130120	2013	0.095	0.40
340	640009171125	2017	0.095	0.49
340	640195151084	2015	0.095	0.54
340	643052120702	2012	0.095	0.53
340	640024142455	2014	0.095	0.51
340	640193173182	2017	0.095	0.46
340	640195160064	2016	0.095	0.53
340	640009150687	2015	0.095	0.57
340	643052120912	2012	0.095	0.52
340	643052130214	2013	0.095	0.42
340	643052100808	2010	0.095	0.53
340	640009171286	2017	0.095	0.52
340	640178141055	2014	0.095	0.52
340	640009110094	2016	0.095	0.57
340	640190127981	2012	0.095	0.33
340	640036100957	2010	0.095	0.55
340	640251175518	2017	0.095	0.49
358	640173142529	2014	0.094	0.38
358	640202155635	2015	0.094	0.53
358	640253158506	2015	0.094	0.41
358	640003121294	2012	0.094	0.60
358	643052110105	2011	0.094	0.48
358	643052131201	2013	0.094	0.49
358	640195150387	2015	0.094	0.53

续表

排名	牛号	出生年份	乳蛋白率 EBV/%	EBV 准确性
358	640097120867	2012	0.094	0.58
358	640009150585	2015	0.094	0.58
358	640010120442	2012	0.094	0.59
358	640035170682	2017	0.094	0.54
358	640190141110	2014	0.094	0.53
358	640190160853	2016	0.094	0.32
358	640010120502	2012	0.094	0.60
358	640024132231	2013	0.094	0.48
358	640195160483	2016	0.094	0.51
358	640251175445	2017	0.094	0.51
358	640173152961	2015	0.094	0.51
358	640173152914	2015	0.094	0.53
358	641071090045	2009	0.094	0.61
358	640195160046	2016	0.094	0.51
358	640012090151	2009	0.094	0.43
358	640251175332	2017	0.094	0.52
358	640190160045	2016	0.094	0.38
382	640195172722	2017	0.093	0.29
382	640003162208	2016	0.093	0.44
382	640253169385	2016	0.093	0.48
382	640195151102	2015	0.093	0.53
382	640003151962	2015	0.093	0.55
382	640190123754	2012	0.093	0.39
382	640009150631	2015	0.093	0.58
382	640190131605	2013	0.093	0.35
382	640251175181	2017	0.093	0.53
382	640005144453	2014	0.093	0.57
382	640009150584	2015	0.093	0.57

排名	牛号	出生年份	乳蛋白率 EBV/%	EBV 准确性
382	643052130312	2013	0.093	0.48
382	640064092080	2009	0.093	0.42
382	640253169547	2016	0.093	0.52
382	640253171326	2017	0.093	0.53
382	640173162150	2016	0.093	0.56
382	640032122053	2012	0.093	0.47
382	640251175227	2017	0.093	0.50
382	640005175197	2017	0.093	0.51
382	640190130520	2013	0.093	0.54
382	640009160973	2016	0.093	0.49
382	640003141581	2014	0.093	0.55
382	640195169631	2016	0.093	0.46
382	643052100064	2010	0.093	0.51
382	643052130321	2013	0.093	0.44
382	640024142460	2014	0.093	0.55
382	640251175326	2017	0.093	0.54
382	640190160037	2016	0.093	0.42
382	640251159124	2015	0.093	0.50
382	640096120767	2012	0.093	0.59
382	640190160386	2016	0.093	0.40
382	640195160362	2016	0.093	0.46
382	640012110459	2011	0.093	0.59
382	640253171527	2017	0.093	0.53
416	640190156357	2015	0.092	0.40
416	640190127851	2012	0.092	0.37
416	640190175253	2017	0.092	0.38
416	640066156206	2015	0.092	0.41
416	640005134243	2013	0.092	0.57

续表

排名	牛号	出生年份	乳蛋白率 EBV/%	EBV 准确性
416	640190130870	2013	0.092	0.54
416	640195150910	2015	0.092	0.52
416	640190127659	2012	0.092	0.31
416	640190163307	2016	0.092	0.41
416	640202155597	2015	0.092	0.55
416	640010120469	2012	0.092	0.60
416	640005175000	2017	0.092	0.43
416	640195169726	2016	0.092	0.39
416	640009160807	2016	0.092	0.44
416	640024142654	2015	0.092	0.56
416	640178200341	2015	0.092	0.47
416	640005175215	2017	0.092	0.55
416	640251175209	2017	0.092	0.55
434	640251175002	2017	0.091	0.47
434	640004174021	2017	0.091	0.34
434	640064110032	2011	0.091	0.42
434	640190156652	2015	0.091	0.32
434	643052110206	2011	0.091	0.48
434	640178130074	2013	0.091	0.34
434	640173184714	2018	0.091	0.46
434	640251175452	2017	0.091	0.54
434	640180150737	2015	0.091	0.34
434	640173163840	2016	0.091	0.52
434	640003111150	2011	0.091	0.60
434	640190160924	2016	0.091	0.42
434	640251174861	2017	0.091	0.46
434	640003152076	2015	0.091	0.55
434	640193155978	2015	0.091	0.55

排名	牛号	出生年份	乳蛋白率 EBV/%	EBV 准确性
434	640009150660	2015	0.091	0.61
434	640173184745	2018	0.091	0.51
434	640193155047	2015	0.091	0.51
434	640195169134	2016	0.091	0.52
453	640010100145	2010	0.090	0.49
453	640009120174	2012	0.090	0.57
453	640202155621	2015	0.090	0.55
453	64018013M050	2013	0.090	0.52
453	643052100714	2010	0.090	0.55
453	640173163944	2016	0.090	0.35
453	640009160765	2016	0.090	0.57
453	640005154665	2015	0.090	0.47
453	640251175018	2017	0.090	0.47
453	640190173495	2017	0.090	0.40
453	640190138530	2013	0.090	0.34
453	640188110675	2011	0.090	0.54
453	640005175205	2017	0.090	0.55
453	640193155973	2015	0.090	0.57
453	643052120309	2012	0.090	0.52
453	640190132187	2013	0.090	0.31
453	640195150014	2015	0.090	0.54
453	640202155669	2015	0.090	0.49
471	640118110124	2011	0.089	0.50
471	640190155646	2015	0.089	0.54
471	640011131308	2013	0.089	0.54
471	640005175023	2017	0.089	0.51
471	640193180578	2018	0.089	0.50
471	640096120765	2012	0.089	0.55

续表

排名	牛号	出生年份	乳蛋白率 EBV/%	EBV 准确性
471	640190160092	2016	0.089	0.38
471	640004184446	2018	0.089	0.32
471	640004105700	2010	0.089	0.57
471	640195171464	2017	0.089	0.53
471	640005175167	2017	0.089	0.52
471	640193156853	2015	0.089	0.51
471	640193173094	2017	0.089	0.56
471	640195171394	2017	0.089	0.55
471	640251164076	2016	0.089	0.57
471	640190171973	2017	0.089	0.38
471	640251163474	2016	0.089	0.52
471	640009150729	2015	0.089	0.60
471	640009160738	2016	0.089	0.58
471	640253159169	2015	0.089	0.54
471	640201165967	2016	0.089	0.33
471	640003162191	2016	0.089	0.55
471	640253160014	2016	0.089	0.54
471	640201165844	2016	0.089	0.33
471	640003162134	2014	0.089	0.55
471	640193154966	2015	0.089	0.52
471	640173184697	2018	0.089	0.40
471	640009140308	2014	0.089	0.55
471	640251185750	2018	0.089	0.55
500	640190142474	2014	0.088	0.33

附表 4　全宁夏体细胞评分 EBV 排名前 500 名母牛

排名	牛号	出生年份	体细胞评分 EBV/分 [体细胞数/(个·mL⁻¹)]	EBV 准确性
1	640097110523	2011	−0.19(10 939)	0.45
2	640007100895	2010	−0.18(11 024)	0.46
2	640097140076	2014	−0.18(11 025)	0.33
4	640166109791	2010	−0.17(11 051)	0.50
4	640097110548	2011	−0.17(11 059)	0.39
4	640166109731	2010	−0.17(11 064)	0.49
4	640004109699	2010	−0.17(11 078)	0.48
4	640010090067	2009	−0.17(11 091)	0.52
4	643052140216	2014	−0.17(11 093)	0.40
4	640097140233	2014	−0.17(11 096)	0.53
4	640166109757	2010	−0.17(11 099)	0.49
12	640097110502	2011	−0.16(11 122)	0.52
12	640166120345	2012	−0.16(11 123)	0.51
12	643052110617	2011	−0.16(11 124)	0.44
12	640195171419	2017	−0.16(11 133)	0.47
12	640166119967	2011	−0.16(11 147)	0.43
12	640166161867	2016	−0.16(11 152)	0.52
12	640096100600	2010	−0.16(11 157)	0.47
12	640031120330	2012	−0.16(11 162)	0.55
12	643051140374	2014	−0.16(11 164)	0.38
12	640010120565	2012	−0.16(11 167)	0.55
12	640097130056	2013	−0.16(11 173)	0.34
12	640036101095	2010	−0.16(11 183)	0.46
12	640166109798	2010	−0.16(11 187)	0.48
25	640010091709	2009	−0.15(11 190)	0.53
25	640166130835	2013	−0.15(11 196)	0.44
25	640010091715	2009	−0.15(11 201)	0.49
25	640035117967	2011	−0.15(11 202)	0.49

续表

排名	牛号	出生年份	体细胞评分 EBV/分 [体细胞数/(个·mL⁻¹)]	EBV 准确性
25	640035107764	2010	−0.15(11 205)	0.37
25	640031090482	2009	−0.15(11 205)	0.50
25	640166109694	2010	−0.15(11 206)	0.45
25	640096100590	2010	−0.15(11 211)	0.43
25	640031100024	2010	−0.15(11 215)	0.54
25	640031120277	2012	−0.15(11 215)	0.55
25	640195171439	2017	−0.15(11 216)	0.46
25	640031130393	2013	−0.15(11 223)	0.55
25	640010110412	2011	−0.15(11 227)	0.55
25	640195171067	2017	−0.15(11 229)	0.47
25	640035107678	2010	−0.15(11 229)	0.48
25	640010110357	2011	−0.15(11 231)	0.56
25	640195171331	2017	−0.15(11 239)	0.46
25	640166120311	2012	−0.15(11 244)	0.49
25	640097110507	2011	−0.15(11 246)	0.55
25	640031120281	2012	−0.15(11 253)	0.55
25	640195171367	2017	−0.15(11 264)	0.46
46	640035148702	2014	−0.14(11 268)	0.49
46	640097110525	2011	−0.14(11 268)	0.40
46	640032101228	2010	−0.14(11 269)	0.45
46	640195170775	2017	−0.14(11 272)	0.47
46	640035141157	2014	−0.14(11 272)	0.47
46	640004109719	2010	−0.14(11 281)	0.45
46	640166109725	2010	−0.14(11 281)	0.49
46	640031090474	2009	−0.14(11 283)	0.50
46	640195160062	2016	−0.14(11 286)	0.41
46	640097110542	2011	−0.14(11 291)	0.45
46	640007080776	2008	−0.14(11 292)	0.42

排名	牛号	出生年份	体细胞评分 EBV/分 [体细胞数/(个·mL⁻¹)]	EBV 准确性
46	640007090716	2009	$-0.14(11\ 292)$	0.45
46	640005109750	2010	$-0.14(11\ 292)$	0.46
46	640166109785	2010	$-0.14(11\ 293)$	0.47
46	640031090475	2009	$-0.14(11\ 294)$	0.50
46	640035087365	2007	$-0.14(11\ 295)$	0.52
46	640166119941	2011	$-0.14(11\ 298)$	0.43
46	640031130500	2013	$-0.14(11\ 299)$	0.39
46	640195170674	2017	$-0.14(11\ 301)$	0.50
46	640166109735	2010	$-0.14(11\ 304)$	0.48
46	640003120302	2012	$-0.14(11\ 304)$	0.48
46	640035148716	2014	$-0.14(11\ 307)$	0.46
46	640097110534	2011	$-0.14(11\ 310)$	0.42
46	640031100078	2010	$-0.14(11\ 310)$	0.51
46	640166161868	2016	$-0.14(11\ 310)$	0.54
46	640166109685	2010	$-0.14(11\ 312)$	0.46
46	640096100572	2010	$-0.14(11\ 314)$	0.42
46	640035148807	2014	$-0.14(11\ 314)$	0.48
46	640166109772	2010	$-0.14(11\ 319)$	0.48
46	640166130761	2013	$-0.14(11\ 324)$	0.54
46	640035148796	2014	$-0.14(11\ 327)$	0.48
46	640166151424	2015	$-0.14(11\ 330)$	0.48
46	640097140077	2014	$-0.14(11\ 330)$	0.35
46	640010100149	2010	$-0.14(11\ 332)$	0.40
46	640010120453	2012	$-0.14(11\ 334)$	0.55
46	640004109739	2010	$-0.14(11\ 335)$	0.47
46	640195171452	2017	$-0.14(11\ 336)$	0.48
46	640035107685	2010	$-0.14(11\ 339)$	0.48
46	640166120638	2012	$-0.14(11\ 342)$	0.55

续表

排名	牛号	出生年份	体细胞评分 EBV/分 [体细胞数/(个·mL⁻¹)]	EBV 准确性
46	640195171166	2017	$-0.14(11\ 343)$	0.47
86	640003110867	2011	$-0.13(11\ 352)$	0.43
86	640195171444	2017	$-0.13(11\ 352)$	0.47
86	640097110531	2011	$-0.13(11\ 352)$	0.46
86	643051116058	2011	$-0.13(11\ 353)$	0.45
86	640166109742	2010	$-0.13(11\ 354)$	0.46
86	640035148768	2014	$-0.13(11\ 354)$	0.49
86	640035109754	2010	$-0.13(11\ 355)$	0.47
86	640035128078	2012	$-0.13(11\ 357)$	0.48
86	640166109701	2010	$-0.13(11\ 358)$	0.44
86	640097100352	2010	$-0.13(11\ 361)$	0.47
86	640195171307	2017	$-0.13(11\ 362)$	0.47
86	640032110109	2011	$-0.13(11\ 365)$	0.46
86	640195171386	2017	$-0.13(11\ 366)$	0.46
86	640031110096	2011	$-0.13(11\ 369)$	0.52
86	640035138488	2013	$-0.13(11\ 369)$	0.52
86	640166151433	2015	$-0.13(11\ 369)$	0.49
86	640166109720	2010	$-0.13(11\ 371)$	0.45
86	640010090018	2009	$-0.13(11\ 375)$	0.49
86	640035128097	2012	$-0.13(11\ 375)$	0.48
86	643051130169	2013	$-0.13(11\ 376)$	0.50
86	640011101246	2010	$-0.13(11\ 377)$	0.42
86	640035107717	2010	$-0.13(11\ 379)$	0.45
86	640035138473	2013	$-0.13(11\ 379)$	0.52
86	640035148791	2014	$-0.13(11\ 381)$	0.48
86	640096110624	2011	$-0.13(11\ 390)$	0.42
86	640031110257	2011	$-0.13(11\ 394)$	0.55
86	640035148798	2014	$-0.13(11\ 394)$	0.45

排名	牛号	出生年份	体细胞评分 EBV/分 [体细胞数/(个·mL⁻¹)]	EBV 准确性
86	640166151457	2015	−0.13(11 395)	0.48
86	640166130739	2013	−0.13(11 395)	0.53
86	640195170282	2017	−0.13(11 395)	0.47
86	640011101266	2010	−0.13(11 396)	0.43
86	640251163799	2016	−0.13(11 396)	0.49
86	640066111025	2011	−0.13(11 397)	0.44
86	640011081406	2008	−0.13(11 397)	0.48
86	640035138486	2013	−0.13(11 399)	0.52
86	640195171391	2017	−0.13(11 400)	0.47
86	640166119911	2011	−0.13(11 402)	0.42
86	640035148797	2014	−0.13(11 405)	0.50
86	640166119948	2011	−0.13(11 407)	0.44
86	640166119994	2011	−0.13(11 408)	0.49
86	640195170082	2017	−0.13(11 409)	0.47
86	640010120427	2012	−0.13(11 412)	0.54
86	640032101229	2010	−0.13(11 413)	0.44
86	640195170466	2017	−0.13(11 414)	0.46
86	640035148741	2014	−0.13(11 415)	0.48
86	640035097402	2007	−0.13(11 415)	0.52
86	640035097405	2007	−0.13(11 417)	0.54
86	640251185750	2018	−0.13(11 417)	0.48
86	640195171238	2017	−0.13(11 419)	0.47
86	640011091944	2009	−0.13(11 420)	0.42
86	640003090729	2009	−0.13(11 421)	0.51
86	643052140317	2014	−0.13(11 422)	0.36
138	640195160133	2016	−0.12(11 422)	0.40
138	640166141206	2014	−0.12(11 424)	0.44
138	640166120729	2012	−0.12(11 424)	0.55

续表

排名	牛号	出生年份	体细胞评分 EBV/分 [体细胞数/(个·mL⁻¹)]	EBV 准确性
138	640166109858	2010	−0.12（11 424）	0.46
138	640166089178	2008	−0.12（11 424）	0.55
138	640035148735	2014	−0.12（11 424）	0.44
138	640251163947	2016	−0.12（11 425）	0.48
138	640010130567	2013	−0.12（11 427）	0.55
138	640166120710	2012	−0.12（11 428）	0.54
138	640173162164	2016	−0.12（11 428）	0.48
138	640195160016	2016	−0.12（11 429）	0.42
138	640031100019	2010	−0.12（11 430）	0.50
138	640004109729	2010	−0.12（11 430）	0.46
138	640166151426	2015	−0.12（11 431）	0.45
138	640031110141	2011	−0.12（11 434）	0.52
138	640097110642	2011	−0.12（11 435）	0.40
138	640004136404	2013	−0.12（11 435）	0.34
138	640007100926	2010	−0.12（11 438）	0.41
138	640173090649	2009	−0.12（11 439）	0.41
138	640195160128	2016	−0.12（11 440）	0.40
138	640009110094	2016	−0.12（11 440）	0.48
138	640188120783	2012	−0.12（11 441）	0.50
138	640166109681	2010	−0.12（11 444）	0.48
138	640010120556	2012	−0.12（11 445）	0.54
138	640195160046	2016	−0.12（11 448）	0.40
138	640097110483	2011	−0.12（11 449）	0.50
138	640010091717	2009	−0.12（11 451）	0.52
138	640005107689	2010	−0.12（11 451）	0.49
138	640166119908	2011	−0.12（11 452）	0.42
138	640166141366	2014	−0.12（11 454）	0.56
138	640007100910	2010	−0.12（11 454）	0.43

排名	牛号	出生年份	体细胞评分 EBV/分 [体细胞数/(个·mL⁻¹)]	EBV 准确性
138	640097130945	2013	−0.12(11 455)	0.54
138	640011101233	2010	−0.12(11 456)	0.42
138	640009090040	2009	−0.12(11 457)	0.50
138	640166109782	2010	−0.12(11 457)	0.46
138	640195160236	2016	−0.12(11 457)	0.41
138	640004161545	2016	−0.12(11 459)	0.50
138	640010120470	2012	−0.12(11 460)	0.55
138	640166120642	2012	−0.12(11 460)	0.56
138	640010120423	2012	−0.12(11 462)	0.55
138	640166151490	2015	−0.12(11 462)	0.49
138	640010120449	2012	−0.12(11 463)	0.55
138	640195160058	2016	−0.12(11 463)	0.41
138	640032110083	2011	−0.12(11 465)	0.45
138	640195160188	2016	−0.12(11 467)	0.40
138	640195170446	2017	−0.12(11 468)	0.46
138	640166109712	2010	−0.12(11 468)	0.48
138	643052110805	2011	−0.12(11 470)	0.40
138	640064090207	2009	−0.12(11 471)	0.35
138	640013100456	2010	−0.12(11 473)	0.42
138	640097100327	2010	−0.12(11 474)	0.50
138	640166120647	2012	−0.12(11 476)	0.55
138	640166130734	2013	−0.12(11 480)	0.52
138	640118120179	2012	−0.12(11 481)	0.55
138	640035138442	2013	−0.12(11 482)	0.49
138	640251163748	2016	−0.12(11 483)	0.47
138	640010120544	2012	−0.12(11 483)	0.55
138	640166120692	2012	−0.12(11 484)	0.53
138	643052130505	2013	−0.12(11 484)	0.29

续表

排名	牛号	出生年份	体细胞评分 EBV/分 [体细胞数/(个·mL⁻¹)]	EBV 准确性
138	643052110615	2011	−0.12(11 484)	0.41
138	640032101252	2010	−0.12(11 485)	0.44
138	640035118007	2011	−0.12(11 488)	0.49
138	640195150014	2015	−0.12(11 490)	0.42
138	640096100601	2010	−0.12(11 490)	0.43
138	640195171445	2017	−0.12(11 490)	0.46
138	640166109802	2010	−0.12(11 491)	0.47
138	640004109709	2010	−0.12(11 491)	0.45
138	640035148681	2014	−0.12(11 492)	0.49
138	640166109682	2010	−0.12(11 494)	0.48
138	640195170210	2017	−0.12(11 496)	0.46
138	640010091683	2009	−0.12(11 497)	0.50
138	640166119962	2011	−0.12(11 497)	0.41
138	640031090477	2009	−0.12(11 497)	0.51
138	640173162010	2016	−0.12(11 498)	0.50
138	640195160234	2016	−0.12(11 499)	0.40
138	640195170439	2017	−0.12(11 499)	0.47
138	643052140209	2014	−0.12(11 499)	0.40
138	640166110275	2011	−0.12(11 499)	0.48
138	640195160217	2016	−0.12(11 502)	0.42
217	640173090704	2009	−0.11(11 502)	0.43
217	640188120772	2012	−0.11(11 503)	0.51
217	640035107727	2010	−0.11(11 505)	0.40
217	640035107722	2010	−0.11(11 505)	0.43
217	640035148789	2014	−0.11(11 505)	0.47
217	640251185779	2018	−0.11(11 506)	0.37
217	640195160012	2016	−0.11(11 507)	0.41
217	640166151494	2015	−0.11(11 507)	0.49

排名	牛号	出生年份	体细胞评分 EBV/分 [体细胞数/(个·mL⁻¹)]	EBV 准确性
217	640011112261	2011	−0.11(11 507)	0.48
217	640166151470	2015	−0.11(11 508)	0.47
217	640036101063	2010	−0.11(11 508)	0.42
217	640035117965	2011	−0.11(11 508)	0.48
217	640166110151	2011	−0.11(11 509)	0.46
217	640166119915	2011	−0.11(11 510)	0.40
217	640035150109	2015	−0.11(11 510)	0.56
217	640195170468	2017	−0.11(11 510)	0.47
217	640195160224	2016	−0.11(11 510)	0.40
217	640010110302	2011	−0.11(11 511)	0.52
217	643051111502	2011	−0.11(11 511)	0.45
217	640173090680	2009	−0.11(11 511)	0.46
217	640166109767	2010	−0.11(11 513)	0.49
217	640096120718	2012	−0.11(11 513)	0.40
217	640195160083	2016	−0.11(11 514)	0.40
217	640097130027	2013	−0.11(11 514)	0.49
217	640253171502	2017	−0.11(11 515)	0.48
217	640010120494	2012	−0.11(11 516)	0.54
217	640173090648	2009	−0.11(11 516)	0.43
217	640195160045	2016	−0.11(11 517)	0.40
217	640035160257	2016	−0.11(11 517)	0.47
217	643052121010	2012	−0.11(11 518)	0.31
217	640097110606	2011	−0.11(11 518)	0.40
217	640003110287	2011	−0.11(11 518)	0.49
217	640009110096	2016	−0.11(11 519)	0.46
217	640035097395	2007	−0.11(11 520)	0.49
217	640251163696	2016	−0.11(11 521)	0.48
217	640195160205	2016	−0.11(11 523)	0.40

续表

排名	牛号	出生年份	体细胞评分 EBV/分 [体细胞数/(个·mL⁻¹)]	EBV 准确性
217	640010120442	2012	−0.11(11 524)	0.54
217	640031080316	2008	−0.11(11 525)	0.48
217	640251163639	2016	−0.11(11 528)	0.47
217	640011081380	2008	−0.11(11 528)	0.48
217	640003090726	2009	−0.11(11 529)	0.53
217	640035128080	2012	−0.11(11 529)	0.44
217	640251185724	2018	−0.11(11 531)	0.45
217	640166151435	2015	−0.11(11 532)	0.46
217	640096110715	2011	−0.11(11 532)	0.40
217	640010120466	2012	−0.11(11 533)	0.55
217	640187111610	2011	−0.11(11 533)	0.43
217	640036111177	2011	−0.11(11 535)	0.38
217	640166109727	2010	−0.11(11 535)	0.48
217	643051160929	2016	−0.11(11 537)	0.41
217	640032101208	2010	−0.11(11 537)	0.42
217	640251175205	2017	−0.11(11 538)	0.47
217	640193156703	2015	−0.11(11 540)	0.48
217	640251164389	2016	−0.11(11 540)	0.44
217	640251163745	2016	−0.11(11 540)	0.48
217	640035138464	2013	−0.11(11 540)	0.51
217	640253169812	2016	−0.11(11 541)	0.48
217	640031110264	2011	−0.11(11 544)	0.49
217	640195170791	2017	−0.11(11 544)	0.50
217	640166120288	2012	−0.11(11 545)	0.49
217	640166109741	2010	−0.11(11 545)	0.44
217	640195160112	2016	−0.11(11 546)	0.40
217	643051130097	2013	−0.11(11 546)	0.50
217	640118130242	2013	−0.11(11 546)	0.55

排名	牛号	出生年份	体细胞评分 EBV/分 [体细胞数/(个·mL⁻¹)]	EBV 准确性
217	640251163735	2016	−0.11(11 546)	0.47
217	640032101253	2010	−0.11(11 547)	0.44
217	640003162163	2016	−0.11(11 548)	0.48
217	640036101094	2010	−0.11(11 548)	0.45
217	640166109751	2010	−0.11(11 549)	0.45
217	640166151519	2015	−0.11(11 550)	0.48
217	640178141942	2014	−0.11(11 552)	0.40
217	640166130842	2013	−0.11(11 553)	0.53
217	643051116385	2012	−0.11(11 555)	0.36
217	640193156702	2015	−0.11(11 555)	0.47
217	640010081591	2008	−0.11(11 556)	0.50
217	640004146476	2014	−0.11(11 556)	0.41
217	640195160074	2016	−0.11(11 557)	0.41
217	640166109708	2010	−0.11(11 557)	0.47
217	643051123269	2012	−0.11(11 557)	0.41
217	640180114035	2011	−0.11(11 557)	0.50
217	643052131107	2013	−0.11(11 558)	0.37
217	640195160153	2016	−0.11(11 559)	0.41
217	640166151474	2015	−0.11(11 560)	0.44
217	640031080394	2008	−0.11(11 560)	0.49
217	640180100204	2010	−0.11(11 561)	0.50
217	640024163150	2016	−0.11(11 561)	0.49
217	641009100989	2010	−0.11(11 562)	0.52
217	640035170820	2017	−0.11(11 563)	0.41
217	640166141108	2014	−0.11(11 564)	0.56
217	640064091604	2009	−0.11(11 564)	0.26
217	640004109799	2010	−0.11(11 565)	0.47
217	640035160233	2016	−0.11(11 565)	0.45

排名	牛号	出生年份	体细胞评分 EBV/分 [体细胞数/(个·mL⁻¹)]	EBV 准确性
217	640097110605	2011	−0.11（11 566）	0.42
217	640102080448	2009	−0.11（11 567）	0.28
217	640004136379	2013	−0.11（11 568）	0.36
217	640166119927	2011	−0.11（11 568）	0.39
217	640032080449	2008	−0.11（11 568）	0.32
217	640195160077	2016	−0.11（11 569）	0.39
217	640166099257	2009	−0.11（11 569）	0.48
217	640166109740	2010	−0.11（11 570）	0.43
217	640007100889	2010	−0.11（11 570）	0.43
217	643051118423	2011	−0.11（11 570）	0.39
217	640036111215	2011	−0.11（11 571）	0.36
217	640166151406	2015	−0.11（11 572）	0.48
217	640005113832	2011	−0.11（11 573）	0.48
217	640004115925	2013	−0.11（11 573）	0.49
217	640031110256	2011	−0.11（11 573）	0.49
217	640003120337	2012	−0.11（11 574）	0.49
217	640097120840	2012	−0.11（11 574）	0.45
217	640032110120	2011	−0.11（11 575）	0.46
217	640036120056	2012	−0.11（11 575）	0.36
217	640035148771	2014	−0.11（11 576）	0.50
217	640195160052	2016	−0.11（11 576）	0.41
217	640166151477	2015	−0.11（11 577）	0.43
217	640253169705	2016	−0.11（11 578）	0.49
217	640118110036	2011	−0.11（11 579）	0.54
217	640066111065	2011	−0.11（11 580）	0.42
217	640005154536	2015	−0.11（11 580）	0.54
217	640064100019	2010	−0.11（11 581）	0.49
336	640166141047	2014	−0.10（11 585）	0.39

排名	牛号	出生年份	体细胞评分 EBV/分 [体细胞数/(个·mL⁻¹)]	EBV 准确性
336	640178110836	2011	−0.10(11 586)	0.40
336	640195160019	2016	−0.10(11 586)	0.41
336	640003120307	2012	−0.10(11 587)	0.46
336	640195160211	2016	−0.10(11 588)	0.39
336	640035148774	2014	−0.10(11 589)	0.43
336	640035107723	2010	−0.10(11 589)	0.48
336	640166109714	2010	−0.10(11 590)	0.47
336	640031090489	2009	−0.10(11 590)	0.49
336	640009110038	2011	−0.10(11 591)	0.35
336	640096090462	2009	−0.10(11 592)	0.30
336	640031120045	2012	−0.10(11 592)	0.27
336	640097110591	2011	−0.10(11 592)	0.40
336	640195171449	2017	−0.10(11 592)	0.46
336	640035148709	2014	−0.10(11 592)	0.48
336	640193156445	2015	−0.10(11 593)	0.47
336	640166099212	2009	−0.10(11 593)	0.53
336	640253169663	2016	−0.10(11 593)	0.47
336	640097090319	2009	−0.10(11 593)	0.50
336	640202155456	2015	−0.10(11 594)	0.48
336	640195160218	2016	−0.10(11 594)	0.41
336	640010120497	2012	−0.10(11 595)	0.54
336	640010110312	2011	−0.10(11 595)	0.54
336	643051108553	2010	−0.10(11 596)	0.46
336	643052120907	2012	−0.10(11 596)	0.30
336	640035170689	2017	−0.10(11 596)	0.33
336	640035097394	2006	−0.10(11 597)	0.52
336	640166130800	2013	−0.10(11 597)	0.52
336	640166141155	2014	−0.10(11 597)	0.44

排名	牛号	出生年份	体细胞评分 EBV/分 [体细胞数/(个·mL⁻¹)]	EBV 准确性
336	640009110087	2015	−0.10(11 598)	0.44
336	640009110047	2011	−0.10(11 598)	0.44
336	643051130179	2013	−0.10(11 598)	0.29
336	640009120168	2012	−0.10(11 599)	0.44
336	640003090719	2009	−0.10(11 599)	0.52
336	640173090688	2009	−0.10(11 601)	0.42
336	640187101285	2010	−0.10(11 601)	0.37
336	640195160212	2016	−0.10(11 603)	0.40
336	640166130736	2013	−0.10(11 604)	0.52
336	640005097419	2009	−0.10(11 606)	0.53
336	640010100190	2010	−0.10(11 606)	0.40
336	640166119926	2011	−0.10(11 607)	0.43
336	640010120469	2012	−0.10(11 607)	0.55
336	640195160099	2016	−0.10(11 608)	0.41
336	640166119977	2011	−0.10(11 608)	0.43
336	640031080425	2008	−0.10(11 608)	0.51
336	640253169722	2016	−0.10(11 609)	0.47
336	640166151478	2015	−0.10(11 610)	0.43
336	640097110541	2011	−0.10(11 611)	0.41
336	640096090464	2009	−0.10(11 611)	0.32
336	640004177338	2017	−0.10(11 611)	0.48
336	640166141121	2014	−0.10(11 612)	0.43
336	640031090502	2009	−0.10(11 612)	0.52
336	640036101067	2010	−0.10(11 613)	0.46
336	640195160064	2016	−0.10(11 613)	0.42
336	640035107768	2010	−0.10(11 613)	0.39
336	640035148616	2014	−0.10(11 614)	0.56
336	640166161865	2016	−0.10(11 614)	0.51

排名	牛号	出生年份	体细胞评分 EBV/分 [体细胞数/(个·mL⁻¹)]	EBV 准确性
336	640031110231	2011	−0.10(11 616)	0.52
336	640166141156	2014	−0.10(11 617)	0.43
336	640009110049	2011	−0.10(11 618)	0.46
336	640166141071	2014	−0.10(11 619)	0.56
336	640195171467	2017	−0.10(11 619)	0.48
336	640195170086	2017	−0.10(11 620)	0.46
336	640253159099	2015	−0.10(11 621)	0.47
336	640195160067	2016	−0.10(11 622)	0.40
336	640253169796	2016	−0.10(11 622)	0.47
336	640195170671	2017	−0.10(11 622)	0.47
336	640251163746	2016	−0.10(11 622)	0.48
336	640195160183	2016	−0.10(11 623)	0.41
336	640003131387	2013	−0.10(11 623)	0.54
336	643052110707	2011	−0.10(11 623)	0.44
336	640035160237	2016	−0.10(11 624)	0.46
336	640166110135	2011	−0.10(11 624)	0.38
336	640193161295	2016	−0.10(11 625)	0.48
336	640009130057	2013	−0.10(11 625)	0.32
336	640064090215	2009	−0.10(11 625)	0.32
336	640166099222	2009	−0.10(11 625)	0.46
336	640007100718	2010	−0.10(11 626)	0.43
336	640031110199	2011	−0.10(11 626)	0.52
336	640035138329	2013	−0.10(11 626)	0.54
336	640253169607	2016	−0.10(11 626)	0.48
336	640031110097	2011	−0.10(11 626)	0.52
336	640166141079	2014	−0.10(11 626)	0.56
336	640096100605	2010	−0.10(11 628)	0.42
336	640166161874	2016	−0.10(11 628)	0.53

排名	牛号	出生年份	体细胞评分 EBV/分 [体细胞数/(个·mL⁻¹)]	EBV 准确性
336	640035138489	2013	−0.10(11 630)	0.52
336	640251163694	2016	−0.10(11 631)	0.48
336	640184111482	2011	−0.10(11 631)	0.47
336	640096100603	2010	−0.10(11 631)	0.42
336	640035087381	2006	−0.10(11 631)	0.52
336	640188110690	2011	−0.10(11 632)	0.40
336	640011122698	2012	−0.10(11 632)	0.43
336	640005103608	2010	−0.10(11 632)	0.46
336	640251163967	2016	−0.10(11 633)	0.48
336	640195160042	2016	−0.10(11 633)	0.40
336	640166120340	2012	−0.10(11 633)	0.45
336	640096080410	2008	−0.10(11 633)	0.46
336	640166120671	2012	−0.10(11 634)	0.56
336	640004120948	2016	−0.10(11 634)	0.40
336	640253171511	2017	−0.10(11 634)	0.44
336	640166110285	2011	−0.10(11 634)	0.46
336	640118110004	2011	−0.10(11 634)	0.55
336	640031110182	2011	−0.10(11 635)	0.53
336	640005123952	2012	−0.10(11 635)	0.55
336	640166151753	2015	−0.10(11 636)	0.47
336	640202161402	2016	−0.10(11 637)	0.50
336	640253169801	2016	−0.10(11 637)	0.48
336	640253169829	2016	−0.10(11 637)	0.47
336	640010110342	2011	−0.10(11 638)	0.53
336	640064120419	2012	−0.10(11 638)	0.43
336	640036111127	2011	−0.10(11 639)	0.43
336	640166141345	2014	−0.10(11 639)	0.56
336	64018010F930	2010	−0.10(11 640)	0.37

排名	牛号	出生年份	体细胞评分 EBV/分 [体细胞数/(个·mL⁻¹)]	EBV 准确性
336	640035109745	2010	−0.10(11 640)	0.46
336	640202161826	2016	−0.10(11 641)	0.41
336	640188120735	2012	−0.10(11 643)	0.40
336	640035107683	2010	−0.10(11 643)	0.50
336	640035148788	2014	−0.10(11 643)	0.49
336	640251185752	2018	−0.10(11 644)	0.42
336	640035087384	2004	−0.10(11 644)	0.51
336	640166151411	2015	−0.10(11 644)	0.51
336	640251175243	2017	−0.10(11 645)	0.44
336	640251163798	2016	−0.10(11 645)	0.47
336	640009140281	2014	−0.10(11 646)	0.47
336	640004187459	2018	−0.10(11 646)	0.45
336	640166119968	2011	−0.10(11 647)	0.41
336	643052130218	2013	−0.10(11 647)	0.32
336	640253169815	2016	−0.10(11 648)	0.47
336	640004120941	2016	−0.10(11 649)	0.41
336	640166109795	2010	−0.10(11 649)	0.49
336	640180101030	2010	−0.10(11 650)	0.49
336	640003110132	2011	−0.10(11 650)	0.46
336	640035148790	2014	−0.10(11 650)	0.45
336	640010090118	2009	−0.10(11 652)	0.50
336	640166099274	2009	−0.10(11 652)	0.45
336	640004121008	2012	−0.10(11 652)	0.43
336	640166120686	2012	−0.10(11 652)	0.52
336	640035148753	2014	−0.10(11 653)	0.44
336	640032110082	2011	−0.10(11 653)	0.43
336	640032111042	2011	−0.10(11 654)	0.49
336	640011081498	2008	−0.10(11 655)	0.38

续表

排名	牛号	出生年份	体细胞评分 EBV/分 [体细胞数/(个·mL⁻¹)]	EBV 准确性
336	640032101240	2010	−0.10（11 656）	0.45
336	640005117946	2011	−0.10（11 656）	0.48
336	640066111243	2011	−0.10（11 657）	0.26
336	640035148776	2014	−0.10（11 657）	0.48
336	640102110683	2011	−0.10（11 658）	0.48
336	643051150604	2015	−0.10（11 658）	0.36
336	640202161875	2016	−0.10（11 658）	0.40
336	640166120707	2012	−0.10（11 659）	0.51
336	640009130098	2013	−0.10（11 659）	0.31
336	640178141327	2014	−0.10（11 659）	0.50
336	640007100908	2010	−0.10（11 659）	0.42
336	640251163768	2016	−0.10（11 659）	0.48
336	640166120654	2012	−0.10（11 660）	0.54
336	640031110195	2011	−0.10（11 661）	0.52
336	640166141091	2014	−0.10（11 661）	0.54
336	640251163760	2016	−0.10（11 661）	0.48
336	640253169706	2016	−0.10（11 662）	0.47
336	640031130400	2013	−0.10（11 662）	0.50
336	640004161328	2016	−0.10（11 662）	0.47
496	640031120284	2012	−0.09（11 663）	0.51
496	640178110027	2011	−0.09（11 663）	0.45
496	640193156509	2015	−0.09（11 663）	0.49
496	640166141072	2014	−0.09（11 664）	0.38
496	640166120711	2012	−0.09（11 664）	0.52

附表 5　全宁夏体型总分 EBV 排名前 500 名母牛

排名	牛号	出生年份	体型总分 EBV/分	EBV 准确性
1	640166110077	2011	0.681	0.47
2	640285002838	2012	0.613	0.38
3	640285006066	2019	0.602	0.66
3	640285002388	2019	0.602	0.66
3	640285009014	2019	0.602	0.66
3	640285002809	2019	0.602	0.66
7	640285005667	2019	0.601	0.60
8	640285005660	2019	0.600	0.66
9	640285002566	2019	0.599	0.66
9	640285005077	2019	0.599	0.66
9	640285009222	2019	0.599	0.66
9	640003121257	2019	0.599	0.66
9	640285004802	2019	0.599	0.66
14	640285004415	2019	0.598	0.66
14	640285002459	2012	0.598	0.49
14	640285003455	2019	0.598	0.66
17	640285001900	2019	0.597	0.66
17	640285006333	2019	0.597	0.66
17	640285009419	2019	0.597	0.66
17	640285009074	2019	0.597	0.66
21	640285009262	2019	0.596	0.64
22	640285003338	2019	0.595	0.66
22	640285005417	2019	0.595	0.66
22	640285002034	2019	0.595	0.66
22	640285002813	2019	0.595	0.66
26	640285004285	2019	0.594	0.66
26	640285002846	2019	0.594	0.66
26	640285005800	2019	0.594	0.64

续表

排名	牛号	出生年份	体型总分 EBV/分	EBV 准确性
26	640285009119	2019	0.594	0.64
30	640285009215	2019	0.593	0.66
30	640285001500	2019	0.593	0.66
30	640285009006	2019	0.593	0.66
30	640285004395	2019	0.593	0.66
30	640285009305	2019	0.593	0.66
30	640285005679	2019	0.593	0.55
36	640285000354	2019	0.592	0.66
36	640285002660	2019	0.592	0.66
36	640285009410	2019	0.592	0.66
39	640285009162	2019	0.591	0.66
39	640285009320	2019	0.591	0.66
41	640285001676	2019	0.590	0.66
41	640285009036	2019	0.590	0.64
43	640285009043	2019	0.589	0.59
43	640285005281	2019	0.589	0.64
43	640285005235	2019	0.589	0.55
46	640285005662	2019	0.588	0.57
46	640285009097	2019	0.588	0.55
46	640285001453	2019	0.588	0.57
46	640285009383	2019	0.588	0.57
50	640285009054	2019	0.587	0.57
51	640285002630	2019	0.586	0.59
51	640285009348	2019	0.586	0.55
53	640285009381	2019	0.585	0.59
54	640285009354	2019	0.584	0.57
55	640285009118	2019	0.583	0.57
56	640285005525	2019	0.582	0.63

排名	牛号	出生年份	体型总分 EBV/分	EBV 准确性
57	640285002847	2019	0.581	0.63
58	640285002101	2019	0.580	0.56
58	640285000785	2019	0.580	0.59
60	640285006331	2019	0.579	0.63
61	640285003146	2019	0.578	0.63
61	640285003431	2019	0.578	0.64
63	640285009380	2019	0.577	0.63
64	640285000243	2019	0.576	0.63
64	640285003647	2019	0.576	0.63
66	640285009047	2019	0.575	0.63
67	640285009167	2019	0.574	0.63
67	640285005321	2019	0.574	0.63
69	640285001435	2019	0.573	0.63
69	640285009254	2019	0.573	0.63
71	640285001479	2019	0.572	0.54
71	640285005006	2019	0.572	0.54
71	640285003264	2019	0.572	0.61
71	640285005791	2019	0.572	0.63
71	640003121286	2019	0.572	0.66
76	640285000853	2019	0.571	0.66
76	640285002674	2019	0.571	0.66
76	640285005318	2019	0.571	0.63
76	640285001530	2019	0.571	0.66
80	640285002293	2012	0.570	0.46
80	640285001359	2019	0.570	0.66
80	640285001663	2019	0.570	0.63
83	640285003685	2019	0.569	0.63
83	640285006354	2019	0.569	0.61

续表

排名	牛号	出生年份	体型总分 EBV/分	EBV 准确性
83	640190120977	2019	0.569	0.54
86	640285009092	2019	0.568	0.61
86	640285009468	2019	0.568	0.66
86	640285001647	2019	0.568	0.66
86	640285005253	2019	0.568	0.63
90	640285002342	2012	0.567	0.38
91	640285001400	2019	0.566	0.66
92	640285009264	2019	0.565	0.66
92	640285009079	2019	0.565	0.64
92	640285001899	2019	0.565	0.63
92	640285003273	2019	0.565	0.64
96	640285001354	2019	0.564	0.63
97	640005103634	2019	0.563	0.63
98	640285002843	2019	0.562	0.64
99	640285002471	2019	0.556	0.51
99	640166120633	2019	0.556	0.57
101	640285000959	2019	0.553	0.59
101	640285006556	2019	0.553	0.63
103	640285004339	2010	0.552	0.42
104	640285005178	2019	0.550	0.63
104	640285009327	2019	0.550	0.63
106	640285009265	2012	0.548	0.49
107	640285003121	2019	0.545	0.63
107	640285003436	2019	0.545	0.63
109	640285004983	2019	0.544	0.63
110	640285006308	2019	0.543	0.61
110	640285003622	2019	0.543	0.63
112	640285003613	2019	0.542	0.63

排名	牛号	出生年份	体型总分 EBV/分	EBV 准确性
113	640285002706	2019	0.541	0.63
114	640285009335	2019	0.540	0.63
114	640285006452	2019	0.540	0.63
116	640285002653	2019	0.539	0.66
116	640285009430	2019	0.539	0.63
116	640285001272	2019	0.539	0.63
116	640285009144	2019	0.539	0.61
116	640285000090	2019	0.539	0.60
116	640285005264	2019	0.539	0.61
122	640285005690	2019	0.538	0.66
122	640285005792	2019	0.538	0.66
122	640285006151	2019	0.538	0.66
122	640285000989	2019	0.538	0.66
122	640285002601	2019	0.538	0.66
122	640285002895	2019	0.538	0.66
128	640285009369	2019	0.537	0.66
128	640285004995	2019	0.537	0.64
130	640285006009	2019	0.536	0.60
130	640285009089	2019	0.536	0.66
130	640285005342	2019	0.536	0.66
130	640285001401	2019	0.536	0.64
130	640285000343	2019	0.536	0.64
135	640285002455	2019	0.535	0.66
135	640032100715	2019	0.535	0.66
135	640285000082	2019	0.535	0.66
135	640285004427	2019	0.535	0.66
135	640285002766	2019	0.535	0.62
135	640285003282	2019	0.535	0.66

续表

排名	牛号	出生年份	体型总分 EBV/分	EBV 准确性
141	640285004335	2019	0.534	0.64
141	640190130081	2019	0.534	0.64
141	640285001896	2019	0.534	0.66
141	640285006400	2019	0.534	0.64
141	640285003740	2019	0.534	0.65
141	640285001364	2019	0.534	0.60
147	640285009231	2010	0.533	0.40
147	640285001694	2019	0.533	0.64
147	640285009211	2019	0.533	0.65
147	640285009443	2019	0.533	0.66
147	640285000048	2019	0.533	0.66
147	640285000866	2019	0.533	0.66
147	640285005494	2013	0.533	0.35
154	640285004379	2019	0.532	0.65
154	640285001478	2019	0.532	0.66
154	640285000979	2019	0.532	0.60
154	640285002145	2019	0.532	0.66
154	640285003117	2019	0.532	0.66
159	640285001572	2019	0.531	0.65
159	640285002797	2019	0.531	0.64
159	640285004789	2019	0.531	0.66
159	640285004799	2019	0.531	0.64
159	640285002667	2019	0.531	0.64
164	640285005252	2019	0.530	0.66
164	640285002646	2019	0.530	0.65
164	640285009177	2019	0.530	0.66
164	640285003333	2019	0.530	0.64
164	640285003733	2019	0.530	0.66

排名	牛号	出生年份	体型总分 EBV/分	EBV 准确性
164	640285009474	2019	0.530	0.66
164	640285003409	2019	0.530	0.66
164	640285001720	2019	0.530	0.66
164	640285006340	2019	0.530	0.66
164	640285005504	2019	0.530	0.66
164	640285000980	2019	0.530	0.66
164	640285001746	2019	0.530	0.58
176	640285009300	2019	0.529	0.66
176	640285001390	2019	0.529	0.60
176	640285005701	2019	0.529	0.58
176	640285009115	2019	0.529	0.64
176	640285002665	2019	0.529	0.60
176	640285004227	2019	0.529	0.60
176	640285009271	2019	0.529	0.64
176	640285001661	2019	0.529	0.65
176	640285009293	2019	0.529	0.65
176	640285000358	2019	0.529	0.61
186	640285006172	2019	0.528	0.65
186	640285003650	2019	0.528	0.66
186	640285005664	2019	0.528	0.60
186	640285001467	2019	0.528	0.66
186	640285004399	2019	0.528	0.64
186	640285009263	2019	0.528	0.64
186	640285004219	2019	0.528	0.64
186	640285001703	2019	0.528	0.65
194	640285000137	2019	0.527	0.66
194	640285009232	2019	0.527	0.65
194	640285009169	2019	0.527	0.65

排名	牛号	出生年份	体型总分 EBV/分	EBV 准确性
194	640285009408	2019	0.527	0.65
198	640005113749	2019	0.526	0.65
199	640285009467	2019	0.525	0.64
199	640285005506	2019	0.525	0.64
201	640190121194	2019	0.524	0.65
201	640285002956	2019	0.524	0.65
201	640285009326	2019	0.524	0.66
204	640285002814	2019	0.523	0.64
205	640285003658	2019	0.521	0.65
206	640035128205	2019	0.520	0.56
206	640285002578	2019	0.520	0.63
206	640190130093	2019	0.520	0.65
206	640285002036	2019	0.520	0.65
206	640285000019	2019	0.520	0.65
211	640285002496	2011	0.518	0.35
211	640285009176	2019	0.518	0.66
213	640285000398	2019	0.516	0.65
214	640005134250	2012	0.515	0.36
214	640285006344	2019	0.515	0.56
214	640190142261	2019	0.515	0.56
217	640285009412	2019	0.514	0.65
218	640064110156	2019	0.513	0.61
218	640285004425	2012	0.513	0.49
218	640285003274	2019	0.513	0.56
218	640190121597	2013	0.513	0.42
222	640190134966	2019	0.511	0.66
222	640285006169	2019	0.511	0.54
222	640285009301	2019	0.511	0.56

排名	牛号	出生年份	体型总分 EBV/分	EBV 准确性
222	640285003634	2019	0.511	0.64
226	640285000053	2012	0.510	0.38
226	640190142143	2019	0.510	0.60
228	640285005473	2019	0.509	0.65
228	640285004338	2013	0.509	0.41
230	640285005293	2019	0.508	0.56
230	640285000084	2014	0.508	0.38
230	640285000166	2019	0.508	0.66
230	640285001284	2019	0.508	0.66
230	640285009187	2011	0.508	0.42
235	640285004386	2019	0.507	0.59
235	640285005611	2019	0.507	0.64
237	640285000832	2012	0.506	0.39
238	640285009082	2013	0.505	0.26
238	640285006321	2019	0.505	0.66
238	640285009024	2019	0.505	0.66
241	640190142156	2019	0.504	0.66
241	640285009261	2019	0.504	0.66
241	640285005783	2014	0.504	0.37
241	640285006317	2019	0.504	0.59
241	640285009405	2019	0.504	0.66
246	640285005489	2019	0.503	0.59
246	640190110119	2019	0.503	0.65
246	640190113280	2019	0.503	0.60
246	640285009244	2019	0.503	0.59
246	640005113771	2019	0.503	0.66
246	640166110065	2012	0.503	0.31
252	640005134183	2019	0.502	0.59

排名	牛号	出生年份	体型总分 EBV/分	EBV 准确性
252	640032121078	2019	0.502	0.66
252	640190110080	2019	0.502	0.59
255	640190141279	2019	0.501	0.65
255	640035117938	2019	0.501	0.57
255	640190142102	2019	0.501	0.64
255	640190141585	2019	0.501	0.59
259	640285009098	2014	0.500	0.38
260	640005103575	2019	0.498	0.62
260	640064120359	2019	0.498	0.59
260	640285009245	2019	0.498	0.59
260	640178120094	2019	0.498	0.64
264	640285001747	2019	0.496	0.59
265	640285001083	2011	0.495	0.36
265	640190111051	2011	0.495	0.36
265	640285000245	2019	0.495	0.59
268	640285002334	2011	0.494	0.43
269	640285009013	2011	0.492	0.44
269	640285009239	2013	0.492	0.45
269	640285002794	2012	0.492	0.30
272	640285002046	2011	0.489	0.36
273	640178120089	2014	0.487	0.35
273	640285001104	2011	0.487	0.44
273	640193192714	2014	0.487	0.35
273	640285004448	2014	0.487	0.35
277	640285002319	2019	0.483	0.63
278	640285009166	2010	0.482	0.37
278	640285009392	2012	0.482	0.34
280	640285000918	2019	0.481	0.63

排名	牛号	出生年份	体型总分 EBV/分	EBV 准确性
281	640251185778	2012	0.480	0.40
281	640285005484	2018	0.480	0.40
283	640285001266	2019	0.479	0.54
283	640285005546	2019	0.479	0.63
285	640190123885	2019	0.478	0.63
286	640285005322	2019	0.476	0.60
287	640285004434	2011	0.475	0.40
287	640024101306	2019	0.475	0.64
287	640285002488	2019	0.475	0.64
287	640285005355	2019	0.475	0.64
287	640285002306	2019	0.475	0.64
287	640285002795	2019	0.475	0.64
287	640285000073	2019	0.475	0.63
294	640190141184	2019	0.474	0.64
294	640285009234	2012	0.474	0.40
294	640285002132	2019	0.474	0.63
294	640285009005	2019	0.474	0.39
294	640285005213	2019	0.474	0.60
299	640190110643	2019	0.473	0.64
299	640166110025	2019	0.473	0.64
299	640285009420	2019	0.473	0.64
302	640285002799	2019	0.472	0.63
302	640285004201	2019	0.472	0.63
302	640285009191	2019	0.472	0.64
302	640285002771	2019	0.472	0.60
302	640285009324	2018	0.472	0.40
302	640285001639	2019	0.472	0.62
302	640285001307	2019	0.472	0.64

续表

排名	牛号	出生年份	体型总分 EBV/分	EBV 准确性
302	640190110021	2019	0.472	0.64
302	640036111283	2012	0.472	0.31
302	640285009195	2019	0.472	0.64
302	640285001658	2019	0.472	0.63
313	640285005066	2019	0.471	0.64
313	640285002047	2010	0.471	0.22
313	640190121598	2019	0.471	0.63
313	640285001497	2019	0.471	0.63
313	640285001613	2019	0.471	0.64
313	640285009053	2019	0.471	0.62
313	640003121282	2019	0.471	0.58
320	640285005403	2014	0.470	0.35
320	640285009151	2019	0.470	0.64
320	640285009330	2014	0.470	0.40
320	640285001697	2019	0.470	0.64
320	640285005698	2019	0.470	0.64
320	640285009436	2019	0.470	0.64
320	640285002051	2011	0.470	0.40
320	640285002581	2011	0.470	0.39
320	640285002692	2019	0.470	0.64
320	640285002372	2019	0.470	0.61
320	640285001707	2019	0.470	0.61
331	640285001686	2019	0.469	0.64
331	640285002827	2019	0.469	0.64
331	640005103638	2019	0.469	0.62
331	640285003735	2019	0.469	0.64
331	640285004433	2019	0.469	0.58
331	640285005242	2019	0.469	0.62

排名	牛号	出生年份	体型总分 EBV/分	EBV 准确性
331	640190142181	2011	0.469	0.36
338	640285005689	2011	0.468	0.43
338	640285000782	2019	0.468	0.64
338	640285003450	2019	0.468	0.64
338	640285000879	2019	0.468	0.64
338	640285003644	2019	0.468	0.60
338	640285005297	2012	0.468	0.38
338	640285009002	2019	0.468	0.61
338	640285004330	2019	0.468	0.63
338	640005103637	2019	0.468	0.63
338	640285003459	2012	0.468	0.48
348	640285001486	2019	0.467	0.62
348	640285004297	2019	0.467	0.58
348	640285006553	2019	0.467	0.64
348	640190111032	2019	0.467	0.64
348	640285001303	2019	0.467	0.58
348	640285005706	2019	0.467	0.61
348	640285005379	2019	0.467	0.60
348	640285009190	2019	0.467	0.64
348	640285009463	2019	0.467	0.64
357	640285009384	2019	0.466	0.64
357	640190121584	2019	0.466	0.61
357	640285002845	2019	0.466	0.64
357	640166099311	2019	0.466	0.64
357	640285002039	2010	0.466	0.33
357	640285009251	2019	0.466	0.61
357	640285002775	2019	0.466	0.58
357	640285002644	2019	0.466	0.59

排名	牛号	出生年份	体型总分 EBV/分	EBV 准确性
357	640285002024	2014	0.466	0.35
357	640004208296	2019	0.466	0.60
357	640285001505	2019	0.466	0.64
357	640285005164	2019	0.466	0.62
369	640166077028	2019	0.465	0.63
369	643052110707	2019	0.465	0.63
369	640285009020	2019	0.465	0.59
369	640285005658	2019	0.465	0.64
369	640285009105	2019	0.465	0.61
369	640285006409	2010	0.465	0.37
375	640190127763	2019	0.464	0.64
375	640190200217	2019	0.464	0.62
375	640285005247	2019	0.464	0.64
375	640285006314	2019	0.464	0.58
375	640285009307	2011	0.464	0.40
375	640003111119	2019	0.464	0.64
375	640285002866	2019	0.464	0.64
375	640190194601	2019	0.464	0.58
375	640190192801	2019	0.464	0.64
375	640285009385	2019	0.464	0.56
375	640005123994	2019	0.464	0.64
375	640032110111	2012	0.464	0.38
375	640285000987	2019	0.464	0.61
388	640285009243	2009	0.463	0.42
389	640285002618	2019	0.462	0.58
389	640285004411	2019	0.462	0.58
389	640285003688	2019	0.462	0.61
392	640285009132	2019	0.461	0.64

排名	牛号	出生年份	体型总分 EBV/分	EBV 准确性
392	640190111118	2019	0.461	0.58
392	640190128023	2020	0.461	0.44
392	640285004971	2019	0.461	0.59
392	640285004769	2019	0.461	0.63
397	640253182050	2007	0.460	0.41
397	640166099338	2011	0.460	0.38
399	640193200360	2019	0.459	0.64
399	640285005089	2019	0.459	0.64
399	640285009432	2019	0.459	0.61
399	640285009059	2019	0.459	0.63
403	640003120482	2019	0.458	0.62
403	640285006330	2012	0.458	0.46
403	640285009213	2020	0.458	0.40
406	640190111031	2019	0.457	0.61
406	640285003186	2019	0.457	0.60
406	640003186247	2019	0.457	0.61
409	640285003236	2011	0.456	0.38
409	640285005713	2019	0.456	0.64
411	640285005984	2019	0.455	0.39
411	640285003101	2019	0.455	0.39
411	640285005011	2019	0.455	0.57
414	640285001137	2012	0.454	0.44
414	640285000881	2011	0.454	0.45
414	640190110657	2019	0.454	0.64
417	640285003385	2019	0.453	0.61
417	640253182071	2019	0.453	0.61
417	640285001073	2019	0.453	0.61
420	640285009196	2019	0.452	0.61

续表

排名	牛号	出生年份	体型总分 EBV/分	EBV 准确性
420	640035128244	2019	0.452	0.62
420	640285006174	2019	0.452	0.64
420	640253182017	2011	0.452	0.40
420	640285009123	2012	0.452	0.45
420	640285005617	2019	0.452	0.59
420	640285009361	2019	0.452	0.57
427	640003111126	2018	0.451	0.48
427	640285002043	2009	0.451	0.44
427	640285009368	2020	0.451	0.40
427	640285009104	2019	0.451	0.64
427	640285004359	2019	0.451	0.64
432	640285002340	2019	0.450	0.56
432	640004177331	2012	0.450	0.50
432	640285003651	2019	0.450	0.61
432	640285001326	2019	0.450	0.61
432	640285002616	2011	0.450	0.40
432	640285002651	2019	0.450	0.57
432	640285004161	2018	0.450	0.51
432	640285001717	2019	0.450	0.64
440	640190110247	2019	0.449	0.64
440	640285002815	2019	0.449	0.54
440	640285009173	2019	0.449	0.56
440	640285001714	2019	0.449	0.61
444	640285004814	2019	0.448	0.64
444	640285003614	2019	0.448	0.61
444	640285000783	2019	0.448	0.67
444	640285009120	2011	0.448	0.40
444	640193194504	2019	0.448	0.62

排名	牛号	出生年份	体型总分 EBV/分	EBV 准确性
444	640285005185	2018	0.448	0.49
450	640190154057	2019	0.447	0.60
450	640285000261	2019	0.447	0.62
450	640285003265	2012	0.447	0.48
450	640285009148	2019	0.447	0.63
450	640285003702	2018	0.447	0.48
450	640285006432	2019	0.447	0.61
450	640285005423	2019	0.447	0.62
450	640285006406	2019	0.447	0.64
450	640285009283	2011	0.447	0.40
459	640285009255	2019	0.446	0.62
459	640285006106	2019	0.446	0.61
459	640285006501	2019	0.446	0.64
459	640285006431	2019	0.446	0.55
459	640178110915	2019	0.446	0.64
459	640285001384	2019	0.446	0.67
465	640285001402	2017	0.445	0.45
465	640285001268	2019	0.445	0.62
465	640285000983	2019	0.445	0.64
465	640285000845	2019	0.445	0.61
465	640285009267	2019	0.445	0.64
465	640285002080	2019	0.445	0.64
465	640285005434	2019	0.445	0.54
465	640285009110	2011	0.445	0.42
473	640285009272	2019	0.444	0.57
473	640285001091	2019	0.444	0.60
473	640285001034	2019	0.444	0.59
473	640285006329	2019	0.444	0.64

续表

排名	牛号	出生年份	体型总分 EBV/分	EBV 准确性
473	640190121760	2019	0.444	0.62
473	640285009075	2019	0.444	0.64
473	640285001482	2019	0.444	0.67
473	643052100014	2019	0.444	0.57
481	640285005785	2019	0.443	0.59
481	640285009322	2019	0.443	0.39
481	640178120106	2019	0.443	0.66
481	640285001669	2015	0.443	0.34
481	640285004319	2019	0.443	0.64
481	640285009332	2019	0.443	0.58
481	640285000290	2019	0.443	0.61
481	640285000849	2019	0.443	0.57
481	640285009318	2019	0.443	0.64
481	640285000353	2019	0.443	0.64
481	640285009378	2019	0.443	0.60
481	640285000047	2019	0.443	0.59
481	640285005096	2019	0.443	0.66
494	640285009063	2019	0.442	0.67
494	640285000797	2019	0.442	0.67
494	640190113376	2019	0.442	0.63
494	640285005374	2011	0.442	0.36
494	640285006219	2019	0.442	0.64
494	640251185830	2019	0.442	0.59
494	640190200179	2019	0.442	0.64

附表 6　核心育种场首次配种日龄 EBV 排名前 500 名母牛

排名	牛号	出生年份	首次配种日龄 EBV/d	EBV 准确性
1	640003203418	2020	−87.4	0.62
2	640004197885	2019	−83.0	0.62
3	640253193298	2019	−78.2	0.65
4	640253193543	2019	−77.9	0.66
5	640004198319	2019	−77.7	0.60
6	640004198320	2019	−77.4	0.60
7	640004198317	2019	−77.1	0.60
8	640253193314	2019	−76.6	0.66
9	640003203436	2020	−76.5	0.60
10	640004198304	2019	−76.2	0.60
11	640251007649	2019	−75.6	0.66
12	640253193412	2019	−75.5	0.65
12	640253193432	2019	−75.5	0.66
14	640004198323	2019	−75.2	0.60
15	640253193513	2019	−75.0	0.65
15	640004198324	2019	−75.0	0.60
17	640251007684	2019	−74.8	0.66
17	640253193429	2019	−74.8	0.65
19	640004198316	2019	−74.5	0.60
20	640004198340	2019	−74.2	0.60
21	640253193466	2019	−74.1	0.65
22	640004198312	2019	−73.8	0.60
23	640253193380	2019	−73.3	0.65
23	640253193413	2019	−73.3	0.65
23	640253193342	2019	−73.3	0.66
26	640253193326	2019	−73.2	0.65
27	640004198318	2019	−73.0	0.60
28	640253193381	2019	−72.8	0.65

续表

排名	牛号	出生年份	首次配种日龄 EBV/d	EBV 准确性
29	640253193834	2019	−70.5	0.66
30	640253193699	2019	−70.2	0.65
31	640253193717	2019	−70.0	0.67
32	640253193725	2019	−69.9	0.66
33	640251008820	2020	−69.8	0.72
34	640253193798	2019	−69.6	0.65
35	640253193787	2019	−69.5	0.66
36	640251008732	2020	−69.4	0.72
36	640251008869	2020	−69.4	0.72
38	640004198488	2019	−69.3	0.60
38	640253193732	2019	−69.3	0.66
40	640251008808	2020	−69.2	0.72
40	640251008836	2020	−69.2	0.72
40	640251008804	2020	−69.2	0.72
43	640251008840	2020	−69.1	0.72
43	640251008706	2020	−69.1	0.72
43	640251008795	2020	−69.1	0.72
46	640251008714	2020	−68.9	0.72
47	640004198485	2019	−68.8	0.60
48	640253193809	2019	−68.7	0.65
49	640253193824	2019	−68.6	0.66
49	640253193790	2019	−68.6	0.66
51	640253193557	2017	−68.4	0.65
51	640251008662	2020	−68.4	0.72
51	640253193782	2019	−68.4	0.65
54	640253193760	2019	−68.2	0.66
54	640253193724	2019	−68.2	0.65
54	640253193849	2019	−68.2	0.65

排名	牛号	出生年份	首次配种日龄 EBV/d	EBV 准确性
57	640251007922	2019	−68.1	0.72
58	640253193807	2019	−67.9	0.66
58	640253193853	2019	−67.9	0.65
60	640253193561	2017	−67.8	0.65
60	640253193788	2019	−67.8	0.65
62	640253193860	2019	−67.3	0.65
62	640253193866	2019	−67.3	0.66
64	640253193778	2019	−67.2	0.66
65	640253193814	2019	−67.0	0.65
65	640253193744	2019	−67.0	0.65
67	640253193829	2019	−66.8	0.66
68	640253193779	2019	−66.3	0.66
69	640253193774	2019	−66.0	0.65
70	640253193771	2019	−65.8	0.65
71	640253193836	2019	−65.7	0.66
72	640190123764	2012	−65.6	0.60
73	640251008669	2020	−63.5	0.72
74	640251008386	2019	−63.4	0.71
74	640251008749	2020	−63.4	0.72
74	640251008636	2020	−63.4	0.72
74	640251008550	2020	−63.4	0.72
78	640190123768	2012	−63.3	0.60
79	640251008616	2020	−63.2	0.72
79	640251008682	2020	−63.2	0.72
81	640251008646	2020	−63.1	0.72
82	640251008187	2019	−62.1	0.72
83	640251008227	2019	−60.9	0.72
83	640251008522	2019	−60.9	0.72

续表

排名	牛号	出生年份	首次配种日龄 EBV/d	EBV 准确性
85	640251008512	2019	−60.2	0.72
86	640251008576	2020	−60.0	0.72
87	640251008381	2019	−59.1	0.72
88	640003182863	2018	−57.4	0.64
89	640251007293	2019	−56.6	0.65
90	640003182803	2018	−55.5	0.62
91	640253193332	2011	−54.4	0.65
91	640190121592	2012	−54.4	0.60
93	640003182852	2018	−54.3	0.64
94	640003182858	2018	−54.1	0.64
94	640003182853	2018	−54.1	0.62
96	640251007391	2019	−54.0	0.65
97	640251007305	2019	−53.9	0.63
98	640253193328	2011	−53.6	0.66
99	640253193427	2017	−53.5	0.66
100	640251007344	2019	−53.4	0.65
100	640003182880	2018	−53.4	0.62
100	640253193441	2018	−53.4	0.63
103	640003182856	2018	−52.9	0.64
104	640190121779	2012	−52.7	0.61
104	640003182857	2018	−52.7	0.63
106	640251007339	2019	−52.5	0.65
106	640251007326	2019	−52.5	0.66
108	640003182796	2018	−52.3	0.64
109	640251007399	2019	−52.2	0.65
109	640003182848	2018	−52.2	0.65
111	640253193377	2018	−52.1	0.64
112	640003182809	2018	−52.0	0.64

排名	牛号	出生年份	首次配种日龄 EBV/d	EBV 准确性
113	640003182866	2018	−51.9	0.64
114	640251007427	2019	−51.7	0.66
115	640251007338	2019	−51.6	0.65
115	640251007413	2019	−51.6	0.65
115	640251007394	2019	−51.6	0.65
118	640251007389	2019	−51.1	0.65
118	640251007359	2019	−51.1	0.66
120	640251007327	2019	−51.0	0.66
120	640251007352	2019	−51.0	0.66
122	643051000874	2016	−50.8	0.60
122	640251007309	2019	−50.8	0.66
122	640251007312	2019	−50.8	0.65
125	640003182845	2018	−50.7	0.64
125	640251007401	2019	−50.7	0.65
125	640003182838	2018	−50.7	0.63
128	640251007342	2019	−50.6	0.63
129	640251007382	2019	−50.5	0.64
129	640251007334	2019	−50.5	0.65
131	640253193438	2018	−50.3	0.63
131	640003182837	2018	−50.3	0.65
133	640251007306	2019	−50.1	0.64
134	640003182846	2018	−50.0	0.65
134	640251007345	2019	−50.0	0.64
134	640003182872	2018	−50.0	0.65
137	640003182839	2018	−49.7	0.63
138	640251007364	2019	−49.6	0.65
138	640251007406	2019	−49.6	0.65
140	640003182860	2018	−49.5	0.65

排名	牛号	出生年份	首次配种日龄 EBV/d	EBV 准确性
141	640251007383	2019	−49.4	0.66
142	640003182861	2018	−49.3	0.65
143	640003182795	2018	−48.8	0.64
143	640251007313	2019	−48.8	0.66
145	640251007000	2019	−48.7	0.64
146	640251007329	2019	−48.4	0.65
147	640251007025	2019	−48.1	0.63
148	640251006970	2019	−48.0	0.64
149	640251007361	2019	−47.9	0.65
150	640190123771	2012	−47.8	0.62
151	640251007377	2019	−47.7	0.65
151	640003182847	2018	−47.7	0.65
153	640003182789	2018	−46.7	0.63
154	640003182841	2018	−46.6	0.63
155	640251006988	2019	−46.5	0.64
156	640003131393	2013	−46.4	0.63
157	640003182849	2018	−46.3	0.64
157	640003182823	2018	−46.3	0.64
157	640251007039	2019	−46.3	0.65
160	643051000862	2016	−46.2	0.62
161	640003182844	2018	−46.0	0.66
161	640003182842	2018	−46.0	0.65
163	640251006998	2019	−45.9	0.64
163	640251007354	2019	−45.9	0.65
165	640003182822	2018	−45.8	0.64
166	643051000875	2016	−45.7	0.61
167	640251007016	2019	−45.6	0.63
168	640251007318	2019	−45.5	0.63

排名	牛号	出生年份	首次配种日龄 EBV/d	EBV 准确性
168	640003182790	2018	−45.5	0.62
170	640003182786	2018	−45.2	0.64
171	640251007013	2019	−45.1	0.64
172	640251007316	2019	−44.9	0.64
173	640003182843	2018	−44.8	0.66
174	640251006987	2019	−44.7	0.65
174	640003182826	2018	−44.7	0.63
176	640005124038	2012	−44.6	0.61
177	640251006979	2019	−44.5	0.61
177	640251007044	2019	−44.5	0.64
179	640003182812	2018	−44.4	0.65
180	640251006997	2019	−44.3	0.65
181	640003182840	2018	−44.0	0.64
181	640251006990	2019	−44.0	0.63
183	640003182873	2018	−43.7	0.63
184	643051000799	2016	−43.4	0.60
185	640251007438	2019	−43.2	0.64
185	640251006993	2019	−43.2	0.63
187	640003182787	2018	−43.1	0.62
188	640251006974	2019	−43.0	0.64
188	643051000790	2016	−43.0	0.63
190	640003182864	2018	−42.9	0.65
190	640251007034	2019	−42.9	0.64
192	643051000857	2016	−42.8	0.62
193	640251007007	2019	−42.7	0.61
194	640251007046	2019	−42.6	0.62
194	640251007014	2019	−42.6	0.63
196	640003182900	2018	−42.4	0.66

排名	牛号	出生年份	首次配种日龄 EBV/d	EBV 准确性
197	640005124057	2012	−42.3	0.62
198	640003182794	2018	−42.3	0.64
199	640253170762	2017	−42.1	0.62
200	640251007004	2019	−41.9	0.64
200	640003182810	2018	−41.9	0.64
202	640003182913	2018	−41.8	0.66
203	640190120618	2012	−41.7	0.60
204	643051000804	2016	−41.1	0.60
205	640003182901	2018	−41.0	0.67
206	643051000924	2016	−40.8	0.62
207	640251007048	2019	−40.6	0.63
208	640003182814	2018	−40.5	0.62
209	640251006978	2019	−40.0	0.64
210	640003182928	2018	−39.7	0.64
210	640003182952	2018	−39.7	0.65
212	640003182957	2018	−39.6	0.65
212	640003182976	2019	−39.6	0.64
212	640251007008	2019	−39.6	0.63
212	640003182945	2018	−39.6	0.66
216	640251007001	2019	−39.5	0.62
217	640003182926	2018	−39.4	0.67
217	640253193058	2019	−39.4	0.63
217	640003182801	2018	−39.4	0.65
220	640004136282	2013	−39.3	0.60
221	640004136297	2013	−39.1	0.63
221	643051000671	2019	−39.1	0.61
221	640004136312	2013	−39.1	0.63
221	640003182894	2018	−39.1	0.66

排名	牛号	出生年份	首次配种日龄 EBV/d	EBV 准确性
225	640251006975	2019	−39.0	0.63
226	640253170814	2017	−38.9	0.62
227	640253170849	2017	−38.8	0.66
228	640190182771	2018	−38.7	0.65
228	640003182962	2018	−38.7	0.67
230	640003182914	2018	−38.5	0.66
230	640003182918	2018	−38.5	0.66
232	640003182953	2018	−38.4	0.65
232	640003182941	2018	−38.4	0.65
234	643051000884	2016	−38.3	0.60
235	640003006287	2018	−38.2	0.60
235	640003182897	2018	−38.2	0.67
237	643051033448	2019	−38.1	0.64
237	640004136263	2013	−38.1	0.63
237	640003182949	2018	−38.1	0.64
240	640253170845	2017	−38.0	0.64
240	643051000802	2016	−38.0	0.64
242	640003006323	2018	−37.9	0.60
242	640005124050	2012	−37.9	0.66
244	640035117902	2011	−37.7	0.65
244	640003006327	2018	−37.7	0.60
246	640003006343	2018	−37.6	0.60
246	640003182988	2018	−37.6	0.63
248	640003006337	2018	−37.5	0.60
248	640003006353	2018	−37.5	0.60
248	640003182891	2018	−37.5	0.62
248	640003182920	2018	−37.5	0.66
252	640003182936	2018	−37.4	0.65

排名	牛号	出生年份	首次配种日龄 EBV/d	EBV 准确性
252	643051033431	2020	−37.4	0.65
252	640251005616	2018	−37.4	0.64
255	640251005533	2017	−37.3	0.62
256	640190121773	2012	−37.2	0.61
256	640003182970	2019	−37.2	0.65
258	640003182915	2018	−37.1	0.65
258	640005134070	2013	−37.1	0.61
260	640003006186	2018	−37.0	0.60
261	640005124053	2012	−36.9	0.60
262	640003006347	2018	−36.8	0.61
262	640003182931	2018	−36.8	0.65
264	640003182943	2018	−36.7	0.67
265	640004184540	2019	−36.6	0.65
265	640253170872	2015	−36.6	0.64
265	640003182961	2018	−36.6	0.64
268	640003006297	2018	−36.5	0.60
268	640003006313	2018	−36.5	0.60
268	640003182917	2018	−36.5	0.65
271	640253170853	2017	−36.4	0.61
271	640003182954	2018	−36.4	0.65
273	640003182932	2018	−36.3	0.65
273	640253170780	2017	−36.3	0.64
275	640253182426	2018	−36.1	0.66
275	640003182800	2018	−36.1	0.64
277	640005124042	2012	−36.0	0.68
277	640005124026	2012	−36.0	0.62
277	640004126191	2012	−36.0	0.61
277	640003182955	2018	−36.0	0.67

排名	牛号	出生年份	首次配种日龄 EBV/d	EBV 准确性
281	640005124051	2012	−35.9	0.61
281	640003182958	2018	−35.9	0.65
281	640003182904	2018	−35.9	0.64
284	640003182940	2018	−35.8	0.64
285	640251006956	2019	−35.7	0.65
285	640003182905	2018	−35.7	0.65
287	640007174624	2017	−35.6	0.61
287	640003182947	2018	−35.6	0.63
287	640166130833	2013	−35.6	0.63
287	640253170848	2017	−35.6	0.62
287	640003182938	2018	−35.6	0.64
292	640003006303	2018	−35.5	0.60
292	640005124054	2012	−35.5	0.61
294	640003182925	2018	−35.4	0.64
294	640003131366	2013	−35.4	0.65
294	640009181441	2018	−35.4	0.66
297	640004184500	2018	−35.3	0.61
297	640003182944	2018	−35.3	0.64
297	643051000806	2016	−35.3	0.61
297	640190121599	2012	−35.3	0.61
297	640251006930	2019	−35.3	0.66
302	640003182951	2018	−35.2	0.64
302	643051000797	2016	−35.2	0.60
302	640003006267	2018	−35.2	0.60
305	640003182912	2018	−35.1	0.67
305	640003006593	2018	−35.1	0.61
307	640253170835	2017	−35.0	0.62
307	640005124004	2012	−35.0	0.64

续表

排名	牛号	出生年份	首次配种日龄 EBV/d	EBV 准确性
307	640003006387	2018	−35.0	0.60
310	640003182960	2018	−34.9	0.65
310	640003182950	2018	−34.9	0.65
312	640003172458	2016	−34.8	0.63
313	640253193581	2019	−34.7	0.66
313	640251006929	2019	−34.7	0.65
313	640004136344	2013	−34.7	0.62
316	640003006333	2018	−34.5	0.60
316	640251005536	2017	−34.5	0.64
316	640003182956	2018	−34.5	0.65
319	640003182933	2018	−34.4	0.65
320	640004184562	2018	−34.3	0.61
320	640003182967	2019	−34.3	0.65
320	640005134060	2013	−34.3	0.61
320	640004136284	2013	−34.3	0.64
324	640003131381	2013	−34.1	0.61
324	640003006543	2018	−34.1	0.60
324	640003006603	2019	−34.1	0.60
327	640003182791	2018	−34.0	0.65
327	640253170815	2017	−34.0	0.65
327	640035138318	2013	−34.0	0.64
327	640005124049	2012	−34.0	0.63
327	640003121324	2012	−34.0	0.61
332	640005124047	2012	−33.9	0.61
332	640003006587	2019	−33.9	0.60
334	640003006483	2018	−33.8	0.60
334	640003182987	2018	−33.8	0.62
334	640003182895	2018	−33.8	0.65

排名	牛号	出生年份	首次配种日龄 EBV/d	EBV 准确性
337	640251170772	2017	−33.7	0.61
337	640003182896	2018	−33.7	0.67
337	640003182890	2018	−33.7	0.67
337	640003006126	2018	−33.7	0.60
337	640003182902	2018	−33.7	0.64
342	640251006957	2019	−33.6	0.65
342	640253193563	2019	−33.6	0.66
344	640003006403	2018	−33.5	0.60
344	640003006533	2018	−33.5	0.60
346	640003006633	2019	−33.4	0.60
346	640004136315	2013	−33.4	0.66
348	640003182908	2018	−33.3	0.67
348	640003006076	2018	−33.3	0.60
350	640035138308	2013	−33.2	0.64
350	640253182493	2018	−33.2	0.63
350	640251006949	2019	−33.2	0.66
350	640003182942	2018	−33.2	0.63
354	643051000833	2016	−33.1	0.61
354	640166130830	2013	−33.1	0.69
354	640004187512	2018	−33.1	0.66
354	640190176645	2017	−33.1	0.64
354	640003182991	2018	−33.1	0.62
359	640251007033	2019	−33.0	0.65
359	640251006985	2019	−33.0	0.66
359	640003182884	2018	−33.0	0.65
359	640003182910	2018	−33.0	0.65
363	640251006953	2019	−32.9	0.65
363	640003006263	2018	−32.9	0.62

排名	牛号	出生年份	首次配种日龄 EBV/d	EBV 准确性
365	640005124045	2012	−32.8	0.62
365	640003006417	2018	−32.8	0.60
365	640003182927	2018	−32.8	0.66
365	640253170823	2017	−32.8	0.63
365	640251004574	2017	−32.8	0.64
365	640003110007	2011	−32.8	0.60
371	640003182929	2018	−32.7	0.65
371	640253170829	2017	−32.7	0.63
373	640003182946	2018	−32.6	0.65
373	643051000783	2016	−32.6	0.63
373	640003007693	2019	−32.6	0.61
376	640251007664	2019	−32.5	0.66
377	640253171274	2017	−32.4	0.66
377	640190140074	2013	−32.4	0.62
377	640251005647	2018	−32.4	0.64
377	640253182473	2018	−32.4	0.63
381	640004136307	2013	−32.3	0.63
381	640253193478	2019	−32.3	0.66
383	640253193559	2019	−32.2	0.63
383	640035117887	2011	−32.2	0.64
383	640003182978	2018	−32.2	0.63
383	640253171481	2017	−32.2	0.64
383	640035128267	2012	−32.2	0.61
383	640003131395	2013	−32.2	0.63
383	640003006457	2018	−32.2	0.60
390	643051000775	2016	−32.1	0.62
390	640003006196	2018	−32.1	0.60
390	640035117911	2011	−32.1	0.61

排名	牛号	出生年份	首次配种日龄 EBV/d	EBV 准确性
390	640251006372	2018	−32.1	0.64
394	640251006936	2019	−32.0	0.63
394	640251006295	2018	−32.0	0.66
394	640251006934	2019	−32.0	0.66
397	640253170803	2017	−31.9	0.66
397	640253182441	2018	−31.9	0.66
397	640251007043	2019	−31.9	0.65
400	640253182492	2018	−31.8	0.65
400	640251006362	2018	−31.8	0.66
400	643051000795	2016	−31.8	0.62
400	640003131387	2013	−31.8	0.65
400	640251006996	2019	−31.8	0.67
405	640003006216	2018	−31.7	0.62
405	640251006346	2018	−31.7	0.64
405	643051033444	2020	−31.7	0.65
405	640003182923	2018	−31.7	0.65
405	640251006939	2019	−31.7	0.65
410	640004187511	2018	−31.6	0.65
410	640251007696	2019	−31.6	0.66
410	640251006234	2018	−31.6	0.65
410	640253170799	2017	−31.6	0.65
410	640251006608	2018	−31.6	0.65
410	640251007705	2019	−31.6	0.65
410	640251006312	2018	−31.6	0.66
417	643051000791	2016	−31.5	0.63
417	640251006242	2018	−31.5	0.65
417	640035138310	2015	−31.5	0.62
417	640253193845	2019	−31.5	0.65

续表

排名	牛号	出生年份	首次配种日龄 EBV/d	EBV 准确性
417	640251006389	2018	−31.5	0.66
422	640003183009	2018	−31.4	0.64
422	640251007027	2019	−31.4	0.66
422	643051000786	2016	−31.4	0.61
422	640251007676	2019	−31.4	0.65
422	640253193577	2019	−31.4	0.66
422	640253193084	2019	−31.4	0.61
428	640004187631	2018	−31.3	0.63
428	640003182921	2018	−31.3	0.65
428	640003193095	2019	−31.3	0.63
428	640251006399	2018	−31.3	0.64
428	640251006465	2019	−31.3	0.63
428	640251006928	2019	−31.3	0.65
428	640251006726	2018	−31.3	0.65
428	640253193865	2019	−31.3	0.66
436	640251006379	2018	−31.2	0.64
436	640251006643	2018	−31.2	0.65
436	640251007063	2019	−31.2	0.66
439	640251007584	2019	−31.1	0.65
439	640251006395	2018	−31.1	0.65
439	640009191681	2019	−31.1	0.65
439	640004182386	2018	−31.1	0.60
439	640253182419	2018	−31.1	0.64
439	640253193538	2019	−31.1	0.65
439	640003110042	2019	−31.1	0.61
439	640193182358	2018	−31.1	0.64
439	640251006306	2018	−31.1	0.66
439	640003182930	2018	−31.1	0.65

排名	牛号	出生年份	首次配种日龄 EBV/d	EBV 准确性
449	640253193089	2019	−31.0	0.63
449	640251007053	2019	−31.0	0.66
449	640035128293	2015	−31.0	0.60
449	640251006300	2018	−31.0	0.65
449	640166203492	2020	−31.0	0.64
449	640005123994	2012	−31.0	0.67
449	640253170850	2017	−31.0	0.62
449	640251007010	2019	−31.0	0.63
449	640253193678	2019	−31.0	0.64
458	640251007678	2019	−30.9	0.65
458	640251006940	2019	−30.9	0.65
458	640251007607	2019	−30.9	0.66
458	640251007052	2019	−30.9	0.67
458	640251006381	2018	−30.9	0.65
458	640251006992	2019	−30.9	0.66
458	640251006374	2018	−30.9	0.65
458	640251006396	2018	−30.9	0.65
466	640003182899	2018	−30.8	0.66
466	640253193066	2019	−30.8	0.63
466	640003183008	2018	−30.8	0.63
466	640251006947	2019	−30.8	0.66
466	640253193070	2019	−30.8	0.63
466	640253182475	2018	−30.8	0.63
466	640003006283	2018	−30.8	0.60
466	640004182398	2018	−30.8	0.60
466	640004187618	2018	−30.8	0.63
475	640253193903	2019	−30.7	0.66
475	640251006932	2019	−30.7	0.66

排名	牛号	出生年份	首次配种日龄 EBV/d	EBV 准确性
475	640005124046	2012	−30.7	0.67
475	640004136303	2013	−30.7	0.61
479	640253193870	2019	−30.7	0.64
480	640251007947	2019	−30.6	0.66
480	640035117925	2011	−30.6	0.60
480	640003006553	2018	−30.6	0.62
480	643051033648	2019	−30.6	0.64
480	640251006961	2019	−30.6	0.65
480	640251006342	2018	−30.6	0.66
480	640003131341	2012	−30.6	0.61
480	640251006349	2018	−30.6	0.64
488	640190162301	2016	−30.5	0.68
488	640004187610	2018	−30.5	0.64
488	640251006776	2018	−30.5	0.65
488	640003182867	2018	−30.5	0.66
488	640251006326	2018	−30.5	0.65
488	640005124058	2012	−30.5	0.64
488	640251006663	2018	−30.5	0.65
488	640251006330	2018	−30.5	0.66
488	640251006958	2019	−30.5	0.64
488	640004136252	2013	−30.5	0.65
488	640251006944	2019	−30.5	0.65
499	640251007029	2019	−30.4	0.66
499	640251007741	2019	−30.4	0.65

附表 7　核心育种场首次产犊日龄 EBV 排名前 500 名母牛

排名	牛号	出生年份	首次产犊日龄 EBV/d	EBV 准确性
1	640003203418	2020	−69.0	0.48
2	640004197885	2019	−62.8	0.48
3	640004198320	2019	−60.4	0.47
4	640004198319	2019	−60.2	0.47
5	640004198317	2019	−60.1	0.47
5	640004198304	2019	−60.1	0.47
7	640004198316	2019	−59.8	0.47
8	640253193787	2019	−59.7	0.52
9	640004198312	2019	−59.3	0.47
10	640253193849	2019	−59.2	0.51
11	640253193814	2019	−59.1	0.51
12	640253193866	2019	−59.0	0.51
13	640253193778	2019	−58.7	0.52
13	640253193836	2019	−58.7	0.52
13	640004198340	2019	−58.7	0.47
16	640253193807	2019	−58.6	0.52
17	640003203436	2020	−58.4	0.47
18	640253193860	2019	−58.3	0.51
19	640253193829	2019	−58.1	0.52
20	640251008820	2020	−57.8	0.60
20	640251008869	2020	−57.8	0.60
22	640251008795	2020	−57.7	0.60
22	640251008836	2020	−57.7	0.60
24	640251008840	2020	−57.6	0.60
24	640251008714	2020	−57.6	0.60
24	640251008732	2020	−57.6	0.60
24	640251008804	2020	−57.6	0.60
28	640251008808	2020	−57.5	0.60

续表

排名	牛号	出生年份	首次产犊日龄 EBV/d	EBV 准确性
28	640251008706	2020	−57.5	0.60
30	640251008662	2020	−57.3	0.60
31	640253193543	2019	−57.1	0.51
32	640004198431	2019	−57.0	0.47
32	640004198323	2019	−57.0	0.47
32	640253193432	2019	−57.0	0.53
32	640253193717	2019	−57.0	0.54
36	640253193314	2019	−56.8	0.51
36	640253193513	2019	−56.8	0.52
38	640253193853	2019	−56.5	0.51
39	640253193429	2019	−56.4	0.52
40	640004198324	2019	−55.9	0.47
41	640253193412	2019	−55.7	0.51
42	640253193824	2019	−55.1	0.53
42	640253193798	2019	−55.1	0.53
44	640004198318	2019	−55.0	0.47
45	640253193466	2019	−54.9	0.52
45	640253193834	2019	−54.9	0.53
47	640253193298	2019	−54.8	0.50
47	640253193782	2019	−54.8	0.52
49	640253193724	2019	−54.6	0.52
50	640253193760	2019	−54.5	0.53
50	640253193788	2019	−54.5	0.52
52	640253193779	2019	−54.4	0.53
53	640251007922	2019	−54.3	0.60
53	640253193771	2019	−54.3	0.52
53	640004198488	2019	−54.3	0.47
56	640253193561	2017	−54.1	0.52

排名	牛号	出生年份	首次产犊日龄 EBV/d	EBV 准确性
57	640253193774	2019	−54.0	0.53
58	640251007684	2019	−53.9	0.53
58	640253193732	2019	−53.9	0.53
60	640253193326	2019	−53.8	0.51
61	640253193744	2019	−53.7	0.53
62	640251007649	2019	−53.4	0.52
63	640253193725	2019	−53.0	0.52
64	640004198485	2019	−52.9	0.47
65	640253193809	2019	−52.8	0.52
66	640251008616	2020	−52.4	0.60
67	640251008669	2020	−52.3	0.60
68	640251008550	2020	−52.2	0.60
68	640251008749	2020	−52.2	0.60
70	640251008682	2020	−52.1	0.60
71	640251008636	2020	−51.7	0.60
71	640251008576	2020	−51.7	0.60
73	640251008522	2019	−51.6	0.60
74	640253193380	2019	−51.5	0.51
74	640253193342	2019	−51.5	0.52
76	640253193699	2019	−51.4	0.52
77	640251008381	2019	−51.1	0.60
78	640251008512	2019	−51.0	0.60
79	640251008646	2020	−50.9	0.60
80	640251008386	2019	−50.8	0.59
81	640253193413	2019	−50.1	0.51
82	640251008187	2019	−50.0	0.60
83	640251008227	2019	−49.5	0.60
84	640253193790	2019	−47.1	0.53

续表

排名	牛号	出生年份	首次产犊日龄 EBV/d	EBV 准确性
85	640251007344	2019	−36.1	0.49
86	640251007293	2019	−35.9	0.50
87	640251007399	2019	−35.8	0.50
88	640251007339	2019	−35.3	0.50
89	640251007352	2019	−35.2	0.50
90	640007185180	2018	−35.1	0.40
91	640251007305	2019	−34.6	0.46
92	640253193328	2011	−33.8	0.51
93	640003007356	2019	−33.4	0.44
94	640007195350	2019	−33.1	0.37
95	640253193332	2011	−32.5	0.48
96	640007185237	2018	−32.4	0.39
97	640251007413	2019	−32.3	0.50
97	640251007391	2019	−32.3	0.48
99	640253193438	2018	−32.1	0.45
99	640251007306	2019	−32.1	0.46
101	640251007342	2019	−31.9	0.45
102	640003007362	2019	−31.8	0.44
103	640253193427	2017	−31.7	0.51
104	640251007359	2019	−31.6	0.50
104	640251007394	2019	−31.6	0.50
104	640007185236	2018	−31.6	0.38
107	640251007329	2019	−31.5	0.50
107	640003007444	2019	−31.5	0.44
109	640251007326	2019	−31.4	0.51
109	640253193443	2018	−31.4	0.44
109	640007185176	2018	−31.4	0.38
112	640003007428	2019	−31.3	0.44

排名	牛号	出生年份	首次产犊日龄 EBV/d	EBV 准确性
113	640251007389	2019	−31.2	0.50
114	640251007364	2019	−31.1	0.50
115	640251007401	2019	−30.9	0.50
116	640251007334	2019	−30.8	0.50
117	640007185190	2018	−30.7	0.39
118	640251007327	2019	−30.6	0.51
118	640251007361	2019	−30.6	0.50
120	640003007414	2019	−30.5	0.44
120	640007184706	2018	−30.5	0.38
122	640251007345	2019	−30.4	0.47
122	640251007316	2019	−30.4	0.46
122	640003007441	2019	−30.4	0.44
122	640251007312	2019	−30.4	0.50
126	640251007309	2019	−30.3	0.50
126	640251007427	2019	−30.3	0.50
128	640253193377	2018	−30.2	0.48
128	640253193441	2018	−30.2	0.45
130	640007185040	2018	−30.1	0.42
131	640253193375	2018	−29.9	0.44
132	640251007313	2019	−29.8	0.50
132	640004184540	2019	−29.8	0.46
132	640007195286	2019	−29.8	0.36
135	640007174443	2017	−29.7	0.40
136	640251007382	2019	−29.6	0.46
137	640251006997	2019	−29.5	0.50
137	640251007377	2019	−29.5	0.49
139	640253170853	2017	−29.0	0.41
140	640007184849	2018	−28.6	0.41

续表

排名	牛号	出生年份	首次产犊日龄 EBV/d	EBV 准确性
140	640253170829	2017	−28.6	0.42
142	640251004574	2017	−28.5	0.43
142	640253170780	2017	−28.5	0.42
142	640003007433	2019	−28.5	0.44
145	640007184947	2018	−28.2	0.41
145	640251007338	2019	−28.2	0.47
145	640251007318	2019	−28.2	0.46
148	640004184527	2018	−28.1	0.40
148	640251007383	2019	−28.1	0.50
150	640253170823	2017	−27.9	0.42
150	640003172458	2016	−27.9	0.42
152	640004184537	2018	−27.8	0.40
153	640253170850	2017	−27.7	0.36
154	640253170762	2017	−27.6	0.41
154	640004184562	2018	−27.6	0.41
156	640007182432	2018	−27.3	0.40
156	640003007350	2019	−27.3	0.44
156	640007184707	2018	−27.3	0.40
159	640253170796	2017	−27.1	0.42
160	640007185044	2018	−27.0	0.42
161	640253170815	2017	−26.9	0.43
162	640007185216	2018	−26.8	0.38
163	640004184500	2018	−26.7	0.41
163	640253170848	2017	−26.7	0.41
165	640251006957	2019	−26.6	0.50
166	640007174413	2017	−26.4	0.44
166	640003182845	2018	−26.4	0.41
166	640007184837	2018	−26.4	0.40

排名	牛号	出生年份	首次产犊日龄 EBV/d	EBV 准确性
169	640251007438	2019	−26.3	0.47
169	640007184823	2018	−26.3	0.39
169	640253170803	2017	−26.3	0.46
169	640253170813	2017	−26.3	0.41
169	640003182858	2018	−26.3	0.42
174	640253171481	2017	−26.2	0.45
174	640251006940	2019	−26.2	0.50
174	640253170845	2017	−26.2	0.42
174	640251006953	2019	−26.2	0.50
178	640007184942	2018	−26.1	0.40
178	640007185213	2018	−26.1	0.39
180	640251170772	2017	−26.0	0.41
181	640253170804	2017	−25.7	0.46
182	640251006362	2018	−25.6	0.52
183	640004184532	2018	−25.5	0.40
183	640007185200	2018	−25.5	0.35
185	640253170799	2017	−25.4	0.46
186	640007185010	2018	−25.2	0.42
186	640253170835	2017	−25.2	0.41
186	640007184778	2018	−25.2	0.42
189	640007184896	2018	−25.0	0.38
189	640007185024	2018	−25.0	0.40
191	640007184694	2018	−24.9	0.39
191	640251006846	2018	−24.9	0.50
193	640253170849	2017	−24.8	0.43
193	640251006108	2018	−24.8	0.52
193	640007184853	2018	−24.8	0.39
196	640251007053	2019	−24.6	0.50

排名	牛号	出生年份	首次产犊日龄 EBV/d	EBV 准确性
196	640251006844	2018	−24.6	0.50
196	640007185183	2018	−24.6	0.39
196	640251006083	2018	−24.6	0.51
200	640251006949	2019	−24.4	0.51
200	640004136312	2013	−24.4	0.45
202	640007184800	2018	−24.3	0.38
202	640251006113	2018	−24.3	0.51
204	640003182861	2018	−24.2	0.43
204	640007184996	2018	−24.2	0.42
204	640251006152	2018	−24.2	0.51
204	640007184723	2018	−24.2	0.39
204	640251006028	2018	−24.2	0.52
204	640251006143	2018	−24.2	0.51
204	640035128268	2012	−24.2	0.47
211	640003006313	2018	−24.1	0.46
212	640251007104	2019	−24.0	0.50
212	640251006996	2019	−24.0	0.50
212	640251006930	2019	−24.0	0.50
215	640003182796	2018	−23.9	0.39
215	640251005944	2018	−23.9	0.51
215	640251006172	2018	−23.9	0.51
215	640007184732	2018	−23.9	0.38
215	640251006591	2018	−23.9	0.51
215	640251006119	2018	−23.9	0.51
221	640251170783	2017	−23.8	0.47
221	640251006095	2018	−23.8	0.51
221	640251006956	2019	−23.8	0.50
221	640251006111	2018	−23.8	0.51

排名	牛号	出生年份	首次产犊日龄 EBV/d	EBV 准确性
221	640007185206	2018	−23.8	0.38
221	640251006571	2018	−23.8	0.51
227	640007185016	2018	−23.7	0.42
227	640251007025	2019	−23.7	0.43
227	640003182846	2018	−23.7	0.45
227	640251006018	2018	−23.7	0.52
227	640251006160	2018	−23.7	0.51
232	640251006256	2018	−23.6	0.52
232	640251007354	2019	−23.6	0.49
234	640251006565	2018	−23.5	0.51
234	640007184839	2018	−23.5	0.39
234	640251005946	2018	−23.5	0.51
234	640251007063	2019	−23.5	0.50
238	640007185234	2018	−23.4	0.37
238	640007185225	2018	−23.4	0.40
240	640251005993	2018	−23.3	0.51
240	640007184815	2018	−23.3	0.38
240	640004136303	2013	−23.3	0.43
240	640007184835	2018	−23.3	0.41
240	640007184836	2018	−23.3	0.41
240	640003182838	2018	−23.3	0.42
246	640251006544	2018	−23.2	0.51
246	640251006635	2018	−23.2	0.51
246	640003182853	2018	−23.2	0.40
246	640251007041	2019	−23.2	0.50
246	640007184699	2018	−23.2	0.39
251	640007184735	2018	−23.1	0.39
251	640253170872	2015	−23.1	0.38

续表

排名	牛号	出生年份	首次产犊日龄 EBV/d	EBV 准确性
251	640251006318	2018	−23.1	0.51
254	640003182962	2018	−23.0	0.48
254	640251006007	2018	−23.0	0.51
256	640251007013	2019	−22.9	0.44
256	640007184727	2018	−22.9	0.39
258	640251006214	2018	−22.8	0.49
258	640003182863	2018	−22.8	0.43
258	640251006265	2018	−22.8	0.51
258	640007184826	2018	−22.8	0.41
258	640251006776	2018	−22.8	0.50
258	640007185162	2018	−22.8	0.43
264	640003006287	2018	−22.7	0.46
264	640253193058	2019	−22.7	0.40
264	640007184808	2018	−22.7	0.41
264	640007185172	2018	−22.7	0.39
264	640253193004	2019	−22.7	0.33
264	640007184816	2018	−22.7	0.41
264	640003182809	2018	−22.7	0.41
264	640007184929	2018	−22.7	0.41
264	640003006323	2018	−22.7	0.46
273	640003006353	2018	−22.6	0.46
273	640004136297	2013	−22.6	0.41
273	640251006279	2018	−22.6	0.51
273	640251006099	2018	−22.6	0.51
277	640251006829	2018	−22.5	0.50
277	640251006988	2019	−22.5	0.44
277	640251007055	2019	−22.5	0.40
277	640253193581	2019	−22.5	0.52

排名	牛号	出生年份	首次产犊日龄 EBV/d	EBV 准确性
277	640007184801	2018	−22.5	0.39
277	640007184688	2018	−22.5	0.39
283	640007185186	2018	−22.4	0.39
283	640003182914	2018	−22.4	0.49
283	640003182848	2018	−22.4	0.44
286	640003006347	2018	−22.3	0.46
286	640251006936	2019	−22.3	0.47
286	640251006331	2018	−22.3	0.52
286	640003182844	2018	−22.3	0.45
286	640251007664	2019	−22.3	0.53
291	640007185154	2018	−22.2	0.41
291	640251006415	2018	−22.2	0.51
291	640003182917	2018	−22.2	0.47
291	640251007052	2019	−22.2	0.51
291	640251007605	2019	−22.2	0.52
291	640007184811	2018	−22.2	0.40
291	640253182426	2018	−22.2	0.49
298	640251006934	2019	−22.1	0.51
298	640251006190	2018	−22.1	0.49
298	640004136284	2013	−22.1	0.46
298	640251006918	2019	−22.1	0.50
298	640003182823	2018	−22.1	0.45
303	640251007074	2019	−22.0	0.50
304	640003006333	2018	−21.9	0.46
304	640253193008	2019	−21.9	0.33
304	640253193015	2019	−21.9	0.33
304	640251006306	2018	−21.9	0.51
304	640003193087	2019	−21.9	0.42

续表

排名	牛号	出生年份	首次产犊日龄 EBV/d	EBV 准确性
304	640251006326	2018	−21.9	0.48
304	640007184832	2018	−21.9	0.33
311	640003182852	2018	−21.8	0.43
311	640251007639	2019	−21.8	0.52
311	640251007033	2019	−21.8	0.50
311	640251006268	2018	−21.8	0.51
311	640007185195	2018	−21.8	0.38
316	640251007027	2019	−21.7	0.50
316	640251007406	2019	−21.7	0.47
316	640251006336	2018	−21.7	0.52
316	640003006126	2018	−21.7	0.46
316	640003182918	2018	−21.7	0.48
316	640003182847	2018	−21.7	0.43
316	640007184810	2018	−21.7	0.38
316	640251006402	2018	−21.7	0.48
324	640251006374	2018	−21.6	0.51
324	640251006993	2019	−21.6	0.41
324	640251006251	2018	−21.6	0.51
324	640007185230	2018	−21.6	0.38
328	640007185228	2018	−21.5	0.38
328	640003182897	2018	−21.5	0.49
328	640251006964	2019	−21.5	0.47
328	640251007039	2019	−21.5	0.46
328	640003006076	2018	−21.5	0.46
328	640003006587	2019	−21.5	0.46
328	640003182837	2018	−21.5	0.43
328	640251006321	2018	−21.5	0.52
328	640251006945	2019	−21.5	0.48

排名	牛号	出生年份	首次产犊日龄 EBV/d	EBV 准确性
328	640007184728	2018	−21.5	0.40
328	640251006405	2018	−21.5	0.47
328	640007184821	2018	−21.5	0.38
328	640251006992	2019	−21.5	0.51
328	640251006334	2018	−21.5	0.52
342	640003007198	2019	−21.4	0.35
342	640251006985	2019	−21.4	0.50
342	640251006266	2018	−21.4	0.49
342	640003006633	2019	−21.4	0.46
342	640251006300	2018	−21.4	0.51
342	640251006285	2018	−21.4	0.52
342	640005124050	2012	−21.4	0.44
342	640004187631	2018	−21.4	0.42
342	640003182841	2018	−21.4	0.41
342	640003182826	2018	−21.4	0.44
342	640251006330	2018	−21.4	0.49
342	640251006952	2019	−21.4	0.47
354	640003121324	2012	−21.3	0.40
354	640251006389	2018	−21.3	0.52
354	640003182957	2018	−21.3	0.47
354	640251007016	2019	−21.3	0.41
358	640003182872	2018	−21.2	0.43
358	640251007653	2019	−21.2	0.52
358	640003006267	2018	−21.2	0.46
358	640003006533	2018	−21.2	0.46
358	640251006224	2018	−21.2	0.51
358	640035128279	2012	−21.2	0.47
358	640003182864	2018	−21.2	0.43

续表

排名	牛号	出生年份	首次产犊日龄 EBV/d	EBV 准确性
358	640007185207	2018	−21.2	0.38
366	640004187619	2018	−21.1	0.42
366	640004136320	2013	−21.1	0.47
366	640003006417	2018	−21.1	0.46
366	640253170814	2017	−21.1	0.41
366	640251006948	2019	−21.1	0.47
366	640003182952	2018	−21.1	0.47
366	640251006958	2019	−21.1	0.47
366	640003006327	2018	−21.1	0.46
374	640251006978	2019	−21.0	0.44
374	640251007026	2019	−21.0	0.52
374	640251006546	2018	−21.0	0.49
374	640003006403	2018	−21.0	0.46
374	640004136315	2013	−21.0	0.46
374	640251006360	2018	−21.0	0.51
374	640251006928	2019	−21.0	0.50
381	640007174591	2017	−20.9	0.42
381	640003182810	2018	−20.9	0.43
381	640003182873	2018	−20.9	0.42
381	640251006700	2018	−20.9	0.52
381	640253193020	2019	−20.9	0.32
381	640251007007	2019	−20.9	0.40
381	640251007000	2019	−20.9	0.41
381	640003182894	2018	−20.9	0.48
381	640253193569	2019	−20.9	0.52
381	640251006270	2018	−20.9	0.49
381	640007185033	2018	−20.9	0.42
392	640251006269	2018	−20.8	0.52

排名	牛号	出生年份	首次产犊日龄 EBV/d	EBV 准确性
392	640005124057	2012	−20.8	0.40
392	640251006932	2019	−20.8	0.52
392	640251006409	2018	−20.8	0.47
392	640003182787	2018	−20.8	0.40
392	640251006168	2018	−20.8	0.48
392	640003182812	2018	−20.8	0.45
399	640004187620	2018	−20.7	0.43
399	640003006297	2018	−20.7	0.46
399	640003006603	2019	−20.7	0.46
399	640003006367	2018	−20.7	0.43
403	640251006295	2018	−20.6	0.52
403	640251006531	2018	−20.6	0.52
403	640251006755	2018	−20.6	0.52
403	640251006414	2018	−20.6	0.47
403	640003006583	2018	−20.6	0.43
403	640251007676	2019	−20.6	0.52
403	640003182901	2018	−20.6	0.48
403	640007185197	2018	−20.6	0.38
403	640003006357	2018	−20.6	0.43
403	640251006424	2018	−20.6	0.51
403	640035128294	2015	−20.6	0.42
403	640004136311	2013	−20.6	0.45
415	640007184962	2018	−20.5	0.41
415	640003006543	2018	−20.5	0.46
415	640003182925	2018	−20.5	0.46
415	640251006626	2018	−20.5	0.52
415	640251006408	2018	−20.5	0.51
415	640003006497	2018	−20.5	0.46

续表

排名	牛号	出生年份	首次产犊日龄 EBV/d	EBV 准确性
415	640251006308	2018	−20.5	0.51
422	640007185155	2018	−20.4	0.38
422	640005124026	2012	−20.4	0.41
422	640251006254	2018	−20.4	0.47
422	640251006944	2019	−20.4	0.51
422	640003006303	2018	−20.4	0.46
422	640251006310	2018	−20.4	0.46
422	640251006242	2018	−20.4	0.47
422	640003182789	2018	−20.4	0.44
422	640251006375	2018	−20.4	0.51
431	640004182511	2018	−20.3	0.43
431	640003006016	2018	−20.3	0.46
431	640253193840	2019	−20.3	0.51
431	640251006742	2018	−20.3	0.52
431	640035138296	2012	−20.3	0.46
431	640251006205	2018	−20.3	0.47
431	640003182790	2018	−20.3	0.40
431	640251006348	2018	−20.3	0.51
439	640004150682	2015	−20.2	0.48
439	640251006395	2018	−20.2	0.51
439	640003006307	2018	−20.2	0.43
439	640004136282	2013	−20.2	0.43
439	640035128226	2012	−20.2	0.45
439	640005134128	2013	−20.2	0.44
439	640251006324	2018	−20.2	0.51
439	640253182478	2018	−20.2	0.49
447	640003182958	2018	−20.1	0.46
447	640003182960	2018	−20.1	0.47

排名	牛号	出生年份	首次产犊日龄 EBV/d	EBV 准确性
447	640251006990	2019	−20.1	0.42
447	640003006457	2018	−20.1	0.46
447	640003182913	2018	−20.1	0.48
447	640251006540	2018	−20.1	0.47
447	640251006312	2018	−20.1	0.49
447	640251006947	2019	−20.1	0.51
447	640251006672	2018	−20.1	0.47
447	640251006695	2018	−20.1	0.47
457	640251006276	2018	−20.0	0.52
457	640253182493	2018	−20.0	0.45
457	640251005536	2017	−20.0	0.41
457	640009191706	2019	−20.0	0.45
457	640251006288	2018	−20.0	0.48
462	640251006998	2019	−19.9	0.43
462	640003182882	2018	−19.9	0.49
462	640251007696	2019	−19.9	0.53
462	640251007622	2019	−19.9	0.52
462	640007185120	2018	−19.9	0.39
462	640005124047	2012	−19.9	0.40
462	640251006132	2018	−19.9	0.49
469	640251006738	2018	−19.8	0.47
469	640251006315	2018	−19.8	0.50
469	640007162262	2016	−19.8	0.47
469	640251006345	2018	−19.8	0.51
469	640251006425	2018	−19.8	0.51
469	640251007607	2019	−19.8	0.53
469	640251006605	2018	−19.8	0.51
469	640253193478	2019	−19.8	0.52

续表

排名	牛号	出生年份	首次产犊日龄 EBV/d	EBV 准确性
469	640251006745	2018	−19.8	0.52
478	640251006806	2018	−19.7	0.49
478	640251006391	2018	−19.7	0.52
478	640003182860	2018	−19.7	0.41
478	640035138307	2015	−19.7	0.43
478	640003193097	2019	−19.7	0.42
478	640004187618	2018	−19.7	0.42
484	640007184893	2018	−19.6	0.41
484	640251006369	2018	−19.6	0.49
484	640251006568	2018	−19.6	0.48
484	640003182951	2018	−19.6	0.47
484	640251006914	2019	−19.6	0.47
484	640251006471	2018	−19.6	0.47
484	640251007004	2019	−19.6	0.44
484	640005134104	2013	−19.6	0.43
484	640003193089	2019	−19.6	0.42
484	640003006317	2018	−19.6	0.43
484	640003006363	2018	−19.6	0.43
484	640251006601	2018	−19.6	0.51
484	640251006396	2018	−19.6	0.49
484	640251006578	2018	−19.6	0.51
484	640004198369	2019	−19.6	0.46
499	640251005997	2018	−19.5	0.49
499	640003006343	2018	−19.5	0.44

附表 8　核心育种场青年牛首末次配种间隔 EBV 排名前 500 名母牛

排名	牛号	出生年份	青年牛首末次配种间隔 EBV/d	EBV 准确性
1	640003110237	2011	−14.3	0.45
2	640004136437	2013	−14.1	0.40
3	640005113868	2011	−13.8	0.47
4	640005113857	2011	−13.6	0.46
4	640003110192	2013	−13.6	0.44
6	640003111175	2011	−13.5	0.48
7	640003110167	2013	−13.4	0.44
8	640003110257	2011	−13.3	0.46
8	640166182892	2018	−13.3	0.52
8	640190182771	2018	−13.3	0.49
11	640003121187	2013	−13.1	0.45
11	640003110182	2013	−13.1	0.46
13	640003110187	2013	−13.0	0.45
14	640005113856	2011	−12.9	0.45
15	640166141109	2011	−12.8	0.46
15	640003111173	2013	−12.8	0.48
17	640003111178	2011	−12.7	0.47
18	640005113850	2011	−12.6	0.48
19	640193182324	2018	−12.5	0.49
19	640003111154	2011	−12.5	0.45
19	640003110232	2011	−12.5	0.44
22	640035138394	2013	−12.4	0.49
22	640004136353	2011	−12.4	0.47
24	640193185798	2019	−12.3	0.53
24	640035138433	2013	−12.3	0.48
24	640253193787	2019	−12.3	0.53
27	640166182876	2018	−12.2	0.53
27	640035138391	2013	−12.2	0.48

续表

排名	牛号	出生年份	青年牛首末次配种间隔 EBV/d	EBV 准确性
27	640005134138	2013	−12.2	0.50
30	640003111153	2011	−12.1	0.46
30	640253193836	2019	−12.1	0.53
32	640003111158	2011	−12.0	0.46
32	640003110282	2011	−12.0	0.44
32	640035138431	2013	−12.0	0.47
32	640004136327	2011	−12.0	0.48
32	640253193866	2019	−12.0	0.53
32	640193190138	2019	−12.0	0.52
32	640253193849	2019	−12.0	0.53
32	640035180958	2018	−12.0	0.39
32	640253193814	2019	−12.0	0.53
41	640005134170	2013	−11.9	0.49
41	640193185418	2018	−11.9	0.52
41	640190183811	2018	−11.9	0.49
41	640193190014	2019	−11.9	0.52
45	640005113845	2011	−11.8	0.46
45	640193184362	2018	−11.8	0.52
45	640193190298	2019	−11.8	0.52
48	640035181028	2018	−11.7	0.45
48	640035138485	2013	−11.7	0.46
48	640005113847	2011	−11.7	0.46
48	640253193778	2019	−11.7	0.53
48	640005113842	2011	−11.7	0.47
48	640003111168	2013	−11.7	0.41
48	640190184143	2018	−11.7	0.50
55	640166193423	2019	−11.6	0.54
55	640003110883	2011	−11.6	0.43

排名	牛号	出生年份	青年牛首末次配种间隔 EBV/d	EBV 准确性
55	640193182714	2018	−11.6	0.51
55	640005185305	2018	−11.6	0.51
55	640004136357	2011	−11.6	0.47
55	640190182807	2018	−11.6	0.53
61	640193183338	2018	−11.5	0.53
61	640193183594	2018	−11.5	0.53
61	640166151668	2015	−11.5	0.45
61	640003152109	2015	−11.5	0.46
61	640193185654	2018	−11.5	0.53
61	640190182353	2018	−11.5	0.50
61	640166193420	2019	−11.5	0.53
61	640190183951	2018	−11.5	0.50
69	640193183118	2018	−11.4	0.53
69	640166183016	2018	−11.4	0.52
69	640251170726	2017	−11.4	0.50
69	640193185860	2018	−11.4	0.53
69	640193183530	2018	−11.4	0.51
69	640253193829	2019	−11.4	0.53
69	640035138498	2013	−11.4	0.46
76	640009160996	2016	−11.3	0.31
76	640035138397	2013	−11.3	0.49
76	640193183436	2018	−11.3	0.53
76	640004177282	2017	−11.3	0.45
76	640003110197	2013	−11.3	0.42
76	640193185902	2018	−11.3	0.53
76	640193190042	2019	−11.3	0.54
76	640193190102	2019	−11.3	0.53
84	640004136298	2011	−11.2	0.45

续表

排名	牛号	出生年份	青年牛首末次配种间隔 EBV/d	EBV 准确性
84	640166183018	2018	−11.2	0.54
84	640193183824	2018	−11.2	0.51
84	640003152105	2015	−11.2	0.45
84	640005134132	2012	−11.2	0.47
84	640166182874	2018	−11.2	0.54
90	640190181877	2018	−11.1	0.53
90	640005195575	2019	−11.1	0.51
90	640004172649	2017	−11.1	0.47
90	640253193860	2019	−11.1	0.53
90	640190182329	2018	−11.1	0.51
90	640193183486	2018	−11.1	0.51
90	640193185808	2019	−11.1	0.52
90	640166193365	2019	−11.1	0.50
90	640003131407	2013	−11.1	0.49
90	640009181496	2018	−11.1	0.46
90	640253193807	2019	−11.1	0.53
101	640193183714	2018	−11.0	0.52
101	640193185706	2018	−11.0	0.53
101	640009201973	2020	−11.0	0.38
101	640190184557	2018	−11.0	0.53
101	640035138426	2013	−11.0	0.45
101	640003110869	2011	−11.0	0.44
101	640035118012	2013	−11.0	0.46
101	640166193369	2019	−11.0	0.51
101	640193182050	2018	−11.0	0.52
110	640193183422	2018	−10.9	0.52
110	640035138414	2011	−10.9	0.51
110	640005134120	2012	−10.9	0.45

排名	牛号	出生年份	青年牛首末次配种间隔 EBV/d	EBV 准确性
110	640193185224	2018	−10.9	0.54
110	640003111164	2013	−10.9	0.45
110	640166182879	2018	−10.9	0.53
110	640003193055	2019	−10.9	0.49
110	640005134208	2013	−10.9	0.49
118	640190185058	2018	−10.8	0.46
118	640193183506	2018	−10.8	0.54
118	640009181516	2018	−10.8	0.46
118	640166130871	2011	−10.8	0.47
118	640003193052	2019	−10.8	0.51
118	640166193376	2019	−10.8	0.51
118	640035138442	2013	−10.8	0.48
118	640190183191	2018	−10.8	0.50
118	640166130850	2013	−10.8	0.51
118	640004136319	2011	−10.8	0.47
118	640005134129	2011	−10.8	0.46
118	640193183582	2018	−10.8	0.52
130	640190181993	2018	−10.7	0.50
130	640166193382	2019	−10.7	0.50
130	640005175265	2017	−10.7	0.49
130	640193183510	2018	−10.7	0.52
130	640003110879	2011	−10.7	0.46
130	640035138504	2013	−10.7	0.47
130	640193182390	2018	−10.7	0.52
130	640035138388	2013	−10.7	0.47
130	640035138466	2013	−10.7	0.47
139	640193184230	2018	−10.6	0.51
139	640035138419	2013	−10.6	0.47

续表

排名	牛号	出生年份	青年牛首末次配种间隔 EBV/d	EBV 准确性
139	640166130968	2013	−10.6	0.45
139	640166182877	2018	−10.6	0.55
139	640003110207	2013	−10.6	0.39
139	640193185404	2018	−10.6	0.48
139	640166183029	2018	−10.6	0.54
139	640193184002	2018	−10.6	0.50
139	640009181534	2018	−10.6	0.47
148	640005134135	2013	−10.5	0.46
148	640193190296	2019	−10.5	0.52
148	640166193350	2019	−10.5	0.51
148	640035118017	2013	−10.5	0.48
148	640193190468	2019	−10.5	0.52
148	640190183843	2018	−10.5	0.49
148	640193183764	2018	−10.5	0.53
148	640009160993	2016	−10.5	0.36
148	640190185085	2018	−10.5	0.52
148	640004136354	2011	−10.5	0.46
148	640193183842	2018	−10.5	0.52
148	640190184429	2018	−10.5	0.53
148	640190184125	2018	−10.5	0.49
161	640193183336	2018	−10.4	0.50
161	640005154475	2015	−10.4	0.44
161	640003111179	2011	−10.4	0.48
161	640190182939	2018	−10.4	0.49
161	640190183253	2018	−10.4	0.50
161	640005113709	2011	−10.4	0.45
161	640166130873	2011	−10.4	0.45
161	640166193428	2019	−10.4	0.44

排名	牛号	出生年份	青年牛首末次配种间隔 EBV/d	EBV 准确性
161	640251004619	2017	−10.4	0.46
161	640003110162	2013	−10.4	0.43
161	640193184132	2018	−10.4	0.51
161	640005144287	2014	−10.4	0.46
161	640193184378	2018	−10.4	0.52
161	640190171121	2017	−10.4	0.50
161	640190184159	2018	−10.4	0.49
161	640035138436	2013	−10.4	0.48
161	640193183810	2018	−10.4	0.51
178	640193181432	2018	−10.3	0.49
178	640166141003	2014	−10.3	0.43
178	640166130865	2011	−10.3	0.47
178	640193184502	2018	−10.3	0.52
178	640193183630	2018	−10.3	0.50
178	640193181406	2018	−10.3	0.53
178	640166130856	2011	−10.3	0.48
178	640193181530	2018	−10.3	0.54
178	640003172535	2017	−10.3	0.43
178	640166130857	2011	−10.3	0.44
178	640190182857	2018	−10.3	0.51
178	640193182928	2018	−10.3	0.53
178	640166151674	2015	−10.3	0.45
178	640193182878	2018	−10.3	0.49
178	640193183044	2018	−10.3	0.53
178	640190184893	2018	−10.3	0.49
178	640003141740	2012	−10.3	0.44
178	640193181970	2018	−10.3	0.53
178	640166182869	2018	−10.3	0.51

续表

排名	牛号	出生年份	青年牛首末次配种间隔 EBV/d	EBV 准确性
178	640193190400	2019	−10.3	0.52
178	640193183856	2018	−10.3	0.50
178	640009181481	2018	−10.3	0.48
200	640004136351	2011	−10.2	0.47
200	640190185254	2018	−10.2	0.51
200	640193184480	2018	−10.2	0.53
200	640193184032	2018	−10.2	0.51
200	640193183664	2018	−10.2	0.51
200	640193183666	2018	−10.2	0.50
200	640190186037	2018	−10.2	0.53
200	640190184879	2018	−10.2	0.50
200	640166193375	2019	−10.2	0.50
200	640166183040	2018	−10.2	0.54
200	640003141726	2013	−10.2	0.44
200	640193182914	2018	−10.2	0.54
200	640193183220	2018	−10.2	0.48
200	640193185156	2018	−10.2	0.53
200	640193184590	2018	−10.2	0.52
200	640035138471	2013	−10.2	0.48
200	640004136447	2013	−10.2	0.49
200	640190183523	2018	−10.2	0.49
200	640190184083	2018	−10.2	0.49
200	640005134152	2013	−10.2	0.49
220	640190184499	2018	−10.1	0.49
220	640190182885	2018	−10.1	0.49
220	640193183616	2018	−10.1	0.52
220	640005134109	2012	−10.1	0.44
220	640190185193	2018	−10.1	0.49

排名	牛号	出生年份	青年牛首末次配种间隔 EBV/d	EBV 准确性
220	640193183584	2018	−10.1	0.52
220	640193184554	2018	−10.1	0.51
220	640035138420	2016	−10.1	0.47
220	640190183539	2018	−10.1	0.49
220	640009181347	2018	−10.1	0.50
220	640003110852	2011	−10.1	0.41
220	640193181472	2018	−10.1	0.54
220	640190184157	2018	−10.1	0.50
220	640193185068	2018	−10.1	0.53
220	640009181459	2018	−10.1	0.42
220	640190182845	2018	−10.1	0.48
220	640193184358	2018	−10.1	0.53
220	640193184864	2018	−10.1	0.51
220	640009181559	2018	−10.1	0.47
220	640193185870	2018	−10.1	0.51
220	640190184183	2018	−10.1	0.49
241	640004156836	2018	−10.0	0.33
241	640193184024	2018	−10.0	0.52
241	640193184660	2018	−10.0	0.50
241	640193185246	2018	−10.0	0.52
241	640190184783	2018	−10.0	0.50
241	640190182057	2018	−10.0	0.49
241	640193184390	2018	−10.0	0.52
241	640193183920	2018	−10.0	0.50
241	640193183426	2018	−10.0	0.50
241	640193183226	2018	−10.0	0.50
241	640190185913	2018	−10.0	0.50
241	640166183031	2018	−10.0	0.52

排名	牛号	出生年份	青年牛首末次配种间隔 EBV/d	EBV 准确性
241	640193184514	2018	−10.0	0.49
241	640190183199	2018	−10.0	0.49
241	640190184431	2018	−10.0	0.49
241	640193181610	2018	−10.0	0.53
241	640190182027	2018	−10.0	0.49
241	640193182110	2018	−10.0	0.51
241	640193185696	2018	−10.0	0.53
241	640190185165	2018	−10.0	0.49
241	640190183145	2018	−10.0	0.48
241	640193182666	2018	−10.0	0.51
241	640193181598	2018	−10.0	0.54
241	640193183976	2018	−10.0	0.52
241	640190184949	2018	−10.0	0.49
241	640193190130	2019	−10.0	0.51
241	640193184416	2018	−10.0	0.51
241	640190183773	2018	−10.0	0.50
269	640190184215	2018	−9.9	0.50
269	640190183723	2018	−9.9	0.49
269	640005113835	2011	−9.9	0.40
269	640190183839	2018	−9.9	0.49
269	640193181732	2018	−9.9	0.53
269	640190184305	2018	−9.9	0.49
269	640253182946	2018	−9.9	0.50
269	640193183898	2018	−9.9	0.52
269	640190123207	2012	−9.9	0.34
269	640193183602	2018	−9.9	0.51
269	640190180499	2018	−9.9	0.47
269	640166193368	2019	−9.9	0.50

排名	牛号	出生年份	青年牛首末次配种 间隔 EBV/d	EBV 准确性
269	640166130911	2013	−9.9	0.50
269	640193182646	2018	−9.9	0.48
269	640166193355	2019	−9.9	0.53
269	640190121759	2012	−9.9	0.34
269	640190185121	2018	−9.9	0.50
269	640193185378	2018	−9.9	0.53
269	640166182878	2018	−9.9	0.52
269	640190183217	2018	−9.9	0.51
269	640193184418	2018	−9.9	0.52
269	640193181650	2018	−9.9	0.52
269	640193184162	2018	−9.9	0.49
269	640166182870	2018	−9.9	0.52
269	640190183817	2018	−9.9	0.49
269	640190183119	2018	−9.9	0.48
269	640193182752	2018	−9.9	0.51
269	640190184921	2018	−9.9	0.49
269	640193190250	2019	−9.9	0.52
298	640190184909	2018	−9.8	0.49
298	640166130875	2011	−9.8	0.46
298	640193182244	2018	−9.8	0.51
298	640190184561	2018	−9.8	0.50
298	640190184419	2018	−9.8	0.49
298	640190184147	2018	−9.8	0.50
298	640190121592	2012	−9.8	0.34
298	640004136316	2011	−9.8	0.45
298	640190184925	2018	−9.8	0.52
298	640190183225	2018	−9.8	0.48
298	640003141736	2014	−9.8	0.45

续表

排名	牛号	出生年份	青年牛首末次配种间隔 EBV/d	EBV 准确性
298	640190180385	2018	−9.8	0.47
298	640190182869	2018	−9.8	0.49
298	640190184321	2018	−9.8	0.50
298	640190184342	2018	−9.8	0.49
298	640193183826	2018	−9.8	0.51
298	640003111150	2011	−9.8	0.50
298	640190184201	2018	−9.8	0.50
298	640190184905	2018	−9.8	0.49
298	640190184511	2018	−9.8	0.49
298	640190184861	2018	−9.8	0.49
298	640193185620	2018	−9.8	0.54
298	640190182933	2018	−9.8	0.49
298	640193184718	2018	−9.8	0.53
298	640193184322	2018	−9.8	0.52
298	640166193046	2018	−9.8	0.54
324	640190183125	2018	−9.7	0.49
324	640003151906	2015	−9.7	0.40
324	640190184437	2018	−9.7	0.49
324	640190182583	2018	−9.7	0.49
324	640190184655	2018	−9.7	0.49
324	640190185059	2018	−9.7	0.50
324	640190184189	2018	−9.7	0.49
324	640190184169	2018	−9.7	0.48
324	640193183800	2018	−9.7	0.49
324	640005134252	2013	−9.7	0.53
324	640003120946	2015	−9.7	0.42
324	640190184173	2018	−9.7	0.49
324	640251004629	2017	−9.7	0.47

排名	牛号	出生年份	青年牛首末次配种间隔 EBV/d	EBV 准确性
324	640190183931	2018	−9.7	0.49
324	640009181467	2018	−9.7	0.45
324	640193185102	2018	−9.7	0.52
324	640190183881	2018	−9.7	0.50
324	640190183883	2018	−9.7	0.50
324	640190184675	2018	−9.7	0.49
324	640005134105	2013	−9.7	0.44
324	640190184819	2018	−9.7	0.52
324	640190182255	2018	−9.7	0.48
324	640166193359	2019	−9.7	0.52
324	640190184411	2018	−9.7	0.48
324	640193185660	2018	−9.7	0.51
324	640005154461	2015	−9.7	0.43
324	640003110865	2011	−9.7	0.41
324	640190184309	2018	−9.7	0.50
324	640190184531	2018	−9.7	0.49
324	640190184601	2018	−9.7	0.49
324	640190184549	2018	−9.7	0.49
324	640251170769	2017	−9.7	0.45
324	640190190165	2019	−9.7	0.49
324	640193183402	2018	−9.7	0.49
358	640193183528	2018	−9.6	0.49
358	640190181865	2018	−9.6	0.48
358	640190182795	2018	−9.6	0.50
358	640193183088	2018	−9.6	0.54
358	640190184827	2018	−9.6	0.48
358	640003111155	2011	−9.6	0.46
358	640190184295	2018	−9.6	0.49

续表

排名	牛号	出生年份	青年牛首末次配种间隔 EBV/d	EBV 准确性
358	640193182740	2018	−9.6	0.54
358	640193181858	2018	−9.6	0.49
358	640190183157	2018	−9.6	0.48
358	640003131527	2013	−9.6	0.54
358	640005134124	2013	−9.6	0.46
358	640004136324	2011	−9.6	0.47
358	640193183626	2018	−9.6	0.52
358	640193182006	2018	−9.6	0.54
358	640193181794	2018	−9.6	0.51
358	640193190280	2019	−9.6	0.52
358	640190184025	2018	−9.6	0.49
358	640190185023	2018	−9.6	0.49
358	640190123755	2012	−9.6	0.32
358	640190182421	2018	−9.6	0.49
358	640190184269	2018	−9.6	0.49
358	640004136398	2013	−9.6	0.34
358	640251006874	2018	−9.6	0.40
358	640190184971	2018	−9.6	0.49
358	640190190179	2019	−9.6	0.49
358	640166183023	2018	−9.6	0.52
358	640190184981	2018	−9.6	0.49
358	640190183239	2018	−9.6	0.48
358	640193183256	2018	−9.6	0.48
358	640193185626	2018	−9.6	0.53
358	640190184585	2018	−9.6	0.49
358	640005113867	2011	−9.6	0.46
358	640190184129	2018	−9.6	0.49
358	640190183139	2018	−9.6	0.49

排名	牛号	出生年份	青年牛首末次配种间隔 EBV/d	EBV 准确性
358	640190180105	2018	−9.6	0.47
358	640190183121	2018	−9.6	0.48
358	640193183494	2018	−9.6	0.51
358	640190184281	2018	−9.6	0.50
358	640193182102	2018	−9.6	0.53
398	640193182804	2018	−9.5	0.48
398	640190184304	2018	−9.5	0.50
398	640190185213	2018	−9.5	0.49
398	640193183144	2018	−9.5	0.51
398	640253192975	2019	−9.5	0.51
398	640190183285	2018	−9.5	0.50
398	640005134213	2013	−9.5	0.47
398	640190184149	2018	−9.5	0.48
398	640190184213	2018	−9.5	0.49
398	640190184279	2018	−9.5	0.49
398	640190185119	2018	−9.5	0.49
398	640193183204	2018	−9.5	0.53
398	640190183397	2018	−9.5	0.49
398	640190184541	2018	−9.5	0.48
398	640003141831	2014	−9.5	0.47
398	640190184739	2018	−9.5	0.52
398	640190183663	2018	−9.5	0.50
398	640190183411	2018	−9.5	0.48
398	640190185157	2018	−9.5	0.48
398	640190184677	2018	−9.5	0.49
398	640193181900	2018	−9.5	0.54
398	640190183907	2018	−9.5	0.49
398	640003151878	2015	−9.5	0.47

排名	牛号	出生年份	青年牛首末次配种间隔 EBV/d	EBV 准确性
398	640193190128	2019	−9.5	0.51
398	640193185850	2018	−9.5	0.49
398	640190184407	2018	−9.5	0.50
398	640005134137	2013	−9.5	0.48
398	640009181348	2018	−9.5	0.47
398	640190183845	2018	−9.5	0.48
398	640190184507	2018	−9.5	0.48
398	640009181570	2018	−9.5	0.47
398	640193183624	2018	−9.5	0.48
398	640190174788	2017	−9.5	0.47
398	640190190125	2019	−9.5	0.50
398	640193190488	2019	−9.5	0.51
398	640193185192	2018	−9.5	0.51
398	640003111157	2011	−9.5	0.42
398	640193190502	2019	−9.5	0.52
398	640190183273	2018	−9.5	0.48
398	640190185153	2018	−9.5	0.49
398	640193185138	2018	−9.5	0.52
398	640193183164	2018	−9.5	0.49
398	640190184373	2018	−9.5	0.51
398	640190184897	2018	−9.5	0.48
398	640166183022	2018	−9.5	0.51
398	640190182247	2018	−9.5	0.48
398	640190184477	2018	−9.5	0.49
445	640193183710	2018	−9.4	0.49
445	640190183643	2018	−9.4	0.50
445	640190182757	2018	−9.4	0.48
445	640190183963	2018	−9.4	0.48

排名	牛号	出生年份	青年牛首末次配种间隔 EBV/d	EBV 准确性
445	640190184097	2018	−9.4	0.48
445	640190184359	2018	−9.4	0.48
445	640166182866	2018	−9.4	0.54
445	640193184166	2018	−9.4	0.51
445	640190185931	2018	−9.4	0.48
445	640193190640	2019	−9.4	0.48
445	640166193409	2019	−9.4	0.54
445	640193183700	2018	−9.4	0.49
445	640190180411	2018	−9.4	0.48
445	640190181949	2018	−9.4	0.54
445	640190184239	2018	−9.4	0.49
445	640004172716	2017	−9.4	0.45
445	640004172773	2017	−9.4	0.44
445	640005205873	2020	−9.4	0.50
445	640190184751	2018	−9.4	0.48
445	640190183413	2018	−9.4	0.48
445	640190182841	2018	−9.4	0.49
445	640193183406	2018	−9.4	0.53
445	640190184191	2018	−9.4	0.50
445	640005134139	2012	−9.4	0.43
445	640193183848	2018	−9.4	0.51
445	640190185385	2018	−9.4	0.45
445	640193184366	2018	−9.4	0.48
445	640193190236	2019	−9.4	0.50
445	640190184913	2018	−9.4	0.48
445	640193183652	2018	−9.4	0.50
445	640193183896	2018	−9.4	0.52
445	640190185031	2018	−9.4	0.50

续表

排名	牛号	出生年份	青年牛首末次配种 间隔 EBV/d	EBV 准确性
445	640004187620	2018	−9.4	0.45
445	640009181522	2018	−9.4	0.42
445	640190123212	2012	−9.4	0.32
445	640190190194	2019	−9.4	0.44
445	640035160320	2014	−9.4	0.44
445	640190184249	2018	−9.4	0.49
445	640190181945	2018	−9.4	0.48
445	640190182223	2018	−9.4	0.48
445	640193182436	2018	−9.4	0.51
445	640009171228	2017	−9.4	0.45
487	640190184609	2018	−9.3	0.49
487	640193184136	2018	−9.3	0.50
487	640190185095	2018	−9.3	0.51
487	640005134130	2013	−9.3	0.44
487	640190185177	2018	−9.3	0.50
487	640193183568	2018	−9.3	0.50
487	640190184933	2018	−9.3	0.49
487	640190184421	2018	−9.3	0.49
487	640035138405	2013	−9.3	0.48
487	640193190328	2019	−9.3	0.48
487	640190185303	2018	−9.3	0.46
487	640190183683	2018	−9.3	0.46
487	640190121591	2012	−9.3	0.32
487	640190121769	2012	−9.3	0.32

附表 9　核心育种场经产牛首末次配种间隔 EBV 排名前 500 名母牛

排名	牛号	出生年份	经产牛首末次配种间隔 EBV/d	EBV 准确性
1	640251160382	2016	−13.8	0.37
2	640251004095	2016	−12.0	0.49
3	640251004254	2017	−11.4	0.47
3	640251004108	2016	−11.4	0.48
3	640251004109	2016	−11.4	0.47
6	640251004227	2016	−11.3	0.45
7	640251004256	2017	−11.2	0.46
7	640251004170	2016	−11.2	0.46
7	640251004206	2016	−11.2	0.45
7	640251004142	2016	−11.2	0.47
11	640251005989	2016	−11.1	0.45
11	640251004138	2016	−11.1	0.44
13	640251004179	2016	−11.0	0.47
13	640253160454	2016	−11.0	0.43
15	640251004251	2017	−10.9	0.45
16	640251004201	2016	−10.8	0.45
16	640251004151	2016	−10.8	0.45
16	640251004209	2016	−10.8	0.46
16	640251004242	2016	−10.8	0.44
16	640251004080	2016	−10.8	0.49
21	640251004212	2016	−10.7	0.46
21	640251004152	2016	−10.7	0.47
21	640251160368	2016	−10.7	0.45
21	640251004117	2016	−10.7	0.47
25	640251004137	2016	−10.6	0.45
25	640251004493	2016	−10.6	0.48
25	640251160533	2016	−10.6	0.44
28	640251004237	2016	−10.5	0.45

续表

排名	牛号	出生年份	经产牛首末次配种间隔 EBV/d	EBV 准确性
28	640251004160	2016	−10.5	0.45
28	640251004268	2011	−10.5	0.43
28	640251004155	2016	−10.5	0.45
28	640251004259	2017	−10.5	0.45
33	640251006259	2018	−10.3	0.44
33	640251160462	2016	−10.3	0.43
33	640251004215	2016	−10.3	0.45
33	640251004211	2016	−10.3	0.47
33	640251004063	2016	−10.3	0.46
33	640251004134	2016	−10.3	0.45
39	640251004169	2016	−10.2	0.47
39	640251004096	2016	−10.2	0.46
39	640251004253	2017	−10.2	0.45
39	640251160444	2016	−10.2	0.43
39	640251004498	2016	−10.2	0.46
39	640193170356	2017	−10.2	0.44
39	640251004125	2016	−10.2	0.45
39	640251004205	2016	−10.2	0.43
47	640251004249	2016	−10.1	0.45
47	640251004540	2016	−10.1	0.45
47	640251004276	2016	−10.1	0.45
47	640193170424	2017	−10.1	0.42
47	640251004332	2016	−10.1	0.42
52	640251004069	2016	−10.0	0.45
52	640193170316	2017	−10.0	0.43
52	640251004221	2016	−10.0	0.45
52	640251004184	2016	−10.0	0.42
52	640193170368	2017	−10.0	0.43

排名	牛号	出生年份	经产牛首末次配种 间隔 EBV/d	EBV 准确性
52	640251004190	2016	−10.0	0.48
52	640251004107	2016	−10.0	0.44
59	640251004171	2016	−9.9	0.46
59	640251004105	2016	−9.9	0.45
59	640251004143	2016	−9.9	0.43
59	640251004229	2016	−9.9	0.46
59	640193170414	2017	−9.9	0.43
59	640251004504	2016	−9.9	0.45
59	640251004127	2016	−9.9	0.42
59	640251160531	2016	−9.9	0.43
67	640190170962	2017	−9.8	0.43
67	640251160406	2016	−9.8	0.42
67	640251004098	2016	−9.8	0.43
67	640251004118	2016	−9.8	0.42
67	640251004270	2016	−9.8	0.45
67	640190170984	2017	−9.8	0.42
67	640251004271	2016	−9.8	0.43
67	640251004289	2016	−9.8	0.46
67	640004162309	2016	−9.8	0.42
67	640004162276	2016	−9.8	0.42
67	640251004091	2016	−9.8	0.42
67	640251160336	2016	−9.8	0.44
67	640251004156	2016	−9.8	0.45
67	640251004131	2016	−9.8	0.43
67	640251004252	2017	−9.8	0.44
82	640251004183	2016	−9.7	0.44
82	640251004234	2016	−9.7	0.45
82	640251004157	2016	−9.7	0.45

排名	牛号	出生年份	经产牛首末次配种间隔 EBV/d	EBV 准确性
82	640251004165	2016	−9.7	0.43
82	640251004113	2016	−9.7	0.45
82	640251160480	2016	−9.7	0.42
82	640251004210	2016	−9.7	0.43
82	640251004162	2016	−9.7	0.43
90	640251004193	2016	−9.6	0.45
90	640251160390	2016	−9.6	0.42
90	640251160494	2016	−9.6	0.42
90	640251004079	2016	−9.6	0.43
90	640251004120	2016	−9.6	0.45
90	640190170816	2017	−9.6	0.43
90	640251004101	2016	−9.6	0.42
90	640251004051	2016	−9.6	0.44
90	640193170512	2017	−9.6	0.43
90	640251004084	2016	−9.6	0.46
90	640251004085	2016	−9.6	0.43
90	640251004159	2016	−9.6	0.42
90	640251004231	2016	−9.6	0.46
103	640251004115	2016	−9.5	0.45
103	640251004241	2016	−9.5	0.43
103	640190170808	2017	−9.5	0.42
103	640251004244	2016	−9.5	0.46
103	640193170358	2017	−9.5	0.42
103	640193170046	2017	−9.5	0.42
103	640251160456	2016	−9.5	0.43
103	640251004094	2016	−9.5	0.46
103	640251004228	2016	−9.5	0.44
112	640251004092	2016	−9.4	0.45

排名	牛号	出生年份	经产牛首末次配种间隔 EBV/d	EBV 准确性
112	640193170184	2017	−9.4	0.42
112	640251004082	2016	−9.4	0.44
112	640251160448	2016	−9.4	0.44
112	640251004217	2016	−9.4	0.44
112	640251004129	2016	−9.4	0.42
112	640251004285	2016	−9.4	0.46
112	640251160479	2016	−9.4	0.42
112	640251004216	2016	−9.4	0.45
112	640251004232	2016	−9.4	0.42
112	640251004246	2016	−9.4	0.45
123	640251006111	2018	−9.3	0.44
123	640035128087	2012	−9.3	0.31
123	640251004235	2016	−9.3	0.45
123	640190170854	2017	−9.3	0.43
123	640251004219	2016	−9.3	0.44
123	640251006007	2018	−9.3	0.45
123	640251004250	2016	−9.3	0.44
130	640253161967	2016	−9.2	0.41
130	640251004089	2016	−9.2	0.43
130	640251004126	2016	−9.2	0.43
130	640251004248	2016	−9.2	0.46
130	640253161999	2014	−9.2	0.40
130	640005123904	2012	−9.2	0.31
130	640035160375	2016	−9.2	0.32
130	640190170728	2017	−9.2	0.43
130	640193170412	2017	−9.2	0.43
139	640253161965	2016	−9.1	0.40
139	640251004180	2016	−9.1	0.44

续表

排名	牛号	出生年份	经产牛首末次配种间隔 EBV/d	EBV 准确性
139	640251007352	2019	−9.1	0.41
139	640251004123	2016	−9.1	0.46
139	640251004176	2016	−9.1	0.43
139	640003141711	2013	−9.1	0.31
139	640251160421	2016	−9.1	0.44
139	640251007293	2019	−9.1	0.41
139	640251004174	2016	−9.1	0.44
148	640251004172	2016	−9.0	0.46
148	640251004266	2018	−9.0	0.46
148	640251150504	2015	−9.0	0.47
148	640251004220	2016	−9.0	0.45
148	640251006635	2018	−9.0	0.43
148	640251170568	2017	−9.0	0.43
148	640251004150	2016	−9.0	0.43
155	640251160452	2016	−8.9	0.45
155	640251004114	2016	−8.9	0.43
155	640251004135	2016	−8.9	0.43
155	640251004245	2016	−8.9	0.44
155	640251004230	2016	−8.9	0.46
155	640251004136	2016	−8.9	0.46
155	640251004194	2016	−8.9	0.45
155	640251160492	2016	−8.9	0.43
163	640251004275	2016	−8.8	0.47
163	640251007339	2019	−8.8	0.40
163	640251006134	2018	−8.8	0.42
163	640251004213	2016	−8.8	0.43
163	640251004236	2016	−8.8	0.43
163	640251006095	2018	−8.8	0.43

排名	牛号	出生年份	经产牛首末次配种间隔 EBV/d	EBV 准确性
163	640003141723	2019	−8.8	0.30
163	640251004223	2016	−8.8	0.43
171	640190170406	2017	−8.7	0.42
171	640251160386	2016	−8.7	0.45
171	640251004121	2016	−8.7	0.44
171	640251004158	2016	−8.7	0.44
171	640251004099	2016	−8.7	0.46
171	640251004197	2016	−8.7	0.44
171	640190170662	2017	−8.7	0.42
171	640251004173	2016	−8.7	0.43
171	640251006565	2018	−8.7	0.44
171	640251006119	2018	−8.7	0.44
181	640251004195	2016	−8.6	0.43
181	640251004200	2016	−8.6	0.47
181	640251160388	2016	−8.6	0.41
181	640251004485	2016	−8.6	0.43
181	640251004106	2016	−8.6	0.43
181	640251005946	2018	−8.6	0.44
181	640251004490	2016	−8.6	0.42
181	640251004185	2016	−8.6	0.43
189	640251006152	2018	−8.5	0.44
189	640251004260	2017	−8.5	0.46
189	640251160376	2016	−8.5	0.45
189	640251004204	2016	−8.5	0.47
189	640253160424	2016	−8.5	0.43
189	640251006905	2019	−8.5	0.43
189	640251006143	2018	−8.5	0.44
196	640251004225	2016	−8.4	0.45

排名	牛号	出生年份	经产牛首末次配种间隔 EBV/d	EBV 准确性
196	640253160537	2016	−8.4	0.43
196	640251004153	2016	−8.4	0.44
196	640251004102	2016	−8.4	0.44
196	640251004243	2016	−8.4	0.46
196	640251004147	2016	−8.4	0.42
196	640193170396	2017	−8.4	0.43
196	640251160476	2016	−8.4	0.44
196	640251007399	2019	−8.4	0.39
196	640251006108	2018	−8.4	0.44
206	640251004199	2016	−8.3	0.44
206	640251004154	2016	−8.3	0.46
206	640253160324	2016	−8.3	0.44
206	640251006412	2018	−8.3	0.43
206	640251004177	2016	−8.3	0.43
211	640251006122	2018	−8.2	0.44
211	640251006160	2018	−8.2	0.44
211	640251004132	2016	−8.2	0.46
211	640251004191	2016	−8.2	0.45
215	640251004140	2016	−8.1	0.44
215	640251150380	2015	−8.1	0.41
215	640251004503	2016	−8.1	0.43
215	640251005966	2016	−8.1	0.45
215	640251006064	2018	−8.1	0.42
215	640251005993	2018	−8.1	0.43
215	640251004083	2016	−8.1	0.44
222	640251006118	2018	−8.0	0.43
222	640251004272	2016	−8.0	0.43
222	640251006362	2018	−8.0	0.44

排名	牛号	出生年份	经产牛首末次配种间隔 EBV/d	EBV 准确性
222	640251160401	2016	−8.0	0.43
222	640251004261	2017	−8.0	0.43
222	640035138368	2013	−8.0	0.36
222	640251160384	2016	−8.0	0.43
229	640251006028	2018	−7.9	0.44
229	640251004068	2016	−7.9	0.45
229	640251006172	2018	−7.9	0.44
229	640251005802	2016	−7.9	0.44
229	640251004497	2016	−7.9	0.47
234	640251160291	2016	−7.8	0.45
234	640251007227	2019	−7.8	0.32
234	640251004139	2016	−7.8	0.46
234	640251006123	2018	−7.8	0.43
234	640166161810	2015	−7.8	0.31
234	640003151897	2015	−7.8	0.35
240	640251004203	2016	−7.7	0.46
240	640251003694	2016	−7.7	0.43
240	640251006312	2018	−7.7	0.41
240	640251004116	2016	−7.7	0.45
240	640251006170	2018	−7.7	0.42
240	640035138349	2013	−7.7	0.38
240	640251004186	2016	−7.7	0.44
240	640003151994	2015	−7.7	0.44
240	640005123894	2012	−7.7	0.34
240	640251004070	2016	−7.7	0.42
240	640005123899	2012	−7.7	0.31
240	640251003650	2016	−7.7	0.46
240	640251004175	2016	−7.7	0.45

续表

排名	牛号	出生年份	经产牛首末次配种间隔 EBV/d	EBV 准确性
253	640166161870	2016	−7.6	0.43
253	640251004133	2016	−7.6	0.44
253	640251007456	2019	−7.6	0.34
253	640251004128	2016	−7.6	0.48
253	640251007317	2019	−7.6	0.35
258	640251007263	2019	−7.5	0.31
258	640251160482	2016	−7.5	0.44
258	640251006099	2018	−7.5	0.43
261	640251004168	2016	−7.4	0.44
261	640251160489	2016	−7.4	0.43
261	640251015684	2016	−7.4	0.43
261	640251004187	2016	−7.4	0.43
261	640035150054	2015	−7.4	0.43
261	640035128081	2012	−7.4	0.42
261	640251160420	2016	−7.4	0.44
261	640166151465	2015	−7.4	0.40
261	640251006330	2018	−7.4	0.41
270	640190142991	2014	−7.3	0.41
270	640190142930	2014	−7.3	0.40
270	640035138510	2013	−7.3	0.32
270	640251004181	2016	−7.3	0.44
274	640166162065	2016	−7.2	0.34
274	640251004141	2016	−7.2	0.45
274	640253160214	2016	−7.2	0.41
274	640251006265	2018	−7.2	0.45
274	640251006395	2018	−7.2	0.42
274	640035160240	2016	−7.2	0.33
274	640005144454	2014	−7.2	0.46

排名	牛号	出生年份	经产牛首末次配种间隔 EBV/d	EBV 准确性
274	640251005944	2018	−7.2	0.43
282	640251004218	2016	−7.1	0.45
282	640035150062	2015	−7.1	0.45
282	640166151437	2015	−7.1	0.41
282	640005118006	2012	−7.1	0.30
282	640251006425	2018	−7.1	0.41
282	640193154164	2015	−7.1	0.49
282	640193141734	2014	−7.1	0.49
282	640251005900	2016	−7.1	0.45
290	640005164966	2016	−7.0	0.43
290	640004146493	2014	−7.0	0.47
290	640253159067	2015	−7.0	0.43
290	640251007344	2019	−7.0	0.40
290	640190142950	2014	−7.0	0.43
290	640251003751	2016	−7.0	0.43
290	640190142924	2014	−7.0	0.40
290	640251004149	2016	−7.0	0.42
290	640251004202	2016	−7.0	0.44
299	640035158878	2015	−6.9	0.45
299	640251006083	2018	−6.9	0.43
299	640035138329	2013	−6.9	0.44
299	640003141726	2013	−6.9	0.33
299	640190142917	2014	−6.9	0.40
299	640035158937	2015	−6.9	0.47
299	640190141534	2014	−6.9	0.44
299	640003121186	2012	−6.9	0.33
299	640251005997	2018	−6.9	0.41
308	640035160297	2016	−6.8	0.47

排名	牛号	出生年份	经产牛首末次配种间隔 EBV/d	EBV 准确性
308	640251006424	2018	−6.8	0.43
308	640251006374	2018	−6.8	0.43
308	640253160288	2016	−6.8	0.43
308	640251006544	2018	−6.8	0.44
308	640005164902	2016	−6.8	0.35
308	640251015402	2011	−6.8	0.41
308	640251007490	2019	−6.8	0.38
308	640190143327	2014	−6.8	0.40
308	640251005778	2018	−6.8	0.40
308	640005134153	2012	−6.8	0.33
308	640166151436	2015	−6.8	0.41
308	640251006315	2018	−6.8	0.40
308	640251004267	2018	−6.8	0.44
308	640251006316	2018	−6.8	0.41
323	640251003656	2016	−6.7	0.43
323	640193141849	2014	−6.7	0.48
323	640251006324	2018	−6.7	0.42
323	640251015232	2011	−6.7	0.39
323	640251160261	2016	−6.7	0.41
323	640251160361	2016	−6.7	0.39
323	640251006498	2018	−6.7	0.43
330	640251006798	2018	−6.6	0.39
330	640193153749	2015	−6.6	0.49
330	640253160280	2016	−6.6	0.41
330	640253160039	2016	−6.6	0.44
330	640166162198	2016	−6.6	0.50
330	640004187496	2018	−6.6	0.39
330	640193140661	2014	−6.6	0.49

排名	牛号	出生年份	经产牛首末次配种间隔 EBV/d	EBV 准确性
330	640035128102	2012	−6.6	0.37
330	640251006947	2019	−6.6	0.42
330	640251012699	2011	−6.6	0.38
330	640251160304	2016	−6.6	0.39
330	640190143220	2014	−6.6	0.40
330	640193153872	2015	−6.6	0.50
330	640251007919	2019	−6.6	0.33
344	640166172255	2016	−6.5	0.48
344	640004172458	2017	−6.5	0.40
344	640190142831	2014	−6.5	0.39
344	640253171476	2017	−6.5	0.43
344	640190143438	2014	−6.5	0.42
344	640003162164	2016	−6.5	0.42
344	640193153638	2015	−6.5	0.48
344	640190142854	2014	−6.5	0.38
344	640253160262	2016	−6.5	0.42
344	640193154064	2015	−6.5	0.48
344	640193170068	2017	−6.5	0.48
344	640190142920	2014	−6.5	0.38
344	640251160213	2016	−6.5	0.40
344	640166172442	2017	−6.5	0.34
344	640003141734	2011	−6.5	0.33
344	640190143471	2014	−6.5	0.42
344	640193153826	2015	−6.5	0.48
361	640251160321	2016	−6.4	0.39
361	640251006482	2018	−6.4	0.41
361	640251010211	2012	−6.4	0.41
361	640190143439	2014	−6.4	0.37

排名	牛号	出生年份	经产牛首末次配种间隔 EBV/d	EBV 准确性
361	640193153550	2015	−6.4	0.48
361	640251015594	2011	−6.4	0.33
361	640004162399	2016	−6.4	0.38
361	640193142031	2014	−6.4	0.48
361	640190143073	2014	−6.4	0.40
361	640190140607	2014	−6.4	0.40
361	640253160243	2016	−6.4	0.40
361	640190141819	2014	−6.4	0.49
361	640190141871	2014	−6.4	0.48
361	640251006121	2018	−6.4	0.43
361	640251006045	2018	−6.4	0.40
361	640190128987	2014	−6.4	0.40
361	640035128115	2012	−6.4	0.38
361	640193153698	2015	−6.4	0.48
361	640190142827	2014	−6.4	0.36
361	640253171447	2017	−6.4	0.40
361	640193154132	2015	−6.4	0.49
382	640190131211	2014	−6.3	0.41
382	640005136424	2015	−6.3	0.44
382	640251006106	2018	−6.3	0.40
382	640251006571	2018	−6.3	0.42
382	640193180180	2018	−6.3	0.40
382	640193143235	2014	−6.3	0.38
382	640253160207	2016	−6.3	0.40
382	640193141747	2014	−6.3	0.48
382	640190143077	2014	−6.3	0.37
382	640035148783	2014	−6.3	0.41
382	640251007525	2019	−6.3	0.38

排名	牛号	出生年份	经产牛首末次配种间隔 EBV/d	EBV 准确性
382	640193180172	2018	−6.3	0.42
382	640251003581	2016	−6.3	0.45
382	640190143153	2014	−6.3	0.39
382	640193154117	2015	−6.3	0.48
382	640193141980	2014	−6.3	0.48
382	640251016155	2011	−6.3	0.35
382	640003151981	2015	−6.3	0.48
382	640003162352	2016	−6.3	0.34
382	640193153556	2015	−6.3	0.48
382	640253160302	2016	−6.3	0.40
382	640190143379	2014	−6.3	0.35
382	640251006071	2018	−6.3	0.41
382	640193154122	2015	−6.3	0.49
382	640035160226	2016	−6.3	0.36
382	640251006268	2018	−6.3	0.43
382	640003151983	2015	−6.3	0.42
409	640035128082	2018	−6.2	0.31
409	640190142009	2014	−6.2	0.49
409	640190141897	2014	−6.2	0.49
409	640004184447	2017	−6.2	0.38
409	640190141720	2014	−6.2	0.49
409	640193142025	2014	−6.2	0.47
409	640253160293	2016	−6.2	0.39
409	640166172492	2017	−6.2	0.39
409	640190142896	2014	−6.2	0.43
409	640190143338	2014	−6.2	0.39
409	640190142984	2014	−6.2	0.36
409	640251005799	2018	−6.2	0.39

排名	牛号	出生年份	经产牛首末次配种间隔 EBV/d	EBV 准确性
409	640251004100	2016	−6.2	0.44
409	640251003803	2016	−6.2	0.44
409	640190140016	2014	−6.2	0.38
409	640251006256	2018	−6.2	0.43
409	640193140671	2014	−6.2	0.47
409	640251006795	2018	−6.2	0.39
409	640005154547	2015	−6.2	0.44
409	640193153510	2015	−6.2	0.48
409	640190143036	2014	−6.2	0.40
409	640190153722	2015	−6.2	0.48
409	640190143320	2014	−6.2	0.39
409	640166162205	2016	−6.2	0.50
409	640253160253	2016	−6.2	0.39
409	640003131362	2013	−6.2	0.33
435	640190143385	2014	−6.1	0.37
435	640193141941	2014	−6.1	0.48
435	640251160241	2016	−6.1	0.38
435	640003162161	2016	−6.1	0.43
435	640190128954	2013	−6.1	0.39
435	640253160358	2016	−6.1	0.38
435	640253160356	2016	−6.1	0.39
435	640251160325	2016	−6.1	0.39
435	640190141407	2014	−6.1	0.49
435	640003151987	2015	−6.1	0.47
435	640193180068	2018	−6.1	0.42
435	640190143332	2014	−6.1	0.37
435	640166151667	2015	−6.1	0.48
435	640193153545	2015	−6.1	0.47

排名	牛号	出生年份	经产牛首末次配种间隔 EBV/d	EBV 准确性
435	640190143248	2014	−6.1	0.37
435	640251003587	2016	−6.1	0.43
435	640166151622	2015	−6.1	0.47
435	640251007270	2019	−6.1	0.32
435	640193141598	2014	−6.1	0.43
435	640251003588	2016	−6.1	0.43
435	640253170808	2016	−6.1	0.38
435	640190141400	2014	−6.1	0.44
435	640253160271	2016	−6.1	0.40
435	640193153939	2015	−6.1	0.49
435	640193153974	2015	−6.1	0.47
435	640251006065	2018	−6.1	0.42
435	640193154185	2015	−6.1	0.47
435	640193153985	2015	−6.1	0.48
435	640251160357	2016	−6.1	0.39
464	640251006438	2018	−6.0	0.44
464	640251007221	2019	−6.0	0.31
464	640190141620	2014	−6.0	0.47
464	640251004623	2017	−6.0	0.38
464	640009150529	2015	−6.0	0.43
464	640166162234	2016	−6.0	0.35
464	640190141692	2014	−6.0	0.48
464	640253159069	2015	−6.0	0.40
464	640251004240	2016	−6.0	0.46
464	640193153889	2015	−6.0	0.49
464	640253169393	2016	−6.0	0.44
464	640251004189	2016	−6.0	0.44
464	640190140583	2014	−6.0	0.48

排名	牛号	出生年份	经产牛首末次配种间隔 EBV/d	EBV 准确性
464	640190142836	2014	−6.0	0.42
464	640190142032	2014	−6.0	0.50
464	640251004264	2018	−6.0	0.44
464	640190153857	2015	−6.0	0.47
464	640190142859	2014	−6.0	0.39
464	640166151685	2015	−6.0	0.33
464	640166141380	2014	−6.0	0.50
464	640190127246	2012	−6.0	0.37
464	640190143497	2014	−6.0	0.36
464	640193143465	2014	−6.0	0.41
464	640251160276	2016	−6.0	0.38
464	640193153535	2015	−6.0	0.47
464	640251006982	2019	−6.0	0.46
464	640166151448	2015	−6.0	0.48
464	640005175256	2017	−6.0	0.38
464	640190142952	2014	−6.0	0.35
464	640190130457	2013	−6.0	0.48
464	640251160287	2016	−6.0	0.37
464	640193180238	2018	−6.0	0.39
464	640190141673	2014	−6.0	0.48
464	640166120310	2012	−6.0	0.30
464	640190129080	2013	−6.0	0.37
499	640004162348	2016	−5.9	0.37
499	640251160290	2016	−5.9	0.39

附表 10　核心育种场产犊至首次配种间隔 EBV 排名前 500 名母牛

排名	牛号	出生年份	产犊至首次配种间隔 EBV/d	EBV 准确性
1	640003110042	2019	−3.7	0.46
2	640035117925	2011	−3.6	0.46
3	640003110032	2011	−3.5	0.43
3	640005113813	2011	−3.5	0.47
5	640035117920	2011	−3.1	0.42
6	640035117942	2011	−3.0	0.43
6	640035117921	2019	−3.0	0.51
8	640004136317	2013	−2.8	0.52
9	640005113807	2011	−2.7	0.40
9	640004115883	2011	−2.7	0.42
9	640166110070	2011	−2.7	0.42
9	640251006312	2018	−2.7	0.53
13	640005113816	2011	−2.6	0.43
13	640166110064	2011	−2.6	0.38
13	640251011067	2019	−2.6	0.49
13	640251013194	2011	−2.6	0.43
13	640251005898	2018	−2.6	0.53
13	640005134063	2013	−2.6	0.45
13	640005113743	2019	−2.6	0.40
20	640166110066	2011	−2.5	0.37
20	640251006301	2018	−2.5	0.49
20	640003110062	2019	−2.5	0.45
20	640005113745	2011	−2.5	0.39
20	640035107792	2014	−2.5	0.39
20	640251003581	2016	−2.5	0.56
26	640005113801	2011	−2.4	0.39
26	640004187465	2018	−2.4	0.47
26	640166110075	2011	−2.4	0.38

续表

排名	牛号	出生年份	产犊至首次配种 间隔 EBV/d	EBV 准确性
26	640251006326	2018	−2.4	0.50
26	640035117935	2011	−2.4	0.45
26	640005134062	2013	−2.4	0.43
26	640251004635	2017	−2.4	0.54
26	640003151989	2015	−2.4	0.53
26	640005124019	2014	−2.4	0.42
26	640035117907	2019	−2.4	0.52
26	640035117918	2019	−2.4	0.49
26	640166110038	2011	−2.4	0.38
26	640005113875	2011	−2.4	0.44
26	640251003656	2016	−2.4	0.57
26	640251012852	2019	−2.4	0.39
26	640253169433	2016	−2.4	0.55
42	640004136195	2013	−2.3	0.47
42	640251150504	2015	−2.3	0.58
42	640166110040	2011	−2.3	0.39
42	640253194375	2019	−2.3	0.50
42	640003110007	2011	−2.3	0.46
42	640035117911	2011	−2.3	0.45
42	640253169503	2015	−2.3	0.50
42	640035128107	2011	−2.3	0.43
42	640004136310	2013	−2.3	0.52
42	640035117938	2011	−2.3	0.51
42	640251006004	2018	−2.3	0.47
42	640251003618	2016	−2.3	0.55
42	640251003760	2016	−2.3	0.56
42	640251005910	2018	−2.3	0.54
42	640166110022	2011	−2.3	0.39

排名	牛号	出生年份	产犊至首次配种 间隔 EBV/d	EBV 准确性
57	640005185402	2018	−2.2	0.49
57	640005117989	2011	−2.2	0.40
57	640004115916	2011	−2.2	0.37
57	640035117887	2011	−2.2	0.49
57	640251003572	2016	−2.2	0.53
57	640004177247	2017	−2.2	0.47
57	640251006315	2018	−2.2	0.53
57	640251005902	2018	−2.2	0.51
57	640007185276	2018	−2.2	0.45
57	640005113815	2011	−2.2	0.38
57	640005134149	2013	−2.2	0.57
57	640166151569	2015	−2.2	0.44
57	640005124008	2012	−2.2	0.54
57	640166110068	2011	−2.2	0.38
71	640035138298	2014	−2.1	0.44
71	640251006358	2018	−2.1	0.49
71	640251016593	2011	−2.1	0.48
71	640005144301	2014	−2.1	0.38
71	640251006915	2018	−2.1	0.44
71	640004156744	2015	−2.1	0.32
71	640005134147	2013	−2.1	0.39
71	640035128082	2018	−2.1	0.46
71	640251006325	2018	−2.1	0.50
71	640166110020	2011	−2.1	0.39
71	640035117971	2011	−2.1	0.46
71	640005185413	2018	−2.1	0.50
71	640251006322	2018	−2.1	0.49
71	640005117956	2011	−2.1	0.35

排名	牛号	出生年份	产犊至首次配种 间隔 EBV/d	EBV 准确性
71	640035110035	2011	−2.1	0.35
71	640253182465	2018	−2.1	0.52
71	640004136307	2013	−2.1	0.52
71	640003151988	2015	−2.1	0.50
71	640251006396	2018	−2.1	0.51
71	640005113797	2011	−2.1	0.44
71	640005113771	2011	−2.1	0.37
71	640035117917	2011	−2.1	0.39
71	640166110050	2011	−2.1	0.41
71	640251150543	2015	−2.1	0.54
71	640251003791	2016	−2.1	0.55
71	640251005997	2018	−2.1	0.53
97	640251005958	2018	−2.0	0.53
97	640251003672	2016	−2.0	0.56
97	640251006351	2018	−2.0	0.49
97	640005124056	2012	−2.0	0.51
97	640251005881	2018	−2.0	0.53
97	640005124007	2012	−2.0	0.49
97	640035117901	2011	−2.0	0.45
97	640251005943	2018	−2.0	0.54
97	640004172599	2017	−2.0	0.47
97	640253169733	2016	−2.0	0.48
97	640035160427	2016	−2.0	0.50
97	640166110054	2019	−2.0	0.36
97	640251006359	2018	−2.0	0.47
97	640251005890	2011	−2.0	0.41
97	640005124049	2012	−2.0	0.52
97	640251003625	2016	−2.0	0.52

排名	牛号	出生年份	产犊至首次配种间隔 EBV/d	EBV 准确性
97	640004182511	2018	−2.0	0.45
97	640004182499	2018	−2.0	0.45
97	640251003719	2016	−2.0	0.53
97	640251006294	2018	−2.0	0.50
97	640004126157	2012	−2.0	0.45
97	640005113760	2011	−2.0	0.36
97	640035148829	2014	−2.0	0.58
97	640035128102	2012	−2.0	0.51
97	640166110008	2011	−2.0	0.38
97	640251003688	2016	−2.0	0.52
97	640251160382	2016	−2.0	0.53
97	640253170697	2017	−2.0	0.49
97	640003121258	2012	−2.0	0.51
97	640035117927	2011	−2.0	0.48
97	640251004530	2017	−2.0	0.54
97	640166110018	2011	−2.0	0.36
97	640007184706	2018	−2.0	0.43
97	640035117914	2011	−2.0	0.38
97	640005124050	2012	−2.0	0.55
97	640035128131	2012	−2.0	0.46
97	640251004634	2017	−2.0	0.50
97	640166110025	2011	−2.0	0.37
135	640004136454	2013	−1.9	0.47
135	640251004626	2017	−1.9	0.52
135	640005113781	2018	−1.9	0.44
135	640003152036	2015	−1.9	0.54
135	640035128290	2012	−1.9	0.52
135	640035117934	2011	−1.9	0.50

排名	牛号	出生年份	产犊至首次配种间隔 EBV/d	EBV 准确性
135	640166141147	2014	−1.9	0.49
135	640251012859	2019	−1.9	0.40
135	640005185425	2018	−1.9	0.50
135	640003006357	2018	−1.9	0.45
135	640003121260	2012	−1.9	0.52
135	640004115903	2011	−1.9	0.40
135	640035117904	2011	−1.9	0.41
135	640004115901	2011	−1.9	0.38
135	640251003758	2016	−1.9	0.53
135	640007185118	2018	−1.9	0.43
135	640035128108	2012	−1.9	0.40
135	640035148547	2013	−1.9	0.50
135	640035148644	2014	−1.9	0.61
135	640251006012	2018	−1.9	0.51
135	640251003665	2015	−1.9	0.55
135	640253169363	2016	−1.9	0.55
135	640251011063	2012	−1.9	0.50
135	640166110077	2011	−1.9	0.45
135	640005124053	2012	−1.9	0.56
135	640166151692	2015	−1.9	0.40
135	640251010968	2012	−1.9	0.51
135	640251006292	2018	−1.9	0.48
135	640007182432	2018	−1.9	0.41
135	640004187512	2018	−1.9	0.48
135	640004197704	2019	−1.9	0.33
135	640251010102	2018	−1.9	0.49
135	640035117932	2019	−1.9	0.47
135	640004172656	2017	−1.9	0.48

排名	牛号	出生年份	产犊至首次配种间隔 EBV/d	EBV 准确性
135	640251006288	2018	−1.9	0.52
135	640166130979	2013	−1.9	0.57
135	640251150582	2015	−1.9	0.53
135	640251170779	2017	−1.9	0.48
135	640005113817	2019	−1.9	0.46
135	640251006449	2018	−1.9	0.52
135	640251004505	2017	−1.9	0.47
135	640251006329	2018	−1.9	0.50
135	640253169389	2016	−1.9	0.54
135	640166110072	2011	−1.9	0.38
135	640004172705	2017	−1.9	0.45
135	640004182390	2018	−1.9	0.43
135	640251006053	2014	−1.9	0.55
182	640251006339	2018	−1.8	0.50
182	640251004609	2017	−1.8	0.53
182	640005124024	2012	−1.8	0.50
182	640003141613	2014	−1.8	0.32
182	640166110011	2011	−1.8	0.41
182	640251006330	2018	−1.8	0.53
182	640251150525	2015	−1.8	0.52
182	640005185464	2018	−1.8	0.49
182	640035117947	2011	−1.8	0.52
182	640004172773	2017	−1.8	0.44
182	640166110035	2011	−1.8	0.38
182	640003162173	2016	−1.8	0.55
182	640251004173	2016	−1.8	0.54
182	640004184838	2018	−1.8	0.43
182	640005113812	2011	−1.8	0.43

续表

排名	牛号	出生年份	产犊至首次配种间隔 EBV/d	EBV 准确性
182	640251004517	2017	−1.8	0.44
182	640004172716	2017	−1.8	0.47
182	640253182438	2018	−1.8	0.47
182	640005185420	2018	−1.8	0.47
182	640166110030	2011	−1.8	0.37
182	640251003709	2016	−1.8	0.52
182	640251010208	2012	−1.8	0.54
182	640004172741	2017	−1.8	0.45
182	640251010861	2012	−1.8	0.48
182	640005185462	2018	−1.8	0.52
182	640251013556	2011	−1.8	0.43
182	640251007607	2019	−1.8	0.53
182	640035128091	2012	−1.8	0.37
182	640004172659	2017	−1.8	0.50
182	640251003651	2016	−1.8	0.53
182	640005175106	2017	−1.8	0.48
182	640253135804	2013	−1.8	0.58
182	640007184815	2018	−1.8	0.45
182	640251006002	2018	−1.8	0.46
182	640253159331	2016	−1.8	0.54
182	640004172672	2017	−1.8	0.48
182	640251013651	2011	−1.8	0.51
182	640251006356	2018	−1.8	0.49
182	640005113783	2011	−1.8	0.42
182	640251003639	2016	−1.8	0.51
182	640003006307	2018	−1.8	0.45
223	640005185393	2018	−1.7	0.50
223	640193141741	2014	−1.7	0.56

排名	牛号	出生年份	产犊至首次配种间隔 EBV/d	EBV 准确性
223	640035128094	2012	−1.7	0.40
223	640005144364	2014	−1.7	0.44
223	640005164754	2016	−1.7	0.42
223	640003172511	2017	−1.7	0.49
223	640251003749	2016	−1.7	0.54
223	640190156324	2015	−1.7	0.55
223	640004198312	2019	−1.7	0.46
223	640035138312	2014	−1.7	0.42
223	640004161206	2016	−1.7	0.52
223	640003162181	2016	−1.7	0.57
223	640005134247	2013	−1.7	0.35
223	640251003704	2016	−1.7	0.53
223	640005113837	2011	−1.7	0.42
223	640035160280	2016	−1.7	0.55
223	640251150589	2015	−1.7	0.56
223	640251004607	2017	−1.7	0.51
223	640251006319	2018	−1.7	0.52
223	640004161358	2015	−1.7	0.50
223	640005185509	2018	−1.7	0.51
223	640005185395	2018	−1.7	0.48
223	640004160982	2016	−1.7	0.53
223	640251003585	2016	−1.7	0.40
223	640251006290	2018	−1.7	0.50
223	640003151981	2015	−1.7	0.61
223	640007184821	2018	−1.7	0.40
223	640007184800	2018	−1.7	0.43
223	640190120156	2012	−1.7	0.50
223	640005123989	2012	−1.7	0.52

续表

排名	牛号	出生年份	产犊至首次配种间隔 EBV/d	EBV 准确性
223	640251004625	2017	−1.7	0.53
223	640035117915	2011	−1.7	0.39
223	640004161132	2016	−1.7	0.54
223	640166162132	2016	−1.7	0.53
223	640166193053	2018	−1.7	0.49
223	640253170770	2017	−1.7	0.50
223	640003006317	2018	−1.7	0.45
223	640007185120	2018	−1.7	0.45
223	640003162179	2016	−1.7	0.57
223	640005134190	2013	−1.7	0.51
223	640005185396	2018	−1.7	0.49
223	640005144452	2014	−1.7	0.46
223	640003006293	2018	−1.7	0.43
223	640005134075	2013	−1.7	0.42
223	640251160531	2016	−1.7	0.53
223	640004136221	2013	−1.7	0.51
223	640253169791	2016	−1.7	0.44
223	640005113870	2011	−1.7	0.38
223	640004172671	2017	−1.7	0.45
223	640004172738	2017	−1.7	0.43
223	640005124046	2012	−1.7	0.59
223	640166161840	2016	−1.7	0.57
223	640253159347	2015	−1.7	0.52
223	640004172714	2017	−1.7	0.45
223	640005123983	2012	−1.7	0.56
223	640004172648	2017	−1.7	0.47
223	640253181716	2018	−1.7	0.39
223	640005185404	2018	−1.7	0.49

排名	牛号	出生年份	产犊至首次配种间隔 EBV/d	EBV 准确性
223	640005185431	2018	−1.7	0.50
223	640253169771	2016	−1.7	0.48
223	640253181717	2018	−1.7	0.51
223	640166141044	2014	−1.7	0.58
223	640253182517	2017	−1.7	0.47
223	640003006377	2018	−1.7	0.45
223	640251014169	2011	−1.7	0.54
223	640005134219	2013	−1.7	0.45
223	640253169591	2016	−1.7	0.59
223	640193130798	2013	−1.7	0.50
223	640251007605	2019	−1.7	0.52
223	640251003692	2016	−1.7	0.53
223	640253169744	2016	−1.7	0.44
223	640253193513	2019	−1.7	0.52
223	640251003628	2016	−1.7	0.52
223	640251003696	2016	−1.7	0.56
223	640166162134	2016	−1.7	0.47
223	640251004095	2016	−1.7	0.59
223	640004172718	2017	−1.7	0.45
223	640005185503	2018	−1.7	0.47
223	640166120576	2012	−1.7	0.36
223	640005154675	2015	−1.7	0.52
223	640251004206	2016	−1.7	0.55
223	640251003666	2015	−1.7	0.52
223	640166151716	2015	−1.7	0.30
223	640003006343	2018	−1.7	0.47
223	640003121266	2012	−1.7	0.42
308	640251004545	2017	−1.6	0.48

续表

排名	牛号	出生年份	产犊至首次配种 间隔 EBV/d	EBV 准确性
308	640251004541	2017	−1.6	0.54
308	640005144292	2014	−1.6	0.56
308	640003151887	2015	−1.6	0.49
308	640253160454	2016	−1.6	0.54
308	640251007676	2019	−1.6	0.51
308	640035138412	2013	−1.6	0.41
308	640005185301	2018	−1.6	0.49
308	640005175114	2017	−1.6	0.57
308	640004115952	2011	−1.6	0.36
308	640003151867	2015	−1.6	0.49
308	640005185480	2018	−1.6	0.46
308	640166151771	2015	−1.6	0.46
308	640003006367	2018	−1.6	0.47
308	640035117951	2011	−1.6	0.47
308	640007184810	2018	−1.6	0.40
308	640005134229	2013	−1.6	0.35
308	640035117885	2011	−1.6	0.48
308	640005185333	2018	−1.6	0.49
308	640251004874	2017	−1.6	0.53
308	640035117902	2011	−1.6	0.51
308	640251006346	2018	−1.6	0.52
308	640004160819	2016	−1.6	0.52
308	640035138404	2013	−1.6	0.56
308	640253170643	2017	−1.6	0.50
308	640193130661	2013	−1.6	0.56
308	640035128147	2012	−1.6	0.42
308	640251006352	2018	−1.6	0.45
308	640166162117	2016	−1.6	0.52

排名	牛号	出生年份	产犊至首次配种 间隔 EBV/d	EBV 准确性
308	640005187512	2018	−1.6	0.40
308	640251004578	2017	−1.6	0.49
308	640253193854	2019	−1.6	0.49
308	640251006305	2018	−1.6	0.51
308	640251004520	2017	−1.6	0.52
308	640005185415	2018	−1.6	0.48
308	640166161828	2016	−1.6	0.52
308	640003151871	2015	−1.6	0.49
308	640251012863	2012	−1.6	0.45
308	640003121237	2012	−1.6	0.35
308	640251004623	2017	−1.6	0.53
308	640004187438	2018	−1.6	0.44
308	640005124022	2012	−1.6	0.51
308	640190155269	2015	−1.6	0.54
308	640251003503	2016	−1.6	0.51
308	640005124032	2012	−1.6	0.56
308	640251006171	2018	−1.6	0.50
308	640251003729	2016	−1.6	0.52
308	640251004999	2017	−1.6	0.54
308	640004136385	2013	−1.6	0.55
308	640253169407	2016	−1.6	0.55
308	640251004263	2018	−1.6	0.52
308	640251003689	2016	−1.6	0.55
308	640251005778	2018	−1.6	0.53
308	640166120558	2012	−1.6	0.37
308	640007184801	2018	−1.6	0.43
308	640005185419	2018	−1.6	0.48
308	640251003624	2016	−1.6	0.53

排名	牛号	出生年份	产犊至首次配种 间隔 EBV/d	EBV 准确性
308	640251006134	2018	−1.6	0.54
308	640035148667	2014	−1.6	0.57
308	640035138477	2013	−1.6	0.57
308	640253169772	2016	−1.6	0.46
308	640251004135	2016	−1.6	0.54
308	640166162113	2016	−1.6	0.50
308	640005134157	2013	−1.6	0.52
308	640251003550	2016	−1.6	0.54
308	640005185360	2018	−1.6	0.52
308	640005185378	2018	−1.6	0.47
308	640166120548	2012	−1.6	0.36
308	640251004051	2016	−1.6	0.52
308	640251005934	2018	−1.6	0.53
308	640251006370	2018	−1.6	0.53
308	640251003803	2016	−1.6	0.57
308	640253169731	2016	−1.6	0.48
308	640251012868	2012	−1.6	0.44
308	640251006379	2018	−1.6	0.49
308	640251006304	2018	−1.6	0.48
308	640251001336	2012	−1.6	0.41
308	640035128121	2012	−1.6	0.46
308	640251004503	2016	−1.6	0.52
308	640251004542	2017	−1.6	0.47
308	640190155318	2015	−1.6	0.53
308	640251003679	2016	−1.6	0.54
308	640004161100	2016	−1.6	0.49
308	640003193248	2019	−1.6	0.43
308	640007185076	2018	−1.6	0.43

排名	牛号	出生年份	产犊至首次配种 间隔 EBV/d	EBV 准确性
308	640005124020	2012	−1.6	0.48
308	640251010215	2012	−1.6	0.54
308	640251004167	2016	−1.6	0.52
308	640003162316	2016	−1.6	0.47
308	640251004082	2016	−1.6	0.54
308	640003172492	2017	−1.6	0.46
308	640251004069	2016	−1.6	0.56
308	640251003740	2016	−1.6	0.54
308	640004162184	2015	−1.6	0.41
308	640251006438	2018	−1.6	0.56
308	640166120327	2012	−1.6	0.36
308	640251006369	2018	−1.6	0.50
308	640004198340	2019	−1.6	0.46
308	640005185365	2018	−1.6	0.46
308	640251150555	2015	−1.6	0.51
308	640251006121	2018	−1.6	0.55
308	640253193909	2019	−1.6	0.49
308	640005185336	2018	−1.6	0.48
308	640004161506	2016	−1.6	0.47
412	640007195286	2019	−1.5	0.45
412	640004172726	2017	−1.5	0.45
412	640251013109	2011	−1.5	0.48
412	640166110015	2011	−1.5	0.42
412	640166162127	2016	−1.5	0.51
412	640004172688	2017	−1.5	0.50
412	640251005677	2013	−1.5	0.55
412	640005134080	2013	−1.5	0.52
412	640005117799	2014	−1.5	0.44

排名	牛号	出生年份	产犊至首次配种间隔 EBV/d	EBV 准确性
412	640004162309	2016	−1.5	0.50
412	640003006026	2018	−1.5	0.45
412	640005134195	2013	−1.5	0.36
412	640251160368	2016	−1.5	0.53
412	640251006127	2018	−1.5	0.51
412	640005154472	2015	−1.5	0.50
412	640004161166	2016	−1.5	0.51
412	640005185483	2018	−1.5	0.49
412	640251006355	2018	−1.5	0.50
412	640251006296	2018	−1.5	0.50
412	640251003737	2016	−1.5	0.52
412	640166110060	2011	−1.5	0.38
412	640251004805	2017	−1.5	0.49
412	640035117982	2018	−1.5	0.46
412	640004160928	2016	−1.5	0.53
412	640253182419	2018	−1.5	0.46
412	640253182456	2018	−1.5	0.47
412	640251015082	2011	−1.5	0.51
412	640193141087	2014	−1.5	0.53
412	640251006459	2018	−1.5	0.50
412	640005185390	2018	−1.5	0.50
412	640251012547	2011	−1.5	0.39
412	640251004150	2016	−1.5	0.51
412	640005185433	2018	−1.5	0.51
412	640251006349	2018	−1.5	0.52
412	640251004236	2016	−1.5	0.51
412	640251003771	2016	−1.5	0.48
412	640003162215	2016	−1.5	0.52

排名	牛号	出生年份	产犊至首次配种间隔 EBV/d	EBV 准确性
412	640193170358	2017	−1.5	0.51
412	640003141835	2014	−1.5	0.48
412	640193260099	2016	−1.5	0.54
412	640251159253	2015	−1.5	0.52
412	640190128033	2012	−1.5	0.39
412	640003162184	2016	−1.5	0.54
412	640251004199	2016	−1.5	0.53
412	640251003707	2016	−1.5	0.55
412	640166162110	2016	−1.5	0.50
412	640251006921	2019	−1.5	0.43
412	640193129039	2013	−1.5	0.45
412	640009171249	2017	−1.5	0.38
412	640251006364	2018	−1.5	0.48
412	640004172711	2017	−1.5	0.43
412	640251170759	2017	−1.5	0.44
412	640251003744	2016	−1.5	0.51
412	640004146610	2014	−1.5	0.41
412	640035138302	2012	−1.5	0.53
412	640251015232	2011	−1.5	0.55
412	640190155339	2015	−1.5	0.50
412	640004160921	2016	−1.5	0.50
412	640003120557	2012	−1.5	0.39
412	640251004618	2017	−1.5	0.50
412	640251006344	2018	−1.5	0.52
412	640035150031	2015	−1.5	0.56
412	640253194249	2019	−1.5	0.44
412	640005185428	2018	−1.5	0.47
412	640251004978	2012	−1.5	0.51

续表

排名	牛号	出生年份	产犊至首次配种间隔 EBV/d	EBV 准确性
412	640251005884	2018	−1.5	0.52
412	640035148575	2014	−1.5	0.53
412	640005124028	2012	−1.5	0.51
412	640251004243	2016	−1.5	0.57
412	640251004256	2017	−1.5	0.56
412	640005134189	2013	−1.5	0.49
412	640251004111	2016	−1.5	0.51
412	640004161528	2016	−1.5	0.51
412	640003151873	2012	−1.5	0.53
412	640251150600	2015	−1.5	0.54
412	640251003604	2016	−1.5	0.50
412	640251016554	2011	−1.5	0.38
412	640251003590	2016	−1.5	0.46
412	640253193535	2019	−1.5	0.49
412	640003111114	2011	−1.5	0.46
412	640251004146	2016	−1.5	0.51
412	640009181525	2018	−1.5	0.49
412	640005134175	2013	−1.5	0.57
412	640251006412	2018	−1.5	0.54
412	640193140942	2014	−1.5	0.53
412	640251014150	2011	−1.5	0.41
412	640251006398	2018	−1.5	0.49
412	640005185408	2018	−1.5	0.48
412	640003152032	2014	−1.5	0.45

附表 11　核心育种场青年牛产犊难易性 EBV 排名前 500 名母牛

排名	牛号	出生年份	青年牛产犊难易性 EBV	EBV 准确性
1	643051033092	2018	−0.072 2	0.23
2	640166182860	2018	−0.069 2	0.52
3	640166182956	2018	−0.067 1	0.52
4	640251006509	2018	−0.067 0	0.50
5	643051033183	2018	−0.065 9	0.24
6	640166182967	2018	−0.065 7	0.50
7	643051033219	2018	−0.065 2	0.23
8	640193180960	2018	−0.064 8	0.50
8	643051033233	2018	−0.064 8	0.23
10	643051033197	2018	−0.064 6	0.23
11	643051033209	2018	−0.064 1	0.23
12	643051033246	2018	−0.063 5	0.23
13	640190180303	2018	−0.063 0	0.49
14	643051033171	2018	−0.062 6	0.23
14	640007184975	2018	−0.062 6	0.33
14	640007184916	2018	−0.062 6	0.32
17	640007184974	2018	−0.062 5	0.44
17	640007185026	2018	−0.062 5	0.44
19	640007184691	2018	−0.062 2	0.45
20	643051033230	2018	−0.061 9	0.23
21	640193181136	2018	−0.061 8	0.50
22	640007184990	2018	−0.061 1	0.33
22	640007184967	2018	−0.061 1	0.31
24	640193172668	2017	−0.060 9	0.50
25	640190180299	2018	−0.060 7	0.49
26	640193180470	2018	−0.060 2	0.51
26	640007184965	2018	−0.060 2	0.42
28	640007172373	2017	−0.059 9	0.46

排名	牛号	出生年份	青年牛产犊难易性EBV	EBV准确性
29	640193171242	2017	−0.059 8	0.51
30	640193180794	2018	−0.059 5	0.40
31	640193180764	2018	−0.059 4	0.40
32	640004187391	2018	−0.059 3	0.47
33	640193180954	2018	−0.059 2	0.51
34	640193190782	2019	−0.059 1	0.37
35	640193171818	2017	−0.059 0	0.51
35	640251006515	2018	−0.059 0	0.51
37	640251006536	2018	−0.058 8	0.51
38	640193173604	2017	−0.058 6	0.50
39	640007184954	2018	−0.058 3	0.33
40	640193171374	2017	−0.058 1	0.51
41	640193171868	2017	−0.057 8	0.47
41	640007184795	2018	−0.057 8	0.33
43	640007185219	2018	−0.057 6	0.33
44	640190180911	2018	−0.057 5	0.51
44	640193171642	2017	−0.057 5	0.49
44	640190180479	2018	−0.057 5	0.51
47	640193172352	2017	−0.057 3	0.49
48	640166182865	2018	−0.057 2	0.50
48	640007184844	2018	−0.057 2	0.31
50	640007185088	2018	−0.057 1	0.33
51	640193172680	2017	−0.057 0	0.50
52	640193172396	2017	−0.056 9	0.47
53	640003162403	2016	−0.056 8	0.42
54	640190180309	2018	−0.056 6	0.47
55	640193172518	2017	−0.056 5	0.47
55	640004184328	2019	−0.056 5	0.48

排名	牛号	出生年份	青年牛产犊难易性 EBV	EBV 准确性
55	640193172502	2017	−0.056 5	0.49
58	640193172394	2017	−0.056 4	0.47
58	640166182949	2018	−0.056 4	0.47
60	640007184977	2018	−0.056 3	0.32
60	640193172344	2017	−0.056 3	0.47
62	640007185238	2018	−0.056 2	0.33
63	640193180784	2018	−0.056 1	0.47
63	640007184779	2018	−0.056 1	0.33
65	640007185094	2018	−0.056 0	0.34
65	640007185093	2018	−0.056 0	0.34
65	640007184957	2018	−0.056 0	0.33
65	640190171668	2017	−0.056 0	0.47
69	640007185105	2018	−0.055 9	0.33
69	640007185110	2018	−0.055 9	0.33
71	640007185254	2018	−0.055 8	0.33
71	640190180909	2018	−0.055 8	0.47
73	640007185235	2018	−0.055 7	0.33
73	640190177009	2017	−0.055 7	0.47
75	640007185002	2018	−0.055 6	0.33
75	640007185001	2018	−0.055 6	0.33
75	640193171402	2017	−0.055 6	0.47
78	640193173784	2017	−0.055 5	0.49
78	640007185182	2018	−0.055 5	0.33
78	640251006506	2018	−0.055 5	0.50
78	640193171608	2017	−0.055 5	0.50
82	640193171906	2017	−0.055 4	0.47
83	640007184710	2018	−0.055 3	0.33
83	640007184760	2018	−0.055 3	0.33

续表

排名	牛号	出生年份	青年牛产犊难易性 EBV	EBV 准确性
83	640007184804	2018	−0.055 3	0.33
83	640004187485	2018	−0.055 3	0.36
83	640007184809	2018	−0.055 3	0.33
83	640007182460	2018	−0.055 3	0.33
89	643051033112	2018	−0.055 2	0.23
89	640193180880	2018	−0.055 2	0.49
89	640193180924	2018	−0.055 2	0.47
89	640193180950	2018	−0.055 2	0.47
89	640193171718	2017	−0.055 2	0.46
94	640007185242	2018	−0.055 1	0.33
94	640003162449	2016	−0.055 1	0.40
94	640193172534	2017	−0.055 1	0.47
97	640007174526	2017	−0.054 9	0.47
97	640193172576	2017	−0.054 9	0.50
99	640004187392	2018	−0.054 7	0.49
99	640193180926	2018	−0.054 7	0.47
99	640193180824	2018	−0.054 7	0.47
102	640193172794	2017	−0.054 6	0.47
102	640007174451	2017	−0.054 6	0.46
102	640193180868	2018	−0.054 6	0.47
102	640007184792	2018	−0.054 6	0.31
102	640193172264	2017	−0.054 6	0.50
102	640166182862	2018	−0.054 6	0.51
108	640007184749	2018	−0.054 5	0.45
108	640190180473	2018	−0.054 5	0.47
110	640193180748	2018	−0.054 4	0.47
110	640193180780	2018	−0.054 4	0.47
110	640193171310	2017	−0.054 4	0.47

排名	牛号	出生年份	青年牛产犊难易性 EBV	EBV 准确性
110	640193172934	2017	−0.054 4	0.50
110	640193172170	2017	−0.054 4	0.50
110	640193180224	2018	−0.054 4	0.46
110	640193172510	2017	−0.054 4	0.47
117	640007185055	2018	−0.054 3	0.33
117	640007185113	2018	−0.054 3	0.33
117	640193172274	2017	−0.054 3	0.47
117	640193180906	2018	−0.054 3	0.49
121	640007184971	2018	−0.054 2	0.33
122	640251170652	2017	−0.054 1	0.47
122	640007174389	2017	−0.054 1	0.47
122	640193171700	2017	−0.054 1	0.49
122	640193171708	2017	−0.054 1	0.49
126	640193171164	2017	−0.054 0	0.47
127	640193171618	2017	−0.053 9	0.49
127	640007185218	2018	−0.053 9	0.33
129	640193180160	2018	−0.053 8	0.50
129	640190185164	2018	−0.053 8	0.36
129	640193171418	2017	−0.053 8	0.51
129	640003162393	2016	−0.053 8	0.43
129	640190171278	2017	−0.053 8	0.47
129	640190171550	2017	−0.053 8	0.47
129	640190171702	2017	−0.053 8	0.47
129	640190171734	2017	−0.053 8	0.47
129	640190171764	2017	−0.053 8	0.47
129	640193172126	2017	−0.053 8	0.47
129	640193173686	2017	−0.053 8	0.47
129	640193172202	2017	−0.053 8	0.50

续表

排名	牛号	出生年份	青年牛产犊难易性 EBV	EBV 准确性
129	640193172272	2017	−0.053 8	0.50
142	640003172454	2016	−0.053 7	0.41
143	640193172928	2017	−0.053 6	0.47
143	640193171698	2017	−0.053 6	0.50
143	640193171318	2017	−0.053 6	0.47
143	640007174587	2017	−0.053 6	0.47
147	640007185247	2018	−0.053 5	0.33
147	640007184948	2018	−0.053 5	0.33
147	640007185125	2018	−0.053 5	0.33
147	640007185127	2018	−0.053 5	0.33
147	640193172546	2017	−0.053 5	0.47
152	640007185071	2018	−0.053 4	0.33
152	640193180228	2018	−0.053 4	0.49
152	640007185054	2018	−0.053 4	0.33
155	640190180011	2018	−0.053 3	0.49
155	640193180882	2018	−0.053 3	0.47
155	640193171382	2017	−0.053 3	0.47
155	640251008355	2019	−0.053 3	0.45
155	640193172144	2017	−0.053 3	0.47
155	640193180422	2018	−0.053 3	0.47
155	640007185042	2018	−0.053 3	0.33
155	640193172332	2017	−0.053 3	0.47
155	640193172382	2017	−0.053 3	0.47
164	640193172182	2017	−0.053 1	0.47
164	640193172242	2017	−0.053 1	0.47
164	640193172244	2017	−0.053 1	0.47
164	640007185027	2018	−0.053 1	0.33
168	640193172162	2017	−0.053 0	0.47

排名	牛号	出生年份	青年牛产犊难易性 EBV	EBV 准确性
168	640193180410	2018	−0.053 0	0.47
168	640193171778	2017	−0.053 0	0.47
168	640193180788	2018	−0.053 0	0.49
168	640193171636	2017	−0.053 0	0.47
168	640193171942	2017	−0.053 0	0.47
174	640193172206	2017	−0.052 9	0.47
174	640193171272	2017	−0.052 9	0.47
174	640193172254	2017	−0.052 9	0.47
174	640193172314	2017	−0.052 9	0.47
174	640166182955	2018	−0.052 9	0.48
174	640193172584	2017	−0.052 9	0.50
180	640193180944	2018	−0.052 8	0.47
180	640193181154	2018	−0.052 8	0.50
180	640007185174	2018	−0.052 8	0.33
183	640166193331	2016	−0.052 7	0.47
183	640193171774	2017	−0.052 7	0.50
183	640193172380	2017	−0.052 7	0.47
186	640251006539	2018	−0.052 6	0.49
186	640190174729	2017	−0.052 6	0.47
186	640190175971	2017	−0.052 6	0.47
186	640190180325	2018	−0.052 6	0.47
186	640190180326	2018	−0.052 6	0.47
186	640007185256	2018	−0.052 6	0.33
186	640007184993	2018	−0.052 6	0.33
186	640190171712	2017	−0.052 6	0.47
186	640193180948	2018	−0.052 6	0.47
186	640003162217	2016	−0.052 6	0.40
186	640004184323	2018	−0.052 6	0.47

续表

排名	牛号	出生年份	青年牛产犊难易性 EBV	EBV 准确性
186	640193171862	2017	−0.052 6	0.47
198	640004184832	2018	−0.052 5	0.34
198	640193171696	2017	−0.052 5	0.50
198	640004184814	2018	−0.052 5	0.33
198	640003162411	2016	−0.052 5	0.43
198	640190180427	2018	−0.052 5	0.47
198	640166193306	2014	−0.052 5	0.47
198	640166193330	2013	−0.052 5	0.47
198	640166182854	2018	−0.052 5	0.48
206	640166182853	2018	−0.052 4	0.48
206	640193172362	2017	−0.052 4	0.47
206	640190180021	2018	−0.052 4	0.47
206	640193172278	2017	−0.052 4	0.47
206	640193171518	2017	−0.052 4	0.47
211	640193171744	2017	−0.052 3	0.47
211	640193172532	2017	−0.052 3	0.48
211	640004184765	2018	−0.052 3	0.33
211	640193171538	2017	−0.052 3	0.47
215	640193172528	2017	−0.052 2	0.50
215	640166182863	2018	−0.052 2	0.48
215	640166182945	2018	−0.052 2	0.49
215	640004187404	2018	−0.052 2	0.49
215	640193180226	2018	−0.052 2	0.47
215	640190171390	2017	−0.052 2	0.47
215	640190171556	2017	−0.052 2	0.47
215	640190171740	2017	−0.052 2	0.47
215	640193171674	2017	−0.052 2	0.47
215	640193172220	2017	−0.052 2	0.47

排名	牛号	出生年份	青年牛产犊难易性 EBV	EBV 准确性
215	640193172262	2017	−0.052 2	0.47
215	640193172340	2017	−0.052 2	0.47
215	640193172554	2017	−0.052 2	0.47
215	640193172712	2017	−0.052 2	0.47
215	640004184295	2018	−0.052 2	0.47
230	640193171684	2017	−0.052 1	0.47
230	640003006523	2018	−0.052 1	0.47
230	640193180284	2018	−0.052 1	0.51
230	640193171646	2017	−0.052 1	0.51
230	640004187501	2018	−0.052 1	0.35
230	640166182965	2018	−0.052 1	0.47
230	640193171900	2017	−0.052 1	0.47
230	640193172414	2017	−0.052 1	0.47
238	640193171416	2017	−0.052 0	0.46
238	640193171802	2017	−0.052 0	0.47
238	640193171804	2017	−0.052 0	0.47
238	640193171806	2017	−0.052 0	0.47
238	640166182943	2018	−0.052 0	0.49
238	640166182944	2018	−0.052 0	0.49
238	640190171442	2017	−0.052 0	0.47
238	640190171682	2017	−0.052 0	0.47
238	640190171746	2017	−0.052 0	0.47
238	640166193321	2015	−0.052 0	0.47
238	640166193253	2015	−0.052 0	0.47
238	640007174470	2017	−0.052 0	0.47
238	640007174533	2017	−0.052 0	0.47
251	640193171840	2017	−0.051 9	0.47
251	640166182971	2018	−0.051 9	0.49

排名	牛号	出生年份	青年牛产犊难易性 EBV	EBV 准确性
251	640193182628	2018	−0.051 9	0.38
251	640190180579	2018	−0.051 9	0.47
251	640193172682	2017	−0.051 9	0.49
251	640004187609	2018	−0.051 9	0.49
257	640193181130	2018	−0.051 8	0.46
257	640007174562	2017	−0.051 8	0.46
257	640193171850	2017	−0.051 8	0.49
257	640193171320	2017	−0.051 8	0.47
257	640193172478	2017	−0.051 8	0.47
257	640007174629	2017	−0.051 8	0.46
257	640193172582	2017	−0.051 8	0.50
257	640007185244	2018	−0.051 8	0.33
257	640007185248	2018	−0.051 8	0.33
257	640007174499	2017	−0.051 8	0.46
267	640193173580	2017	−0.051 7	0.47
267	640007174360	2017	−0.051 7	0.47
267	640166182968	2018	−0.051 7	0.50
267	640190172635	2017	−0.051 7	0.45
267	640193180262	2018	−0.051 7	0.47
272	640193172216	2017	−0.051 6	0.47
272	640193172354	2017	−0.051 6	0.47
272	640193172192	2017	−0.051 6	0.47
275	640190185623	2018	−0.051 5	0.39
275	640193172224	2017	−0.051 5	0.49
275	640193172406	2017	−0.051 5	0.49
275	640190176587	2017	−0.051 5	0.47
279	640193171246	2017	−0.051 4	0.50
279	640193172218	2017	−0.051 4	0.51

排名	牛号	出生年份	青年牛产犊难易性 EBV	EBV 准确性
279	640007174530	2017	−0.051 4	0.47
279	640007174536	2017	−0.051 4	0.47
283	640193180896	2018	−0.051 3	0.51
283	640193172456	2017	−0.051 3	0.47
283	640193172586	2017	−0.051 3	0.47
283	640193172458	2017	−0.051 3	0.51
283	640193171544	2017	−0.051 3	0.47
283	640193171820	2017	−0.051 3	0.47
283	640193171830	2017	−0.051 3	0.47
283	640193184374	2018	−0.051 3	0.35
283	640190171328	2017	−0.051 3	0.47
283	640193184288	2018	−0.051 3	0.37
293	640193172336	2017	−0.051 2	0.49
293	640193171864	2017	−0.051 2	0.47
293	640193172672	2017	−0.051 2	0.51
293	640193172512	2017	−0.051 2	0.49
293	640004184318	2018	−0.051 2	0.47
293	640003162311	2016	−0.051 2	0.40
299	640193171252	2017	−0.051 1	0.49
299	640007174531	2017	−0.051 1	0.47
299	640004208118	2020	−0.051 1	0.32
299	640193172500	2017	−0.051 1	0.49
299	640193173700	2017	−0.051 1	0.47
299	640193171676	2017	−0.051 1	0.49
299	640193171770	2017	−0.051 1	0.49
299	640193171294	2017	−0.051 1	0.47
299	640166182940	2018	−0.051 1	0.46
299	640193171882	2017	−0.051 1	0.50

排名	牛号	出生年份	青年牛产犊难易性EBV	EBV准确性
309	640193171794	2017	−0.051 0	0.47
309	640193173770	2017	−0.051 0	0.50
309	640190177161	2017	−0.051 0	0.47
309	640190180079	2018	−0.051 0	0.47
309	640190180355	2018	−0.051 0	0.47
309	640166182977	2018	−0.051 0	0.49
309	640193172390	2017	−0.051 0	0.50
316	640007174506	2017	−0.050 9	0.47
316	640004184841	2018	−0.050 9	0.33
316	640166182974	2018	−0.050 9	0.47
316	640004184762	2018	−0.050 9	0.33
316	640004208133	2020	−0.050 9	0.28
316	640193172308	2017	−0.050 9	0.48
322	640193172416	2017	−0.050 7	0.50
322	640193180334	2018	−0.050 7	0.47
322	640004184719	2018	−0.050 7	0.33
322	640193171846	2017	−0.050 7	0.50
322	640007174517	2017	−0.050 7	0.47
322	640007174537	2017	−0.050 7	0.47
322	640193172196	2017	−0.050 7	0.49
329	640004187486	2018	−0.050 6	0.37
329	640007174353	2017	−0.050 6	0.45
329	640193181038	2018	−0.050 6	0.48
332	640003006517	2018	−0.050 5	0.47
332	640193171934	2017	−0.050 5	0.47
332	640193171792	2017	−0.050 5	0.47
332	640193171448	2017	−0.050 5	0.50
332	640253204745	2020	−0.050 5	0.36

排名	牛号	出生年份	青年牛产犊难易性 EBV	EBV 准确性
332	640193171968	2017	−0.050 5	0.47
338	640007174452	2017	−0.050 4	0.46
338	640193171216	2017	−0.050 4	0.47
338	640193171878	2017	−0.050 4	0.47
338	640003167052	2016	−0.050 4	0.39
338	640190171190	2017	−0.050 4	0.47
338	640190171354	2017	−0.050 4	0.47
338	640190171756	2017	−0.050 4	0.47
338	640007174491	2017	−0.050 4	0.47
338	640007174528	2017	−0.050 4	0.47
338	640166193338	2015	−0.050 4	0.47
338	640007174615	2017	−0.050 4	0.47
338	640003162427	2016	−0.050 4	0.43
338	640190180956	2018	−0.050 4	0.48
338	640193171322	2017	−0.050 4	0.50
352	640251170636	2017	−0.050 3	0.47
352	640251170582	2017	−0.050 3	0.47
354	640190162176	2016	−0.050 2	0.41
354	640004187604	2018	−0.050 2	0.48
354	640166182952	2018	−0.050 2	0.47
354	640003162286	2016	−0.050 2	0.40
354	640007174514	2017	−0.050 2	0.46
354	640007185255	2018	−0.050 2	0.29
354	640007174492	2017	−0.050 2	0.46
361	640007174362	2017	−0.050 1	0.47
361	640253170589	2017	−0.050 1	0.47
363	640193171928	2017	−0.050 0	0.52
363	640007185066	2018	−0.050 0	0.29

排名	牛号	出生年份	青年牛产犊难易性 EBV	EBV 准确性
363	640253170648	2017	−0.050 0	0.47
363	640003162309	2016	−0.050 0	0.40
367	640004187395	2018	−0.049 9	0.51
367	640251170596	2017	−0.049 9	0.47
367	640193172420	2017	−0.049 9	0.45
367	640190180455	2018	−0.049 9	0.47
371	640253204782	2020	−0.049 8	0.36
371	640007174535	2017	−0.049 8	0.47
371	640253160563	2016	−0.049 8	0.47
371	640193171704	2017	−0.049 8	0.51
371	640253181744	2018	−0.049 8	0.49
371	640193171488	2017	−0.049 8	0.52
371	640003006527	2018	−0.049 8	0.47
378	640007174523	2017	−0.049 7	0.47
378	640007174607	2017	−0.049 7	0.47
378	640193171784	2017	−0.049 7	0.47
378	640193171786	2017	−0.049 7	0.47
378	640193171884	2017	−0.049 7	0.47
378	640190171298	2017	−0.049 7	0.47
378	640190171672	2017	−0.049 7	0.47
378	640193180820	2018	−0.049 7	0.45
378	640193171896	2017	−0.049 7	0.50
387	640193180892	2018	−0.049 6	0.47
387	640193184448	2018	−0.049 6	0.35
387	640193184494	2018	−0.049 6	0.35
387	640193184784	2018	−0.049 6	0.35
387	640193184950	2018	−0.049 6	0.35
387	640193185014	2018	−0.049 6	0.35

排名	牛号	出生年份	青年牛产犊难易性 EBV	EBV 准确性
387	640193185090	2018	−0.049 6	0.35
387	640251006486	2018	−0.049 6	0.48
387	640193171842	2017	−0.049 6	0.50
387	640003167054	2016	−0.049 6	0.40
387	640190171206	2017	−0.049 6	0.47
398	640251006468	2018	−0.049 5	0.50
398	640193171848	2017	−0.049 5	0.50
398	640193171758	2017	−0.049 5	0.50
398	640193171798	2017	−0.049 5	0.50
398	640190162300	2016	−0.049 5	0.40
398	640190171652	2017	−0.049 5	0.47
398	640193172602	2017	−0.049 5	0.51
398	640007172354	2017	−0.049 5	0.47
398	640007174548	2017	−0.049 5	0.47
398	640007174588	2017	−0.049 5	0.47
398	640193173726	2017	−0.049 5	0.48
398	640193171776	2017	−0.049 5	0.48
410	640193172268	2017	−0.049 4	0.52
410	640193171726	2017	−0.049 4	0.52
410	640251006501	2018	−0.049 4	0.46
413	640253181975	2018	−0.049 3	0.47
414	640193172266	2017	−0.049 2	0.45
414	640251006485	2018	−0.049 2	0.47
414	640193171730	2017	−0.049 2	0.51
414	640193171808	2017	−0.049 2	0.50
418	640253181952	2018	−0.049 1	0.47
418	640003007893	2018	−0.049 1	0.29
418	640004195758	2018	−0.049 1	0.29

续表

排名	牛号	出生年份	青年牛产犊难易性 EBV	EBV 准确性
418	640007185056	2018	−0.049 1	0.29
418	640007185063	2018	−0.049 1	0.29
418	640007185073	2018	−0.049 1	0.29
418	640007185096	2018	−0.049 1	0.29
418	640190181134	2018	−0.049 1	0.49
418	640193171356	2017	−0.049 1	0.46
418	640003006537	2018	−0.049 1	0.47
418	640003006557	2018	−0.049 1	0.47
418	640251006519	2018	−0.049 1	0.47
418	640007184711	2018	−0.049 1	0.47
431	640003167069	2016	−0.049 0	0.40
431	640003167059	2016	−0.049 0	0.40
431	640253181956	2017	−0.049 0	0.47
431	640193173728	2017	−0.049 0	0.47
431	640251170576	2017	−0.049 0	0.47
436	640190162080	2016	−0.048 9	0.40
436	640253171025	2017	−0.048 9	0.47
436	640003162266	2016	−0.048 9	0.40
436	640193171212	2017	−0.048 9	0.47
436	640003162267	2016	−0.048 9	0.40
436	640253170626	2017	−0.048 9	0.48
436	640166182953	2018	−0.048 9	0.47
436	640004187394	2018	−0.048 9	0.52
436	640004187400	2018	−0.048 9	0.52
436	640193171506	2017	−0.048 9	0.47
436	640253204468	2020	−0.048 9	0.37
447	640193172468	2017	−0.048 8	0.51
447	640003167074	2016	−0.048 8	0.39

排名	牛号	出生年份	青年牛产犊难易性 EBV	EBV 准确性
447	640193180770	2018	−0.048 8	0.49
447	640003006477	2018	−0.048 8	0.47
447	640003006513	2018	−0.048 8	0.47
447	640193180912	2018	−0.048 8	0.48
447	640193180382	2018	−0.048 8	0.44
447	640193171780	2017	−0.048 8	0.45
447	640007174600	2017	−0.048 8	0.46
456	640193171178	2017	−0.048 7	0.45
456	640003167080	2016	−0.048 7	0.39
456	640003167050	2016	−0.048 7	0.40
459	640193171938	2017	−0.048 6	0.51
459	640253181932	2018	−0.048 6	0.47
459	640004184341	2018	−0.048 6	0.47
462	640003162349	2016	−0.048 5	0.39
462	640253170584	2017	−0.048 5	0.47
462	640251006530	2018	−0.048 5	0.47
465	640193181102	2018	−0.048 4	0.49
465	640253181766	2018	−0.048 4	0.48
465	640253171055	2017	−0.048 4	0.48
465	640003167063	2016	−0.048 4	0.41
465	640003162251	2016	−0.048 4	0.40
465	640193184330	2018	−0.048 4	0.35
471	640193172662	2017	−0.048 3	0.52
471	643051033132	2018	−0.048 3	0.23
471	643051033140	2018	−0.048 3	0.23
471	640007185091	2018	−0.048 3	0.33
471	640251006524	2018	−0.048 3	0.45
471	640253181939	2018	−0.048 3	0.47

续表

排名	牛号	出生年份	青年牛产犊难易性 EBV	EBV 准确性
471	640253181799	2018	−0.048 3	0.47
478	640253204455	2020	−0.048 2	0.37
478	640253181793	2018	−0.048 2	0.48
478	640193171872	2017	−0.048 2	0.48
481	640193172176	2017	−0.048 1	0.45
481	640193184828	2018	−0.048 1	0.35
481	640190160975	2016	−0.048 1	0.40
481	640251170577	2017	−0.048 1	0.47
481	640251170619	2017	−0.048 1	0.47
481	640253181910	2018	−0.048 1	0.47
481	640003167065	2016	−0.048 1	0.40
481	640253171033	2017	−0.048 1	0.49
481	640166193297	2014	−0.048 1	0.44
481	640166193298	2015	−0.048 1	0.44
481	640166193300	2014	−0.048 1	0.44
481	640166193302	2012	−0.048 1	0.44
481	640166193303	2015	−0.048 1	0.44
481	640166193304	2015	−0.048 1	0.44
481	640166193309	2015	−0.048 1	0.44
481	640166193310	2015	−0.048 1	0.44
481	640166193311	2012	−0.048 1	0.44
481	640166193313	2014	−0.048 1	0.44
481	640166193317	2015	−0.048 1	0.44
481	640166193318	2015	−0.048 1	0.44

附表 12　核心育种场经产牛产犊难易性 EBV 排名前 500 名母牛

排名	牛号	出生年份	经产牛产犊难易性 EBV	EBV 准确性
1	640004136369	2011	−0.061 9	0.40
2	640251005534	2017	−0.060 4	0.47
3	640004136376	2011	−0.059 9	0.40
4	640009181455	2018	−0.058 1	0.44
5	640009181437	2018	−0.057 4	0.45
6	640009171286	2017	−0.056 0	0.44
7	640009171255	2017	−0.055 5	0.49
8	640009181428	2018	−0.053 7	0.44
9	640009181353	2018	−0.053 5	0.41
10	640009181436	2018	−0.052 3	0.43
11	640004172771	2017	−0.052 1	0.40
12	640251004646	2017	−0.052 0	0.36
13	640251005609	2018	−0.051 1	0.43
14	640004136373	2013	−0.050 8	0.43
15	640251007047	2019	−0.050 7	0.41
16	640253182880	2018	−0.050 6	0.43
17	640190143380	2014	−0.050 5	0.50
18	640009181406	2018	−0.050 3	0.42
18	640251007019	2019	−0.050 3	0.40
20	640251005578	2018	−0.050 2	0.44
21	640009181390	2018	−0.050 1	0.41
21	640190143370	2014	−0.050 1	0.52
23	640251005605	2018	−0.050 0	0.46
24	640251007347	2019	−0.049 9	0.42
25	640009171187	2017	−0.049 8	0.47
26	640251005520	2017	−0.049 7	0.42
27	640190142964	2014	−0.049 4	0.54
27	640190142822	2014	−0.049 4	0.51

续表

排名	牛号	出生年份	经产牛产犊难易性 EBV	EBV 准确性
27	640253182893	2018	−0.049 4	0.41
30	640251006761	2018	−0.049 3	0.42
30	640251005659	2017	−0.049 3	0.43
32	640190143289	2014	−0.049 2	0.52
33	640251005552	2018	−0.048 9	0.43
34	640004172708	2017	−0.048 7	0.37
35	640009181320	2018	−0.048 6	0.47
35	640004136377	2011	−0.048 6	0.32
35	640009181401	2018	−0.048 6	0.46
38	640004136368	2011	−0.048 5	0.42
38	640190143299	2014	−0.048 5	0.54
40	640251005551	2017	−0.048 4	0.43
41	640251005553	2018	−0.047 9	0.45
42	640190142840	2014	−0.047 7	0.50
42	640004177287	2017	−0.047 7	0.44
42	640190142867	2014	−0.047 7	0.49
42	640251006732	2018	−0.047 7	0.45
42	640190143378	2014	−0.047 7	0.50
47	640190143449	2014	−0.047 5	0.48
48	640003172468	2017	−0.047 3	0.48
49	640004172763	2017	−0.047 1	0.37
49	640004136383	2013	−0.047 1	0.36
51	640009181310	2018	−0.047 0	0.47
51	640190143468	2014	−0.047 0	0.55
53	640003162395	2016	−0.046 9	0.47
53	640190143040	2014	−0.046 9	0.51
55	640251007012	2019	−0.046 8	0.41
55	640004136380	2013	−0.046 8	0.31

排名	牛号	出生年份	经产牛产犊难易性 EBV	EBV 准确性
57	640009171266	2017	−0.046 7	0.44
58	640251006759	2018	−0.046 6	0.40
58	640009181397	2018	−0.046 6	0.40
58	640190142870	2014	−0.046 6	0.47
61	640251005540	2017	−0.046 5	0.48
62	640009181368	2018	−0.046 4	0.42
63	640004172762	2017	−0.046 3	0.37
64	640009181416	2018	−0.045 8	0.39
64	640009171251	2017	−0.045 8	0.46
66	640009181424	2018	−0.045 7	0.40
66	640190143238	2014	−0.045 7	0.51
66	643051033645	2019	−0.045 7	0.38
69	640190142913	2014	−0.045 6	0.49
69	640251006708	2018	−0.045 6	0.45
69	640251005608	2018	−0.045 6	0.39
69	640190142891	2014	−0.045 6	0.47
73	640251005613	2018	−0.045 4	0.41
74	640004172704	2017	−0.045 3	0.37
74	640190142940	2014	−0.045 3	0.49
74	640190131211	2014	−0.045 3	0.50
77	640251006744	2018	−0.045 2	0.39
78	640190142919	2014	−0.045 1	0.46
79	640251010472	2012	−0.045 0	0.43
79	640009181434	2018	−0.045 0	0.40
81	640190142804	2014	−0.044 8	0.53
82	640190143365	2014	−0.044 7	0.51
82	640190140331	2014	−0.044 7	0.48
84	640190143386	2014	−0.044 6	0.53

续表

排名	牛号	出生年份	经产牛产犊难易性 EBV	EBV 准确性
84	640190141534	2014	−0.044 6	0.56
86	640003172497	2016	−0.044 5	0.48
86	640009171256	2017	−0.044 5	0.46
86	640009181334	2018	−0.044 5	0.40
89	640003182896	2018	−0.044 4	0.46
89	640190142896	2014	−0.044 4	0.53
91	640190143470	2014	−0.044 3	0.50
91	640007184827	2018	−0.044 3	0.44
93	640251007005	2019	−0.044 1	0.45
93	640003172478	2017	−0.044 1	0.48
95	640009181471	2018	−0.044 0	0.40
95	640190142818	2014	−0.044 0	0.53
95	640190142893	2014	−0.044 0	0.53
98	640009181462	2018	−0.043 8	0.38
98	640190142945	2014	−0.043 8	0.49
98	640009171269	2017	−0.043 8	0.49
101	640009181400	2018	−0.043 7	0.40
101	640007184826	2018	−0.043 7	0.41
103	640009181431	2018	−0.043 6	0.47
103	640190142810	2014	−0.043 6	0.50
103	640190143039	2014	−0.043 6	0.51
106	640190143225	2014	−0.043 5	0.50
106	640004136372	2011	−0.043 5	0.35
106	640251015232	2011	−0.043 5	0.49
106	640251007407	2019	−0.043 5	0.39
110	640009181452	2018	−0.043 4	0.39
111	640190130084	2013	−0.043 3	0.49
111	640251005633	2018	−0.043 3	0.43

排名	牛号	出生年份	经产牛产犊难易性 EBV	EBV 准确性
113	640251005632	2018	−0.043 1	0.43
114	640190142836	2014	−0.043 0	0.54
115	640251013955	2011	−0.042 9	0.45
115	640253171594	2017	−0.042 9	0.44
115	640007184811	2018	−0.042 9	0.43
115	640190143243	2014	−0.042 9	0.50
119	640007184688	2018	−0.042 8	0.43
119	640190142727	2014	−0.042 8	0.47
119	643051033564	2019	−0.042 8	0.45
119	640190142968	2014	−0.042 8	0.48
119	640251007562	2019	−0.042 8	0.39
124	640190143011	2014	−0.042 7	0.49
124	640190142856	2014	−0.042 7	0.47
124	640009181344	2018	−0.042 7	0.39
124	640190142811	2014	−0.042 7	0.50
128	640190143066	2014	−0.042 6	0.45
128	640251016868	2012	−0.042 6	0.44
128	640007184837	2018	−0.042 6	0.40
128	640251007599	2018	−0.042 6	0.40
132	640009181329	2018	−0.042 5	0.39
132	640190142726	2014	−0.042 5	0.48
132	640251016593	2011	−0.042 5	0.44
132	640190143273	2014	−0.042 5	0.50
132	640190142931	2014	−0.042 5	0.45
132	640253171598	2017	−0.042 5	0.43
138	640251015087	2011	−0.042 4	0.47
138	640190141368	2014	−0.042 4	0.52
138	640190141501	2014	−0.042 4	0.55

续表

排名	牛号	出生年份	经产牛产犊难易性 EBV	EBV 准确性
138	640004156758	2015	−0.042 4	0.58
138	640003162231	2016	−0.042 4	0.51
143	640005185305	2018	−0.042 3	0.45
143	640004146474	2014	−0.042 3	0.47
143	640193142866	2014	−0.042 3	0.48
146	640007184774	2018	−0.042 2	0.44
146	640007184734	2018	−0.042 2	0.43
146	640007184766	2018	−0.042 2	0.43
149	640251006670	2018	−0.042 1	0.45
149	640190141471	2014	−0.042 1	0.51
151	640251005550	2017	−0.042 0	0.41
151	640251013113	2011	−0.042 0	0.49
151	640251007037	2019	−0.042 0	0.40
154	640190130039	2013	−0.041 9	0.49
154	640007174413	2017	−0.041 9	0.40
156	640003152038	2015	−0.041 8	0.51
156	640190130093	2013	−0.041 8	0.51
158	640003172526	2017	−0.041 7	0.42
158	640007184808	2018	−0.041 7	0.41
158	640190143471	2014	−0.041 7	0.54
158	640253182806	2018	−0.041 7	0.41
162	640251006709	2018	−0.041 6	0.44
162	640251005543	2017	−0.041 6	0.39
164	640190143030	2014	−0.041 5	0.46
165	640190143239	2014	−0.041 4	0.48
165	640193143462	2014	−0.041 4	0.49
165	640190143438	2014	−0.041 4	0.48
165	640007184699	2018	−0.041 4	0.43

排名	牛号	出生年份	经产牛产犊难易性 EBV	EBV 准确性
165	640009181307	2018	−0.041 4	0.40
170	640190143213	2014	−0.041 3	0.48
170	640003141821	2014	−0.041 3	0.46
172	640190143233	2014	−0.041 2	0.50
172	640251007534	2019	−0.041 2	0.44
172	640190142999	2014	−0.041 2	0.46
172	640190142687	2014	−0.041 2	0.48
176	640009171134	2017	−0.041 1	0.45
176	640251016715	2011	−0.041 1	0.41
176	640190141274	2014	−0.041 1	0.53
176	640004136381	2013	−0.041 1	0.34
180	640009181346	2018	−0.041 0	0.40
180	640251007462	2019	−0.041 0	0.39
180	640007172392	2017	−0.041 0	0.48
180	640007184725	2018	−0.041 0	0.43
184	640253181747	2018	−0.040 9	0.39
184	640003182894	2018	−0.040 9	0.46
184	640253181707	2018	−0.040 9	0.43
187	640193143016	2014	−0.040 8	0.48
187	640190140035	2014	−0.040 8	0.46
189	640190130090	2013	−0.040 7	0.47
189	640253171608	2017	−0.040 7	0.43
189	640190140332	2014	−0.040 7	0.46
192	640190143258	2014	−0.040 6	0.48
192	640251007532	2019	−0.040 6	0.41
192	640003162232	2016	−0.040 6	0.55
192	640251006959	2019	−0.040 6	0.38
196	640251006857	2018	−0.040 5	0.43

续表

排名	牛号	出生年份	经产牛产犊难易性 EBV	EBV 准确性
196	640251007404	2019	−0.040 5	0.37
196	640004146507	2014	−0.040 5	0.45
196	640009181425	2018	−0.040 5	0.45
196	640009171271	2017	−0.040 5	0.45
201	640193154154	2015	−0.040 4	0.48
201	640193143001	2014	−0.040 4	0.48
201	640004172673	2017	−0.040 4	0.45
201	640193142816	2014	−0.040 4	0.49
205	640190143457	2014	−0.040 3	0.45
205	640251006898	2018	−0.040 3	0.41
205	640009171040	2017	−0.040 3	0.39
205	640251007320	2019	−0.040 3	0.40
205	640251007386	2019	−0.040 3	0.39
205	640190142722	2014	−0.040 3	0.45
211	640251006566	2018	−0.040 2	0.43
211	640251007448	2019	−0.040 2	0.41
211	640190143499	2014	−0.040 2	0.48
211	640190143065	2014	−0.040 2	0.48
215	640251016517	2011	−0.040 1	0.31
215	640251007429	2019	−0.040 1	0.44
215	640007184847	2018	−0.040 1	0.43
215	640009181410	2018	−0.040 1	0.43
215	640190141500	2014	−0.040 1	0.53
220	640251005619	2018	−0.040 0	0.39
220	640253171677	2017	−0.040 0	0.39
220	640190140335	2014	−0.040 0	0.46
220	640190141651	2014	−0.040 0	0.53
220	640190130407	2014	−0.040 0	0.51

排名	牛号	出生年份	经产牛产犊难易性 EBV	EBV 准确性
225	640007184735	2018	−0.039 9	0.39
225	640190142843	2014	−0.039 9	0.46
225	640190142918	2014	−0.039 9	0.46
225	640190142737	2014	−0.039 9	0.45
225	640007184823	2018	−0.039 9	0.39
230	640251015016	2012	−0.039 8	0.42
230	640004146692	2014	−0.039 8	0.56
230	640190130054	2013	−0.039 8	0.44
230	640193142820	2014	−0.039 8	0.43
230	640251016763	2011	−0.039 8	0.41
235	640190142986	2014	−0.039 7	0.47
235	640251007520	2019	−0.039 7	0.42
237	640193142897	2014	−0.039 6	0.48
237	640190130838	2013	−0.039 6	0.49
237	640190143254	2014	−0.039 6	0.46
237	640193143063	2014	−0.039 6	0.48
237	640251006581	2018	−0.039 6	0.42
242	640253171622	2017	−0.039 5	0.39
243	640251006648	2018	−0.039 4	0.43
243	640190142879	2014	−0.039 4	0.45
243	640251012699	2011	−0.039 4	0.48
243	640004172525	2017	−0.039 4	0.45
243	640190140074	2013	−0.039 4	0.47
248	640007184727	2018	−0.039 3	0.39
248	640190143010	2014	−0.039 3	0.45
248	640251005630	2018	−0.039 3	0.44
248	640251017113	2011	−0.039 3	0.49
248	640193153696	2015	−0.039 3	0.48

续表

排名	牛号	出生年份	经产牛产犊难易性 EBV	EBV 准确性
248	640251007523	2019	−0.039 3	0.39
248	640004172754	2017	−0.039 3	0.26
248	640253172807	2017	−0.039 3	0.26
248	640190141483	2014	−0.039 3	0.55
248	640007184885	2018	−0.039 3	0.45
258	640190143486	2014	−0.039 2	0.45
259	640193140353	2014	−0.039 1	0.49
259	640190141614	2014	−0.039 1	0.53
259	640251015345	2011	−0.039 1	0.38
259	640190141485	2014	−0.039 1	0.50
259	640190142975	2014	−0.039 1	0.45
259	640190142704	2014	−0.039 1	0.50
259	640193143316	2014	−0.039 1	0.45
259	640009171036	2017	−0.039 1	0.45
259	640251015051	2011	−0.039 1	0.37
259	640004172597	2017	−0.039 1	0.45
269	640253171659	2017	−0.039 0	0.43
269	640251005626	2018	−0.039 0	0.43
269	640193142899	2014	−0.039 0	0.45
272	640190130254	2013	−0.038 9	0.48
272	640007184812	2018	−0.038 9	0.40
272	640193143230	2014	−0.038 9	0.49
272	640007184883	2018	−0.038 9	0.40
272	640193142817	2014	−0.038 9	0.48
272	640193140341	2014	−0.038 9	0.45
278	640251015190	2011	−0.038 8	0.38
278	640251012879	2012	−0.038 8	0.44
278	640190141507	2014	−0.038 8	0.50

排名	牛号	出生年份	经产牛产犊难易性 EBV	EBV 准确性
278	640004177245	2017	−0.038 8	0.40
278	640190142939	2014	−0.038 8	0.43
283	640007174669	2017	−0.038 7	0.40
283	640251016335	2011	−0.038 7	0.37
283	640190142950	2014	−0.038 7	0.49
283	640193143465	2014	−0.038 7	0.48
287	640190141550	2014	−0.038 6	0.51
287	643051033658	2019	−0.038 6	0.40
287	640009161018	2016	−0.038 6	0.44
287	640190141570	2014	−0.038 6	0.54
287	640190141429	2014	−0.038 6	0.50
287	640253171612	2017	−0.038 6	0.39
287	640253171645	2017	−0.038 6	0.39
287	640253171678	2017	−0.038 6	0.39
287	640005185314	2018	−0.038 6	0.44
296	640007184723	2018	−0.038 5	0.39
296	640251013000	2011	−0.038 5	0.41
296	640251015402	2011	−0.038 5	0.51
296	640007184853	2018	−0.038 5	0.39
300	640253171631	2017	−0.038 4	0.39
300	640253171644	2017	−0.038 4	0.39
300	640190141379	2014	−0.038 4	0.54
300	640193143454	2014	−0.038 4	0.48
300	640003162326	2016	−0.038 4	0.44
300	640190142915	2014	−0.038 4	0.43
300	640009171283	2017	−0.038 4	0.47
300	640193142998	2014	−0.038 4	0.49
308	640009171060	2017	−0.038 3	0.45

续表

排名	牛号	出生年份	经产牛产犊难易性 EBV	EBV 准确性
308	640007184896	2018	−0.038 3	0.34
308	640009171057	2017	−0.038 3	0.35
308	640253182853	2018	−0.038 3	0.45
308	640004182875	2018	−0.038 3	0.40
308	640007182434	2018	−0.038 3	0.45
308	640251007507	2019	−0.038 3	0.41
315	640004146630	2014	−0.038 2	0.51
315	640253193693	2019	−0.038 2	0.40
315	640190143475	2014	−0.038 2	0.45
318	640193142825	2014	−0.038 1	0.45
318	640251007628	2018	−0.038 1	0.38
318	640253171682	2017	−0.038 1	0.39
318	640190141512	2014	−0.038 1	0.54
318	640190143494	2014	−0.038 1	0.45
318	640190143058	2014	−0.038 1	0.48
324	640190142667	2014	−0.038 0	0.43
324	640007184845	2018	−0.038 0	0.45
324	640251006911	2019	−0.038 0	0.43
324	640251006730	2018	−0.038 0	0.43
324	640190141296	2014	−0.038 0	0.50
324	640193143374	2014	−0.038 0	0.46
330	640007184722	2018	−0.037 9	0.44
330	640004136364	2011	−0.037 9	0.33
330	640251015412	2011	−0.037 9	0.48
330	640007182464	2018	−0.037 9	0.40
330	640190142702	2014	−0.037 9	0.44
330	640007184732	2018	−0.037 9	0.37
336	640190142806	2014	−0.037 8	0.43

排名	牛号	出生年份	经产牛产犊难易性 EBV	EBV 准确性
336	640193143042	2014	−0.037 8	0.45
336	640190141955	2014	−0.037 8	0.58
336	640251006770	2018	−0.037 8	0.40
336	640251006719	2018	−0.037 8	0.43
336	640193143294	2014	−0.037 8	0.45
336	640251015158	2012	−0.037 8	0.44
336	640190141449	2014	−0.037 8	0.52
344	640193143446	2014	−0.037 7	0.48
344	640193143455	2014	−0.037 7	0.48
346	640003151839	2014	−0.037 6	0.39
346	640251007432	2019	−0.037 6	0.39
346	640190130036	2013	−0.037 6	0.49
346	640251170706	2019	−0.037 6	0.42
346	640004146646	2015	−0.037 6	0.54
351	640251016212	2011	−0.037 5	0.38
351	640251016719	2011	−0.037 5	0.39
351	640007184942	2018	−0.037 5	0.40
351	640003111133	2011	−0.037 5	0.33
351	640003182933	2018	−0.037 5	0.43
351	640009171059	2017	−0.037 5	0.45
351	643051033562	2019	−0.037 5	0.37
358	640251005611	2018	−0.037 4	0.43
358	640190142892	2014	−0.037 4	0.43
358	643051000430	2019	−0.037 4	0.24
358	640251006580	2018	−0.037 4	0.46
358	640004136378	2013	−0.037 4	0.27
358	640253182881	2018	−0.037 4	0.41
358	640251006716	2018	−0.037 4	0.42

续表

排名	牛号	出生年份	经产牛产犊难易性 EBV	EBV 准确性
365	640003151864	2015	−0.037 3	0.42
365	640007172343	2017	−0.037 3	0.45
365	640251170738	2019	−0.037 3	0.38
365	640193143437	2014	−0.037 3	0.46
365	640253182844	2018	−0.037 3	0.42
365	640190142903	2014	−0.037 3	0.43
365	640007184692	2018	−0.037 3	0.40
365	640253182847	2018	−0.037 3	0.39
365	640166119987	2011	−0.037 3	0.28
374	640253193741	2019	−0.037 2	0.42
374	640253193817	2019	−0.037 2	0.42
374	640004126145	2012	−0.037 2	0.51
374	640190131563	2013	−0.037 2	0.40
374	640003172540	2017	−0.037 2	0.43
374	640193143448	2014	−0.037 2	0.45
380	640253192985	2019	−0.037 1	0.41
380	640007174569	2017	−0.037 1	0.45
380	640004136366	2011	−0.037 1	0.34
380	640253182842	2018	−0.037 1	0.41
384	640193141372	2014	−0.037 0	0.52
384	640193142835	2014	−0.037 0	0.46
384	640003162237	2016	−0.037 0	0.47
384	640007184834	2018	−0.037 0	0.40
384	640190143031	2014	−0.037 0	0.43
384	640193143146	2014	−0.037 0	0.45
384	640009171064	2017	−0.037 0	0.42
384	640251015040	2012	−0.037 0	0.41
392	640251010211	2012	−0.036 9	0.50

排名	牛号	出生年份	经产牛产犊难易性 EBV	EBV 准确性
392	640193143187	2014	−0.036 9	0.45
392	640003172520	2017	−0.036 9	0.42
392	640190130019	2013	−0.036 9	0.43
392	640253192969	2019	−0.036 9	0.39
392	640253193896	2019	−0.036 9	0.41
392	643051033606	2018	−0.036 9	0.40
399	640253182843	2018	−0.036 8	0.41
399	640007184728	2018	−0.036 8	0.40
399	640251007379	2019	−0.036 8	0.39
399	640251007003	2019	−0.036 8	0.42
399	640253192958	2019	−0.036 8	0.39
399	640251005459	2017	−0.036 8	0.51
399	640253182824	2018	−0.036 8	0.42
406	640190141643	2014	−0.036 7	0.52
406	640253193685	2019	−0.036 7	0.43
406	640251013688	2011	−0.036 7	0.50
406	640193143210	2014	−0.036 7	0.42
406	640009150687	2015	−0.036 7	0.53
411	640253182825	2018	−0.036 6	0.40
411	640007174385	2017	−0.036 6	0.48
411	640193142862	2014	−0.036 6	0.48
411	640007182471	2018	−0.036 6	0.36
411	640253182813	2018	−0.036 6	0.39
411	640004172664	2017	−0.036 6	0.42
417	640193142947	2014	−0.036 5	0.45
417	640251007450	2019	−0.036 5	0.44
417	640190142282	2014	−0.036 5	0.51
417	640251006724	2018	−0.036 5	0.45

续表

排名	牛号	出生年份	经产牛产犊难易性 EBV	EBV 准确性
417	640004136370	2011	−0.036 5	0.25
417	640005164931	2016	−0.036 5	0.50
417	640251013590	2011	−0.036 5	0.45
424	640253182933	2018	−0.036 4	0.40
424	640004177247	2017	−0.036 4	0.42
424	640251007006	2019	−0.036 4	0.37
424	640007184825	2018	−0.036 4	0.40
424	640190130097	2013	−0.036 4	0.43
429	640009161019	2016	−0.036 3	0.43
429	640251005321	2017	−0.036 3	0.44
429	640253193014	2019	−0.036 3	0.40
429	640253193074	2019	−0.036 3	0.40
429	640251007466	2019	−0.036 3	0.41
429	640190142982	2014	−0.036 3	0.42
429	640190143329	2014	−0.036 3	0.42
429	640190143432	2014	−0.036 3	0.42
429	640193142916	2014	−0.036 3	0.42
429	640193142967	2014	−0.036 3	0.42
429	640193142981	2014	−0.036 3	0.42
429	640193143334	2014	−0.036 3	0.42
429	640193143479	2014	−0.036 3	0.42
442	640003182914	2018	−0.036 2	0.47
442	640166151556	2015	−0.036 2	0.56
442	640193143467	2014	−0.036 2	0.48
442	640190130060	2013	−0.036 2	0.43
442	640190141519	2014	−0.036 2	0.48
442	640193140007	2014	−0.036 2	0.48
442	640251006715	2018	−0.036 2	0.39

排名	牛号	出生年份	经产牛产犊难易性 EBV	EBV 准确性
442	640253182905	2018	−0.036 2	0.40
442	640193141439	2014	−0.036 2	0.51
451	640253182815	2018	−0.036 1	0.42
451	640190141352	2014	−0.036 1	0.52
451	640009160851	2016	−0.036 1	0.48
451	640003111138	2011	−0.036 1	0.39
451	640007182477	2018	−0.036 1	0.40
451	640251006736	2018	−0.036 1	0.39
451	640251006664	2018	−0.036 1	0.42
451	640190141468	2014	−0.036 1	0.50
459	640251016255	2011	−0.036 0	0.45
459	640253182835	2018	−0.036 0	0.42
459	640003182942	2018	−0.036 0	0.39
459	640251006071	2018	−0.036 0	0.47
459	640253182901	2018	−0.036 0	0.43
464	640005154522	2015	−0.035 9	0.48
464	640007184707	2018	−0.035 9	0.40
464	640253182850	2018	−0.035 9	0.41
464	640253182930	2018	−0.035 9	0.40
464	640251006754	2018	−0.035 9	0.45
464	640003172619	2013	−0.035 9	0.45
464	640253193715	2019	−0.035 9	0.39
471	640004156801	2015	−0.035 8	0.53
471	640190141195	2014	−0.035 8	0.49
471	640251004796	2017	−0.035 8	0.50
471	640193140340	2014	−0.035 8	0.47
471	640190141626	2014	−0.035 8	0.48
476	640004172751	2017	−0.035 7	0.34

排名	牛号	出生年份	经产牛产犊难易性 EBV	EBV 准确性
476	640004146548	2011	−0.035 7	0.32
476	640251005638	2017	−0.035 7	0.45
479	640251006986	2019	−0.035 6	0.38
479	640007174471	2017	−0.035 6	0.45
479	640253192953	2019	−0.035 6	0.37
479	640193140344	2014	−0.035 6	0.43
479	640193141503	2014	−0.035 6	0.51
479	640253182946	2018	−0.035 6	0.44
479	640253182914	2018	−0.035 6	0.40
479	640253172845	2015	−0.035 6	0.32
479	640007184878	2018	−0.035 6	0.40
488	640003111125	2011	−0.035 5	0.42
488	640251006951	2019	−0.035 5	0.42
488	640253182828	2018	−0.035 5	0.45
488	640003151859	2011	−0.035 5	0.45
488	640190140076	2014	−0.035 5	0.40
493	640251007581	2018	−0.035 4	0.39
493	640251015699	2011	−0.035 4	0.47
493	640253182879	2018	−0.035 4	0.37
493	640193140367	2014	−0.035 4	0.43
493	640009171067	2017	−0.035 4	0.42
493	640251015494	2011	−0.035 4	0.38
499	640193140352	2014	−0.035 3	0.40
499	640003141607	2013	−0.035 3	0.44

附表 13　核心育种场青年牛死产率 EBV 排名前 500 名母牛

排名	牛号	出生年份	青年牛死产率 EBV	EBV 准确性
1	640166182860	2018	−0.037 7	0.47
2	640166182967	2018	−0.036 2	0.47
3	640253171034	2017	−0.035 9	0.47
4	640253171020	2017	−0.035 4	0.47
4	640253171053	2017	−0.035 4	0.47
6	640253171048	2017	−0.034 7	0.47
7	640193172680	2017	−0.034 0	0.46
8	640251006525	2018	−0.033 9	0.48
9	640166182956	2018	−0.033 7	0.48
9	640193172668	2017	−0.033 7	0.46
11	640166182968	2018	−0.033 3	0.46
12	640005144450	2014	−0.033 2	0.25
12	640005144432	2014	−0.033 2	0.28
14	640193180954	2018	−0.032 9	0.47
15	640193180470	2018	−0.032 7	0.47
15	640004187395	2018	−0.032 7	0.47
17	640193171818	2017	−0.032 6	0.47
18	640193171242	2017	−0.032 5	0.47
19	640005164934	2016	−0.032 4	0.41
19	640193173604	2017	−0.032 4	0.47
19	640253181933	2018	−0.032 4	0.47
22	640253171033	2017	−0.032 3	0.45
22	640193171374	2017	−0.032 3	0.47
24	640253171049	2017	−0.032 0	0.43
24	640190180978	2018	−0.032 0	0.43
24	640193181136	2018	−0.032 0	0.47
27	640193180918	2018	−0.031 9	0.44
28	640193180912	2018	−0.031 8	0.44

续表

排名	牛号	出生年份	青年牛死产率 EBV	EBV 准确性
28	640193181172	2018	−0.031 8	0.44
30	640193180968	2018	−0.031 6	0.44
30	640190180479	2018	−0.031 6	0.47
32	640251006538	2018	−0.031 4	0.47
33	640193180932	2018	−0.031 1	0.43
34	640193181088	2018	−0.030 7	0.44
35	640193181190	2018	−0.030 6	0.44
35	640166182939	2018	−0.030 6	0.43
37	640193180866	2018	−0.030 4	0.45
38	640193171608	2017	−0.030 3	0.46
39	640193171208	2017	−0.030 2	0.46
39	640193171642	2017	−0.030 2	0.45
41	640166162048	2016	−0.030 1	0.42
42	640193172502	2017	−0.030 0	0.45
42	640166161927	2016	−0.030 0	0.41
42	640004187391	2018	−0.030 0	0.43
45	640166162050	2016	−0.029 9	0.42
46	640005144437	2014	−0.029 8	0.25
46	640193172396	2017	−0.029 8	0.44
48	640166182854	2018	−0.029 7	0.44
48	640166162124	2016	−0.029 7	0.42
50	640166182853	2018	−0.029 6	0.44
50	640193171320	2017	−0.029 6	0.44
50	640035160316	2016	−0.029 6	0.42
50	640193171310	2017	−0.029 6	0.44
50	640193172162	2017	−0.029 6	0.44
55	640253170626	2017	−0.029 5	0.44
55	640193180874	2018	−0.029 5	0.45

排名	牛号	出生年份	青年牛死产率 EBV	EBV 准确性
55	640193180886	2018	−0.029 5	0.47
58	640193171798	2017	−0.029 4	0.47
58	640193171758	2017	−0.029 4	0.47
58	640193173012	2017	−0.029 4	0.47
58	640007174389	2017	−0.029 4	0.43
62	640193173662	2017	−0.029 3	0.44
62	640193172394	2017	−0.029 3	0.44
62	640193171826	2017	−0.029 3	0.43
65	640193172672	2017	−0.029 2	0.47
65	640253181766	2018	−0.029 2	0.44
65	640193180510	2018	−0.029 2	0.45
68	640193173770	2017	−0.029 1	0.47
68	640190180911	2018	−0.029 1	0.47
68	640253170648	2017	−0.029 1	0.44
71	640193172370	2017	−0.029 0	0.46
71	640193172576	2017	−0.029 0	0.46
71	640251006519	2018	−0.029 0	0.44
71	640193181154	2018	−0.029 0	0.46
71	640004187404	2018	−0.029 0	0.45
71	640007174451	2017	−0.029 0	0.43
77	640190181134	2018	−0.028 9	0.46
77	640007172373	2017	−0.028 9	0.43
77	640193171112	2017	−0.028 9	0.46
77	640193171776	2017	−0.028 9	0.47
77	640193172170	2017	−0.028 9	0.46
77	640193172934	2017	−0.028 9	0.46
77	640193172548	2017	−0.028 9	0.45
77	640193172270	2017	−0.028 9	0.47

续表

排名	牛号	出生年份	青年牛死产率 EBV	EBV 准确性
85	640166182976	2018	−0.028 8	0.44
85	640193172458	2017	−0.028 8	0.47
85	640193171618	2017	−0.028 8	0.45
85	640193171892	2017	−0.028 8	0.46
85	640004187393	2018	−0.028 8	0.45
85	640193172344	2017	−0.028 8	0.44
91	640004187601	2018	−0.028 7	0.46
91	640193180266	2018	−0.028 7	0.44
91	640251006541	2018	−0.028 7	0.47
91	640004184264	2018	−0.028 7	0.44
91	640193181204	2018	−0.028 7	0.46
91	640004184328	2019	−0.028 7	0.44
91	640193171896	2017	−0.028 7	0.47
98	640007184691	2018	−0.028 6	0.42
98	640193173726	2017	−0.028 6	0.44
98	640193172144	2017	−0.028 6	0.43
98	640253181742	2018	−0.028 6	0.44
98	640253181938	2018	−0.028 6	0.47
98	640253170659	2017	−0.028 6	0.46
98	640193171730	2017	−0.028 6	0.47
105	640253170617	2017	−0.028 5	0.44
105	640193171476	2017	−0.028 5	0.46
105	640007174499	2017	−0.028 5	0.43
105	640193171934	2017	−0.028 5	0.43
105	640004187399	2018	−0.028 5	0.45
105	640193180284	2018	−0.028 5	0.47
105	640193172202	2017	−0.028 5	0.46
105	640193172272	2017	−0.028 5	0.46

排名	牛号	出生年份	青年牛死产率 EBV	EBV 准确性
105	640253181807	2018	−0.028 5	0.48
105	640193171416	2017	−0.028 5	0.43
105	640007174526	2017	−0.028 5	0.43
105	640004187609	2018	−0.028 5	0.45
117	640166182961	2018	−0.028 4	0.44
117	640166182950	2018	−0.028 4	0.44
117	640166182865	2018	−0.028 4	0.45
120	640004187394	2018	−0.028 3	0.48
120	640004187400	2018	−0.028 3	0.48
120	640166182951	2018	−0.028 3	0.42
120	640007174587	2017	−0.028 3	0.43
120	640253181808	2018	−0.028 3	0.46
120	640166182955	2018	−0.028 3	0.44
120	640193180160	2018	−0.028 3	0.46
120	640253171055	2017	−0.028 3	0.44
120	640190180956	2018	−0.028 3	0.45
120	640193171322	2017	−0.028 3	0.47
120	640193172264	2017	−0.028 3	0.46
120	640193172214	2017	−0.028 3	0.45
120	640193171928	2017	−0.028 3	0.48
120	640253181788	2018	−0.028 3	0.44
120	640193172662	2017	−0.028 3	0.48
120	640253170600	2017	−0.028 3	0.44
136	640193172308	2017	−0.028 2	0.45
136	640193171868	2017	−0.028 2	0.43
136	640005144416	2014	−0.028 2	0.25
136	640193171720	2017	−0.028 2	0.48
136	640193171766	2017	−0.028 2	0.48

续表

排名	牛号	出生年份	青年牛死产率 EBV	EBV 准确性
136	640193171824	2017	−0.028 2	0.48
136	640193171852	2017	−0.028 2	0.48
136	640193171402	2017	−0.028 2	0.43
136	640007174600	2017	−0.028 2	0.43
136	640193180896	2018	−0.028 2	0.47
136	640193171676	2017	−0.028 2	0.45
136	640193171770	2017	−0.028 2	0.45
136	640193181392	2018	−0.028 2	0.44
136	640193171726	2017	−0.028 2	0.48
136	640193171638	2017	−0.028 2	0.48
136	640193171656	2017	−0.028 2	0.48
136	640193171708	2017	−0.028 2	0.45
136	640193180228	2018	−0.028 2	0.45
136	640193172268	2017	−0.028 2	0.48
155	640004184295	2018	−0.028 1	0.43
155	640193171382	2017	−0.028 1	0.43
155	640193171700	2017	−0.028 1	0.45
155	640007174514	2017	−0.028 1	0.43
155	640005144399	2014	−0.028 1	0.25
155	640193171850	2017	−0.028 1	0.46
155	640166182974	2018	−0.028 1	0.44
155	640193171268	2017	−0.028 1	0.48
163	640193173764	2017	−0.028 0	0.45
163	640193171872	2017	−0.028 0	0.46
163	640190180011	2018	−0.028 0	0.46
163	640007174555	2017	−0.028 0	0.43
163	640193171488	2017	−0.028 0	0.48
163	640193172422	2017	−0.028 0	0.44

排名	牛号	出生年份	青年牛死产率 EBV	EBV 准确性
163	640253181799	2018	−0.028 0	0.44
163	640253181793	2018	−0.028 0	0.44
163	640193171906	2017	−0.028 0	0.43
163	640253170616	2017	−0.028 0	0.44
163	640193171252	2017	−0.028 0	0.46
163	640193180824	2018	−0.028 0	0.43
175	640253170677	2017	−0.027 9	0.44
175	640253181785	2018	−0.027 9	0.47
175	640253170635	2017	−0.027 9	0.44
175	640007174520	2017	−0.027 9	0.43
175	640007174562	2017	−0.027 9	0.43
175	640193172584	2017	−0.027 9	0.46
175	640007174470	2017	−0.027 9	0.43
175	640190180933	2018	−0.027 9	0.44
175	640193172126	2017	−0.027 9	0.44
175	640193171164	2017	−0.027 9	0.43
175	640193171266	2017	−0.027 9	0.43
175	640253181748	2018	−0.027 9	0.44
187	640193171794	2017	−0.027 8	0.43
187	640193180880	2018	−0.027 8	0.46
187	640251170652	2017	−0.027 8	0.44
187	640003006493	2018	−0.027 8	0.44
187	640193172794	2017	−0.027 8	0.43
187	640193172452	2017	−0.027 8	0.48
187	640193180788	2018	−0.027 8	0.46
187	640251006511	2018	−0.027 8	0.47
187	640193171920	2017	−0.027 8	0.44
187	640193172528	2017	−0.027 8	0.46

续表

排名	牛号	出生年份	青年牛死产率 EBV	EBV 准确性
187	640193172478	2017	−0.027 8	0.43
187	640007174360	2017	−0.027 8	0.43
199	640166182958	2018	−0.027 7	0.44
199	640193171632	2017	−0.027 7	0.48
199	640253170642	2017	−0.027 7	0.44
199	640003006523	2018	−0.027 7	0.43
199	640251006485	2018	−0.027 7	0.44
199	640193172518	2017	−0.027 7	0.43
199	640007174578	2017	−0.027 7	0.43
199	640193173784	2017	−0.027 7	0.44
199	640253160558	2016	−0.027 7	0.44
199	640007174607	2017	−0.027 7	0.43
199	640251006539	2018	−0.027 7	0.45
199	640007174523	2017	−0.027 7	0.43
211	640193172442	2017	−0.027 6	0.46
211	640193181038	2018	−0.027 6	0.46
211	640007174629	2017	−0.027 6	0.43
211	640193172730	2017	−0.027 6	0.43
211	640193172928	2017	−0.027 6	0.43
211	640193172196	2017	−0.027 6	0.45
211	640253181755	2018	−0.027 6	0.44
211	640190180309	2018	−0.027 6	0.44
211	640007174512	2017	−0.027 6	0.43
211	640251170636	2017	−0.027 6	0.43
211	640007174548	2017	−0.027 6	0.43
211	640007174588	2017	−0.027 6	0.43
211	640193180906	2018	−0.027 6	0.46
211	640193171854	2017	−0.027 6	0.45

排名	牛号	出生年份	青年牛死产率 EBV	EBV 准确性
211	640193171418	2017	−0.027 6	0.47
211	640007174530	2017	−0.027 6	0.43
211	640007174536	2017	−0.027 6	0.43
211	640253181782	2018	−0.027 6	0.44
211	640003141757	2014	−0.027 6	0.23
211	640035160441	2016	−0.027 6	0.40
211	640004187403	2018	−0.027 6	0.47
211	640193172184	2017	−0.027 6	0.45
233	640007174533	2017	−0.027 5	0.43
233	640007174615	2017	−0.027 5	0.43
233	640193180796	2018	−0.027 5	0.44
233	640004187392	2018	−0.027 5	0.45
233	640193172332	2017	−0.027 5	0.43
233	640004187396	2018	−0.027 5	0.45
233	640007174491	2017	−0.027 5	0.43
233	640007174528	2017	−0.027 5	0.43
233	640193180868	2018	−0.027 5	0.43
233	640193171246	2017	−0.027 5	0.46
233	640193172242	2017	−0.027 5	0.44
233	640193172244	2017	−0.027 5	0.44
233	640007174531	2017	−0.027 5	0.43
233	640251170672	2016	−0.027 5	0.43
233	640166182947	2018	−0.027 5	0.46
233	640193171684	2017	−0.027 5	0.43
233	640193171272	2017	−0.027 5	0.43
233	640193172254	2017	−0.027 5	0.43
233	640193172314	2017	−0.027 5	0.43
233	640003006527	2018	−0.027 5	0.43

排名	牛号	出生年份	青年牛死产率 EBV	EBV 准确性
233	640193171778	2017	−0.027 5	0.43
254	640253171050	2017	−0.027 4	0.44
254	640193172336	2017	−0.027 4	0.46
254	640193172274	2017	−0.027 4	0.43
254	640253171061	2017	−0.027 4	0.44
254	640193172306	2017	−0.027 4	0.46
254	640193171774	2017	−0.027 4	0.46
254	640190176587	2017	−0.027 4	0.43
254	640253170589	2017	−0.027 4	0.43
254	640193172546	2017	−0.027 4	0.43
254	640193171448	2017	−0.027 4	0.46
254	640190180394	2018	−0.027 4	0.43
254	640193171862	2017	−0.027 4	0.44
254	640251170582	2017	−0.027 4	0.43
254	640253171036	2017	−0.027 4	0.44
254	640251006500	2018	−0.027 4	0.43
254	640004146578	2014	−0.027 4	0.24
254	640003006517	2018	−0.027 4	0.43
254	640193172216	2017	−0.027 4	0.43
254	640193172354	2017	−0.027 4	0.43
254	640193171336	2017	−0.027 4	0.43
254	640193180950	2018	−0.027 4	0.43
275	640253181942	2018	−0.027 3	0.44
275	640193180410	2018	−0.027 3	0.43
275	640193172192	2017	−0.027 3	0.44
275	640004146648	2014	−0.027 3	0.25
275	640193181024	2018	−0.027 3	0.44
275	640190180473	2018	−0.027 3	0.43

排名	牛号	出生年份	青年牛死产率 EBV	EBV 准确性
275	640193180784	2018	−0.027 3	0.43
275	640007184749	2018	−0.027 3	0.42
275	640007174537	2017	−0.027 3	0.43
275	640007172354	2017	−0.027 3	0.43
275	640193171544	2017	−0.027 3	0.43
275	640193171820	2017	−0.027 3	0.43
275	640193171830	2017	−0.027 3	0.43
275	640193180226	2018	−0.027 3	0.43
275	640193171942	2017	−0.027 3	0.44
275	640253181975	2018	−0.027 3	0.43
275	640190180325	2018	−0.027 3	0.43
275	640193171802	2017	−0.027 3	0.43
275	640193171804	2017	−0.027 3	0.43
275	640193171806	2017	−0.027 3	0.43
275	640193172182	2017	−0.027 3	0.43
275	640004187611	2018	−0.027 3	0.46
275	640190174729	2017	−0.027 3	0.44
275	640251170596	2017	−0.027 3	0.43
275	640193171900	2017	−0.027 3	0.43
275	640007174506	2017	−0.027 3	0.43
275	640251006542	2018	−0.027 3	0.44
302	640193180924	2018	−0.027 2	0.43
302	640193172328	2017	−0.027 2	0.43
302	640193180960	2018	−0.027 2	0.46
302	640193173686	2017	−0.027 2	0.43
302	640253181792	2018	−0.027 2	0.43
302	640193180958	2018	−0.027 2	0.43
302	640193172650	2017	−0.027 2	0.44

排名	牛号	出生年份	青年牛死产率 EBV	EBV 准确性
302	640193180334	2018	−0.027 2	0.44
302	640193180422	2018	−0.027 2	0.43
302	640007174492	2017	−0.027 2	0.43
302	640004184341	2018	−0.027 2	0.43
302	640193172474	2017	−0.027 2	0.44
302	640251006530	2018	−0.027 2	0.43
302	640190176537	2017	−0.027 2	0.44
302	640190180355	2018	−0.027 2	0.44
302	640007174362	2017	−0.027 2	0.43
302	640193171842	2017	−0.027 2	0.46
302	640193180748	2018	−0.027 2	0.43
302	640193180780	2018	−0.027 2	0.43
302	640193180894	2018	−0.027 2	0.43
302	640004146689	2014	−0.027 2	0.24
323	640193181052	2018	−0.027 1	0.43
323	640253181956	2017	−0.027 1	0.43
323	640193171518	2017	−0.027 1	0.44
323	640251006490	2018	−0.027 1	0.44
323	640193171718	2017	−0.027 1	0.39
323	640253160563	2016	−0.027 1	0.44
323	640190172635	2017	−0.027 1	0.42
323	640190175971	2017	−0.027 1	0.43
323	640190180326	2018	−0.027 1	0.43
323	640166182959	2018	−0.027 1	0.46
323	640190171326	2017	−0.027 1	0.43
323	640253181952	2018	−0.027 1	0.43
323	640193171276	2017	−0.027 1	0.44
323	640193171912	2017	−0.027 1	0.43

排名	牛号	出生年份	青年牛死产率 EBV	EBV 准确性
323	640193180382	2018	−0.027 1	0.42
323	640193171840	2017	−0.027 1	0.43
323	640251006486	2018	−0.027 1	0.44
323	640193171864	2017	−0.027 1	0.43
323	640253171025	2017	−0.027 1	0.43
323	640193171216	2017	−0.027 1	0.44
343	640253181735	2018	−0.027 0	0.44
343	640193171294	2017	−0.027 0	0.43
343	640193180224	2018	−0.027 0	0.43
343	640190171442	2017	−0.027 0	0.43
343	640251006454	2018	−0.027 0	0.43
343	640253181910	2018	−0.027 0	0.44
343	640251006524	2018	−0.027 0	0.42
343	640190171278	2017	−0.027 0	0.43
343	640190171536	2017	−0.027 0	0.43
343	640190171550	2017	−0.027 0	0.43
343	640190171702	2017	−0.027 0	0.43
343	640190171734	2017	−0.027 0	0.43
343	640190171764	2017	−0.027 0	0.43
343	640193181428	2018	−0.027 0	0.43
343	640193172346	2017	−0.027 0	0.43
343	640193172582	2017	−0.027 0	0.46
343	640166182862	2018	−0.027 0	0.47
343	640190171712	2017	−0.027 0	0.43
343	640007174535	2017	−0.027 0	0.43
343	640253181939	2018	−0.027 0	0.44
343	640190171328	2017	−0.027 0	0.43
343	640190171750	2017	−0.027 0	0.43

续表

排名	牛号	出生年份	青年牛死产率 EBV	EBV 准确性
343	640193171178	2017	−0.027 0	0.42
343	640190171332	2017	−0.027 0	0.43
343	640190171352	2017	−0.027 0	0.43
343	640190171682	2017	−0.027 0	0.43
343	640190171714	2017	−0.027 0	0.43
343	640190171746	2017	−0.027 0	0.43
343	640193180804	2018	−0.027 0	0.43
372	640251170576	2017	−0.026 9	0.44
372	640193171968	2017	−0.026 9	0.43
372	640193171780	2017	−0.026 9	0.42
372	640193180826	2018	−0.026 9	0.43
372	640251006562	2016	−0.026 9	0.43
372	640166182949	2018	−0.026 9	0.43
372	640193172380	2017	−0.026 9	0.43
372	640004146673	2014	−0.026 9	0.25
372	640193180818	2018	−0.026 9	0.43
372	640193180982	2018	−0.026 9	0.43
372	640190180079	2018	−0.026 9	0.44
372	640005175009	2017	−0.026 9	0.38
372	640193172262	2017	−0.026 9	0.44
372	640251006516	2018	−0.026 9	0.43
372	640193173700	2017	−0.026 9	0.43
372	640193171340	2017	−0.026 9	0.44
372	640193172456	2017	−0.026 9	0.43
372	640193172586	2017	−0.026 9	0.43
372	640004156748	2015	−0.026 9	0.23
372	640253170624	2017	−0.026 9	0.44
372	640193171828	2017	−0.026 9	0.43

排名	牛号	出生年份	青年牛死产率 EBV	EBV 准确性
393	640253171041	2017	−0.026 8	0.43
393	640253170599	2017	−0.026 8	0.44
393	640190177009	2017	−0.026 8	0.44
393	640193172390	2017	−0.026 8	0.46
393	640193172200	2017	−0.026 8	0.44
393	640253170584	2017	−0.026 8	0.43
393	640004184318	2018	−0.026 8	0.43
393	640253181932	2018	−0.026 8	0.44
393	640253181913	2018	−0.026 8	0.43
393	640193172382	2017	−0.026 8	0.43
393	640193171792	2017	−0.026 8	0.44
393	640253181935	2018	−0.026 8	0.46
393	640193172276	2017	−0.026 8	0.43
393	640193171636	2017	−0.026 8	0.44
393	640193180882	2018	−0.026 8	0.43
393	640253181958	2018	−0.026 8	0.43
393	640193172278	2017	−0.026 8	0.43
393	640193172362	2017	−0.026 8	0.43
411	640004187604	2018	−0.026 7	0.44
411	640193171772	2017	−0.026 7	0.43
411	640193172206	2017	−0.026 7	0.43
411	640193172420	2017	−0.026 7	0.42
411	640193171744	2017	−0.026 7	0.44
411	640193172266	2017	−0.026 7	0.42
411	640193171506	2017	−0.026 7	0.43
411	640007184711	2018	−0.026 7	0.43
411	640193171348	2017	−0.026 7	0.45
411	640193171784	2017	−0.026 7	0.43

排名	牛号	出生年份	青年牛死产率 EBV	EBV 准确性
411	640193171786	2017	−0.026 7	0.43
411	640193171884	2017	−0.026 7	0.43
411	640166182953	2018	−0.026 7	0.45
411	640193171848	2017	−0.026 7	0.46
411	640193171674	2017	−0.026 7	0.43
411	640193172220	2017	−0.026 7	0.43
411	640193172340	2017	−0.026 7	0.43
411	640193172554	2017	−0.026 7	0.43
411	640193171878	2017	−0.026 7	0.43
411	640251170586	2017	−0.026 7	0.44
411	640007174353	2017	−0.026 7	0.42
411	640005164797	2016	−0.026 7	0.39
411	640193180820	2018	−0.026 7	0.42
411	640166193307	2014	−0.026 7	0.43
411	640193171334	2017	−0.026 7	0.42
411	640193172176	2017	−0.026 7	0.42
437	640251170606	2017	−0.026 6	0.44
437	640190180275	2018	−0.026 6	0.44
437	640004146593	2014	−0.026 6	0.26
437	640166193299	2015	−0.026 6	0.43
437	640193172712	2017	−0.026 6	0.43
437	640190180021	2018	−0.026 6	0.43
437	640003006537	2018	−0.026 6	0.43
437	640003006557	2018	−0.026 6	0.43
437	640190180427	2018	−0.026 6	0.43
437	640253181926	2018	−0.026 6	0.44
437	640251170577	2017	−0.026 6	0.44
437	640251170619	2017	−0.026 6	0.44

排名	牛号	出生年份	青年牛死产率 EBV	EBV 准确性
437	640253181771	2018	−0.026 6	0.43
437	640253181781	2018	−0.026 6	0.43
437	640193180262	2018	−0.026 6	0.43
437	640166193253	2015	−0.026 6	0.43
437	640253171059	2017	−0.026 6	0.43
437	640253171068	2017	−0.026 6	0.43
437	640193180944	2018	−0.026 6	0.43
456	640166193297	2014	−0.026 5	0.42
456	640166193298	2015	−0.026 5	0.42
456	640166193300	2014	−0.026 5	0.42
456	640166193302	2012	−0.026 5	0.42
456	640166193303	2015	−0.026 5	0.42
456	640166193304	2015	−0.026 5	0.42
456	640166193309	2015	−0.026 5	0.42
456	640166193310	2015	−0.026 5	0.42
456	640166193311	2012	−0.026 5	0.42
456	640166193313	2014	−0.026 5	0.42
456	640166193317	2015	−0.026 5	0.42
456	640166193318	2015	−0.026 5	0.42
456	640166193319	2014	−0.026 5	0.42
456	640166193322	2013	−0.026 5	0.42
456	640166193326	2015	−0.026 5	0.42
456	640166193332	2015	−0.026 5	0.42
456	640166193334	2015	−0.026 5	0.42
456	640166193336	2015	−0.026 5	0.42
456	640166193337	2014	−0.026 5	0.42
456	640166193342	2016	−0.026 5	0.42
456	640166193344	2015	−0.026 5	0.42

续表

排名	牛号	出生年份	青年牛死产率 EBV	EBV 准确性
456	640166193353	2015	−0.026 5	0.42
456	640190171838	2017	−0.026 5	0.42
456	640193171290	2017	−0.026 5	0.42
456	640193171306	2017	−0.026 5	0.42
456	640193171392	2017	−0.026 5	0.42
456	640193171396	2017	−0.026 5	0.42
456	640193171450	2017	−0.026 5	0.42
456	640193172150	2017	−0.026 5	0.42
456	640193172210	2017	−0.026 5	0.42
456	640193172348	2017	−0.026 5	0.42
456	640193172448	2017	−0.026 5	0.42
456	640193172670	2017	−0.026 5	0.42
456	640193172728	2017	−0.026 5	0.42
456	640193175184	2014	−0.026 5	0.42
456	640193180036	2012	−0.026 5	0.42
456	640253171086	2017	−0.026 5	0.43
456	640166193306	2014	−0.026 5	0.43
456	640166193330	2013	−0.026 5	0.43
456	640190180455	2018	−0.026 5	0.43
456	640003006477	2018	−0.026 5	0.43
456	640003006513	2018	−0.026 5	0.43
456	640253181949	2018	−0.026 5	0.43
456	640166162006	2016	−0.026 5	0.40
456	640193171646	2017	−0.026 5	0.47

附表 14　核心育种场经产牛死产率 EBV 排名前 500 名母牛

排名	牛号	出生年份	经产牛死产率 EBV	EBV 准确性
1	640166182967	2018	−0.004 6	0.38
1	640193171718	2017	−0.004 6	0.19
3	640166182956	2018	−0.004 2	0.37
4	640190180303	2018	−0.004 1	0.37
5	640166182860	2018	−0.003 9	0.37
5	640166182862	2018	−0.003 9	0.37
7	640003182896	2018	−0.003 8	0.23
7	640004187392	2018	−0.003 8	0.37
7	640166182971	2018	−0.003 8	0.38
10	640193171720	2017	−0.003 7	0.38
10	640004187394	2018	−0.003 7	0.39
10	640166182941	2018	−0.003 7	0.38
10	640193171638	2017	−0.003 7	0.38
10	640004187400	2018	−0.003 7	0.38
10	640166182974	2018	−0.003 7	0.37
10	640193171242	2017	−0.003 7	0.39
10	640193171634	2017	−0.003 7	0.38
10	640253181785	2018	−0.003 7	0.38
10	640004187403	2018	−0.003 7	0.38
10	640005185391	2018	−0.003 7	0.21
21	640251006539	2018	−0.003 6	0.36
21	640004187393	2018	−0.003 6	0.38
21	640253171044	2017	−0.003 6	0.37
21	640251006525	2018	−0.003 6	0.38
25	640251006500	2018	−0.003 5	0.36
25	640004187601	2018	−0.003 5	0.38
25	640003141817	2014	−0.003 5	0.24
25	640003182802	2018	−0.003 5	0.23

续表

排名	牛号	出生年份	经产牛死产率 EBV	EBV 准确性
25	640253171020	2017	−0.003 5	0.38
25	643051033337	2019	−0.003 5	0.14
25	640166182805	2018	−0.003 5	0.23
25	640251006561	2018	−0.003 5	0.22
25	640166182958	2018	−0.003 5	0.37
34	640253171384	2017	−0.003 4	0.29
34	640253171319	2017	−0.003 4	0.29
34	640166182821	2018	−0.003 4	0.23
34	640253171048	2017	−0.003 4	0.38
34	640251006538	2018	−0.003 4	0.38
34	643051033467	2019	−0.003 4	0.13
34	643051033414	2019	−0.003 4	0.14
41	643051033338	2019	−0.003 3	0.14
41	640253193663	2019	−0.003 3	0.26
41	643051033326	2019	−0.003 3	0.14
41	640166182953	2018	−0.003 3	0.37
41	640166182814	2018	−0.003 3	0.22
41	640193171704	2017	−0.003 3	0.37
41	640253181783	2018	−0.003 3	0.37
41	640193172490	2017	−0.003 3	0.37
41	640253181744	2018	−0.003 3	0.37
41	640251006521	2018	−0.003 3	0.36
41	640003182914	2018	−0.003 3	0.24
41	640003182930	2018	−0.003 3	0.22
41	640253171358	2017	−0.003 3	0.27
54	640166182810	2018	−0.003 2	0.23
54	640251006530	2018	−0.003 2	0.36
54	643051033401	2019	−0.003 2	0.16

排名	牛号	出生年份	经产牛死产率 EBV	EBV 准确性
54	640005185468	2018	−0.003 2	0.20
54	640166182955	2018	−0.003 2	0.36
54	640009191711	2019	−0.003 2	0.24
54	640253171041	2017	−0.003 2	0.36
54	640251006468	2018	−0.003 2	0.37
54	640190180309	2018	−0.003 2	0.36
54	640253170600	2017	−0.003 2	0.36
54	640253170617	2017	−0.003 2	0.36
54	640253170642	2017	−0.003 2	0.36
54	640007184691	2018	−0.003 2	0.33
54	640190171206	2017	−0.003 2	0.36
54	640253170635	2017	−0.003 2	0.37
54	640253181782	2018	−0.003 2	0.36
54	640007174517	2017	−0.003 2	0.36
54	640004187604	2018	−0.003 2	0.36
54	640193172308	2017	−0.003 2	0.37
54	640251006485	2018	−0.003 2	0.36
54	640007172373	2017	−0.003 2	0.34
54	640166182827	2018	−0.003 2	0.21
54	640007174520	2017	−0.003 2	0.36
54	640005185438	2018	−0.003 2	0.20
54	640193171320	2017	−0.003 2	0.36
54	640193171402	2017	−0.003 2	0.36
54	640253181922	2018	−0.003 2	0.36
54	640253181735	2018	−0.003 2	0.36
54	640005185513	2018	−0.003 2	0.20
54	640166182945	2018	−0.003 2	0.36
54	640004184264	2018	−0.003 2	0.36

续表

排名	牛号	出生年份	经产牛死产率 EBV	EBV 准确性
54	640166182946	2018	−0.003 2	0.36
54	640004184341	2018	−0.003 2	0.36
54	640007174491	2017	−0.003 2	0.36
54	640004187611	2018	−0.003 2	0.37
54	640251170619	2017	−0.003 2	0.36
54	640007174578	2017	−0.003 2	0.36
54	640253181748	2018	−0.003 2	0.36
92	640251006490	2018	−0.003 1	0.36
92	640190175971	2017	−0.003 1	0.36
92	640190171652	2017	−0.003 1	0.36
92	640190171668	2017	−0.003 1	0.36
92	640253171036	2017	−0.003 1	0.36
92	640251006454	2018	−0.003 1	0.36
92	640007174587	2017	−0.003 1	0.36
92	640007174526	2017	−0.003 1	0.36
92	640193171334	2017	−0.003 1	0.36
92	640003141818	2014	−0.003 1	0.23
92	640005185475	2018	−0.003 1	0.19
92	640251006542	2018	−0.003 1	0.36
92	640003151848	2015	−0.003 1	0.24
92	640166182948	2018	−0.003 1	0.36
92	640007174528	2017	−0.003 1	0.36
92	640007174548	2017	−0.003 1	0.36
92	640007174562	2017	−0.003 1	0.35
92	640190171352	2017	−0.003 1	0.36
92	640190171442	2017	−0.003 1	0.36
92	640007174506	2017	−0.003 1	0.36
92	640005185404	2018	−0.003 1	0.19

排名	牛号	出生年份	经产牛死产率 EBV	EBV 准确性
92	640007174512	2017	−0.003 1	0.35
92	640166182961	2018	−0.003 1	0.36
92	640007174470	2017	−0.003 1	0.36
92	640007174531	2017	−0.003 1	0.36
92	640251170586	2017	−0.003 1	0.36
92	640253181975	2018	−0.003 1	0.36
92	640166182865	2018	−0.003 1	0.36
92	640253171061	2017	−0.003 1	0.36
92	640253170626	2017	−0.003 1	0.36
92	640166182853	2018	−0.003 1	0.36
92	640253181771	2018	−0.003 1	0.36
92	640166182854	2018	−0.003 1	0.36
92	640009181564	2018	−0.003 1	0.22
92	640193171780	2017	−0.003 1	0.36
92	640003006513	2018	−0.003 1	0.36
92	640003006537	2018	−0.003 1	0.36
92	640251170652	2017	−0.003 1	0.36
92	640003121323	2012	−0.003 1	0.16
92	640005185433	2018	−0.003 1	0.20
92	640007174607	2017	−0.003 1	0.36
92	640190174729	2017	−0.003 1	0.36
92	640253170624	2017	−0.003 1	0.36
92	640253171055	2017	−0.003 1	0.36
92	640007174381	2017	−0.003 1	0.36
92	640253170599	2017	−0.003 1	0.36
92	640190176587	2017	−0.003 1	0.36
92	640007174492	2017	−0.003 1	0.36
92	640007174535	2017	−0.003 1	0.36

续表

排名	牛号	出生年份	经产牛死产率 EBV	EBV 准确性
92	640166193318	2015	−0.003 1	0.36
92	640166193309	2015	−0.003 1	0.36
92	640166193334	2015	−0.003 1	0.36
92	640007174629	2017	−0.003 1	0.35
92	640007174362	2017	−0.003 1	0.36
92	640190180079	2018	−0.003 1	0.36
92	640166193313	2014	−0.003 1	0.36
92	640190177161	2017	−0.003 1	0.36
92	640253181952	2018	−0.003 1	0.36
92	640253181792	2018	−0.003 1	0.36
92	640190180394	2018	−0.003 1	0.36
92	640007174536	2017	−0.003 1	0.36
92	640003006557	2018	−0.003 1	0.36
92	640190171278	2017	−0.003 1	0.36
92	640253160563	2016	−0.003 1	0.36
92	640003006477	2018	−0.003 1	0.36
92	640007172354	2017	−0.003 1	0.36
92	640007184749	2018	−0.003 1	0.33
92	640251170636	2017	−0.003 1	0.36
92	640253181781	2018	−0.003 1	0.36
92	640190171328	2017	−0.003 1	0.36
92	640190171672	2017	−0.003 1	0.36
92	640190171714	2017	−0.003 1	0.36
92	640193171684	2017	−0.003 1	0.36
92	640190171712	2017	−0.003 1	0.36
92	640253171068	2017	−0.003 1	0.36
92	640253171034	2017	−0.003 1	0.38
92	640166193300	2014	−0.003 1	0.36

排名	牛号	出生年份	经产牛死产率 EBV	EBV 准确性
92	640253181949	2018	−0.003 1	0.36
92	640251170672	2016	−0.003 1	0.36
92	640251170606	2017	−0.003 1	0.36
92	640003182920	2018	−0.003 1	0.23
92	640193171164	2017	−0.003 1	0.36
92	640193172150	2017	−0.003 1	0.36
92	640253181913	2018	−0.003 1	0.36
92	640007174615	2017	−0.003 1	0.36
92	640190180455	2018	−0.003 1	0.36
92	640166193311	2012	−0.003 1	0.36
92	640253171086	2017	−0.003 1	0.36
92	640166193304	2015	−0.003 1	0.36
92	640166193338	2015	−0.003 1	0.36
92	640251006514	2018	−0.003 1	0.36
92	640253170589	2017	−0.003 1	0.36
92	640166193297	2014	−0.003 1	0.36
92	640253193948	2019	−0.003 1	0.25
92	640193171290	2017	−0.003 1	0.36
92	640190171550	2017	−0.003 1	0.36
92	640190171734	2017	−0.003 1	0.36
92	640251006518	2018	−0.003 1	0.36
92	640253181958	2018	−0.003 1	0.36
92	640190171190	2017	−0.003 1	0.36
92	640190171332	2017	−0.003 1	0.36
92	640190171756	2017	−0.003 1	0.36
92	640193171216	2017	−0.003 1	0.36
92	640193171804	2017	−0.003 1	0.36
92	640193171820	2017	−0.003 1	0.36

排名	牛号	出生年份	经产牛死产率 EBV	EBV 准确性
92	640190180021	2018	−0.003 1	0.36
92	640166182951	2018	−0.003 1	0.36
92	640009171063	2017	−0.003 1	0.17
92	640190171390	2017	−0.003 1	0.36
92	640190171764	2017	−0.003 1	0.36
92	640190171326	2017	−0.003 1	0.36
92	640007174555	2017	−0.003 1	0.36
92	640253171059	2017	−0.003 1	0.36
92	640193171294	2017	−0.003 1	0.36
92	640253181939	2018	−0.003 1	0.36
92	640253181926	2018	−0.003 1	0.36
92	640190171838	2017	−0.003 1	0.36
92	640251170576	2017	−0.003 1	0.36
210	640007174600	2017	−0.003 0	0.35
210	640166193336	2015	−0.003 0	0.36
210	640166193337	2014	−0.003 0	0.36
210	640166193342	2016	−0.003 0	0.36
210	640166193353	2015	−0.003 0	0.36
210	640190180473	2018	−0.003 0	0.36
210	640035117802	2014	−0.003 0	0.14
210	640166193253	2015	−0.003 0	0.36
210	640190171536	2017	−0.003 0	0.36
210	640166162213	2016	−0.003 0	0.23
210	640003006517	2018	−0.003 0	0.36
210	640007174537	2017	−0.003 0	0.36
210	640007174588	2017	−0.003 0	0.36
210	640166193319	2014	−0.003 0	0.36
210	640166193321	2015	−0.003 0	0.36

排名	牛号	出生年份	经产牛死产率 EBV	EBV 准确性
210	640166193331	2016	−0.003 0	0.36
210	640190171298	2017	−0.003 0	0.36
210	640190171746	2017	−0.003 0	0.36
210	640193171178	2017	−0.003 0	0.36
210	640193171392	2017	−0.003 0	0.36
210	640193171396	2017	−0.003 0	0.36
210	640251006505	2018	−0.003 0	0.36
210	640253181910	2018	−0.003 0	0.36
210	640253181927	2018	−0.003 0	0.36
210	640253181932	2018	−0.003 0	0.36
210	640253181942	2018	−0.003 0	0.36
210	640190171682	2017	−0.003 0	0.36
210	640190171556	2017	−0.003 0	0.36
210	640193171806	2017	−0.003 0	0.36
210	640190171702	2017	−0.003 0	0.36
210	640166182773	2018	−0.003 0	0.22
210	640253171371	2017	−0.003 0	0.29
210	640035117816	2014	−0.003 0	0.14
210	640253181720	2018	−0.003 0	0.36
210	640166182775	2018	−0.003 0	0.23
210	640007174514	2017	−0.003 0	0.35
210	640005175113	2015	−0.003 0	0.28
210	640253171316	2017	−0.003 0	0.27
210	640003111118	2011	−0.003 0	0.14
210	640166162205	2016	−0.003 0	0.23
210	640005185476	2018	−0.003 0	0.19
210	640190160723	2016	−0.003 0	0.18
210	640005185444	2018	−0.003 0	0.21

排名	牛号	出生年份	经产牛死产率 EBV	EBV 准确性
210	640251006501	2018	−0.003 0	0.35
210	640166162198	2016	−0.003 0	0.23
210	640251004990	2017	−0.003 0	0.26
210	640004187405	2018	−0.003 0	0.27
210	640166182780	2018	−0.003 0	0.25
210	640166182816	2018	−0.003 0	0.22
210	640009171062	2017	−0.003 0	0.16
210	640005144339	2014	−0.003 0	0.14
210	640004187624	2018	−0.003 0	0.36
210	640005185355	2018	−0.003 0	0.23
210	640190160643	2016	−0.003 0	0.18
210	640253171376	2017	−0.003 0	0.28
210	640166182968	2018	−0.003 0	0.37
210	640190160743	2016	−0.003 0	0.18
210	640009171067	2017	−0.003 0	0.17
210	640253171222	2017	−0.003 0	0.27
210	640253170659	2017	−0.003 0	0.37
210	640190160340	2016	−0.003 0	0.18
271	640009171092	2017	−0.002 9	0.16
271	640009171031	2017	−0.002 9	0.16
271	640251006698	2018	−0.002 9	0.24
271	640009171059	2017	−0.002 9	0.16
271	640190160759	2016	−0.002 9	0.18
271	640253171527	2017	−0.002 9	0.29
271	640009171060	2017	−0.002 9	0.16
271	640190160373	2016	−0.002 9	0.19
271	640251006634	2018	−0.002 9	0.24
271	640190160747	2016	−0.002 9	0.18

排名	牛号	出生年份	经产牛死产率 EBV	EBV 准确性
271	643051033753	2018	−0.002 9	0.13
271	640166162197	2016	−0.002 9	0.23
271	640166182771	2018	−0.002 9	0.23
271	640166172269	2017	−0.002 9	0.22
271	640166162215	2016	−0.002 9	0.22
271	640166161923	2016	−0.002 9	0.24
271	640003111122	2011	−0.002 9	0.13
271	640005185442	2018	−0.002 9	0.19
271	640166182841	2018	−0.002 9	0.24
271	640251004796	2017	−0.002 9	0.25
271	640004136446	2013	−0.002 9	0.15
271	640003162232	2016	−0.002 9	0.21
271	640035160289	2016	−0.002 9	0.22
271	640253171320	2017	−0.002 9	0.27
271	640253193823	2019	−0.002 9	0.26
271	640035148616	2014	−0.002 9	0.29
271	640166182943	2018	−0.002 9	0.36
271	640190160993	2016	−0.002 9	0.18
271	640251004861	2017	−0.002 9	0.27
271	640190160610	2016	−0.002 9	0.18
271	640003182926	2018	−0.002 9	0.22
271	640253171554	2017	−0.002 9	0.29
271	640005164842	2016	−0.002 9	0.20
271	640003111129	2011	−0.002 9	0.14
305	640166172319	2017	−0.002 8	0.22
305	640251004530	2017	−0.002 8	0.18
305	640251006592	2018	−0.002 8	0.25
305	640251006668	2018	−0.002 8	0.25

续表

排名	牛号	出生年份	经产牛死产率 EBV	EBV 准确性
305	640003121287	2012	−0.002 8	0.15
305	640005185398	2018	−0.002 8	0.20
305	640251005010	2017	−0.002 8	0.29
305	640253171033	2017	−0.002 8	0.36
305	640253171030	2017	−0.002 8	0.37
305	640166182977	2018	−0.002 8	0.36
305	640004177329	2017	−0.002 8	0.27
305	640253171200	2017	−0.002 8	0.29
305	640253171559	2017	−0.002 8	0.28
305	640035150017	2015	−0.002 8	0.23
305	640166172332	2017	−0.002 8	0.22
305	640253193971	2019	−0.002 8	0.24
305	640166182939	2018	−0.002 8	0.36
305	640253194011	2019	−0.002 8	0.24
305	640166182774	2018	−0.002 8	0.22
305	640166172320	2017	−0.002 8	0.22
305	640003182917	2018	−0.002 8	0.22
305	640166182768	2018	−0.002 8	0.22
305	640253193499	2019	−0.002 8	0.27
305	640003162231	2016	−0.002 8	0.20
305	640166182820	2018	−0.002 8	0.23
305	640035160315	2016	−0.002 8	0.24
305	640035107753	2014	−0.002 8	0.13
305	640003152038	2015	−0.002 8	0.18
305	640003182912	2018	−0.002 8	0.25
305	640035160278	2016	−0.002 8	0.24
305	640004187365	2018	−0.002 8	0.28
305	640251006515	2018	−0.002 8	0.37

排名	牛号	出生年份	经产牛死产率 EBV	EBV 准确性
305	640005175123	2015	−0.002 8	0.26
305	640166182950	2018	−0.002 8	0.36
305	640035107786	2014	−0.002 8	0.13
305	640035160337	2016	−0.002 8	0.24
305	640035160298	2016	−0.002 8	0.20
342	640004187404	2018	−0.002 7	0.36
342	640193171776	2017	−0.002 7	0.38
342	640005185274	2018	−0.002 7	0.21
342	640004177340	2017	−0.002 7	0.27
342	640009171064	2017	−0.002 7	0.15
342	640251004865	2017	−0.002 7	0.27
342	640166172250	2016	−0.002 7	0.22
342	640251004999	2017	−0.002 7	0.27
342	640035160336	2016	−0.002 7	0.22
342	640005175119	2017	−0.002 7	0.27
342	640166161925	2016	−0.002 7	0.24
342	640003182958	2018	−0.002 7	0.22
342	640003172567	2017	−0.002 7	0.13
342	640166182949	2018	−0.002 7	0.37
342	640190160732	2016	−0.002 7	0.21
342	640166172284	2017	−0.002 7	0.22
342	640190160684	2016	−0.002 7	0.21
342	640166182863	2018	−0.002 7	0.36
342	640035150001	2015	−0.002 7	0.21
342	640005185281	2018	−0.002 7	0.20
342	640035107763	2014	−0.002 7	0.13
342	640003182933	2018	−0.002 7	0.22
342	640035170638	2017	−0.002 7	0.27

排名	牛号	出生年份	经产牛死产率 EBV	EBV 准确性
342	640005185361	2018	−0.002 7	0.19
342	640190160734	2016	−0.002 7	0.21
342	640190160745	2016	−0.002 7	0.21
342	640009171229	2017	−0.002 7	0.20
342	640166172262	2017	−0.002 7	0.21
342	640193170188	2017	−0.002 7	0.20
342	640166182976	2018	−0.002 7	0.37
342	640190160621	2016	−0.002 7	0.21
342	640003111156	2011	−0.002 7	0.14
342	640166172256	2016	−0.002 7	0.22
342	640004136239	2013	−0.002 7	0.15
342	640005175149	2017	−0.002 7	0.15
342	640253171337	2017	−0.002 7	0.27
342	640166161976	2016	−0.002 7	0.24
342	640166182808	2018	−0.002 7	0.23
342	640003182923	2018	−0.002 7	0.21
342	640009191764	2019	−0.002 7	0.24
342	640253171187	2017	−0.002 7	0.27
342	640009191696	2019	−0.002 7	0.21
342	640035150034	2015	−0.002 7	0.23
342	640190160808	2016	−0.002 7	0.21
342	640193171708	2017	−0.002 7	0.36
342	640035160319	2016	−0.002 7	0.20
342	640005123994	2012	−0.002 7	0.16
342	640005175258	2017	−0.002 7	0.20
390	640035150036	2015	−0.002 6	0.23
390	640193171700	2017	−0.002 6	0.36
390	640166182778	2018	−0.002 6	0.21

排名	牛号	出生年份	经产牛死产率 EBV	EBV 准确性
390	640035160267	2016	−0.002 6	0.22
390	640251005705	2018	−0.002 6	0.27
390	640251007674	2019	−0.002 6	0.24
390	640166182772	2018	−0.002 6	0.23
390	640005175092	2017	−0.002 6	0.27
390	640251004853	2017	−0.002 6	0.26
390	640251006688	2018	−0.002 6	0.24
390	640193171618	2017	−0.002 6	0.36
390	640166172335	2017	−0.002 6	0.22
390	640005175121	2017	−0.002 6	0.26
390	640253193810	2019	−0.002 6	0.25
390	640003121183	2012	−0.002 6	0.16
390	640190160560	2016	−0.002 6	0.19
390	640166172336	2017	−0.002 6	0.21
390	643051000393	2014	−0.002 6	0.23
390	640166161970	2016	−0.002 6	0.24
390	640035148796	2014	−0.002 6	0.20
390	640005175090	2017	−0.002 6	0.26
390	640251005696	2018	−0.002 6	0.27
390	640004177334	2017	−0.002 6	0.27
390	640003172619	2013	−0.002 6	0.15
390	640251005016	2017	−0.002 6	0.26
390	640166172289	2017	−0.002 6	0.21
390	640003151847	2014	−0.002 6	0.23
390	640166172324	2017	−0.002 6	0.22
390	640003121310	2012	−0.002 6	0.14
390	640251006664	2018	−0.002 6	0.21
390	640253171353	2017	−0.002 6	0.27

续表

排名	牛号	出生年份	经产牛死产率 EBV	EBV 准确性
390	640253171502	2017	−0.002 6	0.29
390	640251004997	2017	−0.002 6	0.26
390	640193171418	2017	−0.002 6	0.37
390	640253171326	2017	−0.002 6	0.27
390	640253171335	2017	−0.002 6	0.27
390	640251007069	2019	−0.002 6	0.19
390	640166182947	2018	−0.002 6	0.36
390	640253171327	2017	−0.002 6	0.27
390	640251004856	2017	−0.002 6	0.26
390	640193171246	2017	−0.002 6	0.37
390	640193171842	2017	−0.002 6	0.37
390	640253171350	2017	−0.002 6	0.26
390	640004146692	2014	−0.002 6	0.25
390	640005185412	2018	−0.002 6	0.20
390	640190160733	2016	−0.002 6	0.20
390	640253171361	2017	−0.002 6	0.26
390	640251007752	2019	−0.002 6	0.26
390	640004156780	2015	−0.002 6	0.23
390	640251004958	2017	−0.002 6	0.27
390	640166151709	2015	−0.002 6	0.21
390	640035160378	2016	−0.002 6	0.21
390	640035160368	2016	−0.002 6	0.21
390	640251004521	2017	−0.002 6	0.19
390	640251004837	2017	−0.002 6	0.27
390	640253171332	2017	−0.002 6	0.26
390	640253171204	2017	−0.002 6	0.26
447	640035138297	2012	−0.002 5	0.15
447	640003182941	2018	−0.002 5	0.21

排名	牛号	出生年份	经产牛死产率 EBV	EBV 准确性
447	640007185180	2018	−0.002 5	0.18
447	640009191700	2019	−0.002 5	0.23
447	640253193872	2019	−0.002 5	0.24
447	640003162331	2016	−0.002 5	0.13
447	640003111116	2011	−0.002 5	0.14
447	640253171379	2017	−0.002 5	0.26
447	640251004985	2017	−0.002 5	0.26
447	640004187453	2018	−0.002 5	0.27
447	640166182965	2018	−0.002 5	0.36
447	640190160823	2016	−0.002 5	0.19
447	640035160283	2016	−0.002 5	0.20
447	640253171208	2017	−0.002 5	0.26
447	640251006566	2018	−0.002 5	0.21
447	640004174028	2017	−0.002 5	0.21
447	640035160388	2016	−0.002 5	0.21
447	640253193928	2019	−0.002 5	0.21
447	640007185190	2018	−0.002 5	0.18
447	640253171207	2017	−0.002 5	0.26
447	640035170644	2017	−0.002 5	0.26
447	640193171310	2017	−0.002 5	0.36
447	640193170001	2017	−0.002 5	0.24
447	640253171304	2017	−0.002 5	0.26
447	640251006612	2018	−0.002 5	0.22
447	640003141813	2014	−0.002 5	0.23
447	640035160316	2016	−0.002 5	0.23
447	640035138334	2013	−0.002 5	0.13
447	640166182959	2018	−0.002 5	0.36
447	640253171401	2017	−0.002 5	0.26

排名	牛号	出生年份	经产牛死产率 EBV	EBV 准确性
447	640253171305	2017	−0.002 5	0.26
447	640166151654	2015	−0.002 5	0.22
447	640193170044	2017	−0.002 5	0.24
447	640253171325	2017	−0.002 5	0.26
447	640251005033	2017	−0.002 5	0.27
447	640251004541	2017	−0.002 5	0.19
447	640003182894	2018	−0.002 5	0.23
447	640190160802	2016	−0.002 5	0.20
447	640253171311	2017	−0.002 5	0.26
447	640005175122	2017	−0.002 5	0.26
447	640193171798	2017	−0.002 5	0.38
447	640003182953	2018	−0.002 5	0.23
447	640251005380	2017	−0.002 5	0.23
447	640253171354	2017	−0.002 5	0.26
447	640190160505	2016	−0.002 5	0.17
447	640253171329	2017	−0.002 5	0.26
447	640193170068	2017	−0.002 5	0.24
447	640251005029	2017	−0.002 5	0.27
447	640253171341	2017	−0.002 5	0.26
447	640166162209	2016	−0.002 5	0.22
447	640251006509	2018	−0.002 5	0.37
447	640007195350	2019	−0.002 5	0.11
447	640253171123	2017	−0.002 5	0.26
447	640190160813	2016	−0.002 5	0.17

附表 15　核心育种场生产寿命 EBV 排名前 500 名母牛

排名	牛号	出生年份	生产寿命 EBV/d	EBV 准确性
1	640003120292	2012	377.3	0.47
2	640035138504	2013	365.2	0.49
3	640003120337	2012	356.5	0.47
4	640035117965	2011	354.8	0.48
5	640166120348	2012	350.1	0.45
6	640003120347	2012	344.8	0.48
7	640005134208	2013	344.2	0.49
8	640035128081	2012	342.5	0.48
9	640166120619	2012	337.8	0.51
10	640166130763	2013	336.9	0.53
11	640035118002	2011	334.1	0.45
12	640166130807	2013	333.4	0.47
13	640003128076	2012	333.1	0.44
14	640035117995	2011	333.0	0.47
15	640166120288	2012	330.3	0.47
16	640035118018	2011	329.2	0.46
17	640003110287	2011	328.7	0.47
18	640003120307	2012	327.6	0.45
19	640035128078	2012	327.5	0.46
20	640035118030	2011	323.9	0.48
21	640003131383	2013	323.2	0.53
22	640003131348	2013	322.3	0.47
23	640035118007	2011	322.1	0.48
24	640003120362	2012	320.5	0.48
25	640166120554	2012	318.9	0.46
26	640166120568	2012	315.7	0.47
27	640005117946	2011	314.7	0.48
28	640005123980	2012	312.7	0.53

续表

排名	牛号	出生年份	生产寿命 EBV/d	EBV 准确性
29	640035128283	2012	311.0	0.48
30	640035138471	2013	309.9	0.50
30	640005124029	2012	309.9	0.48
32	640003120302	2012	309.0	0.47
33	640166130771	2013	308.1	0.52
34	640035117972	2011	308.0	0.46
35	640003120342	2012	307.5	0.48
35	640005124042	2012	307.5	0.49
37	640035128284	2012	307.2	0.51
37	640005124016	2012	307.2	0.52
39	640166130766	2013	306.2	0.52
40	640035128097	2012	304.5	0.49
41	640193141844	2014	303.9	0.52
42	640003121305	2012	303.6	0.53
43	640003121323	2012	303.4	0.49
44	640035128120	2012	301.5	0.46
45	640005134078	2013	300.8	0.51
46	640166120597	2012	300.5	0.49
46	640166130757	2013	300.5	0.50
48	640166130788	2013	299.8	0.53
49	640005124032	2012	298.4	0.50
50	640035138485	2013	297.6	0.48
50	640166120725	2012	297.6	0.51
52	640166130767	2013	297.5	0.52
52	640003120357	2012	297.5	0.46
52	640005134212	2013	297.5	0.53
55	640035128273	2012	297.1	0.49
56	640190130893	2013	296.0	0.52

排名	牛号	出生年份	生产寿命 EBV/d	EBV 准确性
57	640166120572	2012	295.8	0.48
58	640004136282	2013	293.7	0.47
59	640166130769	2013	293.2	0.52
60	640035128160	2012	292.6	0.50
61	640005134073	2013	292.1	0.50
62	640003131378	2013	292.0	0.49
63	640004136267	2013	291.6	0.50
64	640166130778	2013	291.1	0.49
65	640005134083	2013	290.7	0.45
66	640005123986	2012	290.0	0.52
67	640035128080	2012	289.8	0.45
68	640035128075	2012	289.7	0.45
69	640005124046	2012	289.6	0.48
70	640005117963	2011	288.8	0.45
71	640166130765	2013	287.7	0.52
72	640166120340	2012	286.6	0.46
73	640035128235	2012	286.2	0.53
73	640035117964	2011	286.2	0.44
75	640166120569	2012	286.1	0.50
76	640035128191	2012	285.8	0.51
77	640035128268	2012	285.5	0.52
78	640005123983	2012	284.8	0.51
79	640035138342	2013	284.4	0.51
79	640003121319	2012	284.4	0.47
81	640166120574	2012	283.5	0.53
82	640035128226	2012	282.6	0.48
83	640166120621	2012	282.5	0.50
84	640166130796	2013	282.2	0.50

排名	牛号	出生年份	生产寿命 EBV/d	EBV 准确性
85	640004136315	2013	281.9	0.51
86	640003121183	2012	281.4	0.52
87	640035128184	2012	280.8	0.52
88	640005134105	2013	280.7	0.46
89	640166130802	2013	280.3	0.47
90	640003121320	2012	279.4	0.50
90	640035128275	2012	279.4	0.49
92	640166120604	2012	279.0	0.51
93	640166120728	2012	278.8	0.53
94	640166172431	2017	278.1	0.47
95	640003121287	2012	278.0	0.50
96	640035117977	2011	276.3	0.47
97	640005134162	2013	275.8	0.49
97	640035117954	2011	275.8	0.46
99	640003121269	2012	275.3	0.50
100	640166141040	2014	275.2	0.50
101	640166130806	2013	274.7	0.52
102	640004136255	2013	272.9	0.51
103	640166130786	2013	272.6	0.50
104	640004136312	2013	272.3	0.50
105	640166120545	2012	272.2	0.45
106	640003121263	2012	271.9	0.50
107	640005117999	2011	271.4	0.49
107	640005134116	2013	271.4	0.49
109	640035128084	2012	271.0	0.51
110	640166120606	2012	270.5	0.49
111	640005124050	2012	270.0	0.49
112	640166130772	2013	269.1	0.51

排名	牛号	出生年份	生产寿命 EBV/d	EBV 准确性
113	640166130803	2013	267.2	0.50
113	640004136239	2013	267.2	0.46
115	640035117967	2011	266.9	0.48
116	640005124009	2012	266.6	0.44
117	640035128090	2012	266.4	0.46
118	640005124013	2012	265.5	0.50
119	640190141822	2014	265.3	0.50
120	640190141254	2014	265.1	0.48
120	640166130764	2013	265.1	0.50
122	640004136245	2013	264.2	0.50
123	640005134094	2013	263.6	0.52
124	640166120580	2012	263.4	0.52
125	640166120617	2012	263.0	0.51
126	640035138466	2013	262.0	0.50
127	640166120603	2012	261.9	0.48
128	640004136279	2013	261.5	0.49
129	640005124027	2012	260.9	0.48
130	640003111129	2011	260.5	0.48
131	640004136232	2013	259.7	0.52
132	640035128244	2012	259.5	0.53
132	640035138302	2012	259.5	0.48
134	640003120312	2012	259.3	0.47
135	640035128238	2012	258.1	0.50
136	640035128286	2012	257.6	0.51
137	640003111118	2011	257.2	0.47
138	640166120314	2012	256.9	0.49
139	640035117974	2011	256.8	0.47
140	640004136320	2013	256.5	0.49

续表

排名	牛号	出生年份	生产寿命 EBV/d	EBV 准确性
141	640003111169	2011	256.4	0.52
142	640005124008	2012	256.2	0.51
143	640035138308	2013	256.0	0.52
144	640190141327	2014	255.8	0.52
145	640003111156	2011	255.1	0.47
146	640005123982	2012	254.9	0.50
147	640190141331	2014	254.6	0.50
148	640005134107	2013	254.2	0.47
149	640003121259	2012	254.1	0.50
150	640035128077	2012	253.9	0.49
150	640035107703	2014	253.9	0.49
152	640035138319	2013	253.8	0.50
153	640190141623	2014	253.7	0.51
154	640005134088	2013	253.4	0.51
155	640035138539	2013	253.0	0.52
155	640005124033	2012	253.0	0.50
157	640005134087	2013	252.5	0.53
158	640166120602	2012	252.4	0.49
159	640035128112	2012	252.0	0.51
160	640190141263	2014	251.5	0.50
161	640193142114	2014	251.4	0.48
162	640166130743	2013	251.0	0.54
163	640193141367	2014	250.8	0.50
164	640005124049	2012	250.4	0.49
165	640166130759	2013	250.3	0.54
166	640166120585	2012	250.1	0.50
167	640004136196	2013	250.0	0.48
167	640005124041	2012	250.0	0.52

排名	牛号	出生年份	生产寿命 EBV/d	EBV 准确性
169	640004136240	2013	249.7	0.51
170	640035117987	2011	249.5	0.46
171	640004136326	2013	249.4	0.48
171	640005134108	2013	249.4	0.50
173	640003110873	2011	249.3	0.44
174	640003121200	2012	248.3	0.51
175	640004136276	2013	248.2	0.50
176	640003110875	2011	248.1	0.45
177	640004136221	2013	247.9	0.48
178	640005134205	2013	247.8	0.49
179	640004136260	2013	247.3	0.51
180	640003110869	2011	247.0	0.46
181	640035128264	2012	246.6	0.51
182	640004136249	2013	246.4	0.49
182	640035128247	2012	246.4	0.51
184	640193141229	2014	246.1	0.48
184	640005134093	2013	246.1	0.48
186	640035128222	2012	245.9	0.51
187	640166130789	2013	245.8	0.55
188	640190141422	2014	245.1	0.49
188	640035118004	2011	245.1	0.45
190	640035138364	2013	244.4	0.44
191	640003111116	2011	244.3	0.50
191	640193141674	2014	244.3	0.49
191	640003131530	2013	244.3	0.55
194	640004136263	2013	244.2	0.50
194	640003120532	2012	244.2	0.46
196	640005123994	2012	244.1	0.51

续表

排名	牛号	出生年份	生产寿命 EBV/d	EBV 准确性
196	640193141739	2014	244.1	0.48
196	640003121260	2012	244.1	0.48
199	640035128250	2012	243.3	0.51
200	640005134102	2013	243.2	0.49
201	640035138481	2013	242.9	0.49
202	640035128228	2012	242.7	0.51
203	640035118001	2011	242.6	0.45
204	640035138435	2013	242.3	0.50
205	640003128079	2012	242.2	0.44
206	640035117975	2011	242.0	0.45
207	640193141391	2014	241.8	0.49
207	640035128280	2012	241.8	0.49
209	640193141836	2014	241.5	0.48
210	640193142124	2014	241.0	0.48
211	640193141269	2014	240.7	0.48
212	640035138345	2013	240.1	0.51
212	640005118019	2011	240.1	0.44
214	640003151873	2012	239.7	0.51
215	640004136269	2013	239.6	0.52
215	640166141035	2014	239.6	0.50
217	640005113824	2011	239.2	0.46
218	640005124036	2012	238.6	0.50
219	640003141832	2014	238.4	0.49
220	640035138338	2013	238.3	0.51
221	640005134106	2013	238.2	0.47
222	640003131361	2013	238.1	0.53
223	640193141548	2014	237.9	0.50
223	640193141355	2014	237.9	0.49

排名	牛号	出生年份	生产寿命 EBV/d	EBV 准确性
225	640166120707	2012	237.6	0.53
226	640035128162	2012	237.4	0.51
226	640003121220	2012	237.4	0.50
228	640004136214	2012	237.3	0.51
228	640004136193	2013	237.3	0.51
230	640193141768	2014	237.1	0.48
231	640035158836	2014	237.0	0.54
232	640005134161	2013	236.6	0.44
233	640003121275	2012	235.7	0.49
234	640005123999	2012	235.5	0.50
235	640190141617	2014	235.2	0.48
236	640166141062	2014	235.1	0.51
236	640190141180	2014	235.1	0.50
238	640004136253	2013	235.0	0.50
239	640004136307	2013	234.0	0.48
240	640005124021	2012	233.7	0.50
241	640035117950	2011	233.6	0.47
242	640005124002	2012	233.4	0.47
243	640035128252	2012	233.3	0.51
244	640004136226	2013	232.6	0.47
244	640005124007	2012	232.6	0.48
246	640005134101	2013	232.3	0.47
246	640190141467	2014	232.2	0.48
246	640005134080	2013	232.2	0.49
249	640190141266	2014	232.1	0.50
250	640190142134	2014	231.8	0.52
251	640004136210	2013	231.6	0.49
252	640005117983	2011	231.5	0.45

排名	牛号	出生年份	生产寿命 EBV/d	EBV 准确性
253	640003121326	2012	231.3	0.52
253	640193141293	2014	231.3	0.48
255	640003121258	2012	231.1	0.50
255	640003120550	2012	231.1	0.51
257	640003110876	2011	230.7	0.44
258	640004136225	2013	230.6	0.50
259	640166120598	2012	229.8	0.50
260	640035128236	2012	229.5	0.50
261	640190142109	2014	229.4	0.50
262	640193141827	2014	229.2	0.48
263	640193142121	2014	229.1	0.49
264	640005134084	2013	228.9	0.49
265	640166141044	2014	228.7	0.54
266	640003131377	2013	228.6	0.54
267	640193141840	2014	228.4	0.48
267	640035138297	2012	228.4	0.50
269	640005144277	2014	228.0	0.46
270	640005123989	2012	227.8	0.51
271	640035138403	2013	227.5	0.49
272	640166141032	2014	227.4	0.53
273	640004136265	2013	226.6	0.51
274	640003121273	2012	226.0	0.49
275	640005124059	2012	225.9	0.51
276	640193141590	2014	225.8	0.48
277	640035117816	2014	225.6	0.52
278	640166120593	2012	225.4	0.49
279	640193141906	2014	225.2	0.49
280	640005144437	2014	225.1	0.49

排名	牛号	出生年份	生产寿命 EBV/d	EBV 准确性
280	640035128227	2012	225.1	0.50
282	640190141775	2014	225.0	0.50
283	640003131363	2013	224.9	0.53
284	640003131551	2013	224.1	0.55
285	640190142103	2014	223.7	0.50
286	640005124034	2012	223.3	0.49
287	640166141037	2014	223.0	0.50
288	640035148584	2014	222.7	0.53
288	640035128271	2012	222.7	0.48
290	640004136204	2013	222.6	0.48
290	640004136303	2013	222.6	0.48
292	640035128272	2012	222.2	0.50
293	640005134098	2013	222.0	0.48
294	640003110897	2011	221.9	0.45
295	640003151883	2015	221.8	0.50
296	640166130754	2013	221.6	0.51
297	640004136222	2013	221.4	0.50
298	640190141848	2014	220.9	0.50
299	640193142717	2014	220.7	0.49
300	640005154570	2015	220.5	0.50
301	640190141728	2014	219.8	0.48
302	640193142129	2014	219.6	0.48
303	640005124012	2012	219.5	0.51
303	640190141798	2014	219.5	0.48
303	640003111137	2011	219.5	0.49
306	640193141820	2014	218.9	0.48
306	640035138311	2013	218.9	0.51
308	640190141826	2014	218.7	0.50

排名	牛号	出生年份	生产寿命 EBV/d	EBV 准确性
309	640004136284	2013	218.6	0.49
309	640004136195	2013	218.6	0.48
311	640193141813	2014	218.4	0.49
311	640003121299	2012	218.4	0.52
313	640004136230	2013	218.3	0.50
313	640003121276	2012	218.3	0.53
313	640193141610	2014	218.3	0.49
316	640004136223	2013	218.1	0.50
317	640004136272	2013	217.9	0.49
318	640003110879	2011	217.7	0.49
318	640035138404	2013	217.7	0.50
320	640190141721	2014	217.3	0.51
321	640005134104	2013	217.1	0.47
322	640166151535	2015	217.0	0.38
323	640003121315	2012	216.8	0.52
324	640035148566	2014	216.7	0.51
325	640003120537	2012	216.5	0.53
326	640004136209	2013	216.4	0.48
327	640190141376	2014	216.2	0.49
328	640003110877	2011	215.8	0.44
329	640166120565	2012	215.4	0.51
330	640004136206	2013	215.2	0.50
330	640190141672	2014	215.2	0.51
332	640035107702	2014	214.8	0.48
333	640035107753	2014	214.7	0.48
333	640190141587	2014	214.7	0.50
335	640003131374	2013	213.9	0.54
336	640004136252	2013	213.5	0.51

排名	牛号	出生年份	生产寿命 EBV/d	EBV 准确性
337	640035128249	2012	213.4	0.49
338	640193142132	2014	213.2	0.49
339	640035128290	2012	213.0	0.49
340	640035128224	2012	212.9	0.52
341	640004136201	2013	212.8	0.47
342	640004136313	2013	212.6	0.49
342	640005124025	2012	212.6	0.49
344	640003110852	2011	212.5	0.44
345	640003110839	2011	212.1	0.44
346	640005134234	2013	212.0	0.38
347	640035117992	2011	211.8	0.47
348	640005124056	2012	211.7	0.48
349	640166161840	2016	211.6	0.54
350	640004136270	2013	211.5	0.50
351	640003121219	2012	211.2	0.51
352	640035138301	2012	211.1	0.50
353	640035107763	2014	210.7	0.48
354	640004136278	2013	209.9	0.50
355	640005123943	2012	209.6	0.47
356	640193142117	2014	209.3	0.48
357	640035107786	2014	208.9	0.48
357	640166151411	2015	208.9	0.52
359	640035138355	2013	208.6	0.43
360	640190141473	2014	208.5	0.51
360	640003141674	2008	208.5	0.49
362	640166130799	2013	208.2	0.48
363	640035128198	2012	207.2	0.51
364	640003110868	2011	207.1	0.44

续表

排名	牛号	出生年份	生产寿命 EBV/d	EBV 准确性
365	640005144296	2014	206.7	0.50
366	640003110886	2011	206.3	0.45
367	640193141810	2014	206.0	0.48
367	640005131364	2008	206.0	0.48
369	640003111119	2011	205.6	0.40
370	640003141757	2014	205.4	0.48
370	640190141381	2014	205.4	0.50
372	640035107743	2014	204.4	0.49
373	640166130980	2014	203.6	0.46
374	640190142123	2014	203.5	0.52
375	640003151861	2015	203.3	0.51
376	640004136243	2013	203.2	0.51
377	640035128239	2012	203.1	0.52
378	640035128125	2012	202.9	0.51
379	640190141034	2014	202.7	0.50
380	640190141564	2014	202.5	0.48
381	640193141940	2014	202.3	0.48
381	640004136311	2013	202.3	0.50
383	640190121010	2012	201.5	0.37
384	640035128240	2012	201.0	0.51
385	640035138498	2013	200.9	0.46
385	640005124035	2012	200.9	0.49
387	640003111130	2011	200.8	0.47
388	640003121283	2012	200.7	0.46
389	640004136261	2013	200.6	0.49
390	640004136251	2013	200.5	0.51
391	640166141258	2014	200.4	0.45
392	640005124058	2012	200.2	0.48

排名	牛号	出生年份	生产寿命 EBV/d	EBV 准确性
393	640005124040	2012	199.8	0.50
393	640190120401	2012	199.8	0.37
395	640003110899	2011	199.6	0.48
396	640166161814	2015	199.4	0.53
396	640004136416	2013	199.4	0.53
398	640004136254	2013	198.7	0.51
399	640190141280	2014	198.6	0.50
400	640166130795	2013	198.4	0.51
400	640190141663	2014	198.4	0.51
402	640035107721	2014	198.2	0.48
402	640035150044	2015	198.2	0.53
404	640003121310	2012	198.1	0.49
404	640003111122	2011	198.1	0.49
406	640003111141	2011	197.7	0.42
407	640003121231	2012	197.5	0.46
408	640166120330	2011	197.0	0.49
409	640035170548	2017	196.9	0.50
410	640003121272	2012	196.7	0.50
411	640190120650	2012	196.6	0.37
412	640190141785	2014	196.5	0.50
413	640005124024	2012	196.3	0.48
414	640005113709	2011	195.9	0.47
415	640035138408	2013	195.8	0.49
416	640005124028	2012	194.6	0.50
417	640035118014	2011	194.4	0.45
418	640035138513	2013	193.7	0.48
419	640003128086	2012	193.2	0.45
420	640035148622	2014	193.1	0.56

排名	牛号	出生年份	生产寿命 EBV/d	EBV 准确性
421	640003111121	2011	193.0	0.47
422	640166141161	2014	192.7	0.41
423	640004136281	2013	191.6	0.50
424	640005164938	2016	191.0	0.52
425	640035117981	2011	190.9	0.46
426	640166141050	2014	190.8	0.53
426	640004136410	2013	190.8	0.51
428	640190141190	2014	190.6	0.50
428	640003141756	2014	190.6	0.48
430	640035107748	2014	190.4	0.50
431	640190154123	2015	190.2	0.52
432	640003111125	2011	189.9	0.38
433	640004136264	2013	189.7	0.49
434	640003121284	2012	189.1	0.49
435	640005123928	2012	188.4	0.47
435	640005124037	2012	188.4	0.50
437	640005124022	2012	188.2	0.48
437	640190141418	2014	188.2	0.52
439	640004136437	2013	187.9	0.43
440	640004136274	2013	187.8	0.51
441	640004136268	2013	187.6	0.49
441	640005154463	2015	187.6	0.48
443	640166162202	2016	187.3	0.47
443	640003152084	2015	187.3	0.51
445	640003121265	2012	186.2	0.50
445	640005134124	2013	186.2	0.48
447	640193153852	2015	185.7	0.53
448	640190141626	2014	185.5	0.46

排名	牛号	出生年份	生产寿命 EBV/d	EBV 准确性
449	640003162379	2016	185.2	0.53
450	640035128254	2012	184.7	0.45
451	640190120845	2012	184.5	0.40
452	640035117802	2014	184.2	0.50
453	640004136256	2013	183.9	0.50
453	640035138321	2013	183.9	0.49
455	640003110871	2011	183.5	0.44
455	640003128093	2012	183.5	0.47
457	640004136229	2013	183.3	0.51
458	640003110855	2011	183.2	0.47
459	640035107740	2014	182.9	0.49
460	640035160218	2016	182.6	0.43
461	640190120623	2012	182.2	0.39
462	640035118034	2011	181.6	0.50
463	640190120508	2012	181.0	0.37
464	640005144287	2014	180.9	0.46
465	640193153888	2015	180.7	0.53
466	640190120796	2012	180.4	0.39
467	640190121194	2012	180.1	0.37
468	640005124020	2012	180.0	0.47
469	640166141004	2014	179.6	0.47
469	640003162244	2016	179.6	0.52
471	640190120441	2012	179.5	0.40
472	640005144433	2014	179.1	0.47
473	640035138334	2013	179.0	0.48
473	640003111139	2011	179.0	0.40
475	640003172466	2017	178.4	0.38
476	640003172467	2017	178.3	0.53

续表

排名	牛号	出生年份	生产寿命 EBV/d	EBV 准确性
477	640005154510	2015	178.1	0.50
477	640035160205	2016	178.1	0.46
477	640003121303	2012	178.1	0.51
480	640003121308	2012	178.0	0.50
481	640035170767	2017	177.7	0.49
482	640166162201	2016	177.3	0.45
482	640035158844	2014	177.3	0.54
484	640003110838	2011	176.7	0.44
484	640003141752	2014	176.7	0.47
486	640005134253	2013	176.6	0.54
487	640005144399	2014	176.1	0.48
488	640190141407	2014	175.5	0.53
489	640003110872	2011	174.7	0.44
490	640166151405	2015	174.3	0.49
491	640003110861	2011	174.1	0.48
492	640005154490	2015	173.5	0.55
493	640190120791	2012	173.3	0.44
494	640004146593	2014	173.2	0.47
494	640003121327	2012	173.2	0.51
496	640005134141	2013	173.0	0.52
497	640003131362	2013	172.5	0.45
497	640003111136	2011	172.5	0.39
499	640190120299	2012	172.1	0.37
500	640005154514	2015	171.8	0.51

附表 16　核心育种场 CPI1$_{2020}$ 指数排名前 500 名母牛

排名	牛号	出生年份	CPI1$_{2020}$
1	640003162234	2016	2 741.4
2	640003121310	2012	2 721.7
3	640190175799	2017	2 719.7
4	640190155644	2015	2 716.9
5	640166120671	2012	2 716.5
6	640003162427	2016	2 713.9
7	640035107702	2014	2 711.7
8	640190160409	2016	2 709.0
9	640003120302	2012	2 708.1
10	640004125988	2012	2 702.1
11	640190261023	2016	2 701.8
12	640005134196	2013	2 701.1
13	640005103598	2010	2 700.6
14	640190130838	2013	2 700.2
15	640035148768	2014	2 699.1
16	640005123952	2012	2 698.8
17	640166120638	2012	2 697.3
18	640003162404	2016	2 697.2
19	640005124024	2012	2 696.9
20	640009120168	2012	2 695.5
21	640190156262	2015	2 694.9
22	640190155922	2015	2 694.7
23	640166172505	2017	2 694.3
24	640190182341	2018	2 693.8
25	640009110049	2011	2 693.1
26	640190162443	2016	2 692.6
27	640003131345	2013	2 692.5
28	640190155646	2015	2 692.3

续表

排名	牛号	出生年份	CPI1$_{2020}$
29	640035160198	2016	2 690.5
30	640003172492	2017	2 690.1
31	640003121294	2012	2 689.8
32	640190140035	2014	2 688.7
33	640190130217	2013	2 688.5
33	640009090040	2009	2 688.5
35	640190156775	2015	2 687.3
36	640190160813	2016	2 687.2
37	640190162159	2016	2 686.2
38	640190156452	2015	2 686.0
38	640009110066	2011	2 686.0
38	640009110050	2011	2 686.0
41	640190141045	2014	2 685.7
42	640190181641	2018	2 685.3
43	640166120525	2012	2 685.0
44	640009110070	2011	2 684.4
45	640190174896	2017	2 683.5
46	640190130467	2013	2 683.1
47	640190160971	2016	2 682.9
48	640009090080	2009	2 682.0
49	640009140308	2014	2 681.9
50	640166162131	2016	2 681.7
51	640190172251	2017	2 681.1
52	640003121284	2012	2 680.0
53	640005124022	2012	2 679.3
54	640166172565	2017	2 678.9
55	640190155449	2015	2 678.6
56	640166120644	2012	2 678.4

续表

排名	牛号	出生年份	CPI1$_{2020}$
57	640009090048	2009	2 678.0
58	640190175017	2017	2 677.8
59	640009090052	2009	2 677.4
60	640166120654	2012	2 677.1
61	640190130229	2013	2 677.0
62	640190140331	2014	2 676.8
63	640190173699	2017	2 675.9
64	640190162176	2016	2 675.7
64	640003111119	2011	2 675.7
66	640003128093	2012	2 675.6
67	640004126094	2012	2 675.5
68	640190174497	2017	2 674.9
68	640009160993	2016	2 674.9
70	640005103629	2010	2 674.7
70	640005117970	2011	2 674.7
72	640035107685	2010	2 673.8
72	640035170689	2017	2 673.8
74	640035141157	2014	2 671.9
75	640003172517	2017	2 671.6
76	640009150703	2015	2 671.3
77	640166109742	2010	2 670.6
78	640003128076	2012	2 669.7
79	640003151857	2015	2 669.6
80	640190172323	2017	2 669.0
81	640166161836	2015	2 668.7
82	640004177351	2017	2 668.5
83	640004136275	2013	2 668.3
84	640190160747	2016	2 668.1

续表

排名	牛号	出生年份	CPI1$_{2020}$
85	640004115946	2011	2 667.1
85	640005093431	2009	2 667.1
87	640166109687	2010	2 666.7
88	640004146461	2014	2 666.6
89	640190162160	2016	2 666.2
90	640009110094	2016	2 666.0
91	640166109681	2010	2 665.5
91	640005166981	2016	2 665.5
93	640005113832	2011	2 665.1
94	640035118007	2011	2 664.9
95	640166109761	2010	2 664.7
96	640009160907	2016	2 664.2
97	640003141688	2011	2 664.0
97	640190174883	2017	2 664.0
99	640190174844	2017	2 663.9
100	640190162331	2016	2 663.7
100	640166120674	2012	2 663.7
102	640003162279	2016	2 663.5
103	640003141718	2014	2 663.3
103	640009130126	2013	2 663.3
105	640003121323	2012	2 663.2
106	640004095534	2009	2 663.0
107	640005144456	2014	2 662.9
108	640009171093	2017	2 662.8
109	640005144411	2014	2 662.7
110	640009110081	2011	2 662.4
111	640190141110	2014	2 662.3
112	640166099388	2009	2 662.1

续表

排名	牛号	出生年份	CPI1$_{2020}$
113	640035148796	2014	2 662.0
114	640003152051	2015	2 661.9
115	640190090328	2009	2 661.6
115	640190260930	2016	2 661.6
117	640190155531	2015	2 661.4
118	640005144360	2014	2 661.3
119	640005093316	2009	2 661.2
120	640190156070	2015	2 660.8
121	640003110237	2011	2 660.5
121	640190080063	2008	2 660.5
123	640004156810	2015	2 660.4
123	640004177347	2017	2 660.4
125	640004177325	2017	2 660.2
126	640190157644	2015	2 660.1
127	640190155522	2015	2 659.8
127	640005175092	2017	2 659.8
129	640003121238	2012	2 659.7
130	640009090071	2009	2 659.5
131	640190123608	2012	2 659.4
132	640190157417	2015	2 659.3
132	640190173495	2017	2 659.3
132	640005103608	2010	2 659.3
135	640190162698	2016	2 659.1
136	640035138502	2013	2 659.0
136	640190130536	2013	2 659.0
138	640190155809	2015	2 658.7
138	640004187459	2018	2 658.7
138	640190140332	2014	2 658.7

排名	牛号	出生年份	CPI1$_{2020}$
141	640190154411	2015	2 658.6
142	640007100895	2010	2 658.5
143	640009080093	2008	2 658.3
143	640009160765	2016	2 658.3
145	640009160807	2016	2 658.1
145	640166120480	2012	2 658.1
147	640005123933	2012	2 658.0
147	640009090050	2009	2 658.0
149	640190131605	2013	2 657.9
150	640003120482	2012	2 657.8
151	640190110353	2011	2 657.6
151	640004187386	2018	2 657.6
153	640190162732	2016	2 657.5
154	640166120615	2012	2 657.4
155	640005175219	2017	2 657.2
155	640190135676	2013	2 657.2
157	640009160961	2016	2 656.5
158	640009150597	2015	2 656.4
158	640190162476	2016	2 656.4
158	640005134073	2013	2 656.4
161	640004115942	2011	2 656.3
161	640004136322	2013	2 656.3
163	640035128077	2012	2 656.2
163	640004177330	2017	2 656.2
165	640190156704	2015	2 656.0
166	640190160951	2016	2 655.9
167	640004125986	2012	2 655.8
168	640035138496	2013	2 655.4

排名	牛号	出生年份	CPI1$_{2020}$
168	640003141746	2014	2 655.4
170	640166120345	2012	2 655.3
171	640009100082	2010	2 655.2
172	640190155318	2015	2 655.1
173	640005124027	2012	2 655.0
174	640190156072	2015	2 654.9
174	640009140287	2014	2 654.9
176	640166130835	2013	2 654.6
176	640190171215	2017	2 654.6
178	640035118018	2011	2 654.4
179	640190157381	2015	2 654.0
180	640005124017	2012	2 653.9
181	640035107678	2010	2 653.6
181	640166110151	2011	2 653.6
183	640190180188	2018	2 653.4
184	640009110063	2011	2 653.3
184	640190113432	2011	2 653.3
186	640190160340	2016	2 653.2
187	640166120647	2012	2 653.0
187	640005107689	2010	2 653.0
189	640190131141	2013	2 652.9
189	640190160924	2016	2 652.9
189	640035097451	2013	2 652.9
192	640035138442	2013	2 652.7
193	640190162559	2016	2 652.5
193	640190130019	2013	2 652.5
195	640009090019	2009	2 652.3
196	640005134176	2013	2 651.9

排名	牛号	出生年份	CPI1$_{2020}$
196	640190123762	2012	2 651.9
196	640009130014	2013	2 651.9
199	640003120497	2012	2 651.8
200	640005185305	2018	2 651.7
201	640005144328	2014	2 651.6
202	640009171125	2017	2 651.5
202	640166109772	2010	2 651.5
204	640166120583	2012	2 651.4
204	640190155303	2015	2 651.4
206	640009090028	2009	2 651.2
206	640190173355	2017	2 651.2
206	640190163558	2016	2 651.2
206	640005123925	2012	2 651.2
210	640166119994	2011	2 651.1
211	640003167080	2016	2 651.0
211	640007090665	2009	2 651.0
213	640003111150	2011	2 650.9
213	640003162360	2016	2 650.9
213	640005103669	2010	2 650.9
216	640190156039	2015	2 650.8
216	640007110037	2011	2 650.8
216	640190155434	2015	2 650.8
216	640190127851	2012	2 650.8
216	640003162349	2016	2 650.8
221	640166109782	2010	2 650.7
222	640009160973	2016	2 650.4
223	640003162447	2016	2 650.1
224	640190155665	2015	2 649.7

排名	牛号	出生年份	CPI1$_{2020}$
224	640190172825	2017	2 649.7
224	640005175088	2017	2 649.7
224	640190155618	2015	2 649.7
228	640005123916	2012	2 649.5
229	640035097569	2011	2 649.1
229	640005164770	2016	2 649.1
231	640035117816	2014	2 649.0
231	640035160358	2016	2 649.0
233	640190160760	2016	2 648.8
233	640190163307	2016	2 648.8
233	640009120093	2012	2 648.8
236	640004126006	2012	2 648.7
237	640003167059	2016	2 648.6
237	640009160857	2016	2 648.6
239	640003131437	2009	2 648.5
240	640190162226	2016	2 648.3
241	640166130957	2013	2 648.2
242	640005154587	2015	2 648.1
243	640190141402	2014	2 648.0
244	640035148774	2014	2 647.9
245	640005134243	2013	2 647.7
246	640190261021	2016	2 647.5
247	640190171827	2017	2 647.4
248	640003162311	2016	2 647.3
248	640190123485	2012	2 647.3
250	640003162399	2016	2 647.2
251	640003151883	2015	2 647.1
251	640190162255	2016	2 647.1

排名	牛号	出生年份	CPI1$_{2020}$
251	640009160949	2016	2 647.1
254	640004177329	2017	2 647.0
255	640004146476	2014	2 646.8
255	640190156178	2015	2 646.8
257	640003121208	2012	2 646.7
258	640009160868	2016	2 646.3
258	640035107723	2010	2 646.3
260	640166161964	2016	2 646.2
260	640009150687	2015	2 646.2
262	640166182738	2018	2 646.1
262	640009161007	2016	2 646.1
264	640190123201	2012	2 646.0
264	640190134617	2013	2 646.0
264	640035117802	2014	2 646.0
264	640035170636	2017	2 646.0
264	640035087365	2007	2 646.0
269	640190173719	2017	2 645.9
269	640166182635	2017	2 645.9
271	640003121210	2012	2 645.8
272	640005134255	2013	2 645.6
273	640166161889	2016	2 645.4
273	640009090069	2009	2 645.4
273	640003162369	2016	2 645.4
273	640009090072	2009	2 645.4
273	640190123976	2012	2 645.4
278	640190177135	2017	2 645.2
278	640009130082	2013	2 645.2
280	640190090133	2009	2 645.1

排名	牛号	出生年份	CPI1$_{2020}$
281	640005123949	2012	2 644.8
282	640009090057	2009	2 644.7
282	640035109754	2010	2 644.7
282	640190162467	2016	2 644.7
282	640166151424	2015	2 644.7
286	640190120164	2012	2 644.5
286	640190134325	2013	2 644.5
288	640009090018	2009	2 644.4
288	640005154575	2015	2 644.4
290	640190174260	2017	2 644.3
291	640005154538	2015	2 644.1
292	640005123939	2012	2 644.0
292	640005164939	2016	2 644.0
294	640009150532	2015	2 643.9
295	640004187381	2018	2 643.7
296	640190132114	2013	2 643.5
297	640009120175	2012	2 643.3
298	640009160738	2016	2 643.2
298	640005175125	2017	2 643.2
298	640003090726	2009	2 643.2
301	640009150515	2015	2 643.0
301	640003120307	2012	2 643.0
303	640190156061	2015	2 642.9
304	640005118003	2011	2 642.8
304	640166130948	2013	2 642.8
306	640035097447	2009	2 642.7
307	640005117999	2011	2 642.6
307	640166130953	2013	2 642.6

排名	牛号	出生年份	CPI1$_{2020}$
309	640009130076	2013	2 642.5
309	640166109735	2010	2 642.5
309	640005093392	2009	2 642.5
312	640166099338	2009	2 642.4
313	640190176001	2017	2 642.3
313	640190173173	2017	2 642.3
313	640009150726	2015	2 642.3
316	640190163518	2016	2 642.2
316	640003162217	2016	2 642.2
316	640004095510	2009	2 642.2
319	640190173765	2017	2 642.1
319	640003111124	2011	2 642.1
321	640035128078	2012	2 642.0
321	640035148616	2014	2 642.0
323	640003131527	2013	2 641.9
324	640009171149	2017	2 641.8
325	640166099311	2009	2 641.7
325	640166161837	2016	2 641.7
325	640190172191	2017	2 641.7
328	640005083157	2007	2 641.6
329	640009150571	2015	2 641.5
329	640190141149	2014	2 641.5
331	640003162140	2016	2 641.3
331	640005123974	2012	2 641.3
333	640003090690	2008	2 641.2
333	640005144307	2014	2 641.2
335	640190142289	2014	2 641.1
335	640005103628	2010	2 641.1

排名	牛号	出生年份	CPI1₂₀₂₀
335	640003162165	2016	2 641.1
338	640005175182	2017	2 641.0
339	640190142447	2014	2 640.9
340	640166109797	2010	2 640.8
340	640190175279	2017	2 640.8
342	640190142560	2014	2 640.5
342	640190162 645	2016	2 640.5
344	640005134253	2013	2 640.4
345	640166151719	2015	2 640.3
346	640035148721	2014	2 640.2
347	640005124008	2012	2 640.1
347	640007100837	2010	2 640.1
349	640166099387	2009	2 639.9
350	640009090030	2009	2 639.8
350	640005103606	2010	2 639.8
350	640005174981	2016	2 639.8
350	640004146482	2014	2 639.8
350	640005175250	2017	2 639.8
350	640035148702	2014	2 639.8
356	640005154650	2015	2 639.7
357	640166130890	2013	2 639.6
358	640005113688	2009	2 639.5
358	640190174409	2017	2 639.5
358	640003167063	2016	2 639.5
361	640035097430	2009	2 639.4
362	640035160490	2016	2 639.3
362	640190162116	2016	2 639.3
362	640035117852	2011	2 639.3

排名	牛号	出生年份	CPI1$_{2020}$
362	640005175175	2017	2 639.3
362	640190130150	2013	2 639.3
367	640009130074	2013	2 639.2
368	640035128216	2012	2 639.1
368	640005113825	2011	2 639.1
368	640005175086	2017	2 639.1
371	640035097458	2006	2 639.0
371	640005154702	2015	2 639.0
373	640003121293	2012	2 638.9
373	640003131535	2013	2 638.9
373	640003110876	2011	2 638.9
376	640004177252	2017	2 638.7
376	640190162024	2016	2 638.7
378	640005123968	2012	2 638.6
378	640190155322	2015	2 638.6
378	640190156069	2015	2 638.6
381	640166120661	2012	2 638.5
381	640190113916	2011	2 638.5
381	640166119997	2011	2 638.5
381	640005097439	2009	2 638.5
385	640005124023	2012	2 638.4
385	640190142466	2014	2 638.4
387	640035160365	2016	2 638.3
388	640005164716	2016	2 638.2
388	640009090042	2009	2 638.2
390	640005174983	2016	2 638.1
390	640166141138	2014	2 638.1
390	640190163287	2016	2 638.1

排名	牛号	出生年份	CPI1$_{2020}$
393	640035097418	2009	2 638.0
393	640190171965	2017	2 638.0
393	640005144453	2014	2 638.0
396	640004095480	2009	2 637.9
396	640166109731	2010	2 637.9
396	640190128916	2013	2 637.9
399	640004136452	2013	2 637.8
399	640190142183	2014	2 637.8
401	640190160037	2016	2 637.7
401	640166151435	2015	2 637.7
401	640005113671	2011	2 637.7
404	640035097405	2007	2 637.5
404	640190173421	2017	2 637.5
404	640166109752	2010	2 637.5
404	640005144334	2014	2 637.5
408	640005144340	2014	2 637.4
409	64019013A148	2013	2 637.2
410	640190156154	2015	2 637.1
411	640003100927	2010	2 637.0
411	640004177284	2017	2 637.0
411	640035148790	2014	2 637.0
414	640190172421	2017	2 636.9
414	640190160198	2016	2 636.9
414	640035118002	2011	2 636.9
417	640190162667	2016	2 636.8
418	640190171985	2017	2 636.7
419	640190126772	2012	2 636.5
420	640009140456	2014	2 636.3

排名	牛号	出生年份	CPI1$_{2020}$
420	640004125997	2012	2 636.3
420	640190132115	2013	2 636.3
423	640166182 639	2017	2 636.2
424	640005154581	2015	2 636.1
425	640190155409	2015	2 636.0
426	640035117954	2011	2 635.9
427	640005134212	2013	2 635.5
427	640190155473	2015	2 635.5
429	640190160486	2016	2 635.4
430	640166120348	2012	2 635.3
430	640190130240	2013	2 635.3
430	640190123813	2012	2 635.3
433	640005134236	2013	2 635.2
434	640035117835	2011	2 635.1
434	640035128254	2012	2 635.1
436	640035148783	2014	2 634.9
436	640005154468	2015	2 634.9
436	640009110043	2011	2 634.9
436	640009140262	2014	2 634.9
440	640190172913	2017	2 634.8
441	640004095486	2009	2 634.7
441	640190174555	2017	2 634.7
443	640004095539	2009	2 634.6
443	640005144339	2014	2 634.6
443	640190132187	2013	2 634.6
443	640005117963	2011	2 634.6
443	640190141379	2014	2 634.6
443	640035160277	2016	2 634.6

排名	牛号	出生年份	CPI1$_{2020}$
449	640190142471	2014	2 634.5
449	640035148798	2014	2 634.5
451	640166120514	2012	2 634.4
452	640003141581	2014	2 634.2
453	640003162409	2016	2 634.1
454	640035160402	2016	2 634.0
454	640190090165	2009	2 634.0
456	640190155610	2015	2 633.8
457	640005175084	2017	2 633.7
457	640190123876	2012	2 633.7
459	640190173303	2017	2 633.6
459	640003120292	2012	2 633.6
459	640190160448	2016	2 633.6
462	640035128239	2012	2 633.4
463	640007110043	2011	2 633.3
464	640190174504	2017	2 633.1
464	640004105743	2010	2 633.1
466	640009150660	2015	2 633.0
466	640009090098	2009	2 633.0
466	640190162298	2016	2 633.0
469	640003141821	2014	2 632.9
470	640190173547	2017	2 632.8
470	640190123686	2012	2 632.8
470	640190261040	2016	2 632.8
470	640005175061	2017	2 632.8
470	640190157173	2015	2 632.8
475	640035128214	2012	2 632.7
475	640190156206	2015	2 632.7

排名	牛号	出生年份	CPI1$_{2020}$
475	640190155628	2015	2 632.7
475	640003120337	2012	2 632.7
475	640190171871	2017	2 632.7
480	640190141058	2014	2 632.6
481	640166161865	2016	2 632.5
482	640005164851	2016	2 632.3
482	640009113154	2011	2 632.3
482	640190173711	2017	2 632.3
485	640005103567	2010	2 632.2
486	640190129337	2013	2 632.0
486	640035138297	2012	2 632.0
486	640003121297	2012	2 632.0
489	640190163438	2016	2 631.9
490	640190162719	2016	2 631.8
491	640005144338	2014	2 631.7
491	640035160357	2016	2 631.7
493	640190156177	2015	2 631.6
493	640009100089	2010	2 631.6
493	640005134179	2013	2 631.6
496	640190141588	2014	2 631.5
496	640166162201	2016	2 631.5
498	640190173043	2017	2 631.3
499	640035128243	2012	2 631.2
499	640190157618	2015	2 631.2